手机增强现实 AR 软件

本软件利用增强现实 AR 技术，模拟电机和变压器的结构部件和调速过程，对于高校“电机与拖动”课程的理论教学、课程设计和实验教学，具有极好的支撑作用，有助于培养学生利用电机拖动技术解决实际工程问题的能力。

本软件仅限于手机安卓系统，苹果手机的用户请使用计算机端虚拟仿真教学 VR 软件，具体内容见附录 A。

扫描二维码（如图 1 所示），将“电机与拖动 .apk”安装包下载到安卓手机，然后进行安装，安装后点击运行。本软件的使用需开启手机摄像头的权限，软件启动后，进入首页，有“电机结构”“电机绕组”“电机调速”三个选项，点击不同的选项可进入相应的操作界面。

电机与拖动.apk

图 1 二维码和安装文件

图 2 首页

1. 电机结构

在首页点击“电机结构”，进入界面后可看到“直流电机”“三相异步电机”和“变压器”三个选项，如图 3 所示。

（1）直流电机：将手机摄像头对准教材中“AR 图 2-2 直流电机”图片，界面中央出现直流电机的模型，右侧为直流电机的型号和参数，可以通过手指触屏对模型进行旋转和缩放，如图 4 所示。

图 3 软件操作界面

图 4 直流电机模型

点击下方“拆分”按钮，展开直流电机内部结构，查看直流电机内部组件，如图 5 所示。直流电机组件包括端盖、风扇、转子铁心、转轴、换向极、主磁极、电枢绕组、换向器、电刷装置和基座。查看各个组件的操作基本相同，下面以电刷为例进行介绍。点击电刷，进入如图 6 所示的界面，可播放语音介绍。用户可以再次点击电刷，查看文字介绍。

（2）三相异步电机：将手机摄像头对准教材中“AR 图 5-1 三相异步电机”图片，界面中央出现三相异步电机的模型，右侧为三相异步电机的型号和参数，可以通过手指触屏对模型进行旋转和缩放，如图 7 所示。

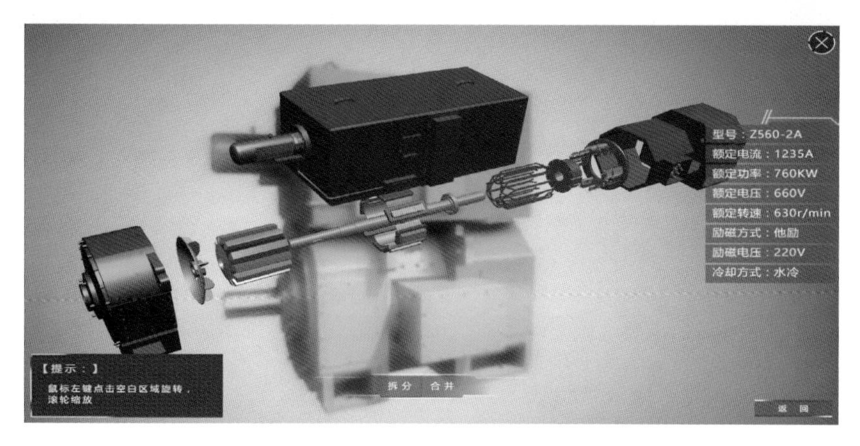

图 5 直流电机模型拆分

图 6 电刷模型

图 7 三相异步电机模型

点击下方“拆分”按钮，即可展开三相异步电机内部结构，查看三相异步电机内部组件，如图 8 所示。三相异步电机组件包括罩壳、风扇、端盖、机座、定子绕组、定子铁心、转轴和转子。查看各个组件的步骤与直流电机相同。

图 8 三相异步电机模型拆分

（3）变压器：将手机摄像头对准教材中“AR 图 4-1 变压器”图片，界面中央出现变压器的模型，右侧为变压器的型号和参数，可通过手指触屏对模型进行旋转和缩放，如图 9 所示。

点击下方“拆分”按钮，展开变压器内部结构，查看变压器内部组件，如图 10 所示。变压器内部组件包括吸湿器、储油柜、分接开关、安全气道、散热器、铁心、高低压套管和绕组等。查看各个组件的步骤与直流电机相同。

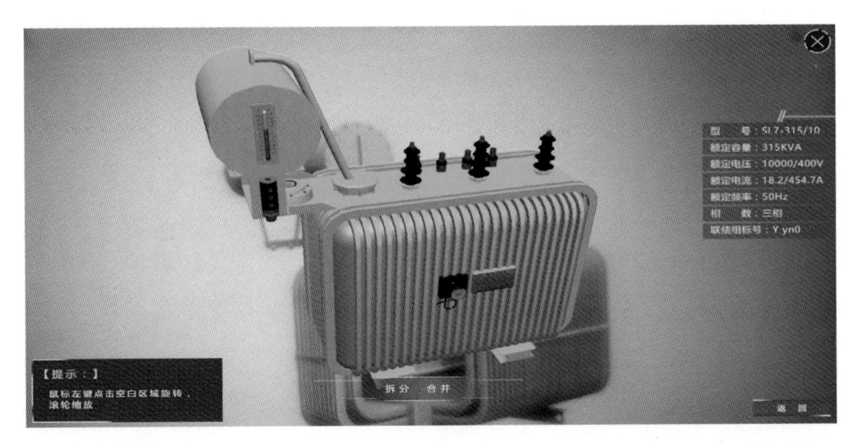

图 9 变压器模型

2. 电机绕组

点击进入“电机绕组”界面，在“电机绕组”中包含“直流电机”和“三相异步电

图 10 变压器模型拆分

机”两个选项。

（1）直流电机：将手机摄像头对准教材中“AR 图 2-1 直流电机电枢绕组”图片，界面中央出现直流电机电枢绕组的模型，右侧为直流电机电枢绕组的参数，可播放语音介绍，也可通过手指触屏对模型进行旋转和缩放，如图 11 所示。

（2）三相异步电机：将手机摄像头对准教材中“AR 图 5-2 三相异步电机定子绕组”图片，界面中央出现三相异步电机定子绕组的模型，可播放语音介绍，也可通过手指触屏对模型进行旋转和缩放，如图 12 所示。

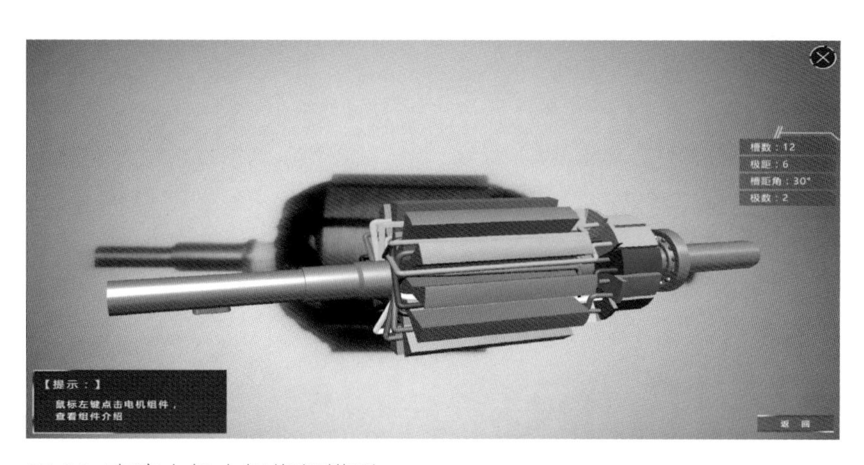

图 11 直流电机电枢绕组模型

图 12 三相异步电机定子绕组模型

3. 电机调速

点击进入“电机调速”界面，在“电机调速”中包含“直流电机”和“三相异步电机”两种电机，每种电机又包含“固有特性”“开环调速”和“闭环调速”三个选项。

（1）直流电机

① 固有特性：进入固有特性页面，直流电机调速以智能工厂为背景，如图 13 所示。调速系统稳定运行后中间控制台边缘绿灯闪烁，点击控制台，左侧就会出现负载控制条，点击负载控制条上对应的负载即可实现负载配置和电机调速，右侧会对应显示电机调速过程中的转速随时间、机械特性、转矩随时间三种曲线。系统稳定后负载控制条上显示按钮由红色变为白色，可以再次点击配置负载。配置负载时要按照负载先递增至最大、再递减的顺序进行，不能越级配置负载。

② 开环调速：进入开环调速页面，如图 14 所示。在开环调速页面，可以实现改变电枢电压调速、改变电枢电阻调速和改变励磁电流调速，并在左侧控制条上分别对电压、电阻和

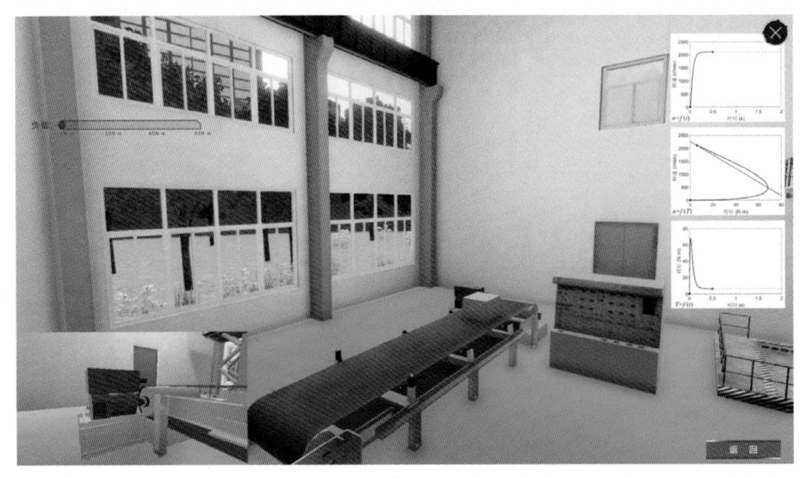

图 13 直流电机固有特性

励磁大小进行配置。具体操作过程与固有特性相同。

③ 闭环调速：进入闭环调速页面，如图 15 所示。在闭环调速页面，可以在左侧控制条上设定转速，并在某种设定转速下改变负载。具体操作过程与固有特性相同。

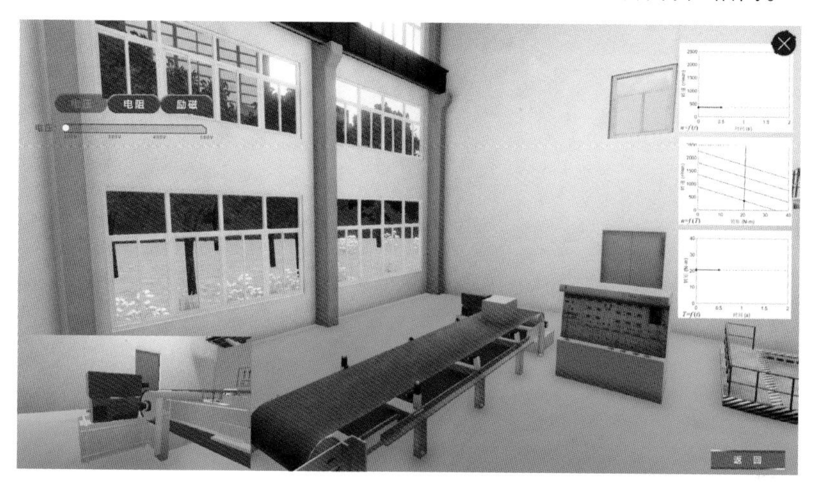

图 14 直流电机开环调速

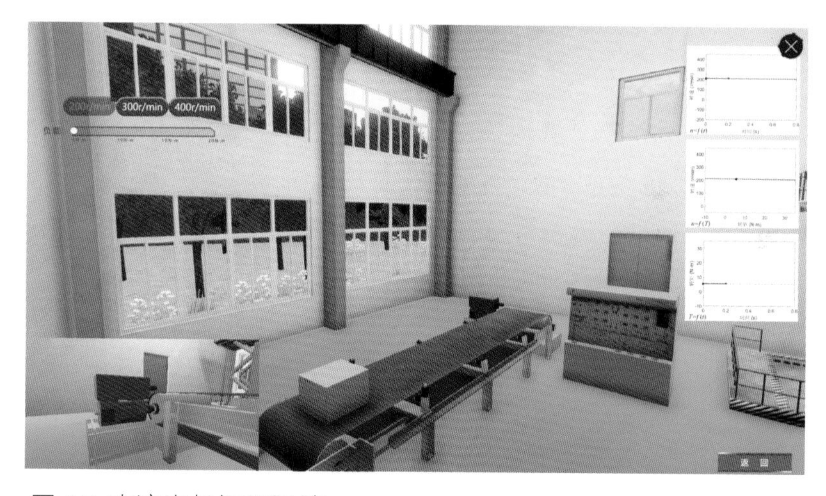

图 15 直流电机闭环调速

（2）三相异步电机

① 固有特性：进入固有特性页面，三相异步电机调速以大厦电梯为背景，如图 16 所示。

② 开环调速：进入开环调速页面，如图 17 所示。在开环调速页面，可以实现变压调速和变频调速，并在左侧控制条上分别对电压和频率大小进行配置。具体操作过程与固有特性相同。

③ 闭环调速：进入闭环调速页面，如图 18 所示。在闭环调速页面，可以在左侧控制条上设定转速，并在某种设定转速下改变负载。具体操作过程与固有特性相同。

图 16 三相异步电机固有特性

图 17 三相异步电机开环调速

图 18 三相异步电机闭环调速

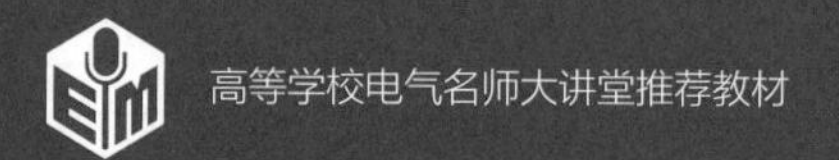

AR+VR 教材

电机与拖动基础

主　编　安　毅

副主编　仇　森　赵红宇

高等教育出版社·北京

内容简介

本书是一本结合增强现实 AR 技术和虚拟仿真 VR 技术来讲述电机与拖动理论知识的教材。安卓手机扫描本书中的电机图片将真实展现电机的三维模型,软件自动识别电机种类,读者可对电机的三维模型进行旋转、缩放、拆分和组合等互动操作,同时本书利用 MATLAB 仿真工具来解决电力拖动系统中的复杂问题,给出了电机调速 MATLAB 仿真模型,读者可进行各种电机调速互动操作。本书用简明易懂的语言和深入浅出的方式来阐述基础理论知识,粗细结合、详略得当。全书共分 7 章,包括电磁学和电力拖动的基本知识、直流电机、直流电动机的电力拖动、变压器、异步电动机、异步电动机的电力拖动和同步电动机。

本书将安卓手机 APP 三维互动 AR 软件、教学视频、讲义 PPT 等文件制作成二维码供读者安装 AR 软件、进行在线互动操作、阅读浏览。同时本书配套 Abook 数字课程网站,主要内容有:计算机端虚拟仿真 VR 教学软件(可下载)、讲义 PPT(可下载)、重点难点讲课视频、附录等,以方便教师授课和学生线下学习。

本书可作为普通高等学校、高职高专院校自动化和电气工程及其自动化等专业相关课程的教材,也可以作为成人高等教育相关课程的教材,还可以供有关工程技术人员参考。

图书在版编目(CIP)数据

电机与拖动基础/安毅主编. --北京:高等教育出版社,2022.6

ISBN 978-7-04-057816-4

Ⅰ.①电… Ⅱ.①安… Ⅲ.①电机-高等学校-教材②电力传动-高等学校-教材 Ⅳ.①TM3②TM921

中国版本图书馆 CIP 数据核字(2022)第 019613 号

Dianji Yu Tuodong Jichu

策划编辑 孙 琳　责任编辑 孙 琳　封面设计 张 楠　版式设计 杨 树
插图绘制 黄云燕　责任校对 吕红颖　责任印制 韩 刚

出版发行 高等教育出版社
社　　址 北京市西城区德外大街 4 号
邮政编码 100120
印　　刷 运河(唐山)印务有限公司
开　　本 787mm×1092mm 1/16
印　　张 18.25
字　　数 410 千字
插　　页 4
购书热线 010-58581118
咨询电话 400-810-0598
网　　址 http://www.hep.edu.cn
　　　　 http://www.hep.com.cn
网上订购 http://www.hepmall.com.cn
　　　　 http://www.hepmall.com
　　　　 http://www.hepmall.cn
版　　次 2022年6月第1版
印　　次 2022年6月第1次印刷
定　　价 43.60 元

物 料 号 57816-00

电机与拖动基础

安　毅

1 计算机访问http://abook.hep.com.cn/1260351，或手机扫描二维码、下载并安装Abook应用。

2 注册并登录，进入"我的课程"。

3 输入封底数字课程账号（20位密码，刮开涂层可见），或通过Abook应用扫描封底数字课程账号二维码，完成课程绑定。

4 单击"进入课程"按钮，开始本数字课程的学习。

课程绑定后一年为数字课程使用有效期。受硬件限制，部分内容无法在手机端显示，请按提示通过计算机访问学习。

如有使用问题，请发邮件至abook@hep.com.cn。

http://abook.hep.com.cn/1260351

前言

电能是人类社会生存和发展的主要能源之一，在工农业生产、交通运输、信息传输、国防建设和日常生活等各个领域都得到了极为广泛的应用。电机是生产、传输、分配和应用电能的主要设备，在人们的生产生活中到处都可以找到电机的踪影。从汽轮发电机、水轮发电机、风力发电机到输配电变压器，从自动生产线、车间机床、机器人到家用电器甚至电动玩具，电机无处不在。电力拖动是使用电动机作为原动机拖动机械设备运动的一种拖动方式。在现代化生产过程中，电力拖动系统是实现各种生产工艺过程必不可少的传动系统，是生产过程电气化、自动化的重要前提。

"电机与拖动"课程是自动化、电气工程及其自动化等专业的一门重要专业基础课程，该课程在专业培养计划课程体系中起到承上启下的作用。"电机与拖动"课程的教学目的是使学生掌握常用的交流电机、直流电机和变压器的基本结构、工作原理、运行性能等知识，为后续专业课的学习准备必要的基础知识，提高学生分析、解决实际问题的能力，也为学生将来从事自动化工程技术工作和科学研究奠定初步的基础。

"电机与拖动"课程教学内容与实际生产生活联系广泛，然而课程本身并不易学，学习内容理论性强、概念多，综合了数学、电学、磁学、力学等多学科知识，比较抽象，难于理解。在实际教学中，电机结构复杂，电机绕组缠绕方式繁琐，传统教材中的图片和文字难以准确描述。同时，电力拖动运行由稳态和瞬态组成，传统教材侧重稳态分析，缺乏瞬态的讲解和形象展示。

随着网络信息技术的迅速发展，新形态教材已经不仅仅局限于传统的纸质媒介，而是一种网络化、信息化、数字化的多媒介信息载体。本书是一本结合增强现实 AR 技术和虚拟仿真 VR 技术来讲述电机与拖动理论知识的教材，利用先进的网络信息技术来增强教材的互动性，激发学生的学习兴趣。同时，本书重新梳理了教学内容，编写了实际应用案例，配套了 MATLAB 仿真模型，开发了计算机端虚拟仿真 VR 教学软件和安卓手机 APP 三维互动 AR 软件，打造了多种形式于一体的立体化教材。在教材编写过程中，力求体现如下特点：

1. 创建与人才培养、科技发展同步的内容体系

为了适应科学技术的发展和社会对人才培养的要求，本书重新梳理了"电机与拖动"课程的教学内容，强化了电磁学和电力拖动的基础知识，调整了直流电机、变压器、交流电机和同步电机的讲述顺序和相关内容，利用简明易懂的语言，深入浅出的方式，阐述基础理论知识，做到粗细结合、详略得当，有助于学生的学习和理解。

2. 精选实际应用案例，配套 MATLAB 仿真模型

为了使"电机与拖动"课程教学内容与实际工程应用的联系更加紧密，本书结合电机新技术发展及其在新兴产业领域的应用，编写了典型工程应用案例。同时，为了合理使用 MATLAB 仿真工具解决电机与拖动系统中的复杂问题，简化学习过程中的数学推导和演算，本书在电力拖动章节后给出了调速 MATLAB 仿真模型，清晰地展示电机调速的全过程。

3. 利用虚拟现实 VR 技术，开发计算机端虚拟仿真 VR 教学软件

为了能够更加清晰形象地展示电机结构、绕组缠绕、拖动过程，本书利用虚拟现实技术，开发了一套计算机端虚拟仿真 VR 教学软件，主要分为三大部分：电机结构、电机绕组和电机调速。在电机结构方面，包含变压器、直流电机和三相异步电机；在电机绕组方面，包含直流电机电枢绕组和三相异步电机三相绕组；在电机调速方面，包含直流电机调速和三相异步电机调速，每一种调速又包含固有特性、开环调速和闭环调速。

4. 利用增强现实 AR 技术，开发安卓手机 APP 三维互动 AR 软件

为了进一步方便学生结合本书内容进行自主学习，作者在计算机端虚拟仿真 VR 教学软件的基础上，利用增强现实 AR 技术，开发了一套安卓手机 APP 三维互动 AR 软件。该软件与本书紧密结合，当学生用安卓手机扫描本书上的电机图片时，软件自动识别电机种类，真实的电机三维模型将跃于纸上，学生可以进行旋转、缩放、拆分、组合等一系列操作。同时，该软件配备电力拖动功能，学生可进行各种电机调速互动操作。

全书共分 7 章，主要内容有电磁学和电力拖动的基本知识、直流电机、直流电动机的电力拖动、变压器、异步电动机、异步电动机的电力拖动和同步电动机。本书第 5、6、7 章由安毅编写，第 2、3 章由仇森编写，第 1、4 章由赵红宇编写，MATLAB 仿真模型由赵红宇搭建，计算机端虚拟仿真 VR 教学软件由安毅、仇森、赵红宇、吴佳霖、王海霞开发，安卓手机 APP 三维互动 AR 软件由安毅、仇森、赵红宇、刘娆、王孝良、王哲龙开发。全书由安毅统稿并担任主编，仇森、赵红宇担任副主编。

本书将安卓手机 APP 三维互动 AR 软件、教学 PPT 知识点等文件制作成二维码供读者手机安装 APP、在线互动操作、阅读浏览。同时本书配套 Abook 数字课程网站，主要内容有：计算机端虚拟仿真 VR 教学软件（可下载）、讲义 PPT（可下载）、重点难点讲课视频、附录等，以方便教师授课和学生线下学习。

本书由大连理工大学杨健华教授主审，审阅过程中提出了宝贵的意见和建议。在本书编写过程中，大连理工大学刘凤春老师也给出了宝贵的建议。本书的编写及出版受到了大连理工大学教材建设出版基金（JC2020006）和国家自然科学基金（61673083）的资助。在此，一并表示衷心的感谢。

在本书的编写过程中，参考了大量文献资料，已在书后的参考文献中列出，在此谨对所有参考文献的作者致以衷心的感谢。

由于编者水平有限，加之编写时间紧迫，书中错误和不妥之处在所难免，恳请广大读者给予批评指正。来函请发电子邮件：anyi@ dlut. edu. cn。

作　者

2021 年 9 月

目录

第 1 章　电磁学和电力拖动的基本知识 …… 1
1.1　磁路的基本知识 …… 1
1.1.1　磁场的基本物理量 …… 1
1.1.2　磁性物质及其特性 …… 3
1.1.3　磁场的基本定律 …… 9
1.1.4　磁路的基本物理量 …… 11
1.1.5　磁路的基本定律 …… 13
1.2　铁心线圈电路 …… 18
1.2.1　直流铁心线圈电路 …… 18
1.2.2　交流铁心线圈电路 …… 18
1.3　电力拖动的基本知识 …… 22
1.3.1　旋转运动的基本物理量 …… 22
1.3.2　电力拖动的动力学方程 …… 24
1.4　电动机负载的机械特性 …… 27
1.4.1　恒转矩负载特性 …… 28
1.4.2　恒功率负载特性 …… 28
1.4.3　通风机负载特性 …… 29
1.5　电力拖动的稳定运行条件 …… 29
1.5.1　稳定运行的概念 …… 29
1.5.2　稳定运行的条件 …… 31
思考题 …… 32
练习题 …… 33
第 2 章　直流电机 …… 35
2.1　直流电机的基本原理 …… 35
2.1.1　直流发电机 …… 35
2.1.2　直流电动机 …… 36
2.2　直流电机的基本结构 …… 37
2.2.1　定子 …… 37
2.2.2　转子 …… 40
2.2.3　励磁方式 …… 43
2.3　直流电机的型号和额定值 …… 45
2.4　直流电机的电枢反应 …… 46
2.5　直流电机的感应电动势和电磁转矩 …… 47
2.5.1　感应电动势 …… 47
2.5.2　电磁转矩 …… 48
2.6　直流发电机 …… 49
2.6.1　他励直流发电机 …… 49
2.6.2　并励直流发电机 …… 50
2.6.3　串励直流发电机 …… 52
2.6.4　复励直流发电机 …… 53
2.7　直流发电机的功率和转矩 …… 54
2.7.1　功率 …… 54
2.7.2　转矩 …… 55
2.8　直流电动机 …… 56
2.8.1　他励直流电动机 …… 56
2.8.2　并励直流电动机 …… 58
2.8.3　串励直流电动机 …… 59
2.8.4　复励直流电动机 …… 61
2.9　直流电动机的功率和转矩 …… 62
2.9.1　功率 …… 62
2.9.2　转矩 …… 63
2.10　直流电动机的应用 …… 64
思考题 …… 64
练习题 …… 65
第 3 章　直流电动机的电力拖动 …… 67
3.1　他励直流电动机的机械特性 …… 67
3.1.1　他励直流电动机的固有特性 …… 67
3.1.2　他励直流电动机的人为特性 …… 68
3.2　他励直流电动机的起动 …… 70
3.2.1　降低电枢电压起动 …… 71
3.2.2　电枢回路串联电阻起动 …… 71

3.3 他励直流电动机的调速 …… 75
3.3.1 电动机的调速指标 …… 75
3.3.2 改变电枢电压的调速 …… 77
3.3.3 改变电枢电阻的调速 …… 78
3.3.4 改变励磁电流的调速 …… 79
3.4 他励直流电动机的制动 …… 81
3.4.1 能耗制动 …… 81
3.4.2 反接制动 …… 84
3.4.3 回馈制动 …… 86
3.5 他励直流电动机的四象限运行 …… 89
3.6 并励、串励和复励直流电动机的电力拖动 …… 90
3.6.1 并励直流电动机的电力拖动 …… 90
3.6.2 串励直流电动机的电力拖动 …… 90
3.6.3 复励直流电动机的电力拖动 …… 92
3.7 直流电动机 MATLAB 调速仿真 …… 92
3.7.1 直流电动机的固有特性 …… 93
3.7.2 直流电动机的开环调速 …… 94
3.7.3 直流电动机的闭环调速 …… 97
思考题 …… 98
练习题 …… 99
第 4 章 变压器 …… 101
4.1 变压器的用途和种类 …… 101
4.1.1 变压器的用途 …… 101
4.1.2 变压器的种类 …… 102
4.2 变压器的工作原理 …… 102
4.3 变压器的基本结构 …… 104
4.3.1 铁心 …… 104
4.3.2 绕组 …… 106
4.3.3 其他部件 …… 108
4.4 变压器的铭牌数据 …… 110
4.4.1 型号 …… 110
4.4.2 额定值 …… 111
4.4.3 其他数据 …… 112
4.5 变压器的电磁关系 …… 113
4.5.1 空载运行的电磁关系 …… 113
4.5.2 负载运行的电磁关系 …… 115
4.6 变压器的运行分析 …… 119
4.6.1 等效电路 …… 119
4.6.2 基本方程式 …… 125
4.6.3 相量图 …… 126
4.7 变压器的参数测定 …… 128
4.7.1 空载试验 …… 128
4.7.2 短路试验 …… 129
4.8 变压器的运行特性 …… 133
4.8.1 外特性 …… 133
4.8.2 效率特性 …… 134
4.9 三相变压器 …… 137
4.9.1 三相变压器的磁路结构 …… 138
4.9.2 三相变压器的联结组 …… 138
4.9.3 三相变压器的并联运行 …… 141
4.10 其他用途的变压器 …… 145
4.10.1 自耦变压器 …… 145
4.10.2 仪用变压器 …… 147
4.11 变压器的应用 …… 148
4.11.1 变压器在电力系统中的应用 …… 148
4.11.2 变压器在调压设备中的应用 …… 150
4.11.3 变压器在电子产品中的应用 …… 151
思考题 …… 151
练习题 …… 152
第 5 章 异步电动机 …… 155
5.1 三相异步电动机的工作原理 …… 155
5.1.1 旋转磁场 …… 155
5.1.2 工作原理 …… 158
5.1.3 运行状态 …… 159
5.2 三相异步电动机的基本结构 …… 160
5.2.1 电机结构 …… 160
5.2.2 交流绕组 …… 163
5.3 三相异步电动机的分类、型号和额定值 …… 169
5.3.1 分类 …… 169
5.3.2 型号 …… 169

5.3.3 额定值 …… 171
5.4 三相异步电动机绕组的磁动势 …… 172
5.4.1 单相绕组磁动势——脉振磁动势 …… 172
5.4.2 三相绕组磁动势——旋转磁动势 …… 176
5.5 三相异步电动机绕组的电动势 …… 179
5.5.1 单相绕组的感应电动势 …… 179
5.5.2 三相绕组的感应电动势 …… 183
5.6 三相异步电动机的电磁关系 …… 184
5.6.1 主磁通和漏磁通 …… 184
5.6.2 电动势的平衡方程式 …… 185
5.6.3 磁动势的平衡方程式 …… 186
5.7 三相异步电动机的运行分析 …… 188
5.7.1 等效电路 …… 188
5.7.2 基本方程式 …… 191
5.7.3 相量图 …… 192
5.8 三相异步电动机的功率和转矩 …… 193
5.8.1 三相异步电动机的功率 …… 193
5.8.2 三相异步电动机的转矩 …… 195
5.9 三相异步电动机的运行特性 …… 197
5.10 三相异步电动机的应用 …… 197
5.10.1 在自来水厂中的应用 …… 197
5.10.2 在农业排灌中的应用 …… 198
5.10.3 在新能源汽车中的应用 …… 198
思考题 …… 199
练习题 …… 200
第6章 异步电动机的电力拖动 …… 202
6.1 三相异步电动机的机械特性 …… 202
6.1.1 电磁转矩公式 …… 202
6.1.2 三相异步电动机的机械特性 …… 204
6.2 三相异步电动机的起动 …… 209
6.2.1 笼型异步电动机的起动 …… 210
6.2.2 绕线型异步电动机的起动 …… 212
6.3 三相异步电动机的调速 …… 217
6.3.1 变极调速 …… 218
6.3.2 变频调速 …… 219
6.3.3 变压调速 …… 220
6.3.4 转子串联电阻调速 …… 221
6.4 三相异步电动机的制动 …… 224
6.4.1 能耗制动 …… 224
6.4.2 反接制动 …… 226
6.4.3 回馈制动 …… 228
6.5 三相异步电动机 MATLAB 调速仿真 …… 231
6.5.1 三相异步电动机的固有特性 …… 231
6.5.2 三相异步电动机的开环调速 …… 232
6.5.3 三相异步电动机的闭环调速 …… 234
思考题 …… 235
练习题 …… 236
第7章 同步电动机 …… 238
7.1 三相同步电动机的工作原理 …… 238
7.2 三相同步电动机的基本结构 …… 240
7.2.1 基本结构 …… 240
7.2.2 额定值 …… 241
7.3 三相同步电动机的电磁关系 …… 241
7.3.1 磁动势 …… 241
7.3.2 电动势的平衡方程式 …… 244
7.4 三相同步电动机的运行分析 …… 245
7.4.1 等效电路 …… 245
7.4.2 相量图 …… 246
7.5 三相同步电动机的功率和转矩 …… 249
7.5.1 三相同步电动机的功率 …… 249
7.5.2 三相同步电动机的转矩 …… 250
7.6 三相同步电动机的运行特性 …… 252
7.6.1 功角特性 …… 252
7.6.2 矩角特性 …… 253
7.6.3 稳定运行 …… 254
7.7 三相同步电动机的功率因数调节 …… 255
7.7.1 功率因数调节 …… 255
7.7.2 V形曲线 …… 256
7.8 永磁同步电动机——无刷直流电动机 …… 257
7.8.1 永磁同步电动机 …… 257

7.8.2 无刷直流电动机 …… 258
7.9 磁阻电动机 …… 260
7.9.1 基本结构 …… 260
7.9.2 工作原理 …… 261
7.10 步进电动机 …… 262
7.10.1 基本结构 …… 262
7.10.2 工作原理 …… 262
7.11 三相同步电动机的应用 …… 264
思考题 …… 265
练习题 …… 266
附录 虚拟仿真 VR 教学软件使用说明 …… 268
参考文献 …… 280

第1章　电磁学和电力拖动的基本知识

电机是一种以电磁感应为基础来实现机电能量转换或信号转换的电磁机械装置。电机主要由两大系统组成，即电路系统和磁路系统。要学习电机与拖动的基本理论，必须掌握电路和磁路的基本知识、电力拖动的基本知识，以及生产机械的负载转矩特性。本章围绕电磁学和电力拖动进行阐述，先介绍磁路、铁心线圈电路和电力拖动的基本知识，再讨论生产机械的负载转矩特性，最后分析电力拖动的稳定运行条件。

1.1　磁路的基本知识

PPT 1.1：磁路的基本知识

1.1.1　磁场的基本物理量

除了天然磁体会产生磁场外，人们发现在导体中通以电流也会产生磁场。由电流产生的磁场可形象地用磁感线来描述，电流分别通过直导线和线圈时的磁场如图 1-1 所示。

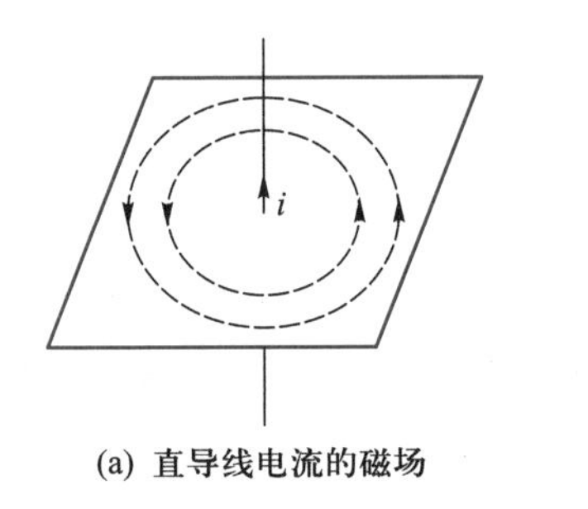

(a) 直导线电流的磁场

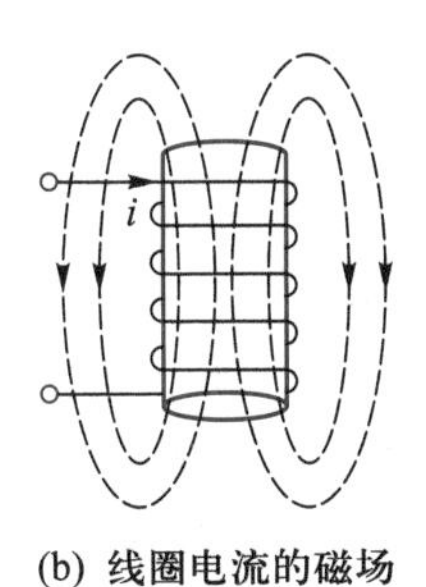

(b) 线圈电流的磁场

图 1-1　电流的磁场

磁感线是闭合的曲线，且与产生该磁场的电流相交链，其方向与电流方向符合右手螺旋定则。右手螺旋定则如下：

(1) 用右手握住通电直导线，让大拇指指向电流的方向，四指的回转方向就是周围磁感线的方向，如图 1-1(a)所示。

(2) 用右手握住通电线圈，让四指的回转方向指向电流的方向，大拇指的方向就是线圈内部磁感线的方向，如图 1-1(b)所示。

磁感线上每一点的切线方向与该点磁场的方向一致，而磁场的强弱可用磁感线的疏密程度表示。若磁感线是一系列疏密间隔相同的平行直线，则该磁场为均匀磁场，其内部的磁场强弱和方向处处相同。均匀磁场是一个常用的理想化物理概念，完全均匀的磁场是不存在的。图 1-2 中间部分所示的磁感线是一组间距相等的平行线，相应的磁场可视为均匀磁场。

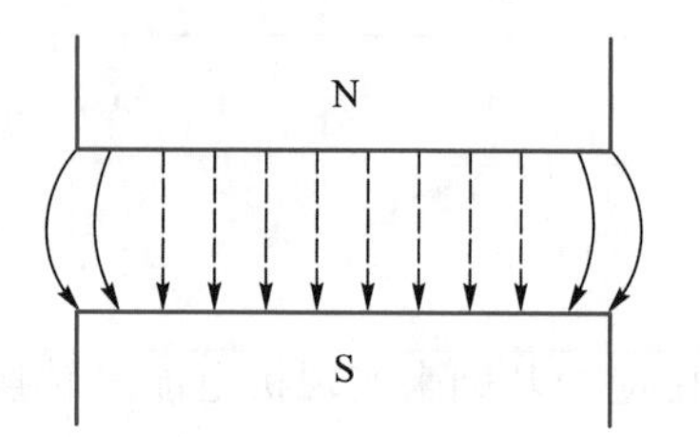

图 1-2　均匀磁场

在对磁场进行分析和计算时，常用到磁通、磁链、磁感应强度、磁场强度和磁导率等基本物理量，分别介绍如下。

1. 磁通

磁场中垂直穿过某一截面积 A 的总磁感线数称为通过该面积的磁通量，简称磁通，它是一个标量，用 Φ 表示，单位为 Wb（韦［伯］）。

2. 磁链

导电线圈所交链的磁通之和称为磁链，用 Ψ 表示，单位为 Wb（韦［伯］），即

$$\Psi = N\Phi \tag{1-1}$$

式中：N 为线圈的匝数。

同时，磁链与建立磁通的电流有关，在线性媒介中磁链 Ψ 与励磁电流 i 的大小成正比，即

$$\Psi = Li \tag{1-2}$$

式中：L 为线圈的自感。

3. 磁感应强度

磁感应强度是描述磁介质中实际的磁场强弱和方向的物理量，它是一个矢量，用 $\boldsymbol{B}$ 表示，单位为 T（特［斯拉］）。在均匀磁场中，若通过与磁感线垂直的面积 A 的磁通为 Φ，则磁感应强度的大小为

$$B = \frac{\Phi}{A} \tag{1-3}$$

式中：A 的单位为 m^2（平方米），且 $1\ \mathrm{T} = 1\ \mathrm{Wb/m^2}$。

上式表明，磁感应强度在数值上就是与磁场方向垂直的单位面积上通过的磁通量，所以磁感应强度又称为磁通密度，简称磁密。

4. 磁场强度

磁场强度是计算磁场时引进的一个辅助物理量，并非磁介质中某点磁场强弱的实际值。磁场强度是一个矢量，用 $\boldsymbol{H}$ 表示，其方向与磁感应强度 $\boldsymbol{B}$ 的方向相同，但其大小与 $\boldsymbol{B}$ 的大小不同。$\boldsymbol{H}$ 与 $\boldsymbol{B}$ 的主要区别是：

（1）$\boldsymbol{H}$ 代表电流本身所产生的磁场强度，反映了电流的励磁能力，其大小只与产生该磁场电流的大小成正比，与介质的性质无关。

(2) $\boldsymbol{B}$ 代表电流所产生的磁场强度和介质被磁化后所产生的磁场强度的总和，其大小不仅与电流的大小有关，还与介质的性质有关。

此外，$\boldsymbol{H}$ 的单位为 A/m(安/米)，与 $\boldsymbol{B}$ 的单位不同。

5. 磁导率

磁导率是衡量物质导磁能力的物理量，用 μ 表示，单位是 H/m(亨[利]/米)。在数值上，磁导率为磁感应强度 $\boldsymbol{B}$ 与磁场强度 $\boldsymbol{H}$ 的比值，即

$$\mu=\frac{B}{H} \tag{1-4}$$

真空的磁导率用 μ_0 表示，其值为常数 $4\pi\times10^{-7}$ H/m。为了便于对物质的导磁能力进行分析，通常以真空的磁导率 μ_0 为基准，将其他物质的磁导率 μ 与 μ_0 进行比较，二者之比称为相对磁导率，用 μ_r 表示，即

$$\mu_r=\frac{\mu}{\mu_0} \tag{1-5}$$

1.1.2 磁性物质及其特性

按照磁导率的不同，自然界的物质大致可分为两类：磁性物质和非磁性物质。顾名思义，磁性物质的磁导率要比非磁性物质的磁导率大得多。

1. 非磁性物质

非磁性物质又称为非铁磁物质，其磁导率 μ 接近于真空的磁导率 μ_0，即相对磁导率 $\mu_r\approx1$。非磁性物质又可分为两类：顺磁性物质和反磁性物质。

(1) 顺磁性物质的 μ 稍大于 μ_0，即 μ_r 略大于 1，如空气、氧、锡、铝、铅和变压器油等物质。在磁场中放置顺磁性物质后，磁感应强度 B 将略有增加。

(2) 反磁性物质又称为抗磁性物质，其 μ 稍小于 μ_0，即 μ_r 略小于 1，如氢、铜、银、锌、铋和石墨等物质。在磁场中放置反磁性物质后，磁感应强度 B 将略有减小。

工程上，通常将非磁性物质的磁导率 μ 近似为 μ_0。因此，对于非磁性物质，其磁感应强度 $\boldsymbol{B}$ 和磁场强度 $\boldsymbol{H}$ 呈线性关系，即

$$\boldsymbol{B}\approx\mu_0\boldsymbol{H} \tag{1-6}$$

2. 磁性物质

磁性物质又称铁磁物质，为导磁性能好的材料，是组成磁路的主要部分。磁性物质包括铁、镍、钴等金属及其合金，其磁性能主要有高导磁性、磁饱和性和磁滞性三点。

(1) 高导磁性

磁性物质的 $\mu\gg\mu_0$，即 $\mu_r\gg1$(即 $10^2\sim10^5$ 量级)。例如，铸铁的 μ_r 为 200~400，铸钢的 μ_r 约为 1 000，镍锌铁氧体的 μ_r 为 10~1 000，锰锌铁氧体的 μ_r 为 300~5 000，硅钢片的 μ_r 为 6 000~10 000，坡莫合金的 μ_r 为 20 000~200 000。

磁性物质的高导磁性主要是由于磁性物质内部存在许多很小的、沿同一方向磁化了的天然磁化区，称为磁畴。每个磁畴可视为一个微型磁铁，磁化前后的磁畴分布情况如图 1-3 所示。

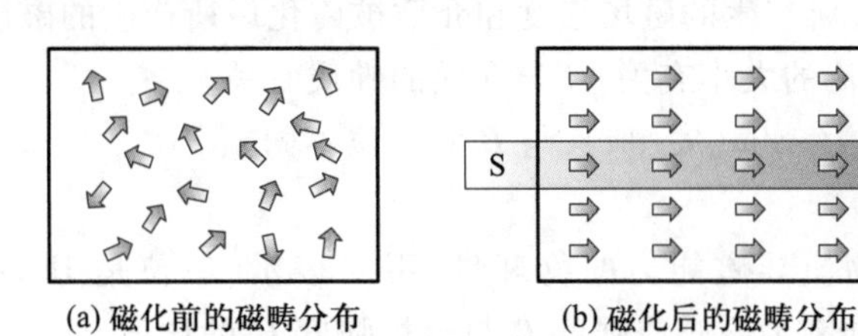

图 1-3　磁化前后的磁畴分布情况

若无外磁场作用，磁畴则杂乱地排列，磁场互相抵消，对外不呈现磁性。若将磁性物质放入磁场，在外磁场作用下，磁畴的轴沿磁场方向趋于一致，对外呈现很强的磁性，形成一个附加磁场，该现象称为磁化。附加磁场叠加在外磁场上，合成磁场的磁性显著增强。在同一磁场强度的作用下，磁性物质的磁畴产生的附加磁场比非磁性物质被磁化产生的附加磁场强得多，故磁性物质的磁导率比非磁性物质的磁导率大得多。因此，在磁场中放入磁性物质后，总磁场的强度会增加数千倍甚至数万倍。磁性物质的这一特性称为高导磁性，该特性被广泛应用于电机的设计制造中。

虽然电机中的磁场大多由通过线圈的电流产生，但这些线圈却绕在由磁导率较高的磁性材料制成的铁心上。采用铁心后，在同样的电流下，铁心处的磁感应强度 B 和磁通 Φ 将大大增加，且比铁心外大得多。这样，一方面可用较小的电流产生较强的磁场，另一方面可使绝大部分磁通集中在由磁性物质所限定的空间内。

（2）磁饱和性

磁性物质的磁导率 μ，不仅远大于 μ_0，而且还与磁场强度以及物质磁状态的过程有关。对于磁性物质，不同的材料具有不同的磁导率，即使是同一材料，其磁导率也不是常数，即磁感应强度 B 和磁场强度 H 呈非线性关系，相应的关系曲线称为 $B-H$ 曲线（或磁化曲线）。工程计算时，事先通过实验测得各种磁性物质在不同磁场强度 H 下的磁感应强度 B，再绘制 $B-H$ 曲线。将未经磁化的磁性材料进行磁化，初始磁化过程及其曲线如图 1-4 所示。

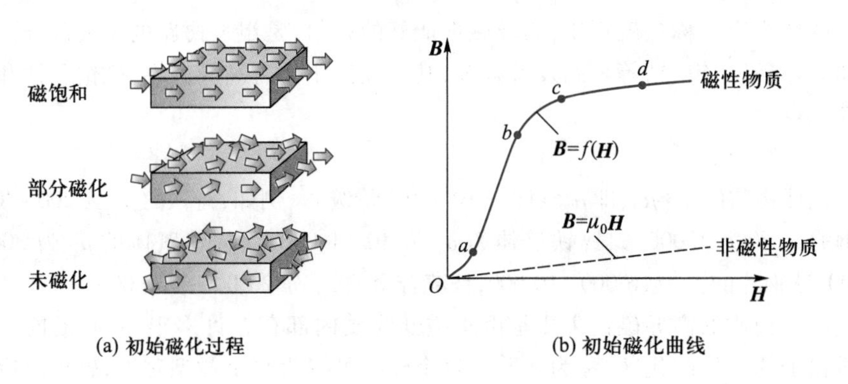

图 1-4　初始磁化过程及其曲线

当磁场强度 H 由零逐渐增大时，磁感应强度 B 随之增加，所形成的 B-H 曲线称为初始磁化曲线或起始磁化曲线。可见，在初始磁化过程中，当 H 较小时，B 与 H 几乎成正比增加；H 增加到一定值后，B 增加逐渐缓慢；随着 H 的继续增加，B 却增加得很少，这种现象称为磁饱和现象。磁性物质的这一特性称为磁饱和性，该特性使得磁路的分析成为非线性问题，因而要比线性电路的分析更为复杂。

磁饱和现象的存在是由于在外磁场的作用下磁性物质中的磁畴出现了两种不同过程：一是与外磁场同方向的磁畴边界增大的过程，二是其他方向的磁畴沿外磁场方向的转动过程。相应地，如图 1-4(b)所示的初始磁化曲线，可以细分为四个阶段：

① Oa 段：外磁场 H 较弱，主要是与外磁场同方向的磁畴边界增大的过程，B 随 H 缓慢增加。

② ab 段：外磁场 H 较强，主要是磁畴沿外磁场方向转动的过程，B 随 H 迅速增大，呈直线段。

③ bc 段：外磁场 H 增大，但能够沿外磁场方向转动的磁畴越来越少，B 随 H 的增加逐渐变缓慢，出现了磁饱和现象。

④ cd 段：磁性材料内所有的磁畴都转到与外磁场一致的方向，B 和 H 的关系类似于真空中的情况，磁性材料的磁导率趋近于 μ_0；磁化曲线呈直线，基本上与非磁性物质的 $B=\mu_0 H$ 特性平行。

其中，a 点称为跗点，b 点称为膝点，c 点称为饱和点。设计电机时，为使主磁路内得到较大的磁通量而又不过分增大励磁磁动势，通常把铁心内工作时的 B 值选在膝点 b 附近。

(3) 磁滞性

磁性物质都具有保留其磁性的倾向，B 的变化总是滞后 H 的变化，这种现象称为磁滞现象。线圈中通入交流电后，开始时铁心中的 B 随 H 从零沿初始磁化曲线增加，最后 B 随着与电流成正比的 H 反复交变，磁性物质被反复磁化，B 将沿着如图 1-5 所示的闭合曲线变化，该闭合曲线称为磁滞回线。磁性物质的这一特性称为磁滞性，该特性是由磁畴在转向时遇到摩擦力的阻碍作用而引起的。此时，在同一 H 值下，B-H 曲线不是单值，而是有两个 B 值与之对应。

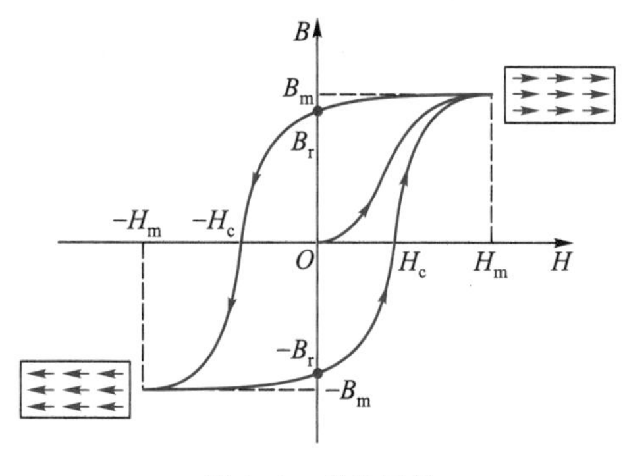

图 1-5　磁滞回线

在 H 减少的过程中，若 H 降为 0，但 B 并不为 0，则说明铁心中的磁性并未消失，它所保留的磁感应强度 B_r 称为剩磁强度。当 H 反向增加到 $-H_c$ 时，B 为 0，即铁心中的剩余磁性完全消失。使 B 为 0 的 H 值称为矫顽磁力 H_c。永久磁铁的磁性就是由剩磁产生的。剩磁的意义在于即使没有外部励磁，也能在磁路中产生磁通，因而被广泛用于扬声器和永磁电机中。

对同一磁性物质，选取一系列不同磁场强度的最大值 H_m，多次交变磁化可得到一系列磁滞回线，如图 1-6 所示的虚线。由这些磁滞回线的正顶点与原点连成的曲线，称为基本磁化曲线或标准磁化曲线。不同的磁性物质，其基本磁化曲线是不同的，图 1-7 给出了几种常用磁性材料的基本磁化曲线，此曲线可以表征物质的磁化特性，是磁路分析和计算的依据。

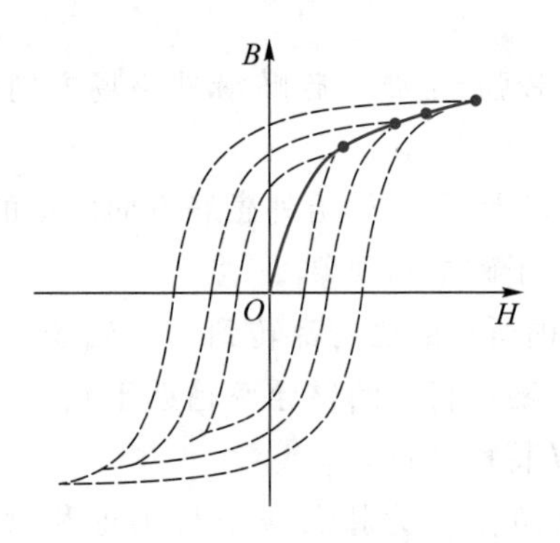

图 1-6　基本磁化曲线

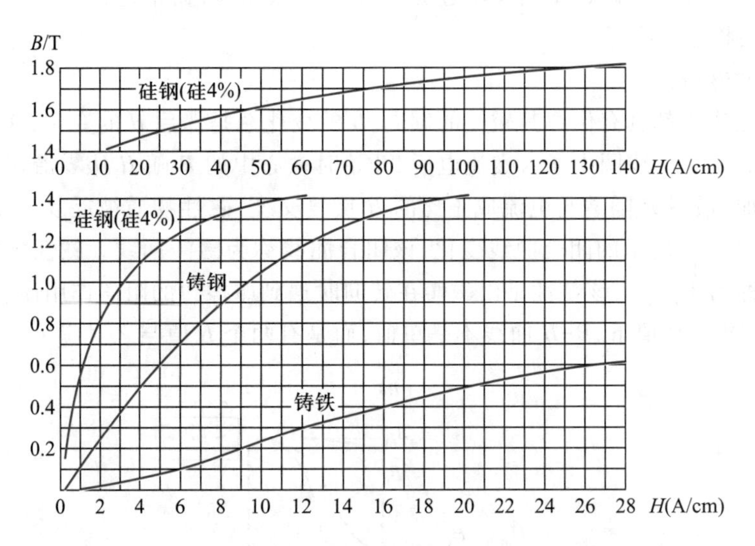

图 1-7　几种常用磁性材料的基本磁化曲线

按磁滞回线宽窄的不同，磁性物质又可分为三种：软磁物质、硬磁物质和矩磁物质，如图 1-8 所示。

① 软磁物质的磁滞回线瘦窄，B_r 和 H_c 都很小，如软铁、硅钢、铸钢、铍钼合金和铁氧体等，易磁化、退磁，一般用来制造电机和接触器的铁心。

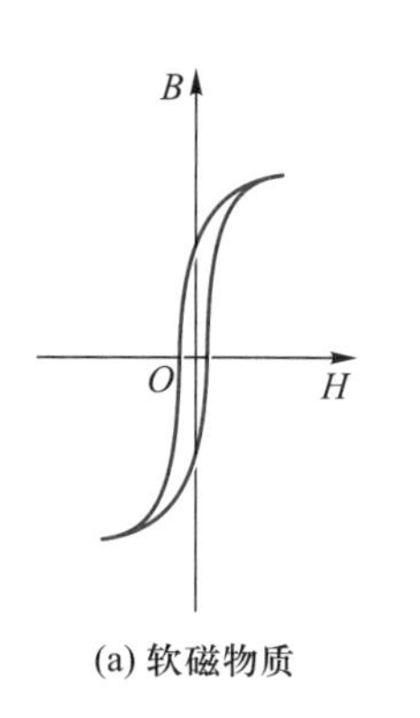

(a) 软磁物质

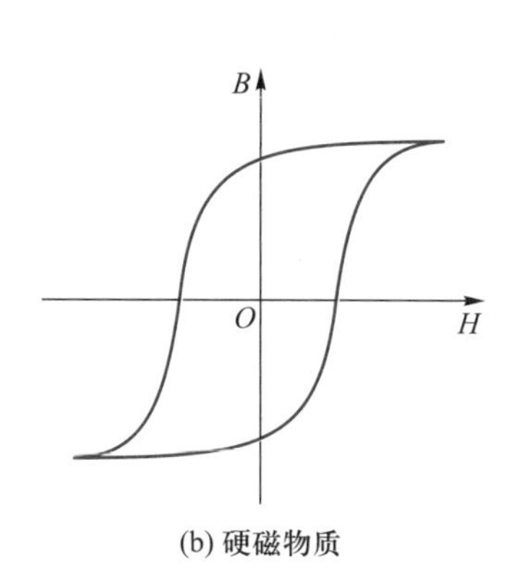

(b) 硬磁物质

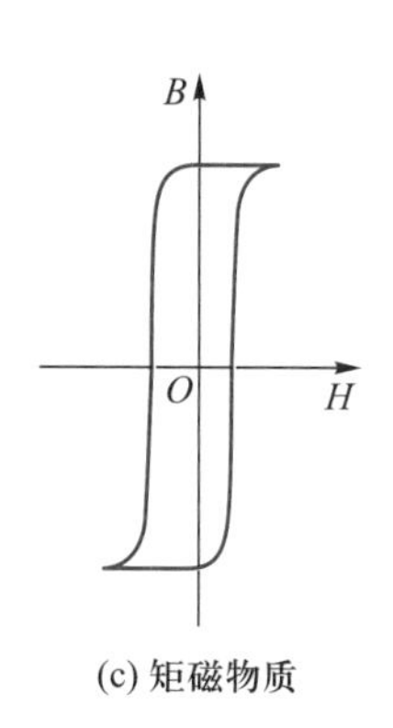

(c) 矩磁物质

图 1-8　按磁滞回线特征分类的磁性物质

② 硬磁物质的磁滞回线胖宽，B_r 和 H_c 都很大，如钴钢、钨钢、碳钢和铝镍钴合金等，磁化后可长久保持很强的磁性，一般用来制造磁电式电表、耳机和扬声器中的永磁铁。

③ 矩磁物质的磁滞回线接近矩形，B_r 很大，H_c 很小，如镁锰铁氧体（磁性陶瓷）、锂镁铁氧体和某些铁镍合金等，该类物质在两个方向上的剩磁可用于表示计算机二进制的 **0** 和 **1**，常用在电子技术和计算技术中。

电机的铁心一般采用软磁材料制成，其磁滞回线瘦窄。在进行磁路计算时，为了简化计算，可以不考虑磁滞现象，用基本磁化曲线来表示 B 与 H 之间的关系。因此，电机学中通常所说的磁性物质的磁化曲线是指基本磁化曲线。

3. 磁性物质的铁损耗

除了磁饱和现象外，磁性物质内部还存在由磁滞现象和涡流现象而引起的磁滞损耗和涡流损耗，二者统称为铁心损耗，简称铁损耗。铁损耗的存在，将造成功率损失，并导致铁心发热。

(1) 磁滞损耗

磁性物质在交变磁场中被反复磁化时，磁畴之间互相摩擦，要消耗能量，相应的功率损耗称为磁滞损耗，用 P_h 表示。由物理学知识可知，当磁性物质交变磁化一个循环时单位体积所消耗的能量与磁滞回线的面积成正比，因此磁滞损耗正比于交流电的频率、铁心的体积和磁滞回线的面积。其中，磁滞回线的面积与磁感应强度的最大值 B_m 和材料的特性有关。磁滞损耗的经验公式为

$$P_h = K_h f B_m^{\alpha} V \tag{1-7}$$

式中：K_h 为磁滞损耗系数，其大小取决于材料性质；f 为磁场的交变频率；B_m 为磁感应强度的幅值；α 为与材料性质有关的常数，对于一般的电工钢片其值为 1.5~2.5；V 为铁心的体积。

由于软磁物质的磁滞回线面积小，因此为了减小磁滞损耗，铁心应选用硅钢等软磁物质。

(2) 涡流损耗

磁性物质不仅是导磁材料，又是导电材料。在交变磁场的作用下，铁心中会

产生感应电动势,从而在垂直于磁通方向的铁心平面内产生如图1-9(a)所示的旋涡状感应电流,称为涡流。涡流在铁心电阻上的功率损耗称为涡流损耗,用P_e表示。涡流损耗的经验公式为

$$P_e = K_e d^2 f^2 B_m^2 V \tag{1-8}$$

式中:K_e为涡流损耗系数,其大小与材料的电导率成正比;d为硅钢片厚度。

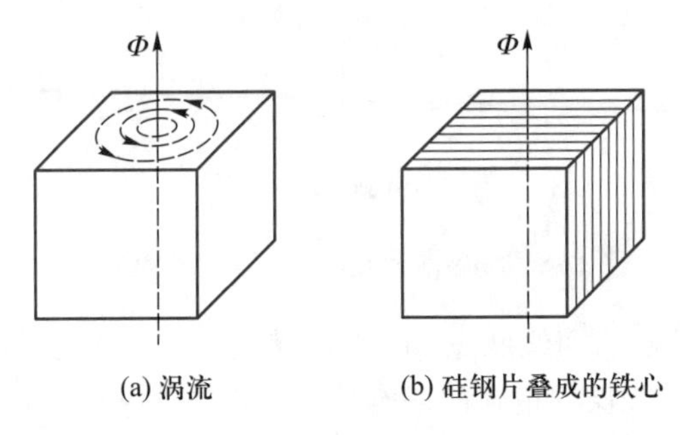

图1-9　涡流损耗

由于涡流损耗与铁磁材料的电导率、厚度的平方成正比,因此为了减小涡流损耗,一方面可选用电导率较小的硅钢等磁性材料,另一方面可把整块的硅钢改为由图1-9(b)所示的顺着磁场方向彼此绝缘的硅钢片叠压而成,使涡流限制在较小的截面积内以减小涡流。例如,变压器等交流电气设备的铁心均采用硅钢片叠加而成,每片厚度为0.05~0.5 mm。近年来,一些磁导率大、铁损耗小、厚度薄的非晶和微晶材料已在变压器中广泛应用。

综上所述,铁损耗可以表示为

$$P_{Fe} = P_h + P_e = (K_h f B_m^{\alpha} + K_e d^2 f^2 B_m^2) V \tag{1-9}$$

对于一般的电工钢片,由式(1-9)可得铁损耗的经验公式为

$$P_{Fe} \approx K_{Fe} f^{\beta} B_m^2 m \tag{1-10}$$

式中:K_{Fe}为铁心的损耗系数;β为频率系数,其值为1.2~1.6;m为铁心质量。

尽管铁损耗可用上述公式计算,但其准确度不尽如人意,计算也不方便,因此工程上多用实验测得准确度较高的损耗曲线进行计算,如图1-10所示。该曲线将单位质量材料的铁损耗表示为磁感应强度和频率的函数。

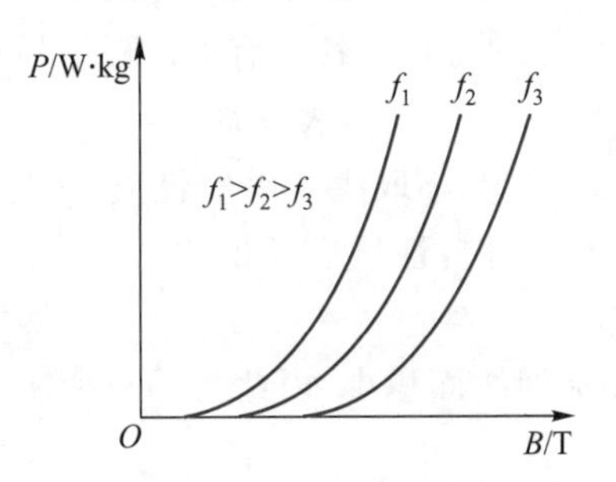

图1-10　磁性材料的损耗曲线

此外，由式(1-9)和式(1-10)可看出，恒定磁通的磁路无铁损耗。

1.1.3 磁场的基本定律

磁场的基本定律包括磁通连续性定理、安培环路定律及其推广形式、法拉第电磁感应定律、毕奥-萨伐尔电磁力定律(简称毕-萨电磁力定律)，分别介绍如下。

1. 磁通连续性定理

磁通连续性定理用于描述磁场的基本性质，又称为磁场的高斯定理，该定理指出磁场中任一时刻通过任一闭合曲面 S 的净磁通等于零，即穿出的磁通等于穿入的磁通，二者的代数和为零，即

$$\oiint_S \boldsymbol{B} \cdot \mathrm{d}\boldsymbol{s}=0 \tag{1-11}$$

磁通连续性定理表明磁场是无源场，且磁感线是连续的，都是围绕着电流无始端和终端的闭合线。

2. 安培环路定律

在恒定磁场中，磁感应强度 $\boldsymbol{B}$ 沿任一闭合路径 L 的线积分，等于该闭合路径所包围的所有导体电流的代数和乘以磁导率，即

$$\oint_L \boldsymbol{B} \cdot \mathrm{d}\boldsymbol{l}=\mu_0 \sum i \tag{1-12}$$

以上规律称为安培环路定律。可见，安培环路定律描述的是电生磁的基本定律，通电导体周围所产生的磁场与导体内部电流之间符合该定律。若环路所包围电流的方向与磁感线的方向关系符合右手螺旋定则，则电流前取正号，反之取负号，如图 1-11 所示。

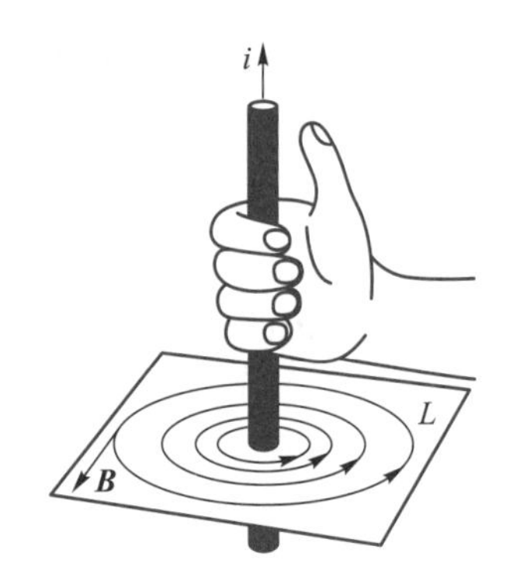

图 1-11 安培环路定律的右手螺旋定则

3. 全电流定律

在恒定磁场情况下，对于以闭合回路为边界的所有曲面，安培环路定律总是成立的。然而，对于非恒定磁场，安培环路定律将不再适用。对于普遍的情况，麦克斯韦认为通过空间某截面的电流应包括传导电流与位移电流，二者之和称为全电流。对于任何电路，全电流是处处连续的。借助于位移电流和全电流的概念，麦克斯韦把安培环路定律推广到变化电磁场也适用的普遍形式。在磁场

中，磁场强度 $\boldsymbol{H}$ 沿任一闭合路径 L 的线积分等于该闭合路径所包围的所有导体电流的代数和，即

$$\oint_L \boldsymbol{H} \cdot \mathrm{d}\boldsymbol{l} = \sum i \tag{1-13}$$

如果磁场均匀且通电导体是匝数为 N 的线圈，则上式可变为

$$HL = Ni \tag{1-14}$$

以上规律称为全电流定律。其中，环路所包围电流的方向与磁感线的方向关系同样符合右手螺旋定则。

4. 法拉第电磁感应定律

磁场可在导体中感应出两种电动势，即交变磁场中的感应电动势和恒定磁场中的动生电动势。

（1）交变磁场中的感应电动势

交变磁场在线圈中产生的感应电动势 e 的大小，等于磁链 Ψ 对时间的变化率，与线圈的匝数 N 和线圈所交链的磁通 Φ 对时间的变化率成正比。按照图 1-12 所规定的参考方向，电动势 e 的方向与磁通 Φ 的方向关系符合右手螺旋定则，有

$$e = -\frac{\mathrm{d}\Psi}{\mathrm{d}t} = -N\frac{\mathrm{d}\Phi}{\mathrm{d}t} \tag{1-15}$$

以上规律称为法拉第电磁感应定律。可见，法拉第电磁感应定律描述的是磁生电的基本定律。

（2）恒定磁场中的动生电动势

如上所述，交变磁场会在导体中产生感应电动势。如果磁场恒定不变，导体在磁场中切割磁感线运动，那么导体与磁场之间存在相对运动，如图 1-13 所示。于是，根据法拉第电磁感应定律，同样会在导体中产生感应电动势，其计算公式为

$$\boldsymbol{e} = l\boldsymbol{v} \times \boldsymbol{B} \tag{1-16}$$

式中：l 为导体的有效长度；$\boldsymbol{v}$ 为导体切割磁场的速度，单位为 m/s（米每秒）。

若感应电动势 $\boldsymbol{e}$、磁场 $\boldsymbol{B}$ 和速度 $\boldsymbol{v}$ 的方向关系符合右手定则，则动生电动势的大小为

$$e = Blv \tag{1-17}$$

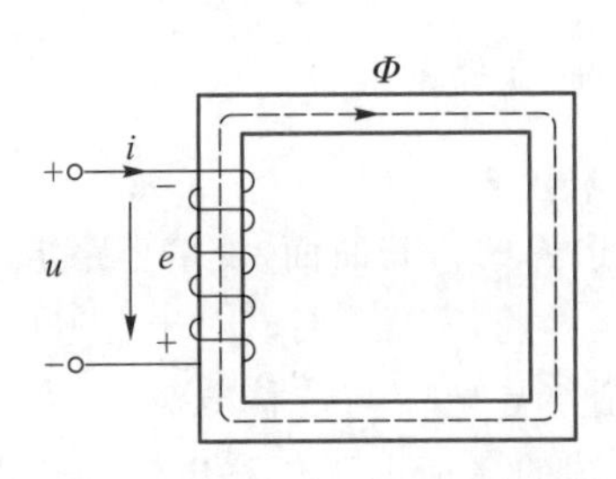

图 1-12　感应电动势的右手螺旋定则

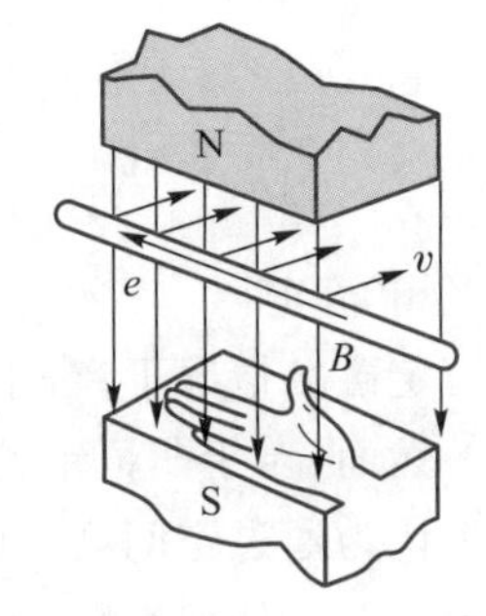

图 1-13　动生电动势的右手定则

5. 毕奥-萨伐尔电磁力定律

磁场对电流的作用是磁场的基本特征之一，通电导体在磁场中会受到力的作用。取一微元导体 $\mathrm{d}l$，导体中的电流为 $\boldsymbol{i}$，该微元所处的磁感应强度为 $\boldsymbol{B}$，则所产生的电磁力 $\mathrm{d}\boldsymbol{F}_{\mathrm{e}}$ 为

$$\mathrm{d}\boldsymbol{F}_{\mathrm{e}}=\boldsymbol{i}\mathrm{d}\boldsymbol{l}\times\boldsymbol{B} \tag{1-18}$$

若整个导体范围内的磁场均匀，且磁场与导体相互垂直，则作用在通电导体上的电磁力的大小 F_{e} 为

$$F_{\mathrm{e}}=Bil \tag{1-19}$$

式中：l 为导体的有效长度。

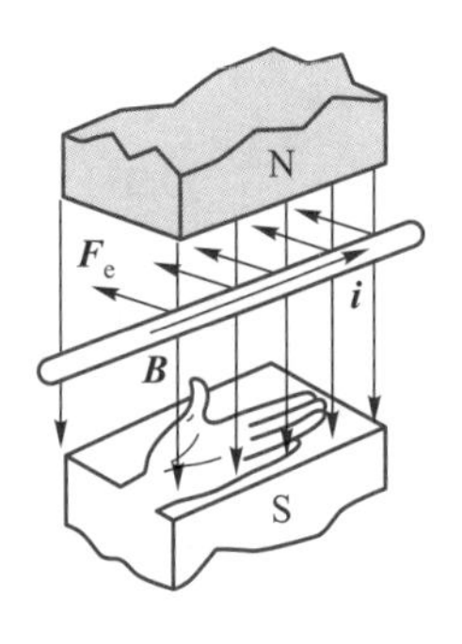

图 1-14　电磁力的左手定则

以上规律称为毕奥-萨伐尔电磁力定律，简称毕-萨电磁力定律，它描述的是电和磁之间相互作用产生力的基本定律，是电动机最重要的理论基础。其中，电磁力 $\boldsymbol{F}_{\mathrm{e}}$、磁感应强度 $\boldsymbol{B}$ 和电流 $\boldsymbol{i}$ 的方向关系服从左手定则，如图 1-14 所示。左手定则又称为电动机定则，是判断通电导线在磁场中受力方向的法则，描述了磁场对电流的作用力，或者是磁场对运动电荷的作用力。

1.1.4 磁路的基本物理量

在利用磁场实现能量转换的装置中，常采用具有高导磁性的铁心，将线圈绕于其上通以电流产生磁场，该磁场主要分布在铁心内部。磁通所通过的路径称为磁路，如图 1-15 所示。研究电流及其所产生的磁场问题可简化为磁路的分析和计算。

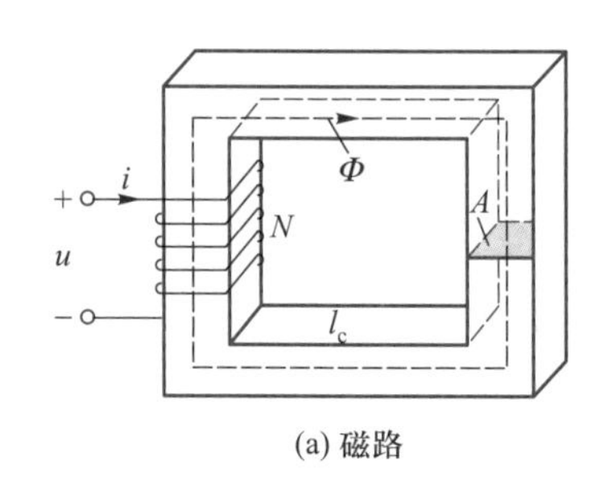

(a) 磁路

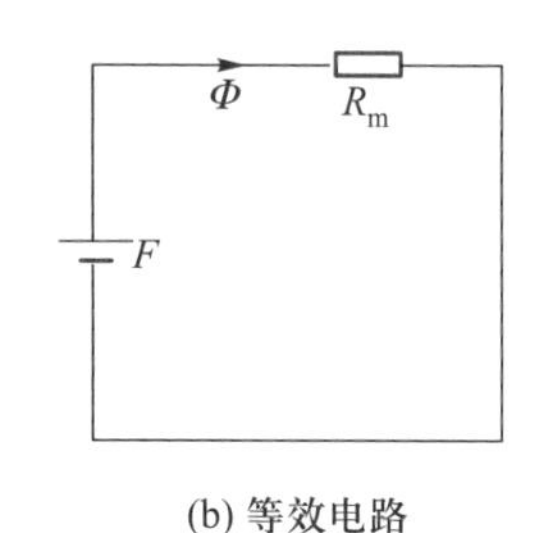

(b) 等效电路

图 1-15　简单磁路及其等效电路

在对磁路进行分析和计算时，除了常用磁通、磁链、磁感应强度、磁场强度等基本物理量外，还用到磁位、磁位差、磁动势、磁阻等物理量，分别介绍如下。

1. 磁位差

如图 1-16 所示，在无传导电流分布的恒定磁场空间区域内，把单位强度的磁极从 a 点（起点）移到 b 点（终点）所做的功，称为 a、b 两点间的磁位差，又称

为磁位降,用 U_m 表示。磁位差与静电场中的电位差(即电压)相似,定义为

$$U_m = \int_a^b \boldsymbol{H} \cdot \mathrm{d}\boldsymbol{l} \tag{1-20}$$

在均匀磁场中,上式可变为

$$U_m = Hl_{ab} \tag{1-21}$$

式中:l_{ab} 为磁路中 a 点到 b 点的路径长度。

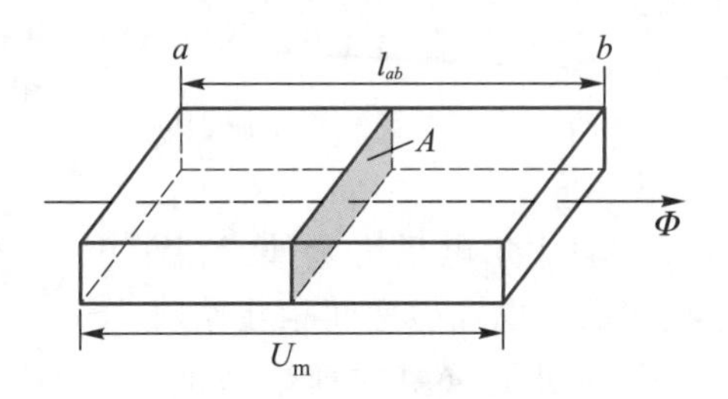

图 1-16　磁位差

根据全电流定律,当磁场方向与该段磁路的方向一致时,磁位差 U_m 前取正号,反之取负号。

2. 磁位

选定一个参考点(即零磁位点),则磁路中某一点与参考点之间的磁位差即为该点的磁位。磁路中任意两点之间的磁位差就等于这两点之间磁位的代数差,即 $U_{mab}=U_{ma}-U_{mb}$。磁位与静电场中的电位相似,也是一个相对值,某点的磁位根据参考点的变化而变化,而磁位差是一个绝对值,其方向为磁位降低的方向,由高磁位指向低磁位。

3. 磁动势

磁场强度沿闭合路径的线积分称为磁动势,又称磁通势或磁势,通常用 F 表示,即

$$F = \oint_L \boldsymbol{H} \cdot \mathrm{d}\boldsymbol{l} \tag{1-22}$$

在均匀磁场中,上式可变为

$$F = HL \tag{1-23}$$

根据全电流定律,若闭合磁感线是由 N 匝线圈电流所产生的,则

$$F = Ni \tag{1-24}$$

因此,磁动势可用安匝数 Ni 表示,以表征线圈中电流的磁效应。如图 1-15(b)所示,磁动势是磁场源,其作用类似于电路中的电动势。根据全电流定律,闭合路径上的磁动势的方向与线圈中电流的方向应符合右手螺旋定则。当电流方向与回路环形方向符合右手螺旋定则时,磁动势前取正号,反之取负号。

4. 磁阻

磁阻是表征磁路对磁通阻碍能力的物理量，通常用 R_m 表示，单位为 H^{-1}（每亨[利]）或 A/Wb（安每韦）。磁阻由磁路的几何形状、尺寸、材料的磁特性等因素决定，如图 1-16 所示。若该段磁路由同一种材料制成，则磁阻可用下式计算

$$R_m = \frac{l}{\mu A} \tag{1-25}$$

可见，磁阻与磁路的平均长度成正比，与磁路的截面积和磁性材料的磁导率成反比。由于磁性物质的磁导率比空气等非磁性物质大得多，因此由磁性材料组成的磁路，其磁阻很小，即使气隙也很小，但由于其磁导率小，磁阻将会很大。值得注意的是，磁性材料的磁导率不是常数，其磁阻也不是常数，二者随着磁路中磁感应强度的变化而变化，所以由磁性材料组成的磁路是非线性的。

1.1.5 磁路的基本定律

磁路中任一回路按磁导率、截面积和磁通的不同可分为若干段，三者中任一不同均会造成磁场强度 $\boldsymbol{H}$ 的不同，故磁路分析和计算时通常先分段再综合。与电路类似，磁路的分析和计算可以通过磁路定律来进行。磁路的欧姆定律和基尔霍夫定律是磁路分析和计算的最基本定律，分别介绍如下。

1. 磁路欧姆定律

磁路欧姆定律是分析磁路的基本定律，现以图 1-17 所示的无分支磁路为例来介绍该定律内容。该磁路由铁心和气隙两部分组成，设铁心部分各处材料相同，磁导率用 μ_c 表示；截面积相等，用 A_c 表示；平均长度（即中心线的长度）为 l_c；气隙部分的磁路截面积为 A_0，长度为 l_0。

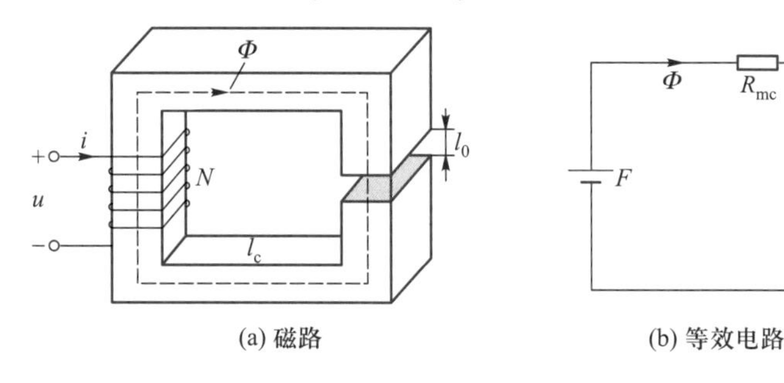

图 1-17 存在一段气隙的磁路及其等效电路

(1) 恒定磁通的磁路欧姆定律

若在线圈中通入直流电流，在磁路中将产生不随时间变化的恒定磁通 Φ。由于磁感线是连续的，忽略漏磁通后，通过该磁路各截面积的磁通 Φ 相同，所以磁感线的分布可认为是均匀的。铁心和气隙两部分的磁感应强度和磁场强度的数值分别为

$$B_c = \frac{\Phi}{A_c} \quad 和 \quad H_c = \frac{B_c}{\mu_c} = \frac{\Phi}{\mu_c A_c}$$

$$B_0=\frac{\Phi}{A_0} \quad 和 \quad H_0=\frac{B_0}{\mu_0}=\frac{\Phi}{\mu_0 A_0}$$

根据全电流定律,取磁路中心线处的磁感线回路为积分回路,由于中心线上各点的 $\boldsymbol{H}$ 方向与 $\boldsymbol{l}$ 方向一致,则磁动势为

$$F=\oint_L \boldsymbol{H}\cdot \mathrm{d}\boldsymbol{l}=H_c l_c+H_0 l_0=\Phi\left(\frac{l_c}{\mu_c A_c}+\frac{l_0}{\mu_0 A_0}\right)$$

根据磁阻的定义,令 $R_{mc}=\frac{l_c}{\mu_c A_c}$、$R_{m0}=\frac{l_0}{\mu_0 A_0}$、$R_m=R_{mc}+R_{m0}$,则 R_{mc}、R_{m0} 和 R_m 分别为铁心、气隙和磁路的磁阻。于是,得

$$\Phi=\frac{F}{R_m} \tag{1-26}$$

以上规律称为磁路欧姆定律。可见,在恒定磁通的磁路中,磁通 Φ 等于磁动势 F 除以磁路的总磁阻 R_m。在形式上,恒定磁通的磁路欧姆定律与直流电路的欧姆定律相似。磁路中的磁通 Φ、磁动势 F 和磁阻 R_m 分别与电路中的电流 I、电动势 E 和电阻 R 相对应。

由上述分析可知,尽管 l_0 很小,但由于 $\mu_c \gg \mu_0$,使得 R_{m0} 仍然比 R_{mc} 大得多。因此,当磁路中存在气隙时,磁路的总磁阻将显著增加。若磁动势一定,则磁路中的磁通将减小;若要保持磁通一定,则需要增加磁动势。在电机的磁路中,尽管气隙很小,却是磁路磁阻最大的部分,因此磁路中应尽量减少不必要的气隙。

结合磁链和磁动势的定义式,即式(1-1)、式(1-2)和式(1-24),可得自感为

$$L=\frac{\Psi}{i}=\frac{N\Phi}{i}=\frac{N}{i}\cdot\frac{Ni}{R_m}=\frac{N^2}{R_m} \tag{1-27}$$

若磁性材料的磁导率无穷大,铁心的磁阻可忽略不计,则 $R_m \approx R_{m0}$,有

$$L\approx\frac{\mu_0 A_0 N^2}{l_0} \tag{1-28}$$

若磁路中无气隙或气隙可忽略不计,则 $R_m \approx R_{mc}$,有

$$L\approx\frac{\mu_c A_c N^2}{l_c} \tag{1-29}$$

可见,电感与励磁线圈匝数的平方、磁性材料的磁导率以及磁路的截面积成正比,与磁路的长度成反比。

(2) 交变磁通的磁路欧姆定律

如果线圈中通入交流电流,那么在磁路中就会产生随时间交变的磁通,此时的磁路欧姆定律在形式上与交流电路的欧姆定律相似。交变磁通的磁路欧姆定律为

$$\dot{\Phi}_m=\frac{\dot{F}_m}{Z_m} \tag{1-30}$$

式中:$\dot{\Phi}_m$ 是磁通的最大值;$\dot{F}_m$ 为磁动势的最大值;Z_m 是磁路的阻抗,称为磁阻抗,与交流电路的阻抗一样,也是个复数,即

$$Z_m = R_m + jX_m \tag{1-31}$$

式中：X_m 是磁路的磁抗。

在数值上，交变磁通的大小为

$$\Phi_m = \frac{F_m}{|Z_m|} \tag{1-32}$$

［例 1-1］ 设图 1-18(a)所示磁路由磁导率无穷大的铁心和两段气隙构成。铁心上绕有 N 匝线圈，线圈中通入大小为 I 的直流电流，两段气隙的长度分别为 l_{01}、l_{02}，截面积分别为 A_{01}、A_{02}。忽略边缘效应，试求：(1) 绕组的电感；(2) 气隙 l_{01} 中磁感应强度 B_1 的大小。

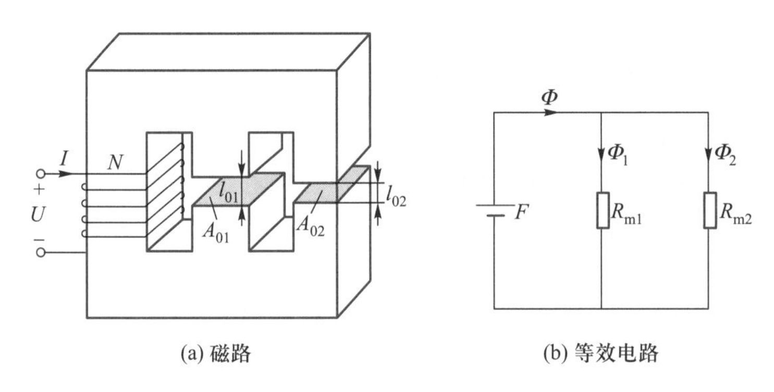

图 1-18 存在两段气隙的磁路及其等效电路

解：(1) 图 1-18(a)所示磁路的等效电路如图 1-18(b)所示，由于磁性材料的磁导率无穷大，铁心的磁阻可忽略不计，所以磁路的总磁阻等于两个气隙磁阻的并联，即

$$R_m = \frac{R_{m1}R_{m2}}{R_{m1}+R_{m2}}$$

式中：$R_{m1} = \frac{l_{01}}{\mu_0 A_{01}}$，$R_{m2} = \frac{l_{02}}{\mu_0 A_{02}}$。

根据式(1-27)，得

$$L = \frac{N^2(R_{m1}+R_{m2})}{R_{m1}R_{m2}} = \mu_0 N^2\left(\frac{A_{01}}{l_{01}} + \frac{A_{02}}{l_{02}}\right)$$

(2) 由等效电路可以看出

$$\Phi_1 = \frac{F}{R_{m1}} = \frac{\mu_0 A_{01}}{l_{01}} NI$$

于是，得

$$B_1 = \frac{\Phi_1}{A_{01}} = \frac{\mu_0 NI}{l_{01}}$$

2. 磁路基尔霍夫定律

磁路基尔霍夫定律是分析磁路的基本定律，现以恒定磁通和图 1-19 所示的有分支磁路为例来介绍该定律内容。该磁路各部分的磁通分别为 Φ_1、Φ_2 和 Φ_3，方向如图所示，长度分别为 l_1、l_2 和 l_3。

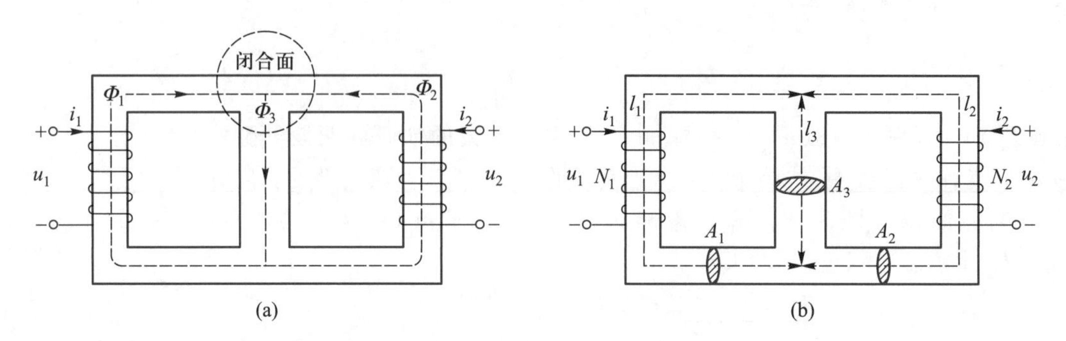

图 1-19　有分支磁路

（1）磁路基尔霍夫第一定律

取闭合面为图 1-19 中的虚线球面，令穿出闭合面的磁通为正，反之为负，根据磁通连续性定理，有

$$\Phi_3-\Phi_2-\Phi_1=0$$

由此可见，磁路中任一时刻任一闭合面上的磁通的代数和等于零，这一规律称为磁路基尔霍夫第一定律，即

$$\sum\Phi=0 \tag{1-33}$$

（2）磁路基尔霍夫第二定律

对于图 1-19 所示的最外边的闭合回路，设回路的环行方向为顺时针方向，则根据全电流定律，有

$$F_1-F_2=\oint_L \boldsymbol{H}\cdot \mathrm{d}\boldsymbol{l}=H_1l_1-H_2l_2=U_{\mathrm{m1}}-U_{\mathrm{m2}}$$

式中：F_1 和 F_2 分别为磁路中 l_1 段和 l_2 段的磁动势；U_{m1} 和 U_{m2} 分别为 l_1 段和 l_2 段的磁位差。

由此可见，磁路中任一时刻任一闭合回路的磁位差的代数和等于磁动势的代数和，这一规律称为磁路基尔霍夫第二定律，即

$$\sum U_{\mathrm{m}}=\sum F \tag{1-34}$$

［例 1-2］　如图 1-20 所示的磁路由两块硅钢铁心及二者之间的两段气隙构成。磁路左右两边对称，各部分尺寸为：$l_1=30$ cm，$l_2=12$ cm，$l_{01}=l_{02}=l_0/2=0.3$ cm，$A_0=A_1=10$ cm^2，$A_2=8$ cm^2。当线圈通入直流电流时，若要求在气隙处的磁感应强度达到 $B_0=1\text{T}$，则需要多大的磁动势？试问磁动势主要用于克服磁路中哪部分的磁阻？

解：磁路中的磁通为

$$\Phi=B_0A_0=1\times0.001\ \text{Wb}=0.001\ \text{Wb}$$

两块铁心中的磁感应强度为

$$B_1=\frac{\Phi}{A_1}=\frac{0.001}{0.001}\ \text{T}=1\ \text{T}$$

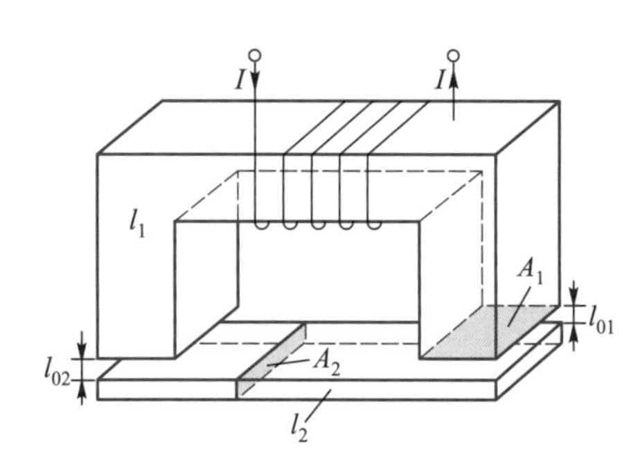

图 1-20　例 1-2 的磁路

$$B_2=\frac{\Phi}{A_2}=\frac{0.001}{0.0008}\ \mathrm{T}=1.25\ \mathrm{T}$$

各段磁路的磁场强度为

$$H_0=\frac{B_0}{\mu_0}=\frac{1}{4\pi\times10^{-7}}\ \mathrm{A/m}=796\ 000\ \mathrm{A/m}=7\ 960\ \mathrm{A/cm}$$

由图 1-7 中的磁化曲线查得

$$H_1=3.1\ \mathrm{A/cm}$$
$$H_2=6.5\ \mathrm{A/cm}$$

各段磁路的磁位差为

$$U_{m0}=H_0l_0=7\ 960\times0.6\ \mathrm{A}=4\ 776\ \mathrm{A}$$
$$U_{m1}=H_1l_1=3.1\times30\ \mathrm{A}=93\ \mathrm{A}$$
$$U_{m2}=H_2l_2=6.5\times12\ \mathrm{A}=78\ \mathrm{A}$$

磁动势为

$$F=U_{m0}+U_{m1}+U_{m2}=(4\ 776+93+78)\ \mathrm{A}=4947\ \mathrm{A}$$

可见，当磁路中存在气隙时，磁动势主要用于克服气隙的磁阻。

3. 电路和磁路的比较

磁路与电路有许多相似之处，为了便于对比分析，以直流电路和恒定磁场为例，表 1-1 列出了电路和磁路常用的基本物理量和基本定律。

表 1-1　电路与磁路常用的基本物理量和基本定律

电路		磁路	
电导率	γ	磁导率	μ
电流	I	磁通	Φ
电动势	E	磁动势	F
电阻	R	磁阻	R_m
电位差（电压）	$U=IR$	磁位差	$U_m=HL(\Phi R_m)$
电路欧姆定律	$I=\frac{U}{R}$	磁路欧姆定律	$\Phi=\frac{F}{R_m}$
电路基尔霍夫第一定律	$\sum I=0$	磁路基尔霍夫第一定律	$\sum\Phi=0$
电路基尔霍夫第二定律	$\sum U=\sum E$	磁路基尔霍夫第二定律	$\sum U_m=\sum F$

PPT 1.2:
铁心线圈电路

1.2　铁心线圈电路

铁心线圈电路根据通入电流的不同，可以分为直流铁心线圈电路和交流铁心线圈电路两类，如图 1-21 所示。由于铁心的磁导率比空气等非磁性物质的磁导率大得多，电流通过线圈时所产生的磁通可以分为两部分：一是大部分经铁心而闭合的磁通称为主磁通，记为 Φ，相应的磁路称为主磁路；二是小部分经空气等非磁性物质而闭合的磁通称为漏磁通，记为 Φ_σ，相应的磁路称为漏磁路。

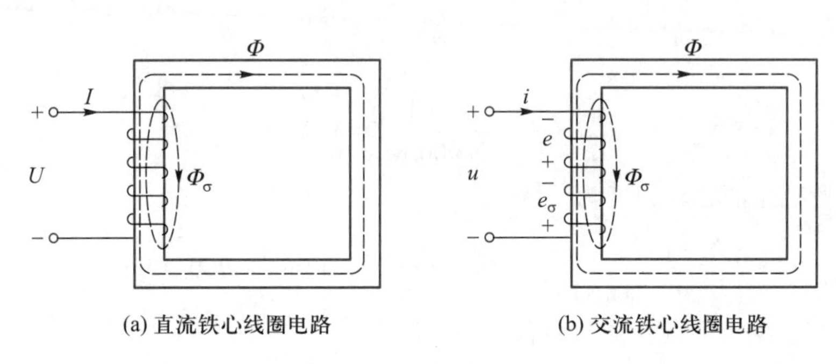

图 1-21　铁心线圈电路

以下从电路和磁路两方面，分别对直流和交流两类铁心线圈电路进行分析。

1.2.1　直流铁心线圈电路

如图 1-21(a) 所示，当铁心线圈中通入恒定直流电流 I 时，将产生不随时间变化的恒定磁场，该磁场不会在线圈中产生感应电动势。因此，在直流电路中，线圈的电感相当于短路，线圈的直流电流 I 只与线圈的直流电压 U 和电阻 R 有关。根据直流电路的欧姆定律，有

$$I=\frac{U}{R} \tag{1-35}$$

此时，线圈消耗的功率只有线圈电阻消耗的功率，即

$$P=UI=RI^2 \tag{1-36}$$

1.2.2　交流铁心线圈电路

在分析交流铁心线圈电路时，若涉及电路和磁路的问题，对电路问题仍采用原电路的分析方法，而对磁路相关的问题则通常将其转换为电路问题，用等效电路来分析磁路的工作情况，最后统一按照电路理论进行计算。由于主磁场和漏磁场所经过的磁路不同，二者相应的等效电路参数也不尽相同。

1. 电磁关系

如图 1-21(b) 所示，当铁心线圈两端加上交流电压 u 时，线圈中将产生交流电流 i，并产生交变的磁通。其中，绝大部分是主磁通 Φ，很小部分是漏磁通 Φ_σ。交变的主磁通和漏磁通分别在线圈中产生感应电动势 e 和 e_σ。选择 u 与 i 的参

考方向一致，由于 e、e_σ 和 i 的参考方向与磁感线的参考方向都应符合右手螺旋定则，因此 e、e_σ 和 i 的参考方向一致。

2. 功率关系

在交流电路中，将交流电源所提供的总功率称为视在功率，通常用 S 表示，单位为 V·A（伏安）或 kV·A（千伏安），用来表示变压器等交流电源设备的容量。视在功率的大小等于交流电路中电压有效值与电流有效值的乘积，即

$$S=UI \tag{1-37}$$

电感或电容元件与交流电源周期性往复交换的功率称为无功功率，通常用 Q 表示，单位是 var（乏[尔]）或 kvar（千乏[尔]）。实际消耗或输出的不可逆转换的功率称为有功功率（如转换为热能、光能或机械能的功率），通常用 P 表示，单位为 W（瓦[特]）或 kW（千瓦[特]）。

视在功率 S、无功功率 Q、有功功率 P 三者之间的数值关系，恰好相当于直角三角形的三边关系，S 相当于斜边，P 和 Q 相当于两条直角边，相应的三角形称为功率三角形，如图 1-22 所示。其中，φ 称为功率因数角，$\lambda=\cos\varphi$ 称为功率因数。

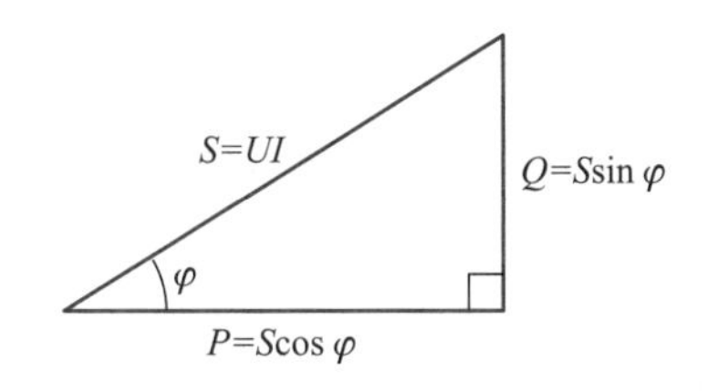

图 1-22 功率三角形

因此，交流铁心线圈的有功功率为

$$P=UI\cos\varphi \tag{1-38}$$

该有功功率包括铁损耗和铜损耗两部分，即

$$P=P_{\mathrm{Fe}}+P_{\mathrm{Cu}} \tag{1-39}$$

式中：铁损耗 P_{Fe} 为交变磁通在铁心中产生的功率损耗，如前所述包括磁滞损耗和涡流损耗两部分；铜损耗 P_{Cu} 为线圈电阻上的功率损耗，其值为

$$P_{\mathrm{Cu}}=RI^2 \tag{1-40}$$

3. 磁路等效

（1）漏磁路的等效电路参数

由于漏磁通经过的路径主要是变压器油或空气等非磁性物质，其磁导率接近于 μ_0，故漏磁路的磁阻可近似认为是常数，不受磁路饱和的影响，相应的磁路为线性磁路。于是，漏磁链 Ψ_σ 的大小为

$$\Psi_\sigma=L_\sigma i \tag{1-41}$$

式中：L_σ 为与漏磁通对应的线圈电感，称为线圈的漏电感，可视为常数，用一个理想电感元件来代替。

由式（1-27），可得

$$L_\sigma=\frac{N^2}{R_\sigma} \tag{1-42}$$

式中：R_σ 为漏磁路的磁阻。

根据电磁感应定律，漏磁通感应的漏电动势为

$$e_\sigma=-\frac{\mathrm{d}\Psi_\sigma}{\mathrm{d}t}=-L_\sigma\frac{\mathrm{d}i}{\mathrm{d}t} \tag{1-43}$$

用相量形式表示，有

$$\dot{E}_{\sigma}=-\mathrm{j}\omega L_{\sigma}\dot{I}=-\mathrm{j}X\dot{I} \tag{1-44}$$

式中：X 为漏电感在交流电路中的电抗，是线圈的漏电抗，简称漏抗，有

$$X=\omega L_{\sigma}=2\pi fL_{\sigma} \tag{1-45}$$

可见，用漏电抗 X 或漏电感 L_{σ} 可以反映漏磁路的构成情况，且二者均为常数，与铁心的饱和程度无关。

（2）主磁路的等效电路参数

由于主磁通集中在铁心中，而铁心的磁导率不是常数，故相应的磁路为非线性磁路，与主磁通对应的磁阻和线圈电感也不是常数。因此，不能用分析 e_{σ} 的方式来分析主磁通所产生的感应电动势 e，但可以直接利用电磁感应定律来分析。

若外加电压按正弦规律变化，则可认为磁通和感应电动势也按正弦规律变化。设主磁通为 $\Phi=\Phi_{\mathrm{m}}\sin\omega t$，根据电磁感应定律有

$$e=-N\frac{\mathrm{d}\Phi}{\mathrm{d}t}=-\omega N\Phi_{\mathrm{m}}\cos\omega t=2\pi fN\Phi_{\mathrm{m}}\sin(\omega t-90^{\circ})=E_{\mathrm{m}}\sin(\omega t-90^{\circ})$$

可见，感应电动势 e 滞后于主磁通 Φ 90°，二者的相位关系如图 1-23 所示。

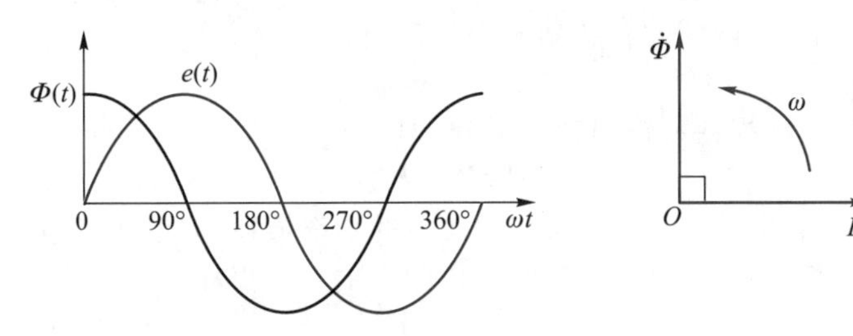

图 1-23　主磁通与感应电动势的相位关系

感应电动势用相量形式表示为

$$\dot{E}=-\mathrm{j}4.44Nf\dot{\Phi}_{\mathrm{m}} \tag{1-46}$$

其有效值为

$$E=\frac{E_{\mathrm{m}}}{\sqrt{2}}=\frac{2\pi fN\Phi_{\mathrm{m}}}{\sqrt{2}}=4.44Nf\Phi_{\mathrm{m}} \tag{1-47}$$

一般来说，铁心线圈中的阻抗都很小，若将其忽略不计，则

$$U\approx E=4.44Nf\Phi_{\mathrm{m}} \tag{1-48}$$

上式表明，主磁通的大小由输入电压、电压频率和线圈匝数决定，与磁路所用的材质及其几何尺寸基本无关。

如同漏磁路可用漏电抗来描述一样，主磁路也可用励磁电抗来描述。然而，考虑到实际铁心内部存在铁损耗，除了采用励磁电抗外，主磁路还需描述铁损耗的电阻性参数。根据交变磁通的磁路欧姆定律，得

$$\dot{E}=-\mathrm{j}4.44Nf\dot{\Phi}_{\mathrm{m}}=-\mathrm{j}4.44Nf\frac{\dot{F}_{\mathrm{m}}}{Z_{\mathrm{m}}}=-\mathrm{j}4.44Nf\frac{\sqrt{2}N\dot{I}}{R_{\mathrm{m}}+\mathrm{j}X_{\mathrm{m}}}$$

$$=-4.44\sqrt{2}N^2f\left(\frac{X_{\mathrm{m}}}{R_{\mathrm{m}}^2+X_{\mathrm{m}}^2}+\mathrm{j}\frac{R_{\mathrm{m}}}{R_{\mathrm{m}}^2+X_{\mathrm{m}}^2}\right)\dot{I}$$

令

$$R_0=4.44\sqrt{2}N^2f\frac{X_{\mathrm{m}}}{R_{\mathrm{m}}^2+X_{\mathrm{m}}^2}$$

$$X_0=4.44\sqrt{2}N^2f\frac{R_{\mathrm{m}}}{R_{\mathrm{m}}^2+X_{\mathrm{m}}^2}$$

式中：R_0 称为励磁电阻；X_0 称为励磁电抗。于是，得

$$\dot{E}=-(R_0+\mathrm{j}X_0)\dot{I}=-Z_0\dot{I} \tag{1-49}$$

式中：Z_0 为励磁阻抗，且 $Z_0=R_0+\mathrm{j}X_0$。

可见，用励磁电阻 R_0 和励磁电抗 X_0 才可以反映主磁路的构成情况。其中，R_0 可视为表征铁损耗的等效电阻；X_0 可视为主磁通电感所形成的电抗，表征了主磁路铁心的磁化性能。由于主磁路的非线性，R_0 和 X_0 均不是常数，与铁心的饱和程度相关。然而，当 U 和 f 不变时，由式(1-48)可知，Φ_{m} 基本不变，故可将 R_0 和 X_0 近似为常数。

(3) 等效电路

获得漏磁路和主磁路的等效电路参数后，可得交流铁心线圈电路的等效电路，如图 1-24 所示。

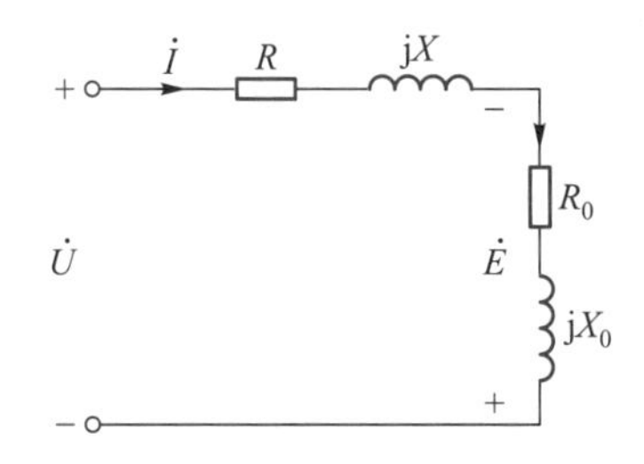

图 1-24　交流铁心线圈电路的等效电路

图中，X_0 表示主磁通电感所形成的电抗，X 表示漏磁通电感所形成的电抗。电流 I 通过 R 和 R_0 所消耗的功率为交流铁心线圈电路的有功功率，分别对应有功功率中的铜损耗 P_{Cu} 和铁损耗 P_{Fe}，即

$$\begin{cases}P_{\mathrm{Cu}}=RI^2\\P_{\mathrm{Fe}}=R_0I^2\end{cases} \tag{1-50}$$

产生主磁通的电流称为励磁电流，用 I_0 表示。由于 $R\ll R_0$、$X\ll X_0$，所以可认为交流铁心线圈电路中的电流基本上就是励磁电流，即 $I_0\approx I$。

4. 电动势平衡方程式

根据图 1-21 设定的参考方向，利用基尔霍夫电压定律，有

$$u=-e-e_{\sigma}+Ri$$

用相量形式表示，有

$$\dot{U}=-\dot{E}-\dot{E}_{\sigma}+R\dot{I} \tag{1-51}$$

将式(1-44)代入上式，可得交流铁心线圈电路的电动势平衡方程式为

$$\dot{U}=-\dot{E}+(R+jX)\dot{I}=-\dot{E}+Z\dot{I} \tag{1-52}$$

式中：Z 为线圈的漏阻抗，有

$$Z=R+\mathrm{j}X \tag{1-53}$$

将式(1-49)代入式(1-52)，则交流铁心线圈电路的电动势平衡方程式可改写为

$$\dot{U}=(R_0+\mathrm{j}X_0)\dot{I}+(R+\mathrm{j}X)\dot{I}=(Z_0+Z)\dot{I}$$

PPT 1.3：电力拖动的基本知识

1.3　电力拖动的基本知识

拖动是指应用各种原动机使生产机械产生运动以完成一定的生产任务。电力拖动(或电气传动)是以电动机为原动机，按照生产任务要求来拖动生产机械，实现电能与机械能之间的能量转换。电力拖动系统一般由电动机、传动机构、生产机械、控制设备和电源五部分组成，如图 1-25 所示。控制设备通过控制电动机的电压、电流、频率等输入量，对电动机的转速和转角进行调节，实现对电动机的起动、制动和调速等控制，进而改变生产机械的转矩、转速、位移等机械量。

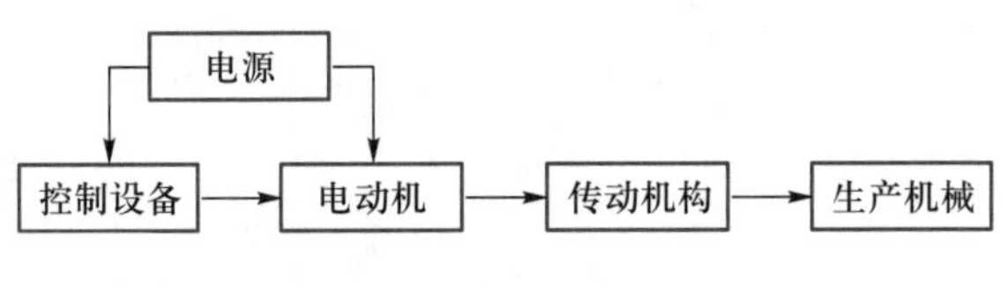

图 1-25　电力拖动系统

1.3.1　旋转运动的基本物理量

电动机由转子和定子两部分组成，其中转子可理解为电动机中的旋转部件。转子的旋转可视为刚体的定轴转动，要掌握电力拖动的基本知识，需要首先了解角度、角速度、角加速度、线速度、转速和转矩等描述旋转运动的基本物理量。

1. 角位置

表征刚体转动位置的物理量称为角位置，也称为角坐标，通常用 θ 表示，单位为°(度)或 rad(弧度)。如图 1-26(a)所示，以极轴 Ox 为参考位置，当某质点在转动平面内旋转至 p 位置时，Op 与 Ox 之间的夹角 θ 即为该质点当前时刻的角位置。角位置为标量，但有正负，一般设极轴的正方向为水平向右，当极轴逆时针旋转至 p 点时，角位置为正值。

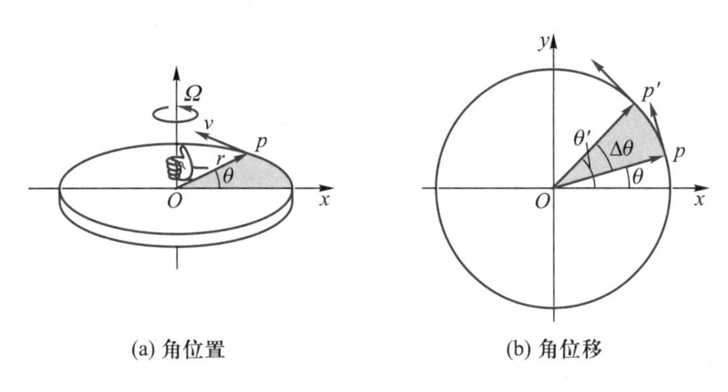

图 1-26　旋转运动的角位置和角位移

2. 角位移

表征刚体角位置变化的物理量称为角位移，通常用 $\Delta\theta$ 表示，单位为°(度)或 rad(弧度)。如图 1-26(b)所示，假设某质点做旋转运动，t 时刻质点在 p 点，角位置为 θ，$t+\Delta t$ 时刻质点旋转至 p'点，角位置为 θ'，则角位置的变化量 $\Delta\theta=\theta'-\theta$ 为刚体在 Δt 时间内的角位移。为了避免引起混淆，下文中角位置和角位移的单位统一采用 rad。

3. 角速度

表征刚体转动快慢和方向的物理量称为角速度，通常用 $\boldsymbol{\Omega}$ 表示，单位为 rad/s(弧度每秒)。角速度是矢量，其方向由右手螺旋定则确定，如图 1-26(a)所示，弯曲的四指沿转动方向，伸直的拇指即为角速度的方向。当质点做逆时针旋转时，$\boldsymbol{\Omega}$ 向上；做顺时针旋转时，$\boldsymbol{\Omega}$ 向下。如图 1-26(b)所示，假设某质点做旋转运动，在 Δt 时间内转过的角度为 $\Delta\theta$(即角位移)，则角速度的大小为

$$\Omega=\lim_{\Delta t\to 0}\frac{\Delta\theta}{\Delta t}=\frac{\mathrm{d}\theta}{\mathrm{d}t} \tag{1-54}$$

4. 角加速度

表征角速度变化快慢和方向的物理量称为角加速度，通常用 $\boldsymbol{\alpha}$ 表示，单位为 rad/s^2(弧度每秒平方)。角加速度是矢量，其方向为角速度变化的方向。假设某质点做旋转运动，在 Δt 时间内角速度的变化量为 $\Delta\Omega$，则角加速度的大小为

$$\alpha=\lim_{\Delta t\to 0}\frac{\Delta\Omega}{\Delta t}=\frac{\mathrm{d}\Omega}{\mathrm{d}t}=\frac{\mathrm{d}^2\theta}{\mathrm{d}t^2} \tag{1-55}$$

分析式(1-55)可知：

(1) 当 $\alpha=0$ 时，质点做匀速旋转运动。

(2) 当 α 为不等于零的常数时，质点做匀变速旋转运动。

(3) 当 α 随时间变化时，质点做一般的旋转运动。

5. 线速度

线速度是表征刚体旋转快慢和方向的物理量，可用来描述质点的曲线运动，通常用符号 $\boldsymbol{v}$ 表示，单位为 m/s(米每秒)。线速度是矢量，其方向时刻改变并始

终沿轨迹的切线方向,故又称为切向速度。假设某质点做旋转运动,在 Δt 时间内通过的弧长为 ΔL,则线速度的大小为

$$v=\lim_{\Delta t\to 0}\frac{\Delta L}{\Delta t}=\frac{dL}{dt} \tag{1-56}$$

当刚体做定轴转动时,运动的快慢和方向既可以用角速度描述,也可以用线速度描述,如图 1-26(a)所示,线量和角量的矢量关系为

$$\boldsymbol{v}=\boldsymbol{\Omega}\times\boldsymbol{r} \tag{1-57}$$

式中:$\boldsymbol{r}$ 为曲率半径。

可见,刚体上角速度相同的质点,由于旋转半径的不同会具有不同的线速度。在匀速圆周运动中,线速度和角速度的数值关系为

$$v=\Omega r=\frac{2\pi r}{t_{\Omega}} \tag{1-58}$$

式中:t_{Ω} 为旋转周期。

6. 转速

当刚体做旋转运动时,单位时间内转过的圈数称为转速,通常用 n 表示,它是描述物体旋转快慢的物理量。若采用工程单位制,转速以每分钟多少转来表示,单位为 r/min(转每分钟或 RPM),其中 RPM 是 revolutions per minute 的缩写。因此,在工程技术中,转速与角速度的关系为

$$n=\frac{60\Omega}{2\pi} \tag{1-59}$$

7. 转矩

使机械元件转动的力矩称为转动力矩,简称转矩,通常用 T 表示。由于机械元件在转矩作用下会产生一定程度的扭转变形,故转矩又称为扭矩。在国际单位制中,转矩的单位为 N·m(牛[顿]·米)。

在电力拖动系统中,电动机轴端输出转矩等于转子输出的机械功率除以转子的机械角速度,即

$$T=\frac{P}{\Omega} \tag{1-60}$$

1.3.2　电力拖动的动力学方程

动力学方程是运动过程的物理模型和力学表征。电力拖动的动力学方程描述的是旋转运动中的力学关系,是牛顿力学定律在旋转运动中的应用。在各种结构形式的电力拖动系统中,最简单的是电动机与生产机械同轴的单轴旋转系统。下文以单轴电力拖动系统为例,分析电力拖动的动力学方程。

1. 单轴电力拖动系统

(1) 牛顿运动定律

在图 1-27 所示的直线运动系统中,物体做直线运动,根据牛顿第二定律可知,系统的动力学方程为

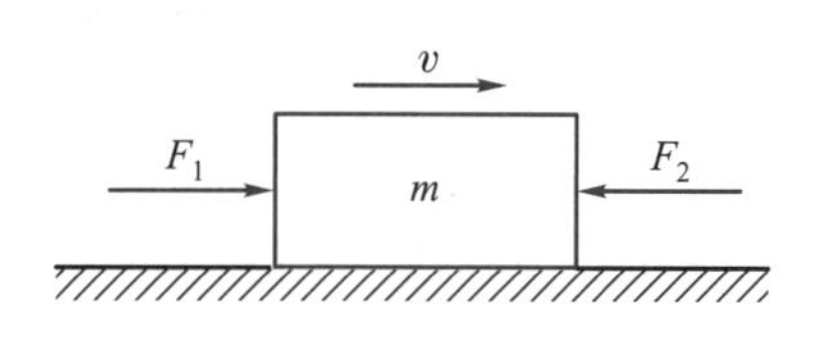

图 1-27 直线运动系统

$$\begin{cases} F_1 - F_2 = ma = m\dfrac{\mathrm{d}v}{\mathrm{d}t} \\ a = \dfrac{\mathrm{d}v}{\mathrm{d}t} \end{cases} \tag{1-61}$$

式中:F_1 为作用在物体上的驱动力,F_2 为物体运动过程中所受到的阻力,二者的单位均为 N(牛[顿]);m 为物体的质量,单位为 kg(千克);a 为线加速度,单位为 m/s^2(米每秒平方);$m\dfrac{\mathrm{d}v}{\mathrm{d}t}$为使物体加速的惯性力,单位为 N(牛[顿])。

如图 1-27 所示,当 $F_1>F_2$ 时,物体向右做加速运动。

在图 1-28 所示的单轴电力拖动系统中,物体做的旋转运动与直线运动相似,系统的动力学方程为

$$\begin{cases} T - T_{\mathrm{L}} - D\Omega - K\theta = J\alpha = J\dfrac{\mathrm{d}\Omega}{\mathrm{d}t} \\ \alpha = \dfrac{\mathrm{d}\Omega}{\mathrm{d}t} \end{cases} \tag{1-62}$$

式中:T 为电磁转矩,T_L 为负载转矩;D 为阻尼转矩系数,K 为扭转弹性转矩系数;θ、Ω 和 α 分别为角位置、角速度和角加速度;J 为转动惯量,单位为 $kg \cdot m^2$;$J\dfrac{\mathrm{d}\Omega}{\mathrm{d}t}$为惯性转矩,也称为动态转矩。

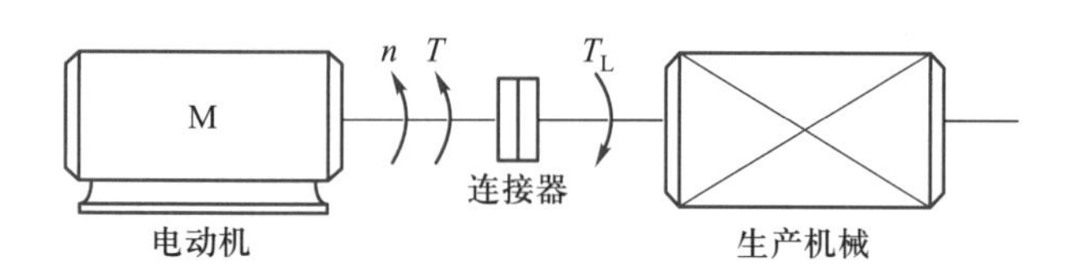

图 1-28 单轴电力拖动系统

式(1-62)为单轴电力拖动系统以转矩表示的动力学方程,实质上是旋转运动的牛顿第二定律。若忽略阻尼转矩和扭转弹性转矩,式(1-62)的第一行可简化为

$$T - T_{\mathrm{L}} \approx J\frac{\mathrm{d}\Omega}{\mathrm{d}t} \tag{1-63}$$

由上式可知,当刚体定轴转动时,刚体的角加速度与其所受到的合外力矩成正比,与刚体的转动惯量成反比。然而,式(1-63)在工程上应用不太方便,需要

将其转化为更加实用的形式。由工程力学可知,转动惯量 J 也可表示为

$$J=m\rho^2=\frac{G}{g}\left(\frac{D}{2}\right)^2=\frac{GD^2}{4g} \tag{1-64}$$

式中:ρ 和 D 分别为系统旋转部分的惯性半径和惯性直径,单位均为 m(米);g 为重力加速度,其值为 9.8 m/s^2;G 为系统旋转部分的重力,单位为 N(牛[顿]);GD^2 为表征系统旋转惯性的一个整体物理量,习惯上称为飞轮力矩,单位为 $N \cdot m^2$。

将式(1-59)和式(1-64)代入式(1-63),即将角速度 Ω 用转速 n 代替,转动惯量 J 用飞轮力矩 GD^2 代替,整理得旋转运动系统动力学方程的实用公式为

$$T-T_L\approx\frac{GD^2}{375}\cdot\frac{dn}{dt} \tag{1-65}$$

(2) 转矩控制规律

式(1-65)表征电力拖动系统中机械运动的普遍规律,是研究电力拖动系统各种运行状态的基础。

① 当 $T>T_L$ 时,$\frac{dn}{dt}>0$,系统加速运行;

② 当 $T=T_L$ 时,$\frac{dn}{dt}=0$,系统转速不变($n=0$ 或 $n=$常数);

③ 当 $T<T_L$ 时,$\frac{dn}{dt}<0$,系统减速运行。

当 $T>T_L$ 和 $T<T_L$ 时,系统的运动状态均处于过渡过程中,称为动态、暂态或过渡状态;当 $T=T_L$ 时,系统的运动状态称为稳定运行状态(简称为稳态或静态)。可见,要控制电动机的转速和转角,唯一的途径就是控制电动机的电磁转矩,使转速变化率按照人们期望的规律变化。因此,转矩控制是运动控制的根本。

在实际电力拖动系统中,电动机可以正转运行也可以反转运行,运行状态可以是电动状态,也可以是制动状态。在转速 n 和电磁转矩 T 的坐标系中,电力拖动系统的四象限运行状态如图 1-29 所示。在电动状态中(Ⅰ、Ⅲ象限),电磁转矩为拖动转矩,负载转矩为制动转矩;在制动状态中(Ⅱ、Ⅳ象限),电磁转矩变为制动转矩,最终实现电力拖动系统的快速制动。除此之外,1.4 节将介绍由重力作用产生的位能性恒转矩负载,即负载的转矩由上升过程中的制动转矩变为下降过程中的拖动转矩,电动机由电动状态变为制动状态。因此,转矩和转速不仅有大小变化,还有方向变化。

针对上述各种情况,必须按照一定的规则来明确转矩和转速的正负号,以表示转矩和转速的方向关系,进而使动力学方程正确地反映系统的动力学关系。如图 1-28 所示,一般情况下,首先选择某一转向为转速 n 的参考方向,当实际方向与参考方向一致时转速为正,反之为负;然后再按照如下规则确定转矩方向:

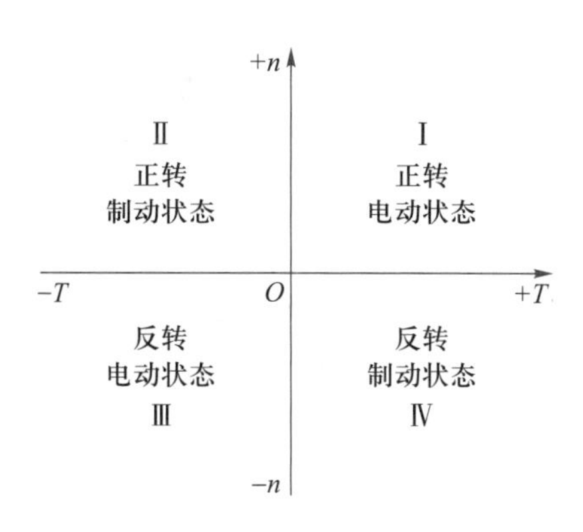

图 1-29　电力拖动系统的四象限运行状态

① 对于电磁转矩 T,选择其参考方向与转速的参考方向一致。当 T 为拖动转矩时,T 与 n 的符号相同;当 T 为制动转矩时,T 与 n 的符号相反;

② 对于负载转矩 T_L,选择其参考方向与转速的参考方向相反。当 T_L 为制动转矩时,T_L 与 n 的符号相同;当 T_L 为拖动转矩时,T_L 与 n 的符号相反。

2. 多轴电力拖动系统

单轴电力拖动系统的动力学方程仅针对单电动机直接拖动生产机械的系统。对于实际的大多数电力拖动系统,为了满足工艺要求其生产机械需要较低的转速或者平移、升降、往复等不同的运动形式。但在制造电动机时,一般都制成额定转速较高的旋转电动机,因此在电动机和生产机械之间必须加装齿轮减速箱、传动带、蜗杆等传动机构,构成多轴电力拖动系统,如图 1-30 所示。

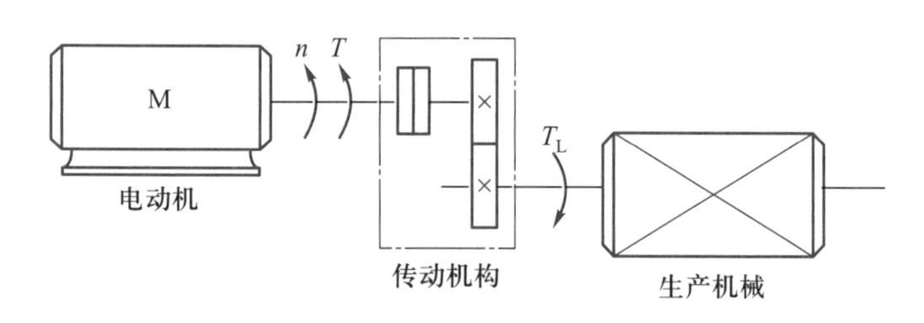

图 1-30　多轴电力拖动系统

为了简化分析计算,工程上通常要需对多轴拖动系统的有关结构参数和负载进行折算,将多轴拖动系统等效为一个单轴拖动系统,再利用式(1-65)进行计算。折算原则为:(1) 折算前后系统传递的功率不变;(2) 折算前后系统的动能不变。任何一个复杂系统都可以简化为由电动机和负载组成的等效单轴系统,故下文均以单轴系统为讨论对象。

1.4　电动机负载的机械特性

PPT 1.4:
电动机负载的
机械特性

对于电力拖动系统,电动机负载(生产机械)的转矩是一个必然存在的不可控的扰动输入,电动机负载的机械特性直接影响电力拖动系统控制方案的选择和系统的动态性能。电动机负载的机械特性是指电动机负载的转矩 T_L 与转速 n 之间的关系，即 $n=f(T_L)$，简称负载特性。为了对电力拖动系统做全面的了解，便于系统分析，下文归纳并介绍生产机械三种典型的负载特性。

1.4.1　恒转矩负载特性

负载转矩的大小恒定，与转速无关，称为恒转矩负载，即

$$T_L = 常数 \tag{1-66}$$

根据负载转矩方向与转向的关系，恒转矩负载又分为位能性和反抗性两种。

1. 位能性恒转矩负载

位能性恒转矩负载由重力产生，负载转矩具有固定的大小和方向，不随转向的变化而变化，如图 1-31(a)所示，特性在Ⅰ、Ⅳ象限。当 $n>0$ 时，$T_L>0$，T_L 为制动转矩；当 $n<0$ 时，$T_L>0$，T_L 为拖动转矩。属于此类负载的生产机械有电梯、矿井卷扬机和起重机的提升机构等。

2. 反抗性恒转矩负载

反抗性恒转矩负载由摩擦阻力产生，负载转矩的大小不变，方向始终与转动方向相反，是阻碍系统运动的制动转矩，如图 1-31(b)所示，特性在Ⅰ、Ⅲ象限。属于此类负载的生产机械有带式运输机、起重机的行走机构和机床的平移机构等。

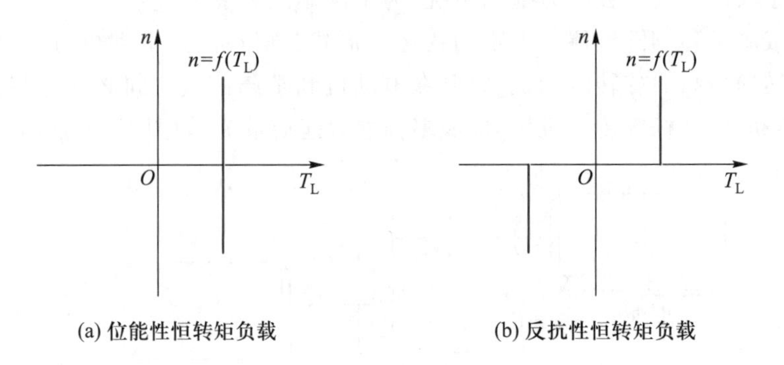

(a) 位能性恒转矩负载　　(b) 反抗性恒转矩负载

图 1-31　恒转矩负载特性

1.4.2　恒功率负载特性

负载转矩的大小与转速成反比，方向始终与转动方向相反，功率为常数，称为恒功率负载，即

$$T_L\Omega = P_L = 常数 \tag{1-67}$$

式中：P_L 为负载的机械功率。

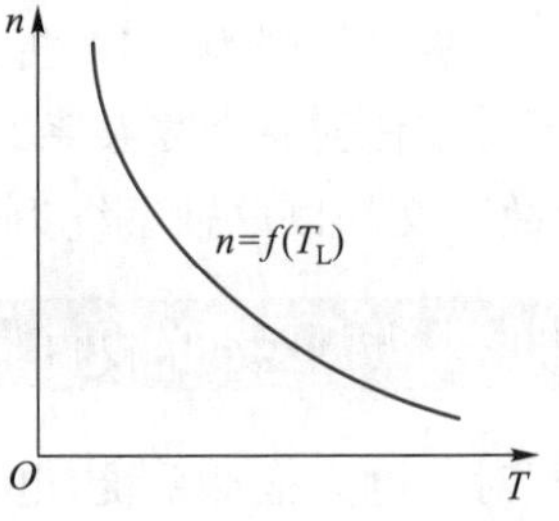

图 1-32　恒功率负载特性

恒功率负载特性如图 1-32 所示，是一条双曲线，属于此类负载的生产机械主要有切削类机床的主轴，以及轧钢、造纸、塑料薄膜生产线中的卷取机、开卷机等。以机床的主轴为例，其允许的最

大切削功率一般不变。在粗加工时，切削量大，切削阻力也大，转速较低；精加工时，切削量小，切削阻力也小，转速较高。

1.4.3 通风机负载特性

负载转矩的大小与转速的平方成正比，方向始终与转向相反，称为通风机负载，即

$$T_L \propto n^2 \tag{1-68}$$

通风机负载特性如图 1-33 所示，属于此类负载的生产机械有通风机、鼓风机、水泵、油泵等流体机械，此类机械一般情况下只能单方向旋转。

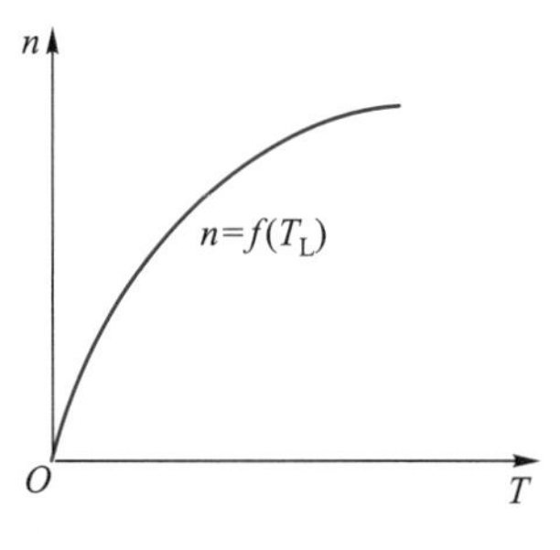

图 1-33 通风机负载特性

以上介绍的三类都是典型的负载特性，是从实际生产机械中概括抽象而来的。实际生产机械可能是上述一种类型，也可能是几种类型的综合，而大部分是以某种典型特性为主并兼具其他典型特性，应视情况具体分析。

1.5 电力拖动的稳定运行条件

PPT 1.5：电力拖动的稳定运行条件

当电动机和生产机械组成电力拖动系统时，需要分析和讨论电动机与生产机械能否匹配以实现系统的稳定运行。

1.5.1 稳定运行的概念

电动机的转速 n 与电磁转矩 T 之间的关系，即 $n=f(T)$，称为机械特性，该特性是表征电动机工作的重要特性。对于单轴拖动系统（多轴拖动系统可以折算为单轴系统），电动机与所拖动的负载同轴，电动机与负载以同一转速运行。由电力拖动系统的动力学方程式（1-65）可知，只有当 $T=T_L$ 时，系统才能稳定运行。若将电动机的机械特性与负载特性绘制在同一坐标系中，则系统只能稳定运行在两条特性曲线的交点上，即系统的稳定运行点必为两条曲线的交点。然而，两条特性曲线有交点只是系统稳定运行的必要条件，不是充分条件。当系统遇到扰动后，能否在新的平衡点稳定？一旦扰动消失，能否再次回到原来的平衡点继续运行？这是衡量系统能否真正稳定运行、判断某交点是真正稳态运行点的先决条件。在电力拖动系统中，最主要的扰动是电网电压波动和负载变化，下文针对这两种扰动作用，以他励直流电动机和三相异步电动机为例，分析电力拖动系统的稳定运行状态。

1. 他励直流电动机的稳态运行

图 1-34 给出了他励直流电动机的机械特性（曲线 1 和 1′）和恒转矩负载的机械特性（曲线 2），a 和 a' 为两类特性曲线的交点。当系统工作在 a 点时，$T=T_L$，$n=$常数，因此 a 是系统的平衡点。若受到电网电压波动的影响，电源电压突然下降，使电动机的机械特性从曲线 1 变为曲线 1′。由于系统存在机电惯

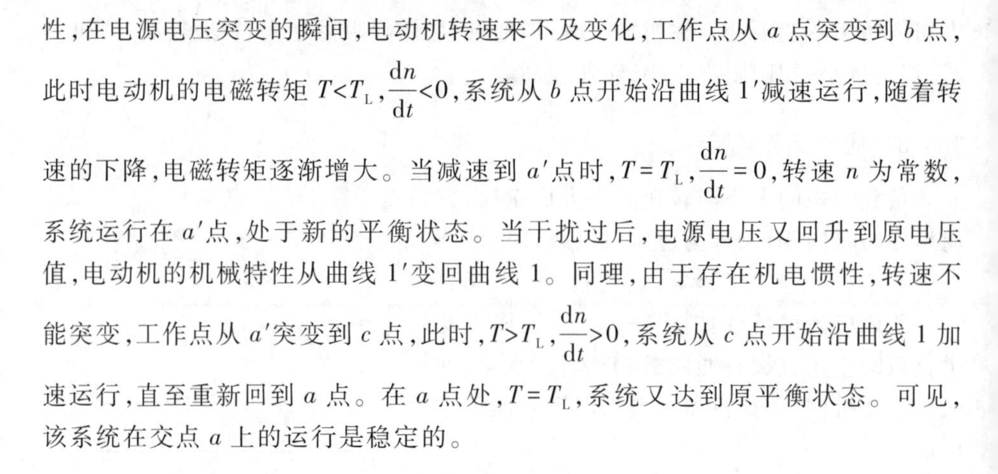
性，在电源电压突变的瞬间，电动机转速来不及变化，工作点从 a 点突变到 b 点，此时电动机的电磁转矩 $T<T_L$，$\frac{dn}{dt}<0$，系统从 b 点开始沿曲线 1′减速运行，随着转速的下降，电磁转矩逐渐增大。当减速到 a'点时，$T=T_L$，$\frac{dn}{dt}=0$，转速 n 为常数，系统运行在 a'点，处于新的平衡状态。当干扰过后，电源电压又回升到原电压值，电动机的机械特性从曲线 1′变回曲线 1。同理，由于存在机电惯性，转速不能突变，工作点从 a'突变到 c 点，此时，$T>T_L$，$\frac{dn}{dt}>0$，系统从 c 点开始沿曲线 1 加速运行，直至重新回到 a 点。在 a 点处，$T=T_L$，系统又达到原平衡状态。可见，该系统在交点 a 上的运行是稳定的。

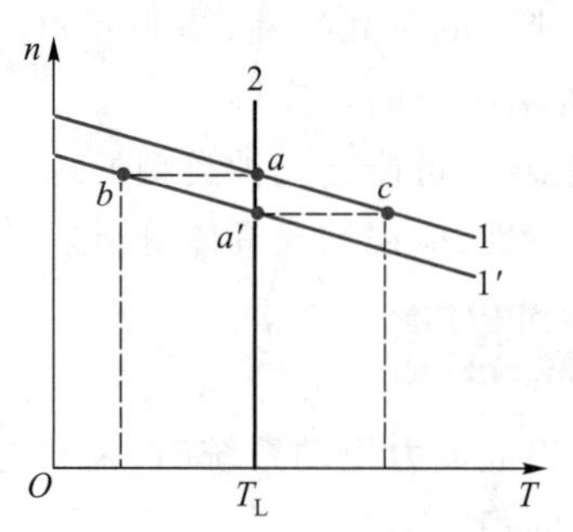

图 1-34　他励直流电动机的稳态运行

2. 三相异步电动机的稳态运行

图 1-35 给出了三相异步电动机的机械特性(曲线 1)和恒转矩负载的机械特性(曲线 2)，a 和 b 为两类特性曲线的交点。当系统工作在 a 点时，受到某种干扰的影响，使得负载转矩瞬时增加至 T_L'。在此瞬时，$T<T_L'$，$\frac{dn}{dt}<0$，系统从 a 点开始沿曲线 1 减速运行，工作点向 a'点移动。随着转速的下降，电磁转矩逐渐增大，直至 $T=T_L'$后，系统运行在 a'点，处于新的平衡状态。当干扰过后，负载转矩又恢复到 T_L。此时，$T>T_L$，$\frac{dn}{dt}>0$，系统从 a'点开始沿曲线 1 加速运行，工作点向 a 点移动。在此过程中，电磁转矩逐渐减少，直至重新回到 a 点。在 a 点处，$T=T_L$，系统又达到平衡状态。相反地，若负载转矩瞬时减小至 T_L''，$T>T_L''$，工作点向 a''点移动。系统的转速 n 就会上升，T 逐渐减小，直至 $T=T_L''$后，系统运行在 a''点，处于新的平衡状态。当干扰过后，负载转矩又恢复到 T_L。此时，$T<T_L$，$\frac{dn}{dt}<0$，系统的转速 n 减小，直到重新回到 a 点，$T=T_L$，系统又达到原平衡状态。可见，该系统在交点 a 上的运行是稳定的。

当系统工作在 b 点时，情况有所不同。若受到某种干扰的影响，使得负载转矩瞬时增加至 T_L'。在此瞬间 $T<T_L'$，转速下降，工作点向着远离 b'点的方向移动，

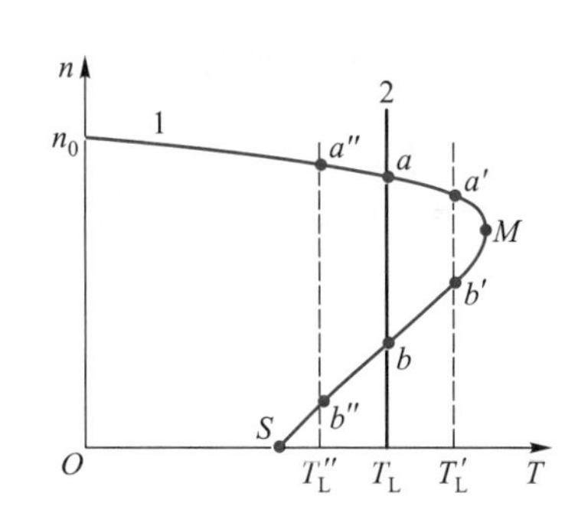

图 1-35　三相异步电动机的稳态运行

T逐渐减小，转速逐渐下降，即使负载转矩又恢复到 T_L，工作点也无法回到 b 点，而是沿着电动机的机械特性向下移动，直到 S 点为止，电动机处于堵转状态。相反地，若负载转矩瞬时减小至 T''_L，在此瞬间 $T>T''_L$，转速上升，工作点向着远离 b'' 点的方向移动，T 逐渐增大，转速逐渐上升，即使负载转矩又恢复到 T_L，工作点也无法回到 b 点，而是沿着电动机的机械特性向上移动，经过 M 点，最后稳定运行在 a 点。可见，该系统在交点 b 的运行是不稳定的。

由此可得，处于平衡状态的电力拖动系统，由于某种原因（如负载扰动、电网电压波动和电动机参数的调节等）使系统偏离原平衡状态，但能在新的条件下达到新的平衡；而且在外界扰动消失后，又能回到原平衡状态，则该系统能稳定运行，且原来的运行状态是稳定的平衡状态。若系统在新的条件下不能达到新的平衡或扰动消失后不能回到原平衡状态，则该系统不能稳定运行，原来的状态虽平衡，但不是稳定的平衡状态。

1.5.2　稳定运行的条件

对于一般类型的负载，通过对动力学方程式（1-65）的分析，可得出电力拖动系统稳定运行的充要条件，即

（1）电动机的机械特性与生产机械的负载特性存在 $T=T_L$ 的交点。

（2）在交点处满足 $\frac{dT}{dn}<\frac{dT_L}{dn}$。

上述条件的物理意义：若系统运行时遇到瞬时干扰，使电动机机械特性与负载特性的交点处转速 n 有所上升，即 $\Delta n>0$，则电磁转矩的增加量 ΔT 必须小于负载转矩的增加量 ΔT_L，使得 $T<T_L$，系统的转速才可能有所下降，最终回到原稳定运行点，此时整个拖动系统是稳定运行的。若电磁转矩的增加量 ΔT 超过负载转矩的增加量 ΔT_L，系统必然会进一步加速并脱离原来的稳态运行点，最终导致系统不稳定。反之，当 n 有所下降时，即 $\Delta n<0$，电磁转矩的变化量 ΔT 必须大于负载转矩的增加量 ΔT_L，使得 $T>T_L$，转速才有可能自动恢复。

当系统拖动恒转矩负载时，由于 $\frac{dT_L}{dn}=0$，因此系统稳定运行的充要条件为：

交点处$\frac{dT}{dn}<0$,即电动机必须具备下降的机械特性。图 1-34 中,他励直流电动机的机械特性曲线 1 和 1′,均具备下降的机械特性,满足稳定运行的条件。图 1-35 中,电动机的机械特性被临界点 M 分成了性质不同的两段。在 n_0M 段,$\frac{dT}{dn}<0$,具备下降的机械特性,满足稳定运行的条件;在 MS 段,$\frac{dT}{dn}>0$,不具备下降的机械特性,不满足稳定运行的条件,与上述分析过程和结论相同。

思考题

1-1　试分析电压、电位和电动势的联系与区别。

1-2　试分析感抗、容抗、阻抗和电抗的联系与区别。

1-3　为什么永久磁铁要用硬磁材料制造?

1-4　电机的铁心通常采用什么材料制成?这些材料有何特点?

1-5　初始磁化曲线与基本磁化曲线有何区别?磁路计算时使用哪种磁化曲线?

1-6　什么是磁饱和现象?磁路饱和对磁路的磁阻和等效电感有何影响?

1-7　铁心中有哪些损耗?它们是如何产生的,分别与哪些因素有关?

1-8　对于电机的铁心,为什么一般要把整块的硅钢改为叠压的硅钢片?硅钢片叠压时有何注意事项?

1-9　当磁路中几个磁动势同时作用时,磁路计算能否用叠加定理?

1-10　如果感应电动势的参考方向和磁通的参考方向符合左手螺旋定则,那么法拉第电磁感应定律的表达式应有什么变化?为什么这样变化?

1-11　磁场可在导体中感应出几种电动势?相互之间有何区别?分别适用于什么情况?

1-12　图 1-21 中,对于交流铁心线圈,阻抗可忽略不计,电压的大小和频率不变,将铁心的平均长度增加一倍,试问铁心中主磁通的大小是否变化?如果是直流铁心线圈,铁心中主磁通的大小是否变化?

1-13　两个匝数相同的铁心线圈,分别接电压大小相等而频率不同的两个交流电源,忽略线圈的漏阻抗,试分析两个线圈中主磁通的大小。

1-14　直流电流通过电路时,会在电阻中产生功率损耗,恒定磁通通过磁路时,会不会产生功率损耗?

1-15　设交流铁心线圈的 $\alpha=2.0$,当电压保持不变而频率增加时,试问该磁路中的铁损耗是增加还是减小了?

1-16　试分析刚体旋转运动的角位置和角位移这两个物理量之间的关系。

1-17　为什么说转矩控制是运动控制的根本问题?

1-18　安装在地面的矿井卷扬机借助于钢丝绳拖动容器沿着斜坡轨道向井口输送物料和人员时,相应的生产机械是属于反抗性恒转矩负载,还是属于位能性恒转矩负载?或两者兼有之?

1-19　金属切削机床，往往要求在精加工时，切削量要小，转速要高；粗加工时，切削量要大，转速要低。从加工总体要求看，金属切削机床属于哪一类负载？从每次具体加工看，金属切削机床又属于哪一类负载？

1-20　通风机、鼓风机、水泵、油泵等生产机械为什么会具有相同的负载特性？

1-21　有人认为在三相异步电动机机械特性的 MS 段运行时，都是不稳定的，这种看法是否正确？

1-22　有人认为电动机只要具备下降的机械特性便可稳定运行，这种看法是否正确？

练习题

1-1　某铁心的截面积 $A=10\ \text{cm}^2$，当铁心中的 $H=5\ \text{A/cm}$ 时，$\Phi=0.001\ \text{Wb}$，若认为磁通在铁心内部均匀分布，求铁心的磁感应强度 B、磁导率 μ 和相对磁导率 μ_r。

1-2　查图 1-7 中的磁化曲线，求下述两种情况下硅钢（含硅 4%）中的磁场强度和磁导率，并比较饱和与不饱和两种情况下磁导率的大小。（1）$B=1\ \text{T}$；（2）$B=1.8\ \text{T}$。

1-3　查图 1-7 中的磁化曲线，求 $H=8\ \text{A/cm}$ 时，铸钢和铸铁的 B 和 μ，并比较二者的导磁能力。

1-4　在图 1-17 所示的磁路中，若磁通恒定，铁心和气隙的截面 $A_c=A_0=10\ \text{cm}^2$，铁心的平均长度 $l_c=100\ \text{cm}$，气隙长度 l_0 仅为铁心平均长度的百分之一。当磁通 $\Phi=0.001\ 2\ \text{Wb}$ 时，铁心中磁场强度 $H_c=3\ \text{A/cm}$。求铁心和气隙部分的磁阻、磁位差和线圈的磁动势，据此分析磁路中存在气隙的不利影响。

1-5　在一个硅钢（含硅 4%）制成的闭合铁心上绕有一个匝数 $N=1\ 000$ 匝的线圈，铁心的截面积 $A=20\ \text{cm}^2$，铁心的平均长度 $l=50\ \text{cm}$。若要在铁心中产生 $\Phi=0.002\ \text{Wb}$ 的磁通，试问线圈中应通入多大的直流电流？如果制作时不注意使铁心出现一段长度 $l_0=0.1\ \text{cm}$ 的气隙，气隙的磁阻为多少？若要保持磁通不变，通入线圈的直流电流应增加多少？

1-6　设图 1-19 所示磁路由硅钢制成，磁动势 $F_1=N_1I_1=F_2=N_2I_2$，线圈的绕向、直流电流 I_1 和 I_2 的方向以及各部分磁通的方向均如图所示。磁路左右两边对称，具体尺寸是 $l_1=l_2=30\ \text{cm}$，$l_3=10\ \text{cm}$，$A_1=A_2=8\ \text{cm}^2$，$A_3=20\ \text{cm}^2$。若已知 $\Phi_3=0.002\ \text{Wb}$，问两个线圈的磁动势各是多少？

1-7　在某铸钢制成的无分支闭合磁路中，有一段 $l_0=1\ \text{mm}$ 的气隙，铁心截面积 $A=16\ \text{cm}^2$，平均长度 $l=50\ \text{cm}$，当磁动势 $F=1\ 116\ \text{A}$ 时，采用试探法，求磁路中的磁通。

1-8　某交流铁心线圈电路，线圈电压 $U=380\ \text{V}$，电流 $I=1\ \text{A}$，频率 $f=50\ \text{Hz}$，匝数 $N=8\ 650$ 匝，功率因数 $\lambda=\cos\varphi=0.6$。电阻 $R=0.4\ \Omega$，漏电抗 $X=0.6\ \Omega$，求线圈中的电动势和主磁通幅值。

1-9　某铁心线圈,若外加12 V直流电压,电流为1 A;若外加110 V交流电压,电流为2 A,消耗的功率为110 W。求第二种情况下线圈的铜损耗、铁损耗和功率因数。

1-10　某交流铁心线圈电路,$U=220$ V,$R=0.4$ Ω,$X=0.6$ Ω,$R_0=21.6$ Ω,$X_0=119.4$ Ω。求电流I、电动势E、铜损耗P_{Cu}和铁损耗P_{Fe}。

第 2 章　直流电机

电机是人类驾驭电能和机械能的重要工具，直流电机是利用电磁感应原理实现直流电能和机械能相互转换的电磁机械装置。按能量转换方式分类，直流电机又分为直流发电机和直流电动机。直流发电机将机械能转换为电能，为电气设备供电；直流电动机将电能转换为机械能，拖动生产机械运行。

2.1　直流电机的基本原理

PPT 2.1：直流电机的基本原理

2.1.1　直流发电机

直流发电机的工作原理如图 2-1 所示，图中 N 和 S 表示一对固定不动的磁极，A 和 B 表示一对固定不动的电刷，二者组成了直流发电机的定子。图中 abcd 表示嵌入在圆筒形铁心上的线圈，线圈两端分别连接到两个彼此绝缘的铜片 1 和 2 上，该铜片称为换向片，圆筒形铁心和换向片固定在中间的转轴上，线圈、圆筒形铁心和换向片随转轴一起旋转，直流发电机的这部分称为转子，又称为电枢。多个转子线圈组成了直流发电机的电枢绕组，通过放置在换向片上的电刷与外电路连接，电刷与换向片滑动接触。在定子和转子间存在间隙，称为空气隙，简称气隙。

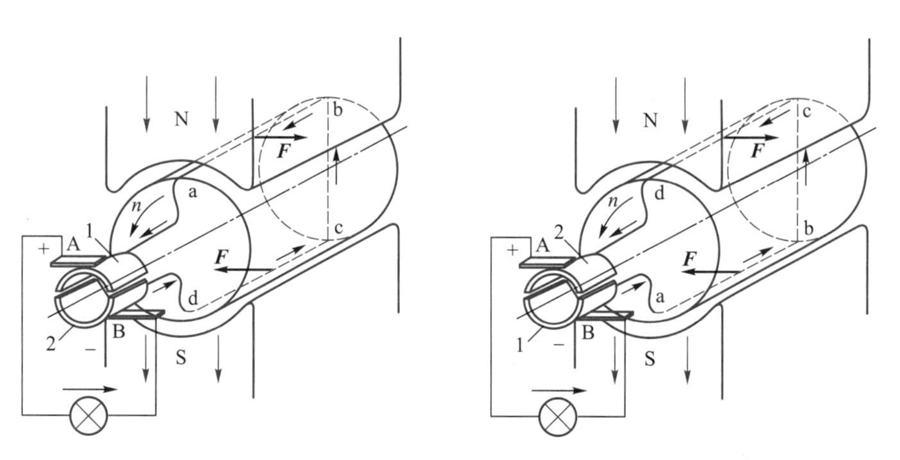

图 2-1　直流发电机的工作原理

如图 2-1 所示，电刷接到电气负载上，电枢在原动机的拖动下以恒定的转速 n 逆时针旋转，线圈的两个圈边 ab 和 cd 切割磁感线产生感应电动势 e，感应电动势 e 在闭合回路中产生感应电流 i，向电气负载供电。当导体 ab 在 N 极下、导体 cd 在 S 极下时，导体 ab 的运动方向为水平向左，导体 cd 的运动方向为水平向右，根据右手定则，导体 ab 中的感应电动势 e 和感应电流 i 的方向为 b→a，导体 cd 中的感应电动势 e 和感应电流 i 的方向为 d→c，线圈 abcd 中的感应电动势 e 和感应电流 i 的方向为 d→c→b→a，此时，a 端换向片与电刷 A 相连，d 端换向片与电刷 B 相连，在外电路中，感应电流由电刷 A 流向电刷 B，即 A→B。当导体 ab 在 S 极下、导体 cd 在 N 极下时，导体 ab 的运动方向为水平向右，导体 cd 的运动方向为水平向左，根据右手定则，导体 ab 中的感应电动势 e 和感应电流 i 的方向为 a→b，导体 cd 中的感应电动势 e 和感应电流 i 的方向为 c→d，线圈 abcd 中的感应电动势 e 和感应电流 i 的方向为 a→b→c→d，此时，a 端换向片与电刷 B 相连，d 端换向片与电刷 A 相连，在外电路中，感应电流由电刷 A 流向电刷 B，即 A→B。由此可见，线圈 abcd 中的感应电流 i 随着线圈的旋转会发生换向，为交流电。但是，由于换向片的存在，外电路中的感应电流始终由电刷 A 流向电刷 B，为直流电。换向片的作用就是将线圈中的交流电变换为外电路中的直流电，多个彼此绝缘的换向片组成了换向器。

与此同时，导体 ab 和 cd 中的感应电流 i 与磁场相互作用，产生电磁力 F。当导体在 N 极下时，根据左手定则，电磁力 F 水平向右，产生顺时针的电磁转矩 T；当导体在 S 极下时，根据左手定则，电磁力 F 水平向左，同样产生顺时针的电磁转矩 T，如图 2-1 所示。因此，线圈 abcd 上的电磁转矩 T 的方向与原动机的拖动转矩的方向始终相反，为制动转矩，原动机只有克服这一制动转矩才能拖动转子旋转。因此，直流发电机在向电气负载输出电功率的同时，原动机却向直流发电机输出机械功率。可见，直流发电机将机械能转换为直流电能。

2.1.2　直流电动机

直流电动机的工作原理如图 2-2 所示，其结构与直流发电机基本相同，也分为定子和转子。静止的部分为定子，主要包括磁极和电刷；转动的部分为转子，主要包括线圈、圆筒形铁心和换向片。

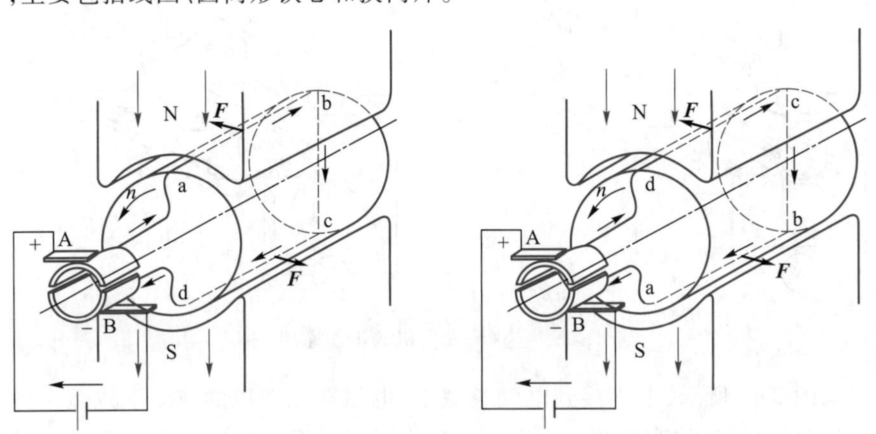

图 2-2　直流电动机的工作原理

电枢转轴连接生产机械,直流电源通过电刷和换向片向线圈 abcd 输入电流,如图 2-2 所示,线圈的两个圈边 ab 和 cd 中的输入电流 i 与磁场相互作用产生电磁力 F,进而产生电磁转矩 T,拖动转子和生产机械旋转。在外电路中,电刷 A 始终接直流电源的正极,电刷 B 始终接直流电源的负极。当导体 ab 在 N 极下、导体 cd 在 S 极下时,a 端换向片与电刷 A 相连,d 端换向片与电刷 B 相连,线圈 abcd 中的输入电流 i 的方向为 a→b→c→d,导体 ab 中的输入电流 i 的方向为 a→b,导体 cd 中的输入电流 i 的方向为 c→d,根据左手定则,导体 ab 上的电磁力 F 的方向为水平向左,导体 cd 上的电磁力 F 的方向为水平向右,线圈 abcd 上的电磁转矩 T 的方向为逆时针。当导体 ab 在 S 极下、导体 cd 在 N 极下时,a 端换向片与电刷 B 相连,d 端换向片与电刷 A 相连,线圈 abcd 中的输入电流 i 的方向为 d→c→b→a,导体 ab 中的输入电流 i 的方向为 b→a,导体 cd 中的输入电流 i 的方向为 d→c,根据左手定则,导体 ab 上的电磁力 F 的方向为水平向右,导体 cd 上的电磁力 F 的方向为水平向左,线圈 abcd 上的电磁转矩 T 的方向仍为逆时针。由此可见,外电路中的输入电流始终由电刷 B 流向电刷 A,为直流电。但是,由于换向片的存在,线圈 abcd 中的输入电流 i 随着线圈的旋转会发生换向,为交流电。换向片的作用就是将外电路中的直流电变换为线圈中的交流电,产生方向一致的电磁转矩 T,拖动转子和生产机械沿某一方向不停地旋转。

与此同时,旋转的导体 ab 和 cd 切割磁感线,产生感应电动势 e。当导体在 N 极下时,根据右手定则,感应电动势 e 由内到外,与输入电流 i 的方向相反;当导体在 S 极下时,根据右手定则,感应电动势 e 由外到内,同样与输入电流 i 的方向相反,如图 2-2 所示。因此,线圈 abcd 中的感应电动势 e 的方向与电源的输入电流 i 的方向始终相反,为反电动势,电源只有克服这一反电动势才能向直流电动机输出电流。因此,直流电动机在向机械负载输出机械功率的同时,电源却向直流电动机输出电功率。可见,直流电动机将直流电能转换为机械能。

2.2 直流电机的基本结构

PPT 2.2:
直流电机的基本结构

2.2.1 定子

直流电机运行时静止的部分称为定子,其主要作用是产生磁场,直流电机的定子如图 2-3 所示,主要由以下几部分组成。

1. 主磁极

主磁极由励磁绕组和铁心组成,其作用是产生主磁场,如图 2-4 所示。主磁极铁心由极身和极靴组成,由 1~1.5 mm 厚的低碳钢板冲成一定形状,然后再叠压而成。励磁绕组由绝缘铜导线绕制而成,励磁绕组嵌套在极靴身上,并由极靴托住,然后安装在机座上。当励磁绕组中通入直流电时,各主磁极均产生一定极性的磁感应强度,相邻两主磁极的极性为 N、S 相间出现。

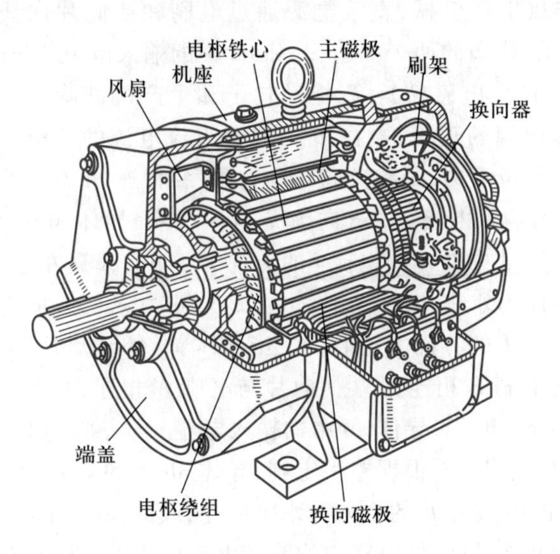

图 2-3　直流电机

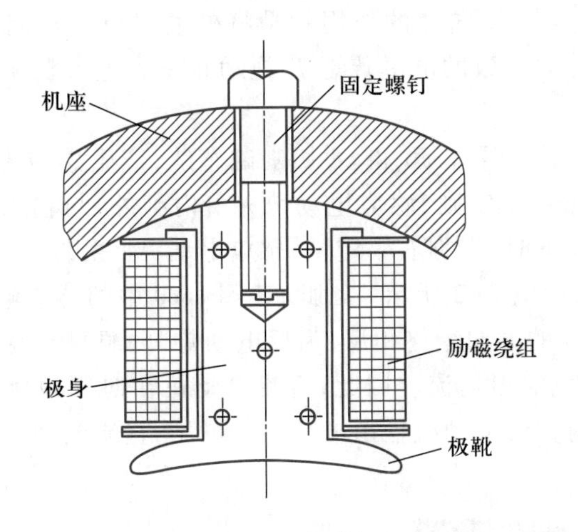

图 2-4　主磁极

主磁极所产生的磁通分为主磁通和漏磁通。绝大部分经过主磁极、空气隙和电枢铁心而闭合,并与励磁绕组和电枢绕组相交链的磁通称为主磁通。通常情况下,主磁极的极靴宽度比一个极距小,且极靴下的气隙不均匀,在主磁极轴线附近的气隙小,接近极靴尖端的气隙大,因此主磁通每条磁力线所经过的回路都各有不同。气隙小处,磁感应强度大;气隙大处,磁感应强度小;几何中性线处,磁感应强度为零。因此,直流电机空载时主磁场的磁感应强度分布波形为一个空间位置固定不变的平顶波。

2. 换向磁极

换向磁极简称换向极,其作用是改善直流电机的换向,如图 2-5 所示。换向极也是由绕组和铁心组成的,安装在相邻的两个主磁极之间。

由图 2-1 和图 2-2 可知,当线圈转动到水平位置时,电刷与换向片接触的极性发生变化,这时线圈中的电流换向,换向过程中电流的变化会在电枢绕组中产生感应电动势(又称为换向电动势),可能会在电刷和换向器之间产生火花,有烧毁换向器和电刷的风险。为此,通常会在主磁极之间放置换向极,换向极绕组与电枢绕组串联。换向极在主磁极几何中性线附近建立起与电枢磁场相反方向的磁场,以削弱或抵消几何中性线附近电枢磁场的影响,维持几何中性线附近磁感应强度为零,并且在换向线圈中产生与换向电动势相反方向的附加电动势,以削弱或抵消换向电动势,从而改善换向。

3. 机座

机座主要用于固定主磁极、换向极和端盖等部件,其为直流电机磁路的一部分,以构成磁极之间的磁通路,如图 2-6 所示。为了保证机座的导磁性能和机械强度,一般用铸钢或者厚钢板制成。

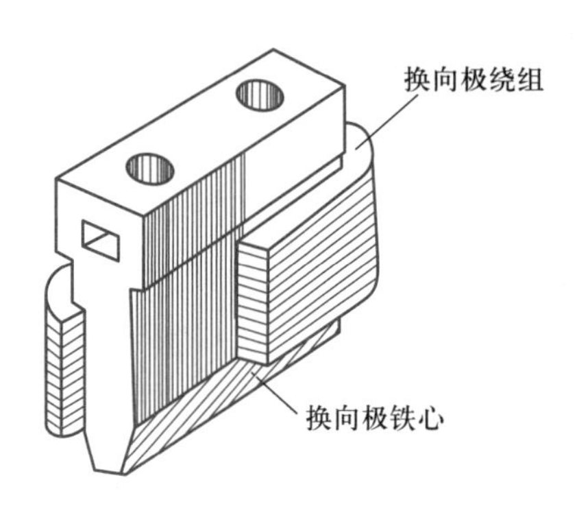

图 2-5 换向极

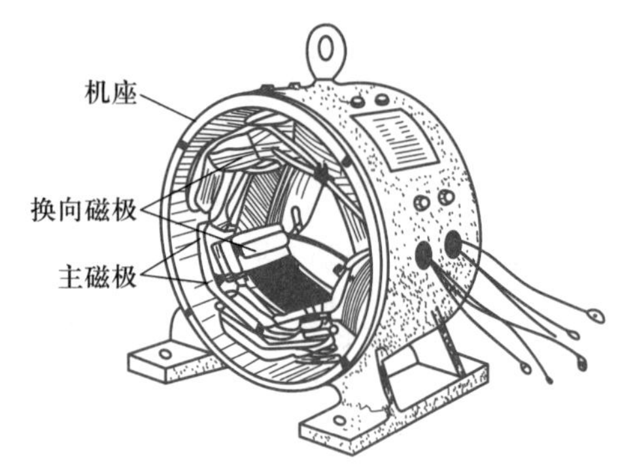

图 2-6 机座

4. 电刷装置

电刷装置由碳刷、碳刷盒、压紧弹簧等部分组成,固定在直流电机的后端盖上,静止于换向器表面,如图 2-7 所示。碳刷放在碳刷盒内,用弹簧压紧,使碳刷与换向器之间保持良好的滑动接触。当电枢转动时,碳刷依次与各换向片接触,将电枢绕组与外电路相连。

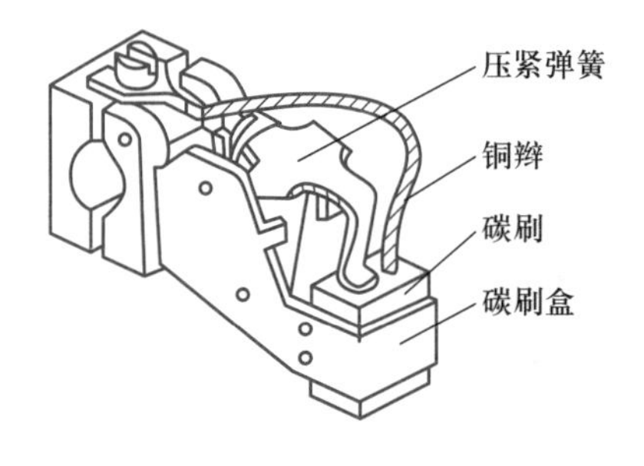

图 2-7 电刷装置

5. 端盖

端盖主要起支撑作用，固定于机座两端，中心处装有轴承，用来支撑转子转轴。

2.2.2　转子

直流电机运行时转动的部分称为转子，其主要作用是产生电磁转矩和感应电动势，是直流电机进行能量转换的枢纽，又称为电枢，直流电机的转子如图 2-8 所示，主要由以下几部分组成。

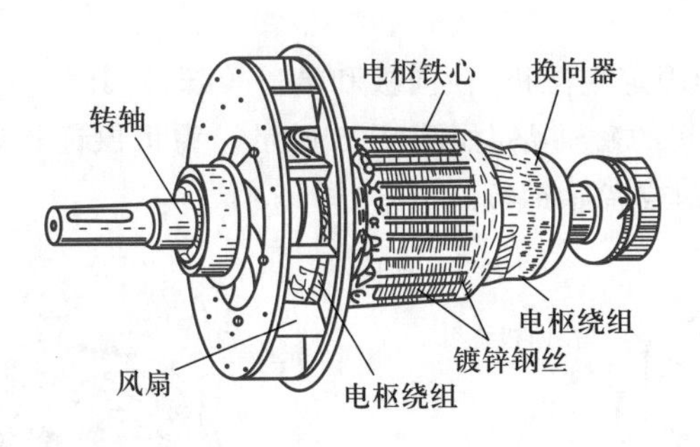

图 2-8　直流电机转子

1. 电枢铁心

电枢铁心是主磁路的一部分，由冲成许多槽的硅钢片叠压而成，槽内嵌放着电枢绕组，如图 2-9 所示。

2. 电枢绕组

电枢绕组由多个线圈元件按一定规则连接而成，线圈元件之间首尾相连，端部连接到换向片上。线圈元件有单匝的，也有多匝的，如图 2-10 所示。电枢绕组是直流电机的重要组成部分，其作用是产生感应电动势和电磁转矩，实现电机的能量转换。现给出与电枢绕组绕制相关的几个概念。

(1) 单层绕组

一个铁心槽内只嵌放一个线圈元件的一个圈边，这种绕组称为单层绕组。

图 2-9　硅钢片

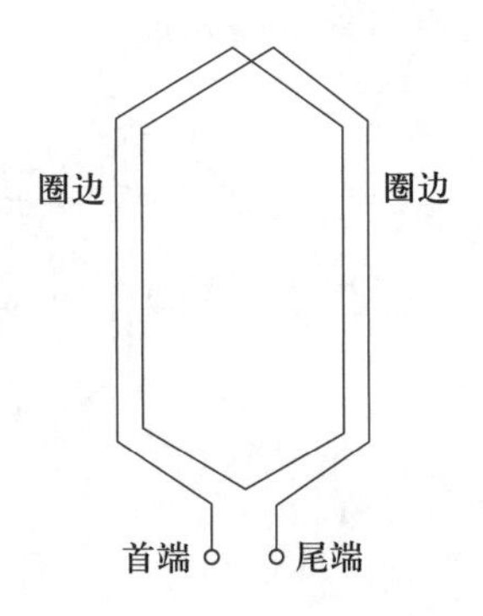

图 2-10　两匝线圈元件

（2）双层绕组

一个铁心槽内嵌放着分属于两个不同线圈元件的两个圈边，一个圈边放置在上层，另一个圈边放置在下层，这种绕组称为双层绕组。同一槽中上下层绕组之间用绝缘纸隔开，上层边用实线表示，下层边用虚线表示。直流电机多采用双层绕组。

（3）极距

相邻两磁极中心线之间的距离称为极距，用 τ 表示，利用槽数计算为

$$\tau=\frac{z}{2p} \tag{2-1}$$

（4）线圈节距

同一线圈元件的两个圈边之间的距离称为节距。对于直流电机而言，线圈的第一节距用 y_1 表示。若 $y_1<\tau$，则线圈称为短距线圈；若 $y_1=\tau$，则线圈称为整距线圈。对应的绕组分别称为短距绕组和整距绕组，直流电机多采用整距绕组。

（5）换向器节距

同一线圈元件的两个出线端所接换向片之间的距离，称为换向器节距，用 y_k 表示。

图 2-11 是展开的直流电机电枢绕组，该绕组有 12 个线圈元件，对应嵌放在电枢铁心的 12 个槽内，有 2 对主磁极。电枢绕组为双层整距绕组，线圈的节距 $y_1=\tau=12/4=3$。因此，1-4'为一个线圈元件，圈边 1 放在 1 号槽的上层，圈边 4'放在 4 号槽的下层；2-5'为一个线圈元件，圈边 2 放在 2 号槽的上层，圈边 5'放在 5 号槽的下层，依此类推。直流电机的电枢绕组是将所有线圈元件串联起来，形成闭合回路，并且相邻两个线圈元件的尾端和首端都连接到同一个换向片上，12 个线圈对应 12 个换向片。每对磁极之间放置一组电刷，同一种极性的电刷并联后引出，从而形成了图 2-12 所示的电枢绕组电路。该电路共有 4 条并联支路，若用 a 表示并联支路对数，则 $a=2$。若线圈元件几何形状对称，则电刷应放在主磁极中心线位置，此时正、负电刷之间的感应电动势最大，被电刷短路的线圈元件感应电动势最小。这里只介绍了一种电枢绕组的连接方式，其他连接方式此处不再介绍。

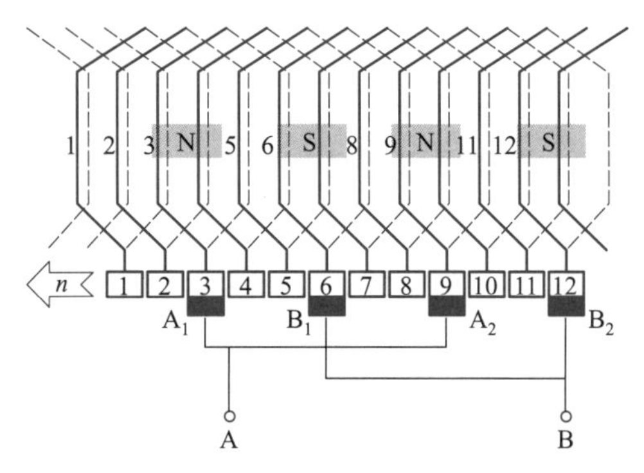

图 2-11　展开的直流电机电枢绕组

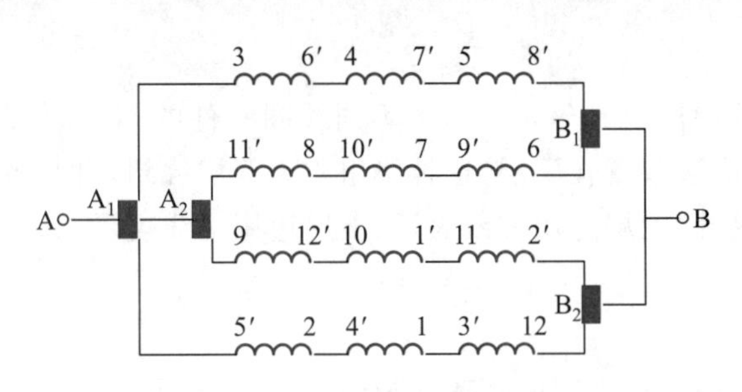

图 2-12　直流电机电枢绕组电路

提示：

手机打开“电机与拖动 APP”，扫描 AR 图 2-1。依次点击“电机绕组→直流电机”，弹出直流电机电枢绕组的三维模型，可进行电枢绕组的旋转、放大和缩小，能够从多个角度观察电枢绕组，从而更好地掌握直流电机电枢绕组的绕制方法及其在电枢铁心槽内的嵌放方式。软件详细使用方法请见彩插和附录。

AR 图 2-1　直流电机电枢绕组

3. 换向器

换向器由压紧在一起的换向片组成，换向片之间用云母片绝缘。在直流发电机中，换向器搭配电刷，将电枢绕组中的交流电动势转换为外电路中的直流电动势，保证电枢绕组旋转过程中输出电动势的方向恒定不变；在直流电动机中，换向器搭配电刷，将外电路中的直流电流转换为电枢绕组中的交流电流，保证电枢绕组旋转过程中电磁转矩的方向恒定不变。

4. 转轴

转轴由强度、刚度、韧性满足要求的优质碳素钢材料制成，电枢铁心和换向器均固定在转轴上。通过转轴可以传递电磁转矩，拖动机械负载。

5. 风扇

风扇安装在转轴上，用于冷却电机。

提示：

手机打开“电机与拖动 APP”，扫描 AR 图 2-2。依次点击“电机结构→直流电机”，弹出直流电机三维模型，可进行直流电机的旋转、

放大、缩小、拆分和组合,也可以点击查看每一个部件,从而更好地掌握直流电机的结构组成。软件详细使用方法请见彩插和附录。

AR 图 2-2 直流电机

2.2.3 励磁方式

励磁方式是主磁场的形成方式,直流电机的励磁方式有两种:永磁式和电磁式。永磁式是把永磁体直接安装到机座内壁上,结构简单,常见于中小功率直流电机,能够有效地缩小电机体积。电磁式分为他励、并励、串励和复励四种。

1. 直流发电机

(1) 他励直流发电机的励磁绕组由其他直流电源供电,电枢绕组向外电路的电气负载供电,如图 2-13(a)所示。

(2) 并励直流发电机的励磁绕组与电枢绕组并联,然后向外电路的电气负载供电,如图 2-13(b)所示。

(3) 串励直流发电机的励磁绕组与电枢绕组串联,然后向外电路的电气负载供电,如图 2-13(c)所示。

(4) 复励直流发电机有两个励磁绕组——并励绕组和串励绕组。将并励绕组与电枢绕组并联,再与串励绕组串联,然后向外电路的电气负载供电,电路如图 2-13(d)所示;也可将串励绕组与电枢绕组串联,再与并励绕组并联,然后向外电路的电气负载供电。

由于并励直流发电机、串励直流发电机和复励直流发电机的励磁绕组均由发电机自身供电,故又统称为自励直流发电机。

2. 直流电动机

(1) 他励直流电动机的励磁绕组和电枢绕组分别由两个独立的直流电源供电,如图 2-14(a)所示。

(2) 并励直流电动机的励磁绕组与电枢绕组并联,然后由同一个直流电源供电,如图 2-14(b)所示。

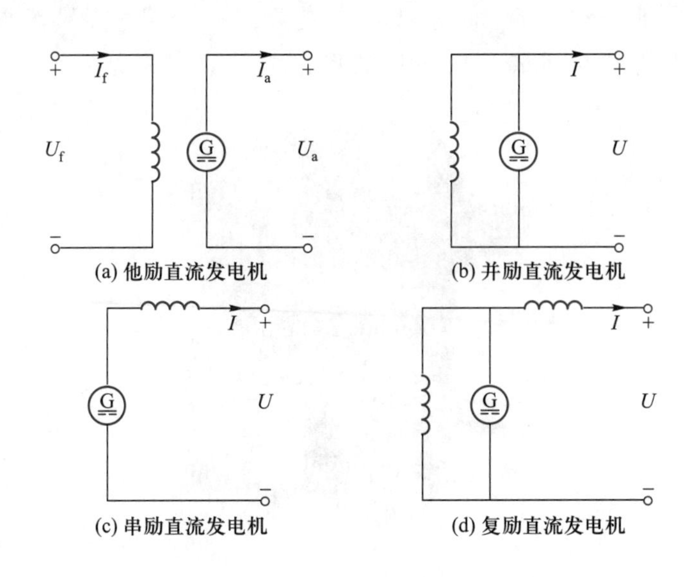

图 2-13　直流发电机励磁方式

(3) 串励直流电动机的励磁绕组与电枢绕组串联,然后由同一个直流电源供电,如图 2-14(c)所示。

(4) 复励直流电动机有两个励磁绕组:并励绕组和串励绕组。将并励绕组与电枢绕组并联,再与串励绕组串联,然后由同一个直流电源供电,电路如图 2-14(d)所示;也可将串励绕组与电枢绕组串联,再与并励绕组并联,然后由同一个直流电源供电。

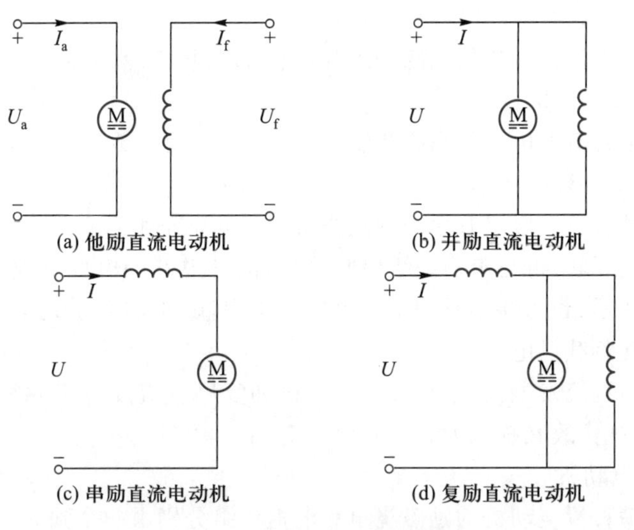

图 2-14　直流电动机励磁方式

2.3　直流电机的型号和额定值

PPT 2.3：直流电机的型号和额定值

直流电机的外壳上附有铭牌，铭牌上标有电机的型号和额定值，如图2-15所示。现举例说明型号的含义，并介绍某直流电动机的额定值。

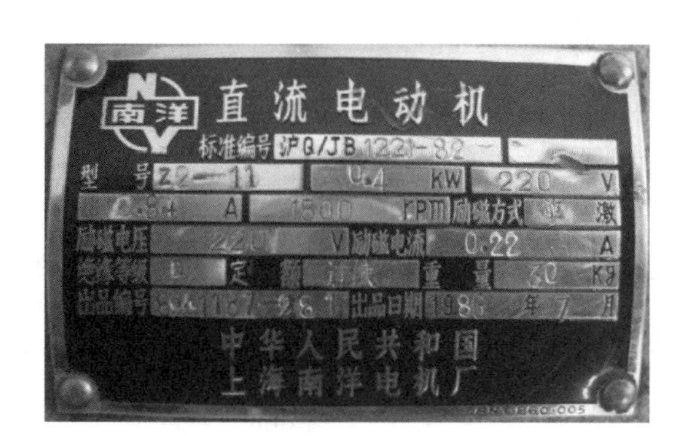

图2-15　某直流电动机的铭牌

(1) 型号

型号一般包括产品代号、设计序号、机座代号和电枢铁心长度代号。以图2-15中直流电动机Z2-11为例，Z为产品代号，表示Z系列直流电动机；2为设计序号，表示第2次改型设计；11分别为机座代号和电枢铁心长度代号。

(2) 额定功率

对于直流发电机而言，额定功率是指输出电功率的额定值，用P_N表示，单位为W或kW。

对于直流电动机而言，额定功率是指输出机械功率的额定值，用P_N表示，单位为W或kW。

(3) 额定电压

对于直流发电机而言，额定电压是指输出电压的额定值，用U_N表示，单位为V或kV。若是他励发电机，额定电压分为额定电枢电压U_{aN}和额定励磁电压U_{fN}。

对于直流电动机而言，额定电压是指输入电压的额定值，用U_N表示，单位为V或kV。若是他励电动机，额定电压分为额定电枢电压U_{aN}和额定励磁电压U_{fN}。

(4) 额定电流

对于直流发电机而言，额定电流是指输出电流的额定值，用I_N表示，单位为A或kA。若是他励发电机，额定电流分为额定电枢电流I_{aN}和额定励磁电流I_{fN}。

对于直流电动机而言，额定电流是指输入电流的额定值，用I_N表示，单位为A或kA。若是他励电动机，额定电流分为额定电枢电流I_{aN}和额定励磁电流I_{fN}。

(5) 额定转速

额定转速是指直流电机在额定状态下运行时的转子转速，用n_N表示，单位为 r/min。

(6) 额定效率

额定效率是指直流电机在额定状态下运行时的效率,即输出功率与输入功率的百分比,用 η_N 表示。

在直流电动机中,上述额定值之间的关系为

$$P_N = U_N I_N \eta_N \tag{2-2}$$

在直流发电机中,上述额定值之间的关系为

$$P_N = U_N I_N \tag{2-3}$$

通常情况下,直流电机的额定值都会在电机的说明书中或者铭牌上进行介绍。在直流电机运行过程中,若各物理量都等于它的额定值,则称电机运行在额定状态,此时性能最好且安全可靠。如果直流电机长期工作在欠载状态,电机的设备容量不能充分被利用,那么对设备和能源而言都是浪费,降低了电机的效率。如果电机长期工作在过载状态,长时间过热,会显著降低电机的使用寿命,甚至损坏电机。

[例 **2-1**]　一台他励直流电动机,U_{aN} = 220 V,n_N = 1 200 r/min,P_N = 17 kW,η_N = 85%。求该电动机在额定工作状态下的:(1) 输入功率 P_{1N};(2) 电枢电流 I_{aN}。

解:(1) 额定输入功率 P_{1N} 为

$$P_{1N} = \frac{P_N}{\eta_N} = \frac{17\ 000}{0.85}\ \text{W} = 20\ \text{kW}$$

(2) 额定电枢电流 I_{aN} 为

$$I_{aN} = \frac{P_{1N}}{U_{aN}} = \frac{20\ 000}{220}\ \text{A} = 90.91\ \text{A}$$

2.4　直流电机的电枢反应

PPT 2.4:直流电机的电枢反应

由直流电机工作原理分析可知,直流电机中存在两个磁场:励磁磁场和电枢磁场。

(1) 励磁磁场

励磁电流通过励磁绕组产生励磁磁动势,励磁磁动势产生励磁磁场,如图 2-16(a)所示。主磁极中心处气隙较小,磁感应强度较大;极靴尖端处气隙较大,磁感应强度较小;磁极间几何中性线处,磁感应强度为零。

(2) 电枢磁场

电枢电流通过电枢绕组产生电枢磁动势,电枢磁动势产生电枢磁场,如图 2-16(b)所示。以磁极中心线为界,电枢磁场的一半与励磁磁场方向相同,另一半与励磁磁场方向相反。

直流电机工作时的气隙磁场是由励磁磁场和电枢磁场共同产生的,如图 2-16(c)所示。当直流电机工作状态发生变化时,电枢电流、电枢磁动势和电枢磁场发生变化,进而气隙磁场也发生变化。电枢磁场对气隙磁场的影响称为

电枢反应。具体分析如下：

（1）气隙磁场发生了畸变，磁场的物理中性线发生了偏移。被电刷短路的换向线圈中的电动势不为零，增加了换向的难度。

（2）一半磁极的磁通增加，另一半磁极的磁通减少。在磁路不饱和时，磁通减少的数量与增加的数量相等，每极磁通保持不变；当磁路饱和时，磁通继续增加会导致饱和程度升高，使铁心磁阻增大，磁通增加的数量小于减少的数量，每极磁通将减小。

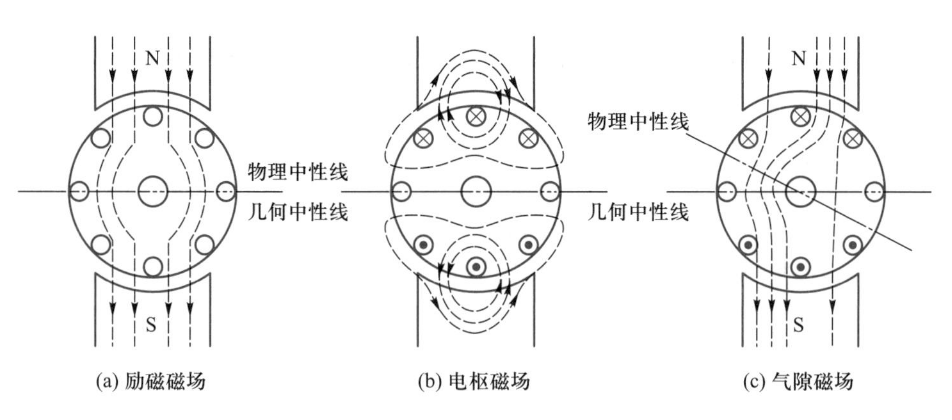

图 2-16　直流电机电枢反应

2.5　直流电机的感应电动势和电磁转矩

PPT 2.5：直流电机的感应电动势和电磁转矩

2.5.1　感应电动势

在直流电机中，电枢绕组切割磁感线产生感应电动势。根据电磁感应定律，电枢绕组中每一根导体（圈边）的感应电动势 e 为

$$e=Blv \tag{2-4}$$

式中：B 为每极下平均磁感应强度；l 为导体的有效长度，也为磁极的轴向长度；v 为导体切割磁感线的线速度。平均磁感应强度 B 等于每极磁通与每极面积的比值，即

$$B=\frac{\Phi}{\tau l} \tag{2-5}$$

式中：Φ 为每极磁通；τ 为极距。由于电枢的周长为 $2\pi R=2p\tau$，则导体切割磁感线的线速度 v 计算为

$$v=\frac{2\pi R}{60}n=\frac{2p\tau}{60}n \tag{2-6}$$

电枢绕组每条并联支路的总匝数为 N，则每条并联支路的总导体数为 $2N$，电枢绕组的感应电动势为

$$E=2Ne=2NBlv=2N\frac{\Phi}{\tau l}l\frac{2p\tau}{60}n=\frac{4pN}{60}\Phi n \tag{2-7}$$

令

$$C_E = \frac{4pN}{60} \tag{2-8}$$

C_E 与电机结构有关,称为电动势常数。因此,直流电机感应电动势 E 的公式为

$$E = C_E \Phi n \tag{2-9}$$

感应电动势的方向由磁场方向和转子转向共同决定,若二者其中之一的方向改变,则感应电动势的方向就会随之改变。对直流发电机而言,感应电动势的方向与电枢电流的方向相同,为电源电动势;对直流电动机而言,感应电动势的方向与电枢电流的方向相反,为反电动势。

2.5.2　电磁转矩

在直流电机中,电枢电流与磁场相互作用产生电磁力和电磁转矩。根据电磁力公式,电枢绕组中每一根导体的电磁力 F 为

$$F = Bli \tag{2-10}$$

式中:i 为导体电流。电枢半径为 R,每一根导体的电磁转矩 T_d 为

$$T_d = FR \tag{2-11}$$

若电枢绕组并联支路对数为 a,每条并联支路的总匝数为 N,则电枢绕组的总导体数为 $2a \times 2N = 4aN$,且电枢电流 $I_a = 2ai$,于是电枢绕组的电磁转矩 T 为

$$T = 4aNT_d = 4aNFR = 4aNBli\frac{p\tau}{\pi} = 4aN\frac{\Phi}{\tau l}l\frac{I_a}{2a}\cdot\frac{p\tau}{\pi} = \frac{2pN}{\pi}\Phi I_a \tag{2-12}$$

令

$$C_T = \frac{2pN}{\pi} \tag{2-13}$$

C_T 与电机结构有关,称为电磁转矩常数。因此,直流电机电磁转矩 T 的公式为

$$T = C_T \Phi I_a \tag{2-14}$$

电磁转矩的方向由磁场方向和电枢电流方向共同决定,若二者其中之一的方向改变,则电磁转矩的方向就会随之改变。对直流发电机而言,电磁转矩的方向与转子转向相反,为制动转矩;对直流电动机而言,电磁转矩的方向与转子转向相同,为拖动转矩。

由式(2-8)和式(2-13)可知,电动势常数 C_E 与电磁转矩常数 C_T 满足下列关系

$$\frac{C_E}{C_T} = \frac{2\pi}{60} \tag{2-15}$$

2.6 直流发电机

PPT 2.6:
直流发电机

2.6.1 他励直流发电机

1. 负载特性

他励直流发电机的励磁绕组由其他直流电源供电,如图 2-17 所示。在励磁回路中,励磁电压 U_f 产生励磁电流 I_f,二者关系为

$$U_f = R_f I_f \tag{2-16}$$

式中:R_f 为励磁电阻。为了能用较小的电流产生足够强的磁场,励磁绕组的匝数应尽量多、导线应尽量细,但会使励磁电阻 R_f 较大。

当电机转速 n 和输出电流 I 保持不变时,发电机输出电压 U 与励磁电流 I_f 之间的关系 $U=f(I_f)$,称为负载特性。当输出电流 $I=0$ 时,称为空载特性。对于他励直流发电机,空载时的输出电流 I 和电枢电流 I_a 均为零,即 $I=I_a=0$,输出电压 U 和电枢电压 U_a 等于空载感应电动势 E_0,即 $U=U_a=E_0=C_E\Phi_0 n$。此时,改变励磁电流 I_f,即可改变空载气隙磁场 Φ_0,进而也就改变了空载感应电动势 E_0 和输出电压 U。因此,空载特性可描述发电机空载感应电动势 E_0 与励磁电流 I_f 之间的关系 $E_0=f(I_f)$,空载特性一般由实验测得。由于空载感应电动势 E_0 与空载气隙磁场 Φ_0 成正比,励磁电流 I_f 与磁场强度 H 成正比,所以空载特性曲线的形状与磁化曲线相似,如图 2-18 所示。当 $I_f=0$ 时,感应电动势 E_0 不为零,而是有一个较小的数值 E_r,这是由于主磁极中有剩磁存在的缘故。

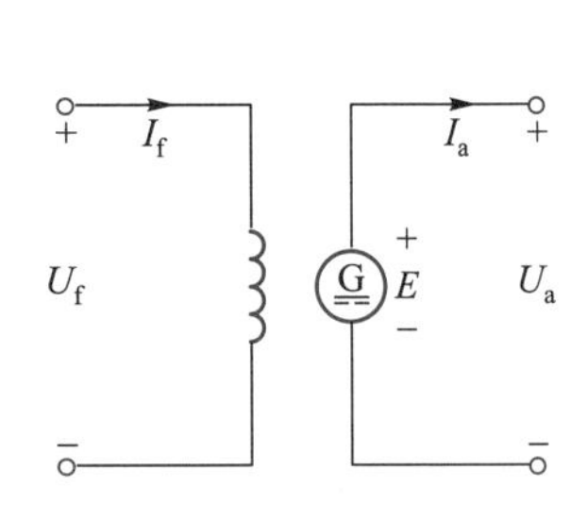

图 2-17 他励直流发电机

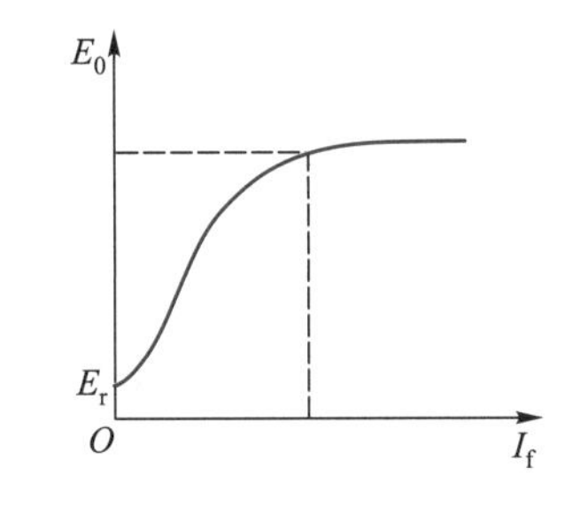

图 2-18 他励直流发电机空载特性

2. 外特性

在他励直流发电机中,由于励磁绕组由其他直流电源供电,因此输出电流 I 等于电枢电流 I_a,即 $I=I_a$,输出电压 U 等于电枢电压 U_a,即 $U=U_a$。电枢回路电动势平衡方程式为

$$U_a = E - R_a I_a \tag{2-17}$$

式中:R_a 为电枢电阻。

当发电机转速 n 和励磁电流 I_f 保持不变时,其输出电压 U 与输出电流 I 之

间的关系 $U=f(I)$，称为外特性。当负载增加时，输出电流 I 增加，电枢电阻上的压降 R_aI_a 增加，同时由于电枢反应的去磁作用，感应电动势 E 减小，因此输出电压 U 下降，如图 2-19 所示。若发电机转速 n 和励磁电流 I_f 为额定值，发电机满载 $I=I_N$，则 $U=U_N$。

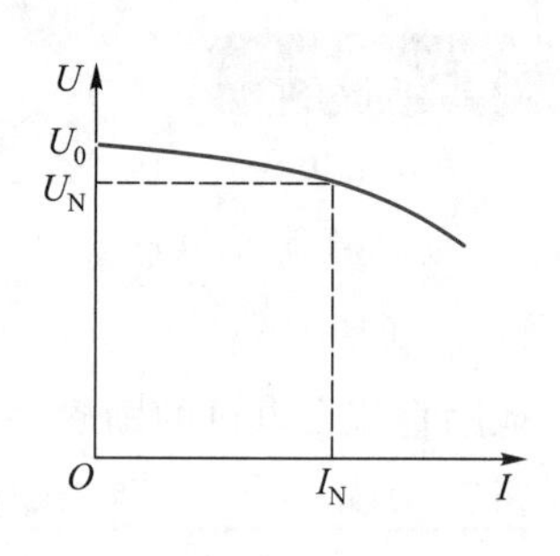

图 2-19　他励直流发电机外特性

负载变化对输出电压的影响还可通过电压调整率 V_R 来表示。发电机空载电压 U_0 减去额定电压 U_N 之后再除以空载电压 U_0 的百分比，称为发电机的电压调整率 V_R，计算式为

$$V_R=\frac{U_0-U_N}{U_0}\times 100\% \tag{2-18}$$

他励直流发电机的电压调整率一般为 5%～10%。

［例 **2-2**］　某他励直流发电机，$U_N=230\ \text{V}$，$n_N=1\ 500\ \text{r/min}$，$P_N=16\ \text{kW}$，$R_a=0.2\ \Omega$。设发电机磁场保持不变，求该发电机：(1) 额定状态下的空载电压 U_0；(2) $n=1\ 200\ \text{r/min}$ 时的满载电压 U'。

解：(1) 额定状态下，电枢电流 I_{aN} 为

$$I_{aN}=I_N=\frac{P_N}{U_N}=\frac{16\ 000}{230}\ \text{A}=69.57\ \text{A}$$

由于发电机磁场保持不变，空载感应电动势 E_0 与满载感应电动势 E_N 相同，所以空载电压 U_0 为

$$U_0=E_0=E_N=U_{aN}+R_aI_{aN}=U_N+R_aI_N=(230+0.2\times 69.57)\ \text{V}=243.91\ \text{V}$$

(2) 由于发电机磁场保持不变，所以感应电动势 E 正比于发电机转速 n，$n=1\ 200\ \text{r/min}$ 时的感应电动势 E' 为

$$E'=\frac{1\ 200}{1\ 500}E_N=\frac{1\ 200}{1\ 500}\times 243.91\ \text{V}=195.13\ \text{V}$$

此时，满载电压 U' 为

$$U'=E'-R_aI_N=(195.13-0.2\times 69.57)\ \text{V}=181.22\ \text{V}$$

2.6.2　并励直流发电机

1. 自励条件

并励直流发电机的励磁绕组与电枢绕组并联，然后由发电机自身供电，如图 2-20 所示。显而易见，只有在电枢回路中先有感应电动势 E 才能在励磁回路中产生励磁电流 I_f，同时，只有在励磁回路中先有励磁电流 I_f 才能在电枢回路中产生感应电动势 E，二者相互矛盾。并励直流发电机建立感应电动势的过程称为自

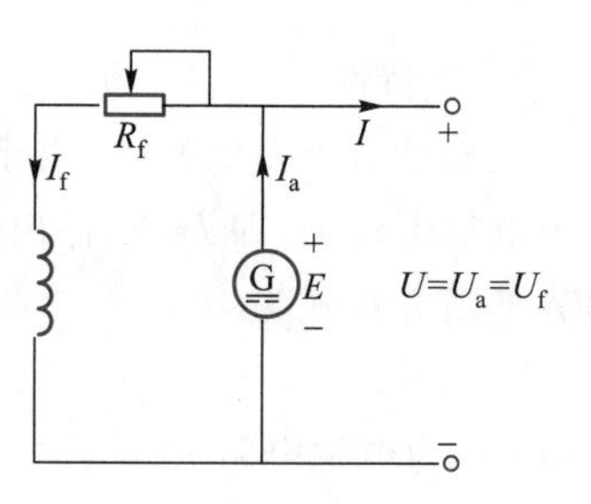

图 2-20　并励直流发电机

励过程，并不是在任何条件下都能建立稳定的感应电动势，需要满足一定的自励条件。

（1）主磁极有剩磁

由磁性物质制成的主磁极经过磁化后，一般会有剩磁存在。剩磁的存在是自励的先决条件。当转子旋转时，电枢绕组切割剩磁磁感线会产生剩磁感应电动势 E_r，该电动势虽小，却在由励磁绕组和电枢绕组构成的闭合回路中产生了较小的励磁电流 I_{fr}。励磁电流 I_{fr} 通过励磁绕组又会产生自己的磁场。如果励磁电流 I_{fr} 产生的磁场与剩磁磁场方向相反，磁场总磁通减小，感应电动势 E 减小，$E<E_r$，那么就无法建立必要的电动势。因此，还必须满足下面的第二个条件。

（2）励磁电流磁场与剩磁磁场方向相同

当励磁电流磁场与剩磁磁场方向相同时，磁场总磁通和感应电动势 E 增加，进而励磁电流 I_f 增加，励磁电流 I_f 的增加又会使感应电动势 E 进一步增加，如此循环，感应电动势 E 会越来越大。

如前所述，励磁电流 I_f 产生感应电动势 E 需满足空载特性，同时，感应电动势 E 产生励磁电流 I_f 需满足电路欧姆定律，即

$$I_f=\frac{E}{R_a+R_f} \tag{2-19}$$

式中：R_f 为励磁电阻；R_a 为电枢电阻。如图 2-21 所示，这是一条过原点的直线，称为场阻线，其斜率为

$$\tan\alpha=\frac{E}{I_f}=R_a+R_f \tag{2-20}$$

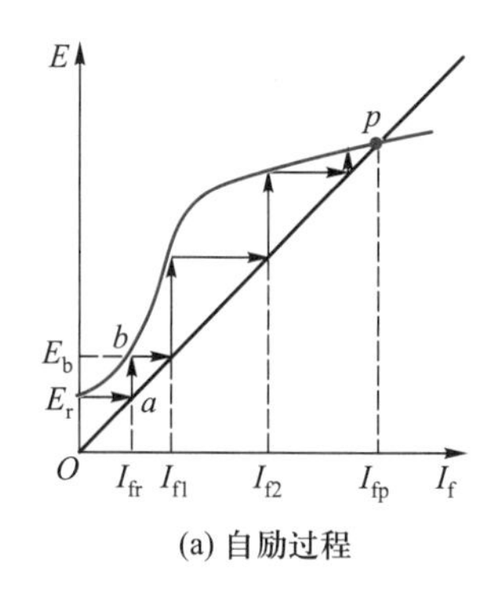

(a) 自励过程

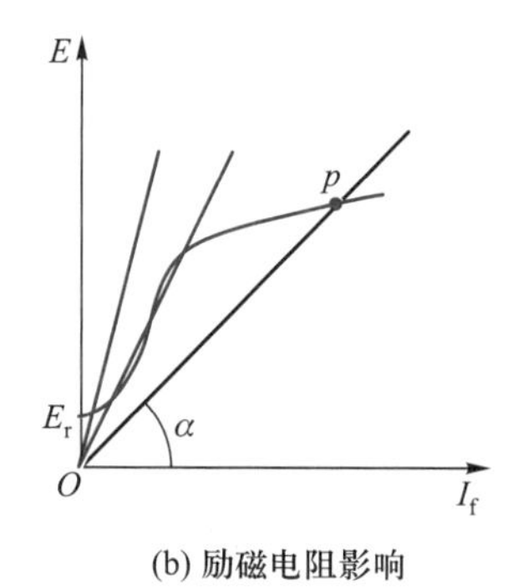

(b) 励磁电阻影响

图 2-21　并励直流发电机自励

由于励磁电流 I_f 和感应电动势 E 应同时满足空载特性和场阻线，因此最终的励磁电流 I_f 和感应电动势 E 只能稳定在两条曲线的交点 p 上，如图 2-21(a) 所示。自励过程分析如下：当发电机以某一速度开始旋转，由于发电机主磁极有剩磁存在，会在电枢回路中产生剩磁感应电动势 E_r；剩磁感应电动势 E_r 在励磁回路中产生励磁电流 I_{fr}，其大小可由场阻线求得，即由 E_r 做水平线与场阻线交于 a 点，a 点的横坐标即为 I_{fr}；若励磁绕组接法正确，励磁电流 I_{fr} 所产生的磁动

势将使磁场增强，并在电枢回路中产生新的感应电动势 E_b，其大小可由空载特性求得，即由 I_{fr} 点做垂线与空载特性相交于 b 点，b 点的纵坐标即为 E_b。如此相互促进，循环下去，并励直流发电机的自励过程沿着图 2-21(a)中的阶梯形折线反复进行，直至发电机的空载特性和场阻线的交点 p，励磁电流和感应电动势不再增加，自励过程结束。

如图 2-21(b)所示，对于一台并励直流发电机，空载特性一定，交点 p 由场阻线的斜率决定。如式(2-20)所示，场阻线的斜率由电枢电阻 R_a 和励磁电阻 R_f 决定，由于 $R_a \ll R_f$，因此场阻线的斜率主要由励磁电阻 R_f 决定，这也是场阻线名称的由来。R_f 的大小决定交点 p 的位置，若 R_f 过大，自励就不能建立。因此，并励直流发电机要自励，还必须满足下面第三个条件。

(3) 励磁电阻小于临界电阻

当场阻线与空载特性的线性部分重合时，励磁电阻称为临界电阻 R_{cr}。若 R_f(励磁电阻)$>R_{cr}$(临界电阻)，交点 p 位于剩磁感应电动势 E_r 附近，此时建立的感应电动势较小，发电机不能自励；若 $R_f<R_{cr}$，交点 p 位于空载特性饱和区域，此时建立的感应电动势较大，发电机能够自励。

2. 外特性

当并励直流发电机完成自励后，接通负载，发电机向负载输出电功率，这时电枢电流 I_a 也相应增加。如图 2-20 所示，输出电流 I、励磁电流 I_f 和电枢电流 I_a 之间的关系为

$$I=I_a-I_f \tag{2-21}$$

输出电压 U、励磁电压 U_f 和电枢电压 U_a 之间的关系为

$$U=U_a=U_f \tag{2-22}$$

电路电动势平衡方程式为

$$U\left(1+\frac{R_a}{R_f}\right)=E-R_aI \tag{2-23}$$

由上述公式可知，当负载增加时，输出电流 I 增加，电枢电阻上的压降 R_aI_a 增加，同时由于电枢反应的去磁作用，感应电动势 E 减小，因此输出电压 U 下降。输出电压 U 下降又会引起励磁电压 U_f 和励磁电流 I_f 下降，感应电动势 E 进一步减小，输出电压 U 进一步下降。因此，并励直流发电机的电压调整率比他励直流发电机高 8%～10%，如图 2-22 所示。

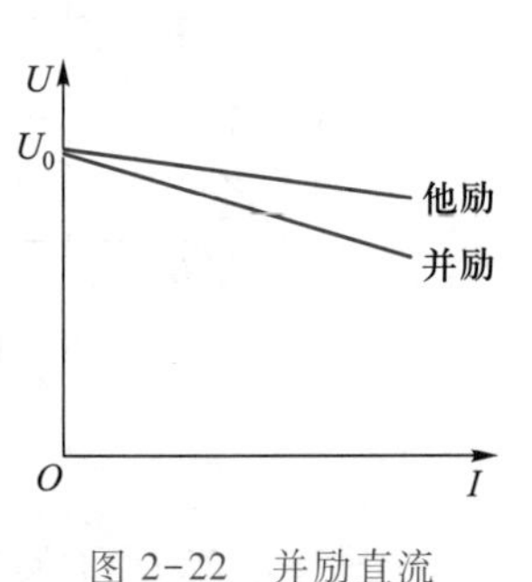

图 2-22　并励直流发电机外特性

2.6.3　串励直流发电机

串励直流发电机的励磁绕组与电枢绕组串联，然后由发电机自身供电，如图 2-23 所示。输出电流 I、励磁电流 I_f 和电枢电流 I_a 之间的关系为

$$I=I_a=I_f \tag{2-24}$$

输出电压 U、励磁电压 U_f 和电枢电压 U_a 之间的关系为

$$U=U_a-U_f \tag{2-25}$$

电路电动势平衡方程式为

$$U=E-(R_a+R_f)I \tag{2-26}$$

当发电机空载时，$I=I_f=0$，$E=E_r$。接上负载后，$I_f=I$，输出电流 I 增加，励磁电流 I_f 增加，感应电动势 E 增加，输出电压 U 上升；当输出电流 I 和励磁电流 I_f 增加到一定程度时磁路饱和，感应电动势 E 基本不变，此时电枢电阻 R_a 和励磁电阻 R_f 上的电压将继续增加，加上电枢反应的去磁作用，输出电压 U 下降，如图 2-24 所示。由于串励直流发电机的输出电压不稳定，所以仅在少数的特殊情况下使用。

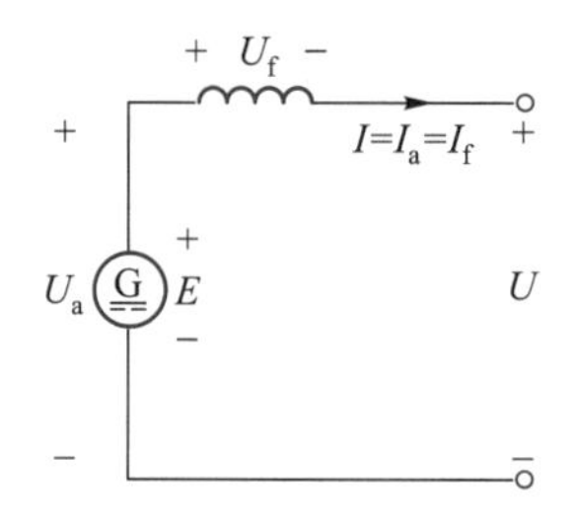

图 2-23 串励直流发电机

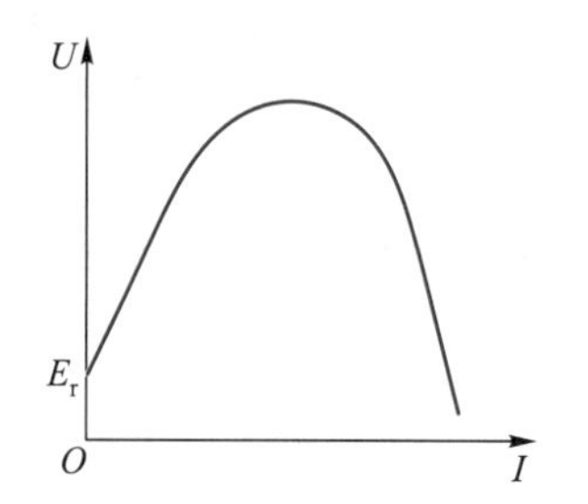

图 2-24 串励直流发电机外特性

2.6.4 复励直流发电机

复励直流发电机有两个励磁绕组：并励绕组和串励绕组。将并励绕组与电枢绕组并联，再与串励绕组串联，然后由发电机自身供电，如图 2-25 所示；也可将串励绕组与电枢绕组串联，再与并励绕组并联，然后由发电机自身供电。串励绕组匝数少、导线粗、电阻小；并励绕组匝数多、导线细、电阻大。

按照两个励磁绕组磁动势的方向是否相同，复励直流发电机又分为积复励直流发电机和差复励直流发电机。若两个励磁绕组磁动势方向相同，则称为积复励直流发电机；若两个励磁绕组磁动势方向相反，则称为差复励直流发电机。

在积复励直流发电机中，若负载增加，则串励绕组励磁电流增加，发电机的磁通和感应电动势均增加，该增量能够补偿负载增大而造成的输出电压下降。受到磁路饱和的影响，串励绕组励磁电流增加带来的补偿作用并不总是能够完全补偿输出电压的下降。

据此，积复励直流发电机可以分为过复励直流发电机、平复励直流发电机和欠复励直流发电机三种。若额定电压 U_N 大于空载电压 U_0，则称为过复励直流发电机；若额定电压 U_N 等于空载电压 U_0，则称为平复励直流发电机；若额定电压 U_N 小于空载电压 U_0，则称为欠复励直流发电机。复励直流发电机的外特性如图 2-26 所示。

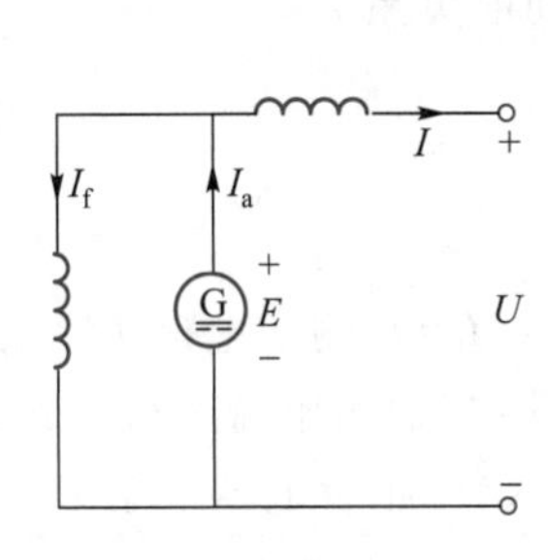

图 2-25　复励直流发电机

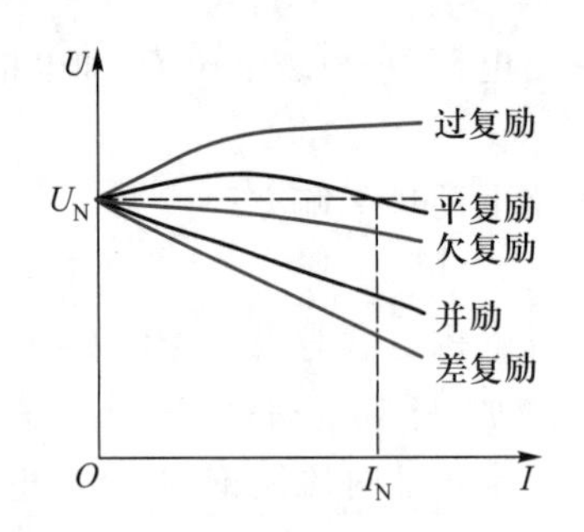

图 2-26　复励直流发电机的外特性

在差复励直流发电机中，两个励磁绕组产生的磁动势相反，串励绕组不再起补偿作用，而是去磁作用。因此，负载增加时，由于串励绕组的去磁作用，发电机输出电压将大幅下降，其外特性如图 2-26 所示。差复励直流发电机仅用于直流电焊机等特殊场合。

2.7　直流发电机的功率和转矩

PPT 2.7：直流发电机的功率和转矩

2.7.1　功率

本节以并励直流发电机为例给出功率的定义和平衡方程式。

由原动机输入的机械功率称为直流发电机的输入功率，用 P_1 表示，计算为

$$P_1 = T_1\Omega = \frac{2\pi}{60}T_1 n \tag{2-27}$$

式中：T_1 为输入转矩；Ω 为转子角速度。

输入功率 P_1 并不能完全转化为电功率输出，需去除机械摩擦、空气摩擦和铁心发热等多方面的损耗。这些损耗也是直流发电机空载运行时就存在的损耗，故称为空载损耗，用 P_0 表示。空载损耗 P_0 包括铁损耗 P_{Fe}、机械损耗 P_{me} 和附加损耗 P_{ad}，即

$$P_0 = P_{Fe} + P_{me} + P_{ad} \tag{2-28}$$

输入功率 P_1 减去空载损耗 P_0 即为由机械功率转换为电功率的部分，称为直流发电机的电磁功率，用 P_e 表示，计算式为

$$P_e = P_1 - P_0 \tag{2-29}$$

直流发电机的电磁功率 P_e 既是由机械功率 $T\Omega$ 转换而来的电功率 EI_a，也是转换成电功率 EI_a 的机械功率 $T\Omega$，即

$$P_e = EI_a = T\Omega \tag{2-30}$$

电磁功率 P_e 的一小部分转换为铜损耗 P_{Cu}，其中包括电枢铜损耗和励磁铜损耗，即

$$P_{Cu} = R_a I_a^2 + R_f I_f^2 \tag{2-31}$$

电磁功率 P_e 减去电路铜损耗 P_{Cu} 即为直流发电机的输出功率，用 P_2 表示，

计算式为

$$P_2=P_e-P_{Cu} \tag{2-32}$$

直流发电机的输出功率 P_2 也可用输出电压 U 和输出电流 I 表示，即

$$P_2=UI \tag{2-33}$$

直流发电机的总损耗 P_{al} 包括铜损耗 P_{Cu}、铁损耗 P_{Fe}、机械损耗 P_{me} 和附加损耗 P_{ad}，即

$$P_{al}=P_{Cu}+P_{Fe}+P_{me}+P_{ad} \tag{2-34}$$

直流发电机的功率平衡方程式为

$$P_1-P_2=P_{al} \tag{2-35}$$

直流发电机的功率传递过程可用图 2-27 表示。

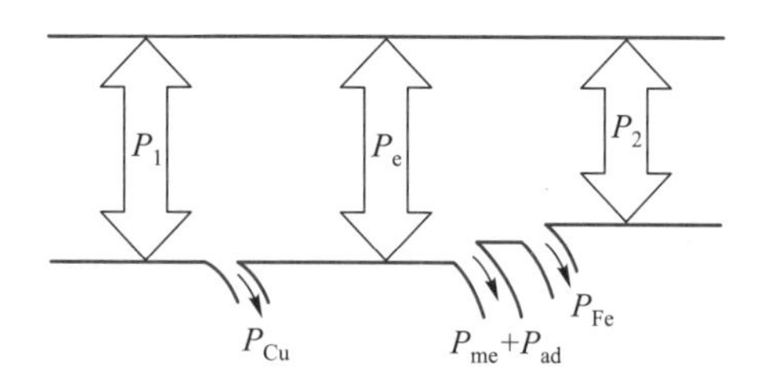

图 2-27 直流发电机的功率传递过程

直流发电机的输出功率与输入功率的百分比称为直流发电机的效率，用 η 表示，计算式为

$$\eta=\frac{P_2}{P_1}\times 100\% \tag{2-36}$$

2.7.2 转矩

直流发电机稳定运行时，作用在发电机转轴上的所有转矩必须保持平衡。发电机转轴上共有三个转矩：由原动机输入给发电机的输入转矩 T_1、电磁转矩 T 和由机械摩擦和铁损耗等引起的空载转矩 T_0。其中，输入转矩 T_1 为拖动转矩，电磁转矩 T 和空载转矩 T_0 为制动转矩。直流发电机的转矩平衡方程式为

$$T_1=T+T_0 \tag{2-37}$$

输入转矩 T_1、电磁转矩 T 和空载转矩 T_0 与相应功率之间的关系分别为

$$T_1=\frac{P_1}{\Omega}=\frac{60}{2\pi}\cdot\frac{P_1}{n} \tag{2-38}$$

$$T=\frac{P_e}{\Omega}=\frac{60}{2\pi}\cdot\frac{P_e}{n} \tag{2-39}$$

$$T_0=\frac{P_0}{\Omega}=\frac{60}{2\pi}\cdot\frac{P_0}{n} \tag{2-40}$$

[例 2-3] 某并励直流发电机，$U_N=230\ V$，$I_N=96\ A$，$n_N=1\ 500\ r/min$，$R_a=0.17\ \Omega$，$R_f=100\ \Omega$，$T_0=16.59\ N\cdot m$。设该发电机在额定工作状态下，求：

(1) 输出功率 P_{2N}；(2) 电磁功率 P_{eN}；(3) 输入功率 P_{1N}；(4) 效率 η_N。

解：(1) 输出功率 P_{2N} 为

$$P_{2N}=U_NI_N=230\times96\ \text{W}=22\ 080\ \text{W}$$

(2) 励磁电流 I_{fN} 为

$$I_{fN}=\frac{U_{fN}}{R_f}=\frac{U_N}{R_f}=\frac{230}{100}\ \text{A}=2.3\ \text{A}$$

电枢电流 I_{aN} 为

$$I_{aN}=I_N+I_{fN}=(96+2.3)\ \text{A}=98.3\ \text{A}$$

铜损耗 P_{Cu} 为

$$P_{Cu}=R_aI_{aN}^2+R_fI_{fN}^2=(0.17\times98.3^2+100\times2.3^2)\ \text{W}=2\ 171.69\ \text{W}$$

电磁功率 P_{eN} 为

$$P_{eN}=P_{2N}+P_{Cu}=(22\ 080+2\ 171.69)\ \text{W}=24\ 251.69\ \text{W}$$

(3) 空载损耗 P_0 为

$$P_0=T_0\Omega=\frac{2\pi}{60}T_0n=\frac{2\pi}{60}\times16.59\times1\ 500\ \text{W}=2\ 604.63\ \text{W}$$

输入功率 P_{1N} 为

$$P_{1N}=P_{eN}+P_0=(24\ 251.69+2\ 604.63)\ \text{W}=26\ 856.32\ \text{W}$$

(4) 效率 η_N 为

$$\eta_N=\frac{P_{2N}}{P_{1N}}\times100\%=\frac{22\ 080}{26\ 856.32}\times100\%=82.22\%$$

2.8　直流电动机

PPT 2.8：直流电动机

2.8.1　他励直流电动机

1. 电路方程

他励直流电动机的励磁绕组和电枢绕组分别由两个独立的直流电源供电，如图 2-28 所示。在励磁回路中，励磁电压 U_f 产生励磁电流 I_f，二者关系为

$$I_f=\frac{U_f}{R_f} \tag{2-41}$$

式中：R_f 为励磁电阻。在电枢回路中，电动势平衡方程式为

$$U_a=E+R_aI_a \tag{2-42}$$

式中：R_a 为电枢电阻。

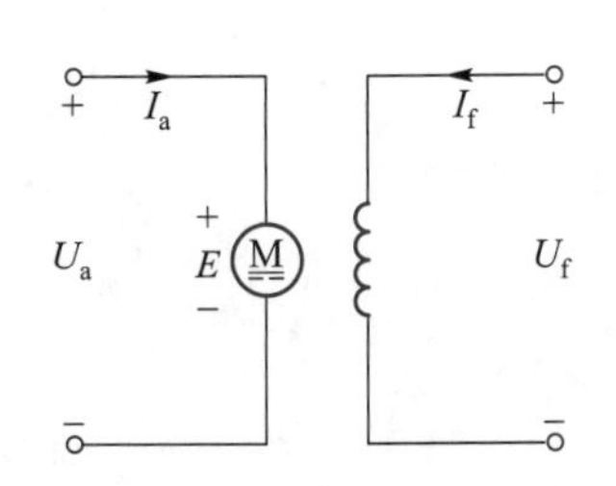

图 2-28　他励直流电动机

当他励直流电动机稳定运行时，若忽略空

载转矩 T_0，则电磁转矩 T 等于负载转矩 T_L，即 $T=T_L$，根据电磁转矩公式（2-14），有 $T_L=T=C_T\Phi I_a$，因此，稳定运行时电枢电流 I_a 由负载转矩 T_L 决定。

2. 工作特性

在输入电压 $U=U_N$、励磁电流 $I_f=I_{fN}$ 且电枢回路无外接电阻的条件下，电动机转速 n、电磁转矩 T 和效率 η 与输出功率 P_2 之间的关系 n、T、$\eta=f(P_2)$ 称为直流电动机的工作特性。为了便于测量，通常用电枢电流 I_a 来表示输出功率 P_2，故工作特性也可表示为 n、T、$\eta=f(I_a)$。

（1）转速特性

当 $U=U_N$、$I_f=I_{fN}$ 且无外串电阻时，电动机转速 n 与电枢电流 I_a 之间的关系 $n=f(I_a)$ 称为直流电动机的转速特性。利用电动势平衡方程式和感应电动势公式，可得转速特性方程式

$$n=\frac{U_N}{C_E\Phi}-\frac{R_a}{C_E\Phi}I_a \tag{2-43}$$

式中：对于他励直流电动机而言，$U_N=U_{aN}$。由式（2-43）可知，忽略电枢反应，当电枢电流 I_a 增加时，电枢电阻压降 R_aI_a 增加，电动机转速 n 下降。由于电枢电阻 R_a 较小，其上压降一般只占额定电压 U_N 的 5%，所以转速 n 下降不多。由此可见，转速特性是一条略微向下倾斜的直线，如图 2-29 所示。

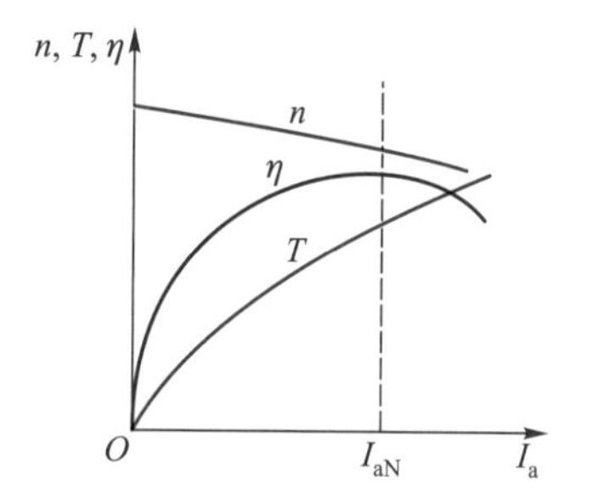

图 2-29 他励直流电动机的工作特性

（2）转矩特性

当 $U=U_N$、$I_f=I_{fN}$ 且无外串电阻时，电磁转矩 T 与电枢电流 I_a 之间的关系 $T=f(I_a)$ 称为直流电动机的转矩特性。利用电磁转矩公式，可得转矩特性方程式

$$T=C_T\Phi_N I_a \tag{2-44}$$

式中：Φ_N 为额定磁通。由式（2-44）可知，若忽略电枢反应，则电磁转矩 T 与电枢电流 I_a 呈线性变化，转矩特性为一条直线；若考虑电枢反应，由于电枢反应有去磁作用，当电枢电流 I_a 较大时，电磁转矩 T 在原有基础上会略有下降，如图 2-29 所示。

（3）效率特性

当 $U=U_N$、$I_f=I_{fN}$ 且无外串电阻时，效率 η 与电枢电流 I_a 之间的关系 $\eta=f(I_a)$ 称为直流电动机的效率特性。利用效率公式，可得效率特性方程式

$$\eta=\frac{P_2}{P_1}\times100\%=\frac{P_1-P_{Cu}-P_0}{P_1}\times100\%=\left(1-\frac{R_aI_a^2+P_0}{P_1}\right)\times100\% \tag{2-45}$$

式中：P_1 为输入功率；P_{Cu} 为铜损耗，对于他励直流电动机而言，$P_{Cu}=R_aI_a^2$；P_0 为空载损耗。由式（2-45）可知，当电枢电流 I_a 较小时，输入功率 P_1 基本消耗

于空载损耗 P_0，效率较低；当电枢电流 I_a 较大时，输入功率 P_1 大部分供给输出功率 P_2，随着电枢电流 I_a 增加，效率 η 增加；当电枢电流增大到一定程度时，电枢电阻 R_a 上的铜损耗 $R_aI_a^2$ 快速增加，效率 η 又开始减小，如图 2-29 所示。

3. 机械特性

当 U_a、R_a、I_f 保持不变时，电动机的转速 n 与电磁转矩 T 之间的关系 $n=f(T)$ 称为直流电动机的机械特性。根据电动势平衡方程式、感应电动势公式和电磁转矩公式，可以推导出机械特性方程式为

$$n=\frac{U_a}{C_E\Phi}-\frac{R_a}{C_EC_T\Phi^2}T \tag{2-46}$$

他励直流电动机的机械特性如图 2-30 所示，图中 N 点为额定状态工作点。由于电枢绕组匝数少、导线粗，故电枢电阻 R_a 较小，机械特性斜率较小。当电磁转矩 T 变化时，电动机转速 n 变化较小，机械特性为硬特性。

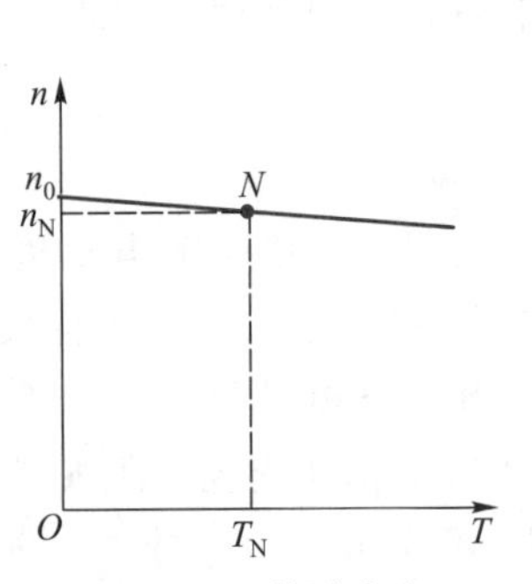

图 2-30　他励直流电动机的机械特性

电动机转速 n 的方向由电磁转矩 T 的方向决定，由电磁转矩公式可知，电磁转矩 T 的方向由磁场 Φ 的方向和电枢电流 I_a 的方向决定。因此，只要改变磁场 Φ 的方向或电枢电流 I_a 的方向，即可改变电磁转矩 T 的方向，进而改变转速 n 的方向。与之相对应，有两种改变电动机转向的方法：励磁反向法和电枢反向法。励磁反向法是指改变励磁电流 I_f 的方向，将励磁绕组接到电源的两根导线对调位置；电枢反向法是指改变电枢电流 I_a 的方向，将电枢绕组接到电源的两根导线对调位置。实际应用中，一般采用电枢反向法，这是因为励磁绕组匝数多、电感大，反向磁场建立过程缓慢，并且容易造成励磁回路断电，致使电动机“飞车”和“闷车”。

2.8.2　并励直流电动机

并励直流电动机的励磁绕组与电枢绕组并联，然后由同一个直流电源供电，如图 2-31 所示。输入电流 I、励磁电流 I_f 和电枢电流 I_a 之间的关系为

$$I=I_a+I_f \tag{2-47}$$

输入电压 U、励磁电压 U_f 和电枢电压 U_a 之间的关系为

$$U=U_a=U_f \tag{2-48}$$

电路电动势平衡方程式为

$$U\left(1+\frac{R_a}{R_f}\right)=E+R_aI \tag{2-49}$$

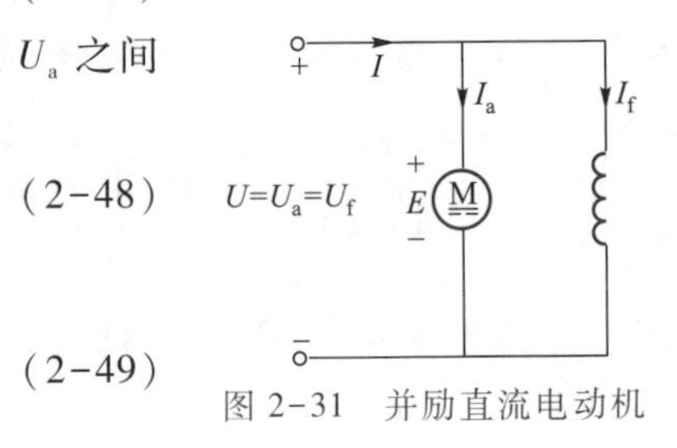

图 2-31　并励直流电动机

并励直流电动机与他励直流电动机的工作原理基本一致，因此他励直流电动机的主要结论和特性也适用于并励直流电动机，这里不再做具体分析。

［例 2-4］ 某并励直流电动机，$U_N=220\ V$，$R_a=0.6\ \Omega$，$R_f=450\ \Omega$，带某负载运行时，$I=16\ A$，$n=2\ 000\ r/min$。忽略空载转矩 T_0，求：(1) 励磁电流 I_f；(2) 感应电动势 E；(3) 电磁转矩 T；(4) 保持电动机磁场不变，负载转矩减为原来的一半，此时电枢电流 I'_a 和转速 n'。

解：(1) 励磁电流 I_f 为

$$I_f=\frac{U_N}{R_f}=\frac{220}{450}\ A=0.49\ A$$

(2) 电枢电流 I_a 为

$$I_a=I-I_f=(16-0.49)\ A=15.51\ A$$

感应电动势 E 为

$$E=U_{aN}-R_aI_a=(220-0.6\times15.51)\ V=210.69\ V$$

(3) 利用感应电动势公式，可得

$$C_E\Phi=\frac{E}{n}=\frac{210.69}{2\ 000}=0.105$$

$$C_T\Phi=\frac{2\pi}{60}C_E\Phi=9.55\times0.105=1.003$$

电磁转矩 T 为

$$T=C_T\Phi I_a=1.003\times15.51\ N\cdot m=15.56\ N\cdot m$$

(4) 保持电动机磁场不变，负载转矩减半，此时电枢电流 I'_a 为

$$I'_a=0.5I_a=0.5\times15.51\ A=7.76\ A$$

根据电动势平衡方程式和感应电动势公式，此时转速 n' 为

$$n'=\frac{E'}{C_E\Phi}=\frac{U_{aN}-R_aI'_a}{C_E\Phi}=\frac{220-0.6\times7.76}{0.105}\ r/min=2\ 050.90\ r/min$$

2.8.3 串励直流电动机

串励直流电动机的励磁绕组与电枢绕组串联，然后由同一个直流电源供电，如图 2-32 所示。输入电流 I、励磁电流 I_f 和电枢电流 I_a 之间的关系为

$$I=I_a=I_f \tag{2-50}$$

输入电压 U、励磁电压 U_f 和电枢电压 U_a 之间的关系为

$$U=U_a+U_f \tag{2-51}$$

电路电动势平衡方程式为

$$U=E+(R_a+R_f)I \tag{2-52}$$

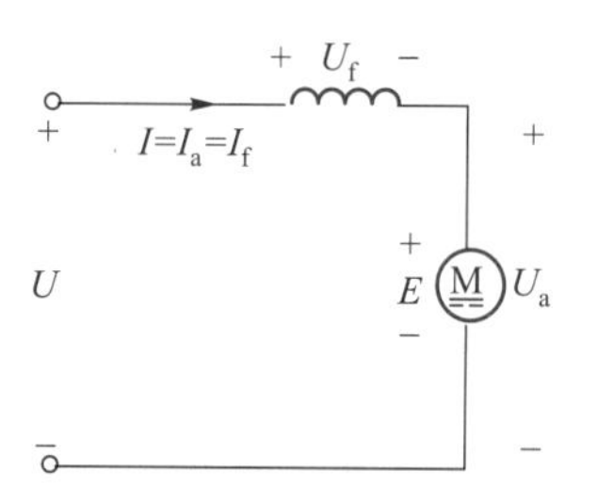

图 2-32 串励直流电动机

由于 $I_f=I$，所以串励直流电动机的励磁电流 I_f 较大，因而励磁绕组的匝数少、导线粗、电阻

小。串励直流电动机与他励/并励直流电动机有较大区别。当电枢电流(励磁电流)较小时,磁路不饱和,磁通与电枢电流成正比;当电枢电流较大时,磁路已饱和,磁通基本不随电枢电流变化。因此,在讨论串励直流电动机的工作特性时,应分段进行。

当电枢电流较小时,磁通 Φ 与电枢电流 I_a 成正比,即

$$\Phi = k_c I_a \tag{2-53}$$

式中:k_c 为比例系数。此时,串励直流电动机的转速特性为

$$n = \frac{U_N}{C_E k_c I_a} - \frac{R_a + R_f}{C_E k_c} \tag{2-54}$$

串励直流电动机的电磁转矩为

$$T = C_T k_c I_a^2 \tag{2-55}$$

当电枢电流较大时,磁路已饱和,磁通 Φ 基本不变,串励直流电动机的工作特性与他励/并励直流电动机相同。串励直流电动机的工作特性如图 2-33 所示。

综上所述,串励直流电动机的电磁转矩 T 正比于 I_a^m,$1 \leqslant m \leqslant 2$。因此,相对于他励/并励直流电动机,串励直流电动机具有较大的起动转矩和过载能力,并且电磁转矩变化时,电流波动较小。

由式(2-52)可得串励直流电动机的机械特性方程式为

$$n = \frac{U_a}{C_E \Phi} - \frac{R_a + R_f}{C_E C_T \Phi^2} T \tag{2-56}$$

当电磁转矩 $T=0$ 时,励磁电流 $I_f = I_a = 0$,磁通 Φ 很小,仅为剩磁通,电动机转速 n 很大;当电磁转矩 T 较小时,励磁电流 I_f 较小,磁路未饱和,此时随着电磁转矩 T 增加,励磁电流 I_f 增加,磁通 Φ 增加,电动机转速 n 迅速下降;当电磁转矩 T 较大时,励磁电流 I_f 较大,磁路已饱和,此时机械特性与他励/并励直流电动机相同。串励直流电动机的机械特性如图 2-34 所示。

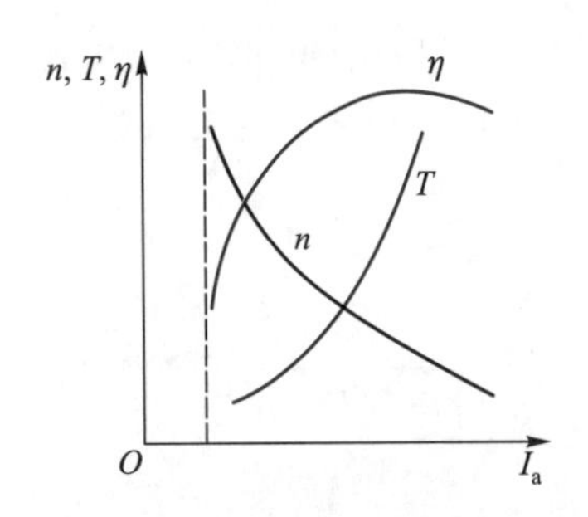

图 2-33　串励直流电动机的工作特性

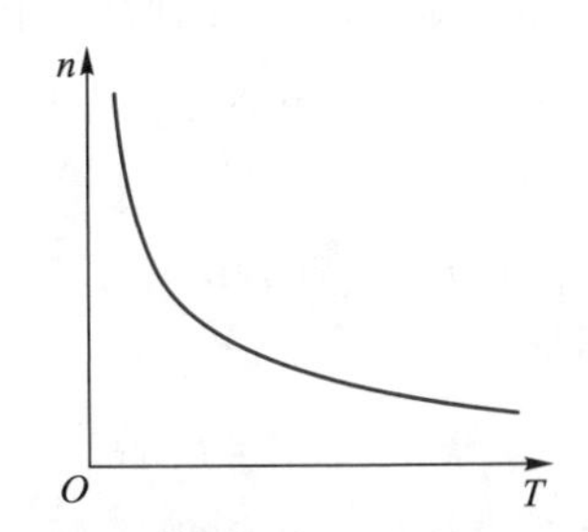

图 2-34　串励直流电动机的机械特性

串励直流电动机基于上述特点可以实现负载较大时转速较慢、转矩较大,负载较小时转速较快、转矩较小。因此,串励直流电动机适合转矩变化范围较大的

生产机械，如冲击钻、打磨机等电动工具和城市无轨电车等。由于串励直流电动机在空载和轻载情况下，转速太高，以致超出电动机允许的范围。因此，串励直流电动机不允许空载和轻载运行，不能采用诸如皮带轮等传动方式，以免皮带滑落造成电动机空载，形成安全隐患。

串励直流电动机属于交、直流两用电动机，又称为通用电动机，其既可以直流供电，也可以交流供电。这是因为串励直流电动机的励磁绕组与电枢绕组串联，当通入交流电时励磁电流和电枢电流同时改变方向，电磁转矩的方向也不会发生变化，转子可以连续旋转。

2.8.4 复励直流电动机

复励直流电动机有两个励磁绕组：并励绕组和串励绕组，将并励绕组与电枢绕组并联，再与串励绕组串联，然后由同一个直流电源供电，电路如图 2-35 所示；也可将串励绕组与电枢绕组串联，再与并励绕组并联，然后由同一个直流电源供电。串励绕组匝数少、导线粗、电阻小；并励绕组匝数多、导线细、电阻大。

按照两个励磁绕组磁动势的方向是否相同，复励直流电动机又分为积复励直流电动机和差复励直流电动机。若两个励磁绕组磁动势的方向相同，则称为积复励直流电动机；若两个励磁绕组磁动势方向相反，则称为差复励直流电动机。

由于复励直流电动机的励磁由串励绕组和并励绕组共同完成，因此其机械特性位于串励直流电动机和并励直流电动机之间，如图 2-36 所示。复励直流电动机兼具串励直流电动机和并励直流电动机的优点，既有较大的起动转矩和过载能力，又可以在空载和轻载下运行。

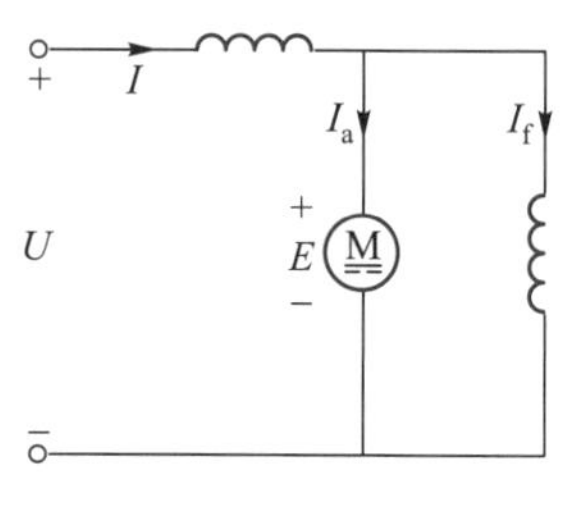

图 2-35 复励直流电动机的电路

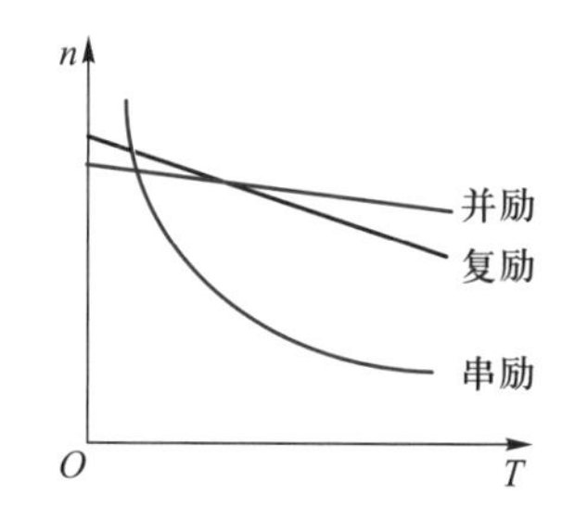

图 2-36 复励直流电动机的机械特性

PPT 2.9：
直流电动机的功率和转矩

2.9 直流电动机的功率和转矩

2.9.1 功率

本节以并励直流电动机为例给出功率的定义和平衡方程式。

由电源输入的电功率称为直流电动机的输入功率，用 P_1 表示，计算式为

$$P_1 = UI \tag{2-57}$$

输入功率 P_1 的一小部分变为铜损耗 P_{Cu}，其中包括电枢铜损耗和励磁铜损耗，即

$$P_{Cu} = R_a I_a^2 + R_f I_f^2 \tag{2-58}$$

输入功率 P_1 减去铜损耗 P_{Cu} 后即为由电功率转换为机械功率的部分，称为直流电动机的电磁功率，用 P_e 表示，计算式为

$$P_e = P_1 - P_{Cu} \tag{2-59}$$

直流电动机的电磁功率 P_e 既是由电功率 EI_a 转换而来的机械功率 $T\Omega$，也是转换成机械功率 $T\Omega$ 的电功率 EI_a，由式(2-59)可得

$$P_e = EI_a = T\Omega \tag{2-60}$$

电磁功率 P_e 并不能全部输出，需去除机械摩擦、空气摩擦、铁心发热等多方面的损耗。这些损耗也是电机空载运行时就存在的损耗，故称空载损耗，用 P_0 表示。空载损耗 P_0 包括铁损耗 P_{Fe}、机械损耗 P_{me} 和附加损耗 P_{ad}，即

$$P_0 = P_{Fe} + P_{me} + P_{ad} \tag{2-61}$$

电磁功率 P_e 去除空载损耗 P_0 即为直流电动机的输出功率，用 P_2 表示，计算式为

$$P_2 = P_e - P_0 \tag{2-62}$$

直流电动机的总损耗 P_{al} 包括铜损耗 P_{Cu}、铁损耗 P_{Fe}、机械损耗 P_{me} 和附加损耗 P_{ad}，即

$$P_{al} = P_{Cu} + P_{Fe} + P_{me} + P_{ad} \tag{2-63}$$

直流电动机的功率平衡方程式为

$$P_1 - P_2 = P_{al} \tag{2-64}$$

直流电动机的功率传递过程可用图 2-37 表示。

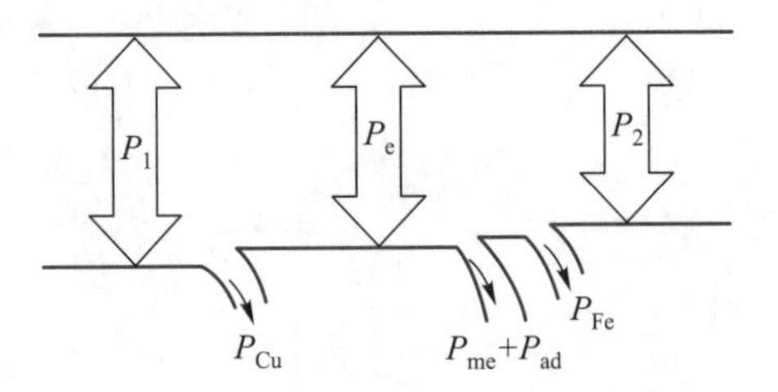

图 2-37 直流电动机的功率传递过程

直流电动机的输出功率与输入功率的百分比称为直流电动机的效率，用 η 表示，计算式为

$$\eta=\frac{P_2}{P_1}\times 100\% \tag{2-65}$$

2.9.2　转矩

直流电动机稳定运行时，作用在电动机转轴上的所有转矩必须保持平衡。电动机转轴上共作用有三个转矩：电磁转矩 T、空载转矩 T_0 和负载转矩 T_L。其中，电磁转矩 T 为拖动转矩，空载转矩 T_0 和负载转矩 T_L 为制动转矩。稳定运行时，输出转矩 T_2 等于负载转矩 T_L，即 $T_2=T-T_0=T_L$。直流电动机的转矩平衡方程式为

$$T=T_0+T_L \tag{2-66}$$

输出转矩 T_2、电磁转矩 T 和空载转矩 T_0 与相应功率之间的关系分别为

$$T_2=\frac{P_2}{\Omega}=\frac{60}{2\pi}\cdot\frac{P_2}{n} \tag{2-67}$$

$$T=\frac{P_e}{\Omega}=\frac{60}{2\pi}\cdot\frac{P_e}{n} \tag{2-68}$$

$$T_0=\frac{P_0}{\Omega}=\frac{60}{2\pi}\cdot\frac{P_0}{n} \tag{2-69}$$

［例 **2-5**］　某并励直流电动机，$U=110\ \text{V}$，$I=10\ \text{A}$，$n=1\ 000\ \text{r/min}$，$T_L=7.2\ \text{N}\cdot\text{m}$，$T_0=0.7\ \text{N}\cdot\text{m}$。当该电动机稳定运行时，求：(1) 输出功率 P_2；(2) 电磁功率 P_e；(3) 输入功率 P_1；(4) 总损耗 P_{al}；(5) 效率 η。

解：(1) 电动机稳定运行时，$T_2=T_L$，输出功率 P_2 为

$$P_2=T_2\Omega=T_L\Omega=\frac{2\pi}{60}T_Ln=\frac{2\times3.14}{60}\times7.2\times1\ 000\ \text{W}=753.6\ \text{W}$$

(2) 空载损耗 P_0 为

$$P_0=T_0\Omega=\frac{2\pi}{60}T_0n=\frac{2\times3.14}{60}\times0.7\times1\ 000\ \text{W}=73.27\ \text{W}$$

电磁功率 P_e 为

$$P_e=P_2+P_0=(753.6+73.27)\ \text{W}=826.87\ \text{W}$$

(3) 输入功率 P_1 为

$$P_1=UI=110\times10\ \text{W}=1\ 100\ \text{W}$$

(4) 总损耗 P_{al} 为

$$P_{al}=P_1-P_2=(1\ 100-753.6)\ \text{W}=346.4\ \text{W}$$

(5) 效率 η 为

$$\eta=\frac{P_2}{P_1}\times100\%=\frac{753.6}{1\ 100}\times100\%=68.51\%$$

2.10　直流电动机的应用

直流电动机具有良好的控制特性，应用较为广泛，如电动按摩仪、血压仪气泵和雾化器等医疗器械均使用了微型直流电动机。此外，在控制精度要求高的军事领域，如自动火炮的运动、鱼雷和导弹的推进也普遍采用了基于直流电动机的自动控制系统。下面简单介绍直流电动机的典型应用——电动平衡车。

电动平衡车凭借着占地小、易携带、耗能低等优点，适时地解决了城市交通出行难、停车难的问题，很快在市场上占有了一席之地，如图 2-38 所示。电动平衡车主要由直流电动机、控制器、蓄电池三大电气部件与车体构成，其中直流电动机和控制器是最重要的部件。它们性能的优劣基本上决定了电动平衡车的性能和档次。目前，市面上的电动平衡车普遍使用有刷直流电动机（稀土永磁直流电动机）驱动，它采用碳刷作为电动机电源的两个触点，利用调速转把和控制器来控制车速，通过齿轮二次减速和超越离合器来达到电动车不超过 20 km/h 的无极调速。

图 2-38　电动平衡车

目前两轮电动平衡车采用的减速齿轮强度高，耐磨性好，电动机输出力矩大，爬坡能力强。此类电动机设计成熟，运转平稳，安全系数高，返修率较低，并且维修更换齿轮和电动机的成本较少，有效地降低了电动平衡车的维修费用。

思考题

2-1　直流电机工作时，电枢线圈内的电流是直流还是交流？

2-2　为什么能够使用相同的模型分析直流发电机和直流电动机的工作原理？

2-3　如何理解换向器在直流电机工作时的“整流”和“逆变”的作用？

2-4　直流电机的铁损耗是存在于定子还是转子？采取何种措施能够有效降低直流电机的铁损耗？

2-5　若电刷和换向器同步旋转，电机还能否正常工作？

2-6　直流电机能否长期工作在过载状态？

2-7　为什么直流电机的电刷总是放置在主磁极中心线位置？

2-8　电机的空载磁场和磁性物质的磁化曲线有何联系？

2-9　电枢反应对直流电机的换向有何影响？

2-10　当他励直流电动机磁路饱和时，受电枢反应的影响，感应电动势将会如何变化？

2-11　为什么说电动势常数和电磁转矩常数本质上是一样的？

2-12　有人认为“直流电机的主磁通既链着电枢绕组又链着励磁绕组，因

此这两个绕组中都存在着感应电动势”，这种说法是否正确？

2-13 有人认为“直流电机只有作为发电机运行才会产生电动势，只有作为电动机运行才会产生电磁转矩”，这种说法是否正确？

2-14 为什么并励直流发电机的输出电压随着负载的增加而减小？试解释原因。

2-15 为什么过复励直流发电机的输出电压随着负载的增加而增加？试解释原因。

2-16 一台并励直流发电机的输出电压和电流与一台并励直流电动机的输入电压和电流相同，请比较它们的输入功率和输出功率、电枢电流、电动势的大小。

2-17 通常输出电压在较大范围内可调节的发电机采用他励方式而不是并励方式，试解释其原因。

2-18 直流电动机工作时的电枢电流主要取决于哪些因素？

2-19 直流电动机的输入功率和输出功率指的是电功率还是机械功率？

2-20 某种交直流两用的小型普通电动机，为什么在通入交流电时电动机也能够工作？

2-21 直流电动机中的反电动势的大小和方向由什么决定？为何反电动势总是比施加的电枢电压略小？

2-22 为什么并励直流电动机在转速增加时，其电枢电流减小？

2-23 随着温度上升，串励直流电动机的转速下降，而并励直流电动机的转速上升，试解释其原因。

2-24 将一台并励直流电动机励磁电流的额定值减小一半，电动机的转速并不会加倍，试解释其原因。

2-25 他励直流电动机在拖动负载工作时，在何种情况下会出现“飞车”或“闷车”现象？

练习题

2-1 请说明他励直流发电机在下列情形下的空载电压变化：(1) 每极的磁通减少 10%，其他参数保持不变；(2) 励磁电流增大 10%，其他参数保持不变；(3) 发电机的转速增大 10%，其他参数保持不变。

2-2 一台直流电动机和一台直流发电机，它们的额定值相同，$U_N=220\ \text{V}$，$P_N=7.5\ \text{kW}$，$\eta_N=85\%$，求它们各自的额定电枢电流 I_N。

2-3 某并励直流电动机，$U_N=110\ \text{V}$，$I_N=11\ \text{A}$，$n_N=1\ 500\ \text{r/min}$，$T_L=5.96\ \text{N}\cdot\text{m}$，$T_0=0.85\ \text{N}\cdot\text{m}$。当该电动机稳定运行时，求：(1) 输出功率 P_2；(2) 电磁功率 P_e；(3) 输入功率 P_1；(4) 总损耗 P_{al}；(5) 效率 η。

2-4 某直流电机磁极对数 $p=2$，电枢绕组串联总匝数 $N=90$，每极磁通 $\Phi=0.009\ \text{Wb}$，$I_a=27\ \text{A}$，$n=3\ 000\ \text{r/min}$。求电磁转矩 T 和电动势 E。

2-5 某他励直流电动机，$U_{aN}=220\ \text{V}$，$n_N=1\ 500\ \text{r/min}$，$P_N=17\ \text{kW}$，$\eta_N=$

83%,忽略空载转矩 T_0。该电动机在额定工作状态下,求:(1) 输入功率 P_{1N};(2) 电枢电流 I_{aN};(3) 电磁转矩 T_N。

2-6 某并励直流电动机,$U_N = 220$ V,$I_N = 11.5$ A,$n_N = 3\ 000$ r/min,$R_a = 0.37\ \Omega$,$R_f = 596\ \Omega$。该电动机在额定状态下运行时,求:(1) 励磁电流 I_{fN};(2) 电枢电流 I_{aN};(3) 感应电动势 E_N;(4) 电磁转矩 T_N。

2-7 某他励直流发电机,$U_{aN} = 230$ V,$n_N = 1\ 000$ r/min,$P_N = 12$ kW,$R_a = 0.35\ \Omega$,保持磁通 Φ 不变,求该发电机 $n = 800$ r/min 时的满载电压。

2-8 某并励直流发电机,$U_N = 115$ V,$n_N = 1\ 500$ r/min,$P_N = 46$ kW,$R_a = 0.01\ \Omega$,$R_f = 20\ \Omega$,现将该发电机改为电动机,所加电源电压 $U_N = 110$ V,保持电动机电枢电流与发电机相同,不考虑磁路饱和的影响,求该电动机的:(1) 转速 n;(2) 电磁转矩 T。

2-9 某并励直流发电机,向 $R_L = 8\ \Omega$ 的负载供电,$U = 110$ V,$n_N = 1\ 000$ r/min,$T_0 = 1.4$ N·m,$R_a = 0.3\ \Omega$,$R_f = 210\ \Omega$。求此时该发电机的:(1) 输出电流 I;(2) 励磁电流 I_f;(3) 电枢电流 I_a;(4) 电枢电动势 E;(5) 电磁转矩 T;(6) 输入转矩 T_1;(7) 输入功率 P_1;(8) 电磁功率 P_e;(9) 输出功率 P_2;(10) 效率 η。

2-10 一台他励直流发电机为一台他励直流电动机供电,电枢回路电阻均为 0.2 Ω,电动机的转速为 $n = 1\ 500$ r/min,发电机运行在额定状态下,$U_{aN} = 220$ V,$I_{aN} = 91$ A。问:(1) 发电机的输出电压和电动机的感应电动势各为多少?(2) 若发电机和电动机的效率均为 82%,那么两台电机的输入功率和输出功率各为多少?(3) 当保持发电机的转速、电动机的励磁电流以及负载转矩不变,而将发电机的励磁电流降低至额定电流的 80%,发电机的输出电压和输出电流、电动机的转速是多少?

第 3 章　直流电动机的电力拖动

直流电动机具有良好的起动、制动性能，宜于在大范围内平滑调速，在工业等领域具有较为广泛的应用。本章主要介绍他励直流电动机的电力拖动，从直流电动机的机械特性出发，结合电动机负载（生产机械）的机械特性，运用方程式和特性曲线来研究直流电动机拖动机械负载运行过程中的起动、制动和调速基本问题。

3.1　他励直流电动机的机械特性

PPT 3.1：他励直流电动机的机械特性

在他励直流电动机中，当 U_a、R_a、I_f 保持不变时，电动机的转速 n 与电磁转矩 T 之间的关系 $n=f(T)$ 称为他励直流电动机的机械特性。利用电枢回路电压平衡方程式、电磁转矩公式和感应电动势公式，可以推导出机械特性方程式为

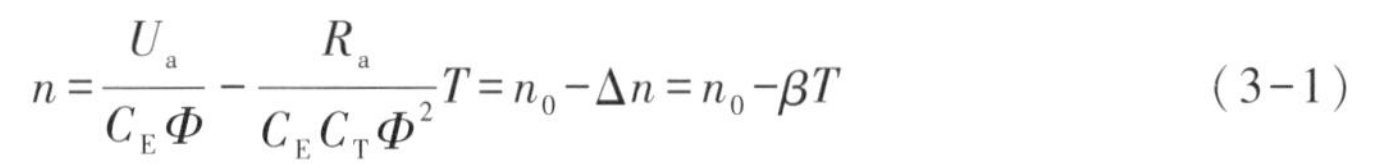

$$n=\frac{U_a}{C_E\Phi}-\frac{R_a}{C_E C_T\Phi^2}T=n_0-\Delta n=n_0-\beta T \tag{3-1}$$

式中：n_0 为理想空载转速；Δn 为转速差，表示电动机实际转速 n 与理想空载转速 n_0 的差值；β 为机械特性的斜率。上述物理量分别计算为

$$n_0=\frac{U_a}{C_E\Phi} \tag{3-2}$$

$$\Delta n=n_0-n=\beta T \tag{3-3}$$

$$\beta=\left|\frac{\mathrm{d}n}{\mathrm{d}T}\right|=\frac{R_a}{C_E C_T\Phi^2} \tag{3-4}$$

为了表述他励直流电动机转速 n 随电磁转矩 T 的变化程度，定义机械特性的硬度为

$$\alpha=\frac{1}{\beta}=\left|\frac{\mathrm{d}T}{\mathrm{d}n}\right| \tag{3-5}$$

机械特性的硬度与斜率成反比，斜率 β 越小，硬度 α 越大，转速随电磁转矩变化的程度就越小。

3.1.1　他励直流电动机的固有特性

当电枢电压 U_a 和励磁电流 I_f 均为额定值且电枢回路不外接电阻时，他励直流电动机的机械特性称为固有机械特性，简称固有特性，其曲线如图 3-1 所示。

注：

T_N 中的 N 表示额定工作点，T_m 中的 m 表示转矩最大工作点，T_s 中的 s 表示起动工作点，下脚标 N、m、s 都为正体。

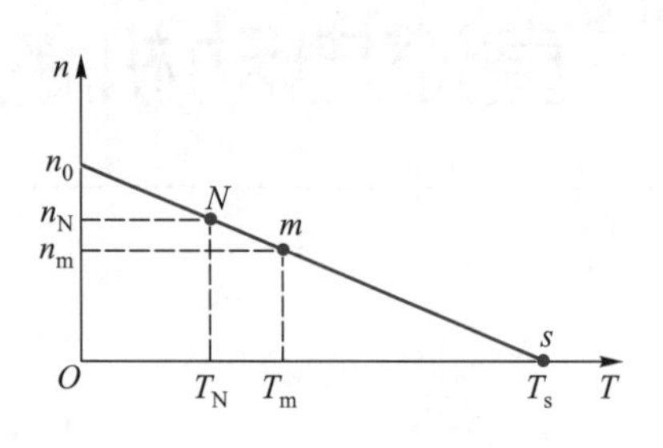

图 3-1　固有特性曲线

他励直流电动机的固有特性具有以下特点：

(1) 机械特性是斜率为负的直线，电动机的转速随着电磁转矩的增大而减小。若机械特性斜率较小，随着电磁转矩的增大，转速下降的幅度较小，故他励直流电动机的固有特性为硬特性。他励直流电动机的硬特性保证了在机械负载变化时转速变化较慢。

(2) 当电动机的电磁转矩为零时，他励直流电动机处于理想空载状态，电动机的转速为理想空载转速 n_0，对应于固有特性曲线上的 n_0 点。

(3) 当电动机的转速为零时，他励直流电动机处于起动状态，又称为堵转状态，电磁转矩为起动转矩 T_s，电枢电流为起动电流 I_s，对应于固有特性曲线上的 s 点。由于电枢电阻 R_a 很小，额定电压下起动电流 I_s 将会远超过电动机换向所允许的最大电枢电流 I_{amax}，起动转矩 T_s 很大，因此他励直流电动机一般情况下不允许全电压直接起动。

(4) 当电动机的电压、电流、转矩和转速均等于额定值时，他励直流电动机处于额定状态，对应于固有特性曲线上的 N 点。额定状态体现了电动机长期运行的能力。

(5) 当电动机的电磁转矩为最大值时，他励直流电动机处于临界状态，电动机的转速为临界转速 n_m，电磁转矩为最大转矩 T_m，电枢电流 I_a 为电动机换向所允许的最大电枢电流 $I_{amax}=(1.5\sim2.0)I_{aN}$，对应于固有特性曲线上的 m 点。临界状态体现了电动机的短时过载能力。直流电动机的短时过载能力可用 α_{mI} 表示

$$\alpha_{mI}=\frac{I_{amax}}{I_{aN}} \tag{3-6}$$

3.1.2　他励直流电动机的人为特性

他励直流电动机在运行过程中，会根据实际情况调整电动机的机械特性，以满足生产要求。由机械特性公式(3-1)可知，改变电动机的电枢电压 U_a、励磁电流 I_f 和电枢电阻 R_a 均可以改变电动机的机械特性，这种由人为改变参数而形成的他励直流电动机的机械特性称为人为机械特性，简称人为特性。

1. 电枢回路串联电阻时的人为特性

保持电枢电压 U_a 和励磁电流 I_f 不变，在电枢回路中串联电阻，即增大 R_a，可得到新的人为特性。串联不同阻值的电阻，可以得到一组截距相同而斜率不

同的直线，这时理想空载转速 n_0 不变，斜率 β 增大，硬度 α 减小，电动机的机械特性变软，如图 3-2 所示。电枢电阻 R_a 越大，斜率 β 越大，硬度 α 越小。

2. 降低电枢电压时的人为特性

保持励磁电流 I_f 不变，电枢回路不外串联电阻，降低电动机的电枢电压 U_a，可得到新的人为特性。降低电枢电压 U_a，可以得到一组斜率相同而截距不同的直线，这时理想空载转速 n_0 减小，斜率 β 和硬度 α 均不变，如图 3-3 所示。电枢电压 U_a 越低，理想空载转速 n_0 就越小。

3. 减小励磁电流时的人为特性

保持电枢电压 U_a 不变，电枢回路不外串联电阻，减小励磁电流 I_f，可得到新的人为特性。励磁电流 I_f 减小，主磁通 Φ 减小，理想空载转速 n_0 增大，斜率 β 增大，硬度 α 减小，电动机的机械特性变软，在固有特性之上，如图 3-4 所示。励磁电流 I_f 越小，理想空载转速 n_0 越大，斜率 β 越大，硬度 α 越小。

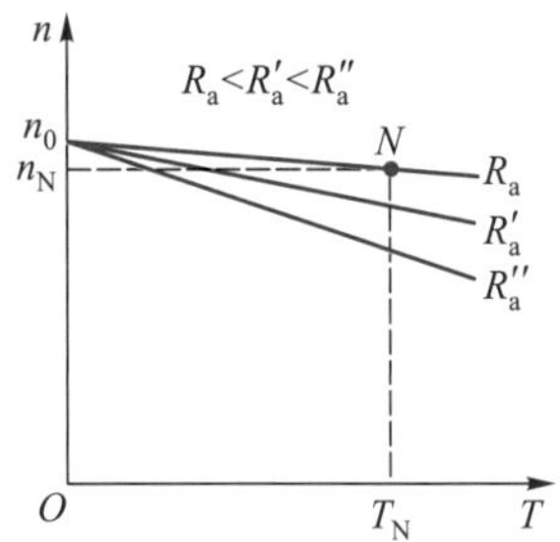

图 3-2　电枢回路串联电阻时的人为特性

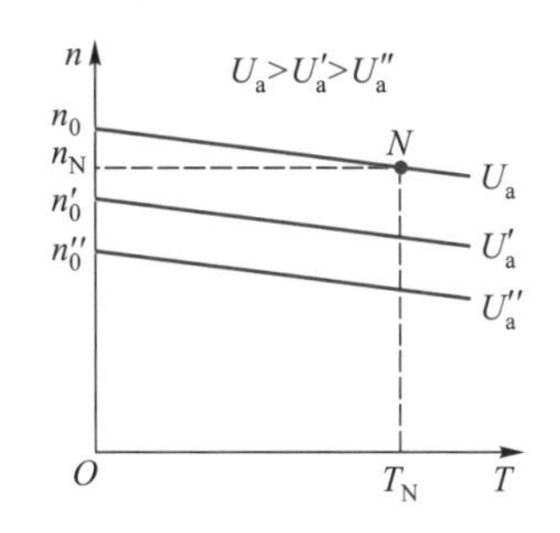

图 3-3　降低电枢电压时的人为特性

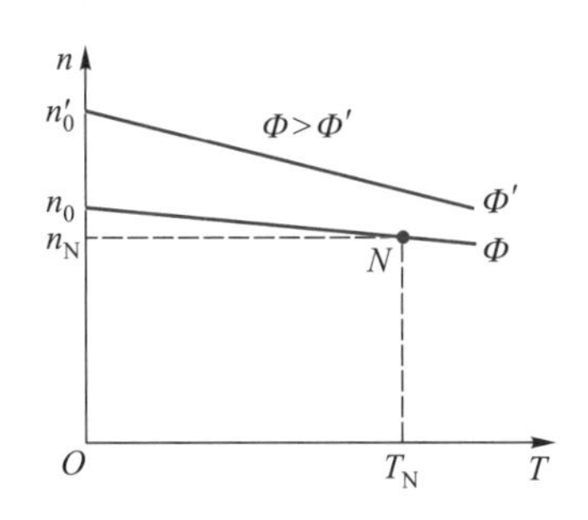

图 3-4　减小励磁电流时的人为特性

综上所述，他励直流电动机的人为特性主要有两个调整方向：(1) 降速方向：在电枢回路中串入电阻或降低电枢电压；(2) 升速方向：在励磁回路中串入电阻或降低励磁电压。

［例 3-1］　某 Z_4 系列他励直流电动机，$U_{aN}=440$ V，$I_{aN}=68.18$ A，$n_N=3\ 000$ r/min，$R_a=0.74\ \Omega$。求：(1) 固有特性；(2) 下列三种工况下的人为特性：电枢回路电阻增加 20%；电枢电压降低 20%；主磁通减弱 20%。

解：(1) 由电枢回路电压平衡方程式和电动势公式，有

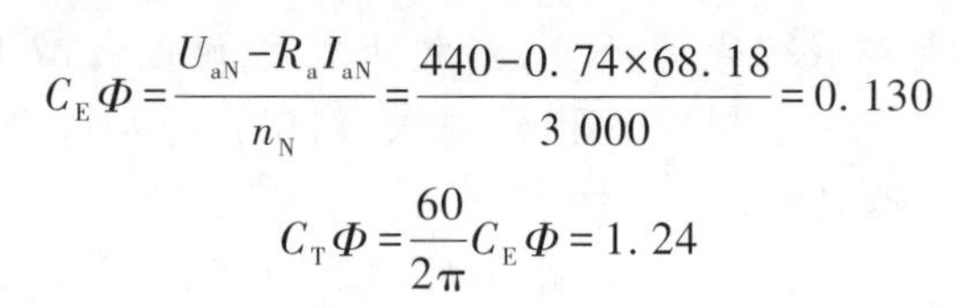

$$C_E\Phi=\frac{U_{aN}-R_aI_{aN}}{n_N}=\frac{440-0.74\times68.18}{3\ 000}=0.130$$

$$C_T\Phi=\frac{60}{2\pi}C_E\Phi=1.24$$

理想空载转速 n_0 为

$$n_0=\frac{U_{aN}}{C_E\Phi}=\frac{440}{0.130}\ \text{r/min}=3\ 384.62\ \text{r/min}$$

机械特性斜率 β 为

$$\beta=\frac{R_a}{C_EC_T\Phi^2}=\frac{0.74}{0.130\times1.24}=4.59$$

于是可得固有特性方程式为

$$n=n_0-\beta T=3\ 384.62-4.59T$$

（2）求三种工况下的人为机械特性

① 当电枢回路电阻增加 20%时，由他励直流电动机的机械特性方程式可知，理想空载转速 n_0 不变，机械特性斜率 β 增大为

$$\beta=\frac{1.2R_a}{C_EC_T\Phi^2}=\frac{1.2\times0.74}{0.130\times1.24}=5.51$$

于是可得此时人为特性方程式为

$$n=3\ 384.62-5.51T$$

② 当电枢回路电压降低 20%时，由他励直流电动机的机械特性方程式可知，机械特性斜率 β 不变，理想空载转速 n_0 降低为

$$n_0=\frac{0.8U_{aN}}{C_E\Phi}=\frac{0.8\times440}{0.130}\ \text{r/min}=2\ 707.69\ \text{r/min}$$

于是可得此时人为特性方程式为

$$n=2\ 707.69-4.59T$$

③ 当主磁通减弱 20%时，由他励直流电动机的机械特性方程式可知，理想空载转速 n_0 降低为

$$n_0=\frac{U_{aN}}{0.8\times C_E\Phi}=\frac{440}{0.8\times0.130}\ \text{r/min}=4\ 230.77\ \text{r/min}$$

机械特性斜率 β 增大为

$$\beta=\frac{R_a}{0.8^2\times C_EC_T\Phi^2}=\frac{0.74}{0.8^2\times0.130\times1.24}=7.17$$

于是可得此时人为特性方程式为

$$n=4\ 230.77-7.17T$$

PPT 3.2：他励直流电动机的起动

3.2 他励直流电动机的起动

他励直流电动机的起动是指他励直流电动机接通电源后，电动机从静止加速到稳定运行的过程。由于他励直流电动机起动时的电枢电阻 R_a 很小，起动电

流 I_s 很大,可达到额定电流的 20 倍。较大的起动电流 I_s 会造成两方面的不良影响:一是引起电网电压波动,影响同一电网上其他电气设备的正常供电;二是容易烧毁换向器。同时,较大的起动电流 I_s 会产生过大的起动转矩 T_s,容易损坏传动机构和生产机械。

因此,除了一些微型直流电动机能够直接起动外,他励直流电动机是不允许直接起动的。针对该问题,可采用两种方式将起动电流和起动转矩限制在允许范围内:一是降低电枢电压 U_a;二是增加电枢电阻 R_a。当他励直流电动机起动时,首先输入励磁电流建立主磁场,然后再接入电枢电压。

3.2.1 降低电枢电压起动

起动时,电动机的转速 n 为零,电枢绕组感应电动势 E 也为零,利用较低的电枢电压 U_a 可使起动电流 I_s 限制在电动机允许的范围内。起动过程中,随着电动机转速 n 的上升,逐渐增大电枢电压 U_a 至额定值 U_{aN},电动机最终稳定工作在 p 点,如图 3-5 所示。降低电枢电压起动具有起动平稳、能量损耗小的优点,但是需要有可改变电压的专用直流电源为电动机的电枢回路供电,例如电力电子可控整流供电系统,初期投资较大。

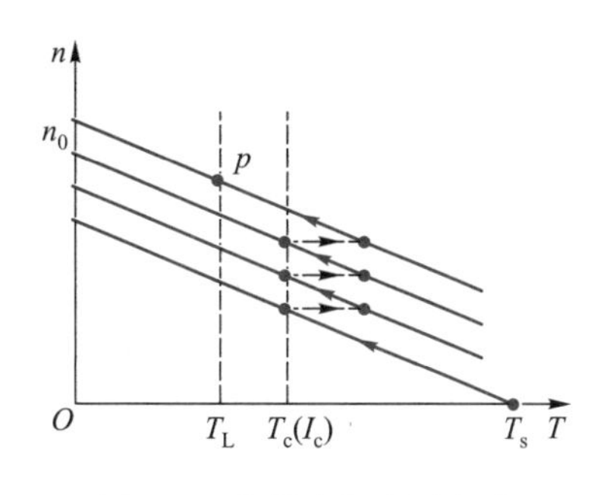

图 3-5 降低电枢电压起动

3.2.2 电枢回路串联电阻起动

1. 无级起动

额定功率较小的电动机可采用在电枢回路中串联起动变阻器的无级起动方法起动。起动前把变阻器阻值调到最大,加上励磁电压 U_f,保持励磁电流 I_f 为额定值,然后接入电枢电压 U_a,电动机开始起动。随着电动机转速 n 的上升,逐渐减小起动变阻器的电阻,直至全部切除。起动变阻器的最大阻值为 R_s,在起动过程中需要确保起动电流 I_s 不超过电动机换向允许的最大电枢电流 I_{amax},可得

$$I_s=\frac{U_a}{R_a+R_s}\leqslant I_{amax} \tag{3-7}$$

起动变阻器的最大阻值 R_s 为

$$R_s=\frac{U_a}{I_s}-R_a \tag{3-8}$$

R_a 可通过实际测量或者铭牌参数求得,在忽略空载转矩 T_0 的情况下,计算式为

$$R_a=\frac{U_{aN}-\dfrac{P_N}{I_{aN}}}{I_{aN}} \tag{3-9}$$

2. 分级起动

额定功率较大的电动机一般采用分级起动的方法起动,以保证起动过程中有较大的起动转矩 T_s,并使起动电流 I_s 小于最大电枢电流 I_{amax}。现以三级起动为例来说明分级起动的过程和各级起动电阻的计算方法。图 3-6 给出了电枢回路串联三级电阻的起动电路和机械特性。

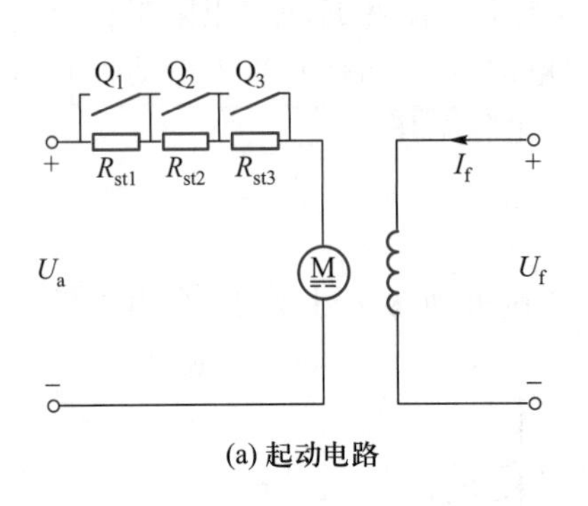

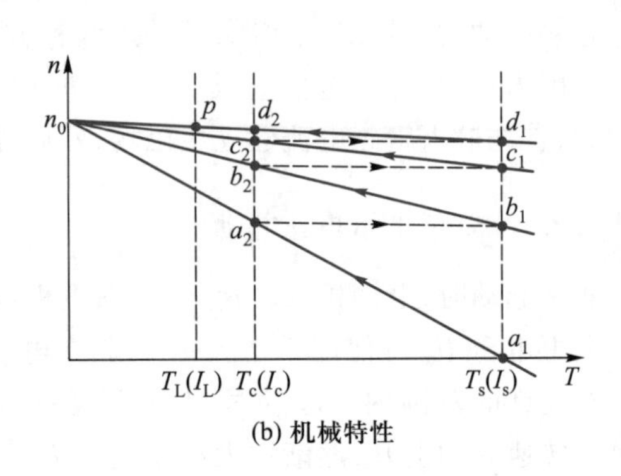

图 3-6　电枢回路串联三级电阻的起动电路和机械特性

三级起动步骤如下:

(1) 串联电阻 R_{st1}、R_{st2} 和 R_{st3} 起动

起动前开关 Q_1、Q_2 和 Q_3 断开,电枢回路串联电阻 R_{st1}、R_{st2} 和 R_{st3},电枢回路总电阻为

$$R_{a3}=R_a+R_{st1}+R_{st2}+R_{st3}$$

保持励磁电流 I_f 为额定值,接通电枢电源,此时电动机的机械特性如图 3-6(b)所示的人为特性直线 n_0a_1。由于起动转矩 T_s 远大于负载转矩 T_L,电动机开始起动并加速,工作点沿着人为特性直线 n_0a_1 由 a_1 点向 a_2 点移动。

(2) 切除起动电阻 R_{st3}

当工作点到达 a_2 点时,电磁转矩 T 等于切换转矩 T_c,闭合开关 Q_3,切除起动电阻 R_{st3},电枢回路的总电阻变为

$$R_{a2}=R_a+R_{st1}+R_{st2}$$

此时电动机的机械特性为图 3-6(b)所示的人为特性直线 n_0b_1。切除电阻 R_{st3} 的瞬间,电动机的转速不会突变,工作点由人为特性直线 n_0a_1 上的 a_2 点平移到人为特性直线 n_0b_1 上的 b_1 点,此时电磁转矩 T 仍等于起动转矩 T_s,电动机继续加速,工作点沿着人为特性直线 n_0b_1 由 b_1 点向 b_2 点移动。

(3) 切除起动电阻 R_{st2}

当工作点到达 b_2 点时,电磁转矩 T 等于切换转矩 T_c,闭合开关 Q_2,切除起动电阻 R_{st2},电枢回路的总电阻变为

$$R_{a1}=R_a+R_{st1}$$

此时电动机的机械特性为图 3-6(b)所示的人为特性直线 n_0c_1。切除电阻 R_{st2} 的瞬间,电动机的转速不会突变,工作点由人为特性直线 n_0b_1 上的 b_2 点平移至

人为特性直线 n_0c_1 上的 c_1 点，此时电磁转矩 T 仍等于起动转矩 T_s，电动机继续加速，工作点沿着人为特性直线 n_0c_1 由 c_1 点向 c_2 点移动。

（4）切除起动电阻 R_{st1}

当工作点到达 c_2 时，电磁转矩 T 等于切换转矩 T_c，闭合开关 Q_1，切除起动电阻 R_{st1}，电枢回路的总电阻变为

$$R_{a0}=R_a$$

此时电动机的机械特性如图 3-6(b) 所示的人为特性直线 n_0d_1。切除电阻 R_{st1} 的瞬间，电动机的转速不会突变，工作点由人为特性直线 n_0c_1 上的 c_2 点平移到人为特性直线 n_0d_1 上的 d_1 点，此时电磁转矩 T 仍等于起动转矩 T_s，电动机继续加速，工作点沿着人为特性直线 n_0d_1 由 d_1 点经 d_2 点，最后稳定运行在 p 点。

分级起动的原则是保证切换过程中电磁转矩 T 始终由切换转矩 T_c 变为起动转矩 T_s，这样既能保证电动机加速过程均匀迅速，又不会因起动电流过大而造成对电机结构的损害。若切换转矩 T_c 过小，T_s 与 T_c 差距较大，电磁转矩脉动剧烈且平均转矩较小，起动过程较慢，加速不均匀，但是起动级数较少，控制简单方便；若切换转矩 T_c 过大，T_s 与 T_c 差距较小，电磁转矩脉动平稳且平均转矩较大，起动过程较快，加速均匀，但是起动级数多，控制较复杂。

下面介绍分级起动过程中起动电阻的计算方法。

（1）确定起动电流 I_s 和切换电流 I_c。根据他励电动机允许的最大电枢电流，一般起动电流为

$$I_s=(1.5\sim2.0)I_{aN} \tag{3-10}$$

对应的起动转矩为

$$T_s=(1.5\sim2.0)T_N \tag{3-11}$$

为了保证一定的加速转矩，加快起动过程，一般选择切换转矩为

$$T_c=(1.1\sim1.2)T_L \tag{3-12}$$

对应的切换电流为

$$I_c=(1.1\sim1.2)I_L \tag{3-13}$$

若 I_L 未知，则可用 I_{aN} 来代替。

（2）求出起动电流和切换电流的比值 β

$$\beta=\frac{I_s}{I_c} \tag{3-14}$$

（3）确定起动级数 m。计算依据是相邻两级电阻切换时，电动机转速 n 不会突变，感应电动势 E 总是相等的，因此有 $n_{c2}=n_{d1}$，故 $E_{c2}=E_{d1}$，即

$$U_{aN}-R_{a1}I_c=U_{aN}-R_{a0}I_s$$

$$R_{a1}I_c=R_{a0}I_s$$

$$R_{a1}=\frac{I_s}{I_c}R_{a0}=\beta R_{a0}$$

由 $n_{b2}=n_{c1}$，故 $E_{b2}=E_{c1}$，可得到 $R_{a2}=\beta R_{a1}=\beta^2R_{a0}$。

由 $n_{a2}=n_{b1}$，故 $E_{a2}=E_{b1}$，可得到 $R_{a3}=\beta R_{a2}=\beta^2R_{a1}=\beta^3R_{a0}$。

可见，如果电动机电枢回路串联 m 级电阻起动，则起动时的电枢总电阻 R_{am} 满足

$$R_{am}=\beta^{m}R_{a0}=\beta^{m}R_{a}$$

$$\beta^{m}=\frac{R_{am}}{R_{a}}$$

两边取对数，可得到

$$m=\frac{\lg\dfrac{R_{am}}{R_{a}}}{\lg\beta}=\frac{\lg\dfrac{U_{aN}}{R_{a}I_{s}}}{\lg\beta} \tag{3-15}$$

（4）校验切换电流 I_c 是否符合要求。如果计算出的 m 不是整数，则取相近整数，之后需要重新计算 β。计算公式为

$$\beta=\sqrt[m]{\frac{R_{am}}{R_{a}}}=\sqrt[m]{\frac{U_{aN}}{R_{a}I_{s}}} \tag{3-16}$$

根据重新求得的 β，求得 I_c，并且校验 I_c 是否满足 $I_c=(1.1\sim1.2)I_L$。如果不在上述范围内，则需要调整 I_s 或者增加起动级数 m，重新计算 β 和 I_c，直至满足要求为止。

（5）根据确认后的起动级数和固有电枢电阻，逐步求出各级起动电阻的阻值。计算公式为

$$R_{sti}=(\beta^{i}-\beta^{i-1})R_{a} \tag{3-17}$$

式中：$i=1,2,\cdots,m$。

对于他励直流电动机电枢串联电阻分级起动而言，电阻的级数 m、起动电流 I_s、切换电流 I_c 是根据电动机的实际使用场景来选定的。总体而言，串联电阻起动方式操作简单，但是额外引入的电阻会消耗电能，导致起动效率低，目前在实际应用中较少使用这种起动方式。

［**例 3-2**］　某 Z_4 系列他励直流电动机，$U_{aN}=440\ \text{V}$，$I_{aN}=500\ \text{A}$，$n_N=500\ \text{r/min}$，$P_N=160\ \text{kW}$，忽略空载转矩 T_0。现采用电枢回路串联电阻方式起动，且电枢总电阻 $R_{am}=0.506\ \Omega$，判断所需的起动级数，并计算各级起动电阻的大小。

解：（1）确定起动电流 I_s 和切换电流 I_c。根据他励直流电动机的最大电枢电流，选择起动电流 I_s 为

$$I_s=(1.5\sim2.0)I_{aN}=(1.5\sim2.0)\times500\ \text{A}=(750\sim1\,000)\ \text{A}$$

选择切换电流 I_c 为

$$I_c=(1.1\sim1.2)I_{aN}=(1.1\sim1.2)\times500\ \text{A}=(550\sim600)\ \text{A}$$

在上述范围内，具体选择 $I_s=870\ \text{A}$，$I_c=580\ \text{A}$。

（2）起动电流 I_s 和切换电流 I_c 的比值为

$$\beta=\frac{I_s}{I_c}=\frac{870}{580}=1.5$$

（3）忽略空载转矩 T_0，电枢电阻 R_a 为

$$R_a=\frac{U_a-\frac{P_N}{I_{aN}}}{I_{aN}}=\frac{440-\frac{160\ 000}{500}}{500}\ \Omega=0.24\ \Omega$$

（4）确定起动级数 m，其依据是相邻两级电阻切换时，电动机转速 n 不会突变，电动势 E 总是相等，有

$$m=\frac{\lg\frac{R_{am}}{R_a}}{\lg\beta}=\frac{\lg\frac{0.506}{0.24}}{\lg 1.5}=1.83$$

取 $m=2$。

（5）验证切换电流 I_c 是否符合要求，重新计算 β

$$\beta=\sqrt[m]{\frac{R_{am}}{R_a}}=\sqrt[2]{\frac{0.506}{0.24}}=1.452$$

对应的切换电流 I_c 为

$$I_c=\frac{I_s}{\beta}=\frac{870}{1.452}\text{A}=599.17\ \text{A}$$

由上式可知切换电流 I_c 在允许范围内。

（6）根据确认后的起动级数 m 和电枢电阻 R_a，逐级求出两级起动电阻阻值

$$R_{st1}=(\beta-1)R_a=(1.452-1)\times0.240\ \Omega=0.108\ \Omega$$

$$R_{st2}=(\beta^2-\beta)R_a=(1.452^2-1.452)\times0.240\ \Omega=0.158\ \Omega$$

3.3　他励直流电动机的调速

PPT 3.3：他励直流电动机的调速

电动机的调速是指在一定的负载下，通过人为调节电动机的参数，改变电动机的转速。由电动机的机械特性方程式

$$n=\frac{U_a}{C_E\Phi}-\frac{R_a}{C_E C_T\Phi^2}T$$

可知改变 U_a、R_a 和 Φ 三者中任意一个均可使电动机的转速发生变化。因此直流电动机的调速方法分为改变电枢电压调速、改变电枢电阻调速和改变励磁电流调速三种。

3.3.1　电动机的调速指标

1. 调速方向

调速方向是指调速后的转速比额定转速（基本转速）高或低，若比额定转速高，则称为向上调速，反之称为向下调速。

2. 调速平滑性

在一定的调速范围内，能够得到的转速级数越多，则调速越平滑。调速平滑性用平滑系数表示，相邻两级转速之比称为平滑系数，用 σ 表示，即

$$\sigma=\frac{n_i}{n_{i-1}}\tag{3-18}$$

σ越接近1，调速的平滑性越好。当$\sigma=1$时，称为无级调速，即转速可以连续调节。如果转速只能跳跃式调节，如只能从1 500 r/min调节到1 000 r/min，再调节到500 r/min，那么上述三个数值之间的转速无法得到，这种调速称为有级调速。显然，无极调速的平滑性优于有级调速。

3. 调速稳定性

调速稳定性是指电动机在负载变化时，电动机转速变化的程度，用静差率来表示。电动机在某一机械特性上运行时，理想空载转速n_0与满载转速n_f之间的转速差与理想空载转速n_0的百分比称为静差率，用δ表示，即

$$\delta=\frac{n_0-n_f}{n_0}=\frac{\Delta n}{n_0}\times100\% \tag{3-19}$$

静差率δ与机械特性硬度α有关，当理想空载转速n_0相同时，α越大，δ越小，调速稳定性越好；静差率δ还与理想空载转速n_0有关，当机械特性硬度α相同时，n_0越大，δ越小，调速稳定性越好。由于生产机械在调速时会对静差率提出约束指标，所以静差率会制约调速范围。如果调速时所得到的最低转速对应的静差率过大，则认为该转速是不稳定的，难以满足生产机械对于稳定性的要求。

4. 调速范围

电动机在额定负载下能够达到的最高转速n_{max}与最低转速n_{min}之比称为调速范围，用D表示，即

$$D=\frac{n_{max}}{n_{min}} \tag{3-20}$$

不同的生产机械要求的调速范围各有不同，例如车床$D=20\sim120$，轧钢机$D=3\sim120$，造纸机$D=3\sim20$等。若要扩大调速范围，则应尽可能地提高最高转速n_{max}和降低最低转速n_{min}。电动机的最高转速受机械强度、换向条件和电压等级等因素限制，而最低转速受调速稳定性限制。

5. 调速经济性

调速经济性主要由调速设备的初期投资、调速时的电能损耗和运行费用等因素决定。

6. 调速方式与负载类型

电动机拖动负载在不同转速下满载运行时，如果允许输出的功率相同，则这种调速方式称为恒功率调速；如果允许输出的转矩相同，则这种调速方式称为恒转矩调速。在实际使用中，为了使电动机得到充分利用，要根据生产机械的要求来选择合适的调速方式。恒转矩负载应选用恒转矩调速方式，恒功率负载应选用恒功率调速方式，以使电动机的调速方式与负载类型相匹配，电动机在不同转速下均能满载运行，得到充分的利用。以切削机床为例，当精加工、小切削量时，工件转速高；当粗加工、大切削量时，工件转速低。因此，人们希望电动机能具有恒功率调速的性能。再如起重机，要求在各种转速下都有相同的转矩。因此，人们又希望电动机能具有恒转矩调速的性能。

3.3.2 改变电枢电压的调速

以他励直流电动机拖动恒转矩负载为例,降低电枢电压 U_a,它们的机械特性和负载特性如图 3-7 所示,电动机的机械特性方程式为

$$n=\frac{U'_a}{C_E\Phi}-\frac{R_a}{C_EC_T\Phi^2}T \tag{3-21}$$

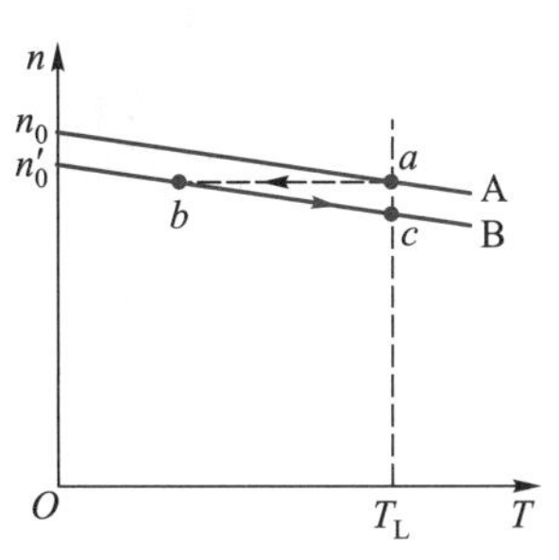

图 3-7 改变电枢电压调速

调速前,电动机工作在固有特性 A 和负载特性的交点 a 上。电枢电压 U_a 降低为 U'_a的瞬间,电动机的机械特性由固有特性 A 变为人为特性 B,由于转速 n 不会发生突变,因此电动机的工作点由 a 点瞬时平移至 b 点,此时电磁转矩 T 小于负载转矩 T_L,转速 n 下降,电动机的工作点由 b 点逐渐过渡到 c 点,最后在 c 点稳定运行。

改变电枢电压的常用实现方式是可控硅调压法和脉宽调制法(PWM)。通过对绝缘栅双极型晶体管 IGBT 施加合适的触发信号,PWM 变换器就可以产生任意形状、任意频率、任意相位的电压波形,以满足多样化的调速需求。

具体调速特性如下:

(1) 调速方向为向下调速。

(2) 调速平滑性好,通过均匀调节电枢电压 U_a 能够实现无级调速。

(3) 调速稳定性好,调速过程中机械特性硬度 α 不变。但是,随着理想空载转速 n_0 减小,静差率 δ 增大,稳定性会变差。

(4) 调速范围较大,一般 D 可达 10~20。

(5) 需要专用的可调压直流电源,初期投资较大,但运行费用和能耗较小。

(6) 调速允许负载为恒转矩负载。调速过程中若主磁通 Φ 基本不变,满载电流 I_{aN} 一定,则在不同转速下的输出转矩基本相同。

综上所述,改变电枢电压调速方式性能优越,广泛应用于对调速性能要求较高的电力拖动场合,如机床、造纸机、轧钢机等。

[例 3-3] 某航模直升机采用永磁直流电动机驱动,如图 3-8 所示。通过齿轮减速后带动主旋翼,电动机调速方式为改变电枢电压调速,电动机采用锂电池供电,$U_{aN}=3.7$ V,$I_{aN}=0.08$ A,$n_N=20\ 000$ r/min,$R_a=0.51\ \Omega$。求该航模在悬停状态 $I_a=0.07$ A 下的:(1) 电动势 E;(2) 电磁转矩 T。

解:(1) 由电枢回路电压平衡方程式,感应电动势 E 为

$$E=U_{aN}-R_aI_{aN}=(3.7-0.51\times0.08)\ \text{V}=3.66\ \text{V}$$

(2) 由电动势公式可得

$$C_E\Phi=\frac{E}{n_N}=\frac{3.66}{20\ 000}=1.83\times10^{-4}$$

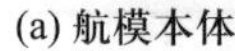

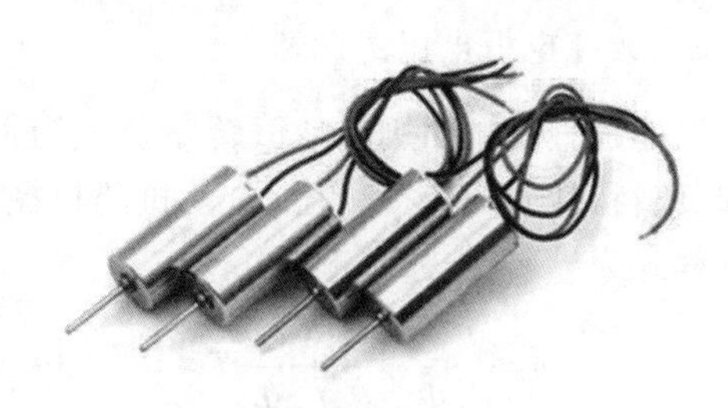

(a) 航模本体　　(b) 永磁直流电动机

图 3-8　采用永磁直流电动机驱动的航模直升机

则,电磁转矩 T 为

$$T=C_{\mathrm{T}}\Phi I_{\mathrm{a}}=9.55C_{\mathrm{E}}\Phi I_{\mathrm{a}}=9.55\times1.83\times10^{-4}\times0.07\ \mathrm{N\cdot m}$$
$$=1.22\times10^{-4}\ \mathrm{N\cdot m}$$

[**例 3-4**]　某 Z_2 系列他励直流电动机,$U_{\mathrm{aN}}=110\ \mathrm{V}$,$I_{\mathrm{aN}}=35.6\ \mathrm{A}$,$n_{\mathrm{N}}=750\ \mathrm{r/min}$,$R_{\mathrm{a}}=0.353\ \Omega$,$I_{\mathrm{amax}}=2I_{\mathrm{aN}}$。忽略空载转矩 T_0,该电动机拖动额定恒转矩负载稳定运行,现将电枢电压降低到 80 V,求电动机稳定后的转速。

解:由电枢回路电动势平衡方程式,可得

$$C_{\mathrm{E}}\Phi=\frac{E}{n_{\mathrm{N}}}=\frac{U_{\mathrm{aN}}-R_{\mathrm{a}}I_{\mathrm{aN}}}{n_{\mathrm{N}}}=\frac{110-0.353\times35.6}{750}=0.130$$

$$C_{\mathrm{T}}\Phi=\frac{60}{2\pi}C_{\mathrm{E}}\Phi=1.242$$

电磁转矩 T_{N} 为

$$T_{\mathrm{N}}=C_{\mathrm{T}}\Phi I_{\mathrm{aN}}=1.242\times35.6\ \mathrm{N\cdot m}=44.22\ \mathrm{N\cdot m}$$

当电枢电压降低到 80 V 时,电动机转速 n 为

$$n=\frac{U_{\mathrm{a}}'}{C_{\mathrm{E}}\Phi}-\frac{R_{\mathrm{a}}}{C_{\mathrm{E}}C_{\mathrm{T}}\Phi^2}T_{\mathrm{N}}=\left(\frac{80}{0.130}-\frac{0.353}{0.130\times1.242}\times44.22\right)\ \mathrm{r/min}=518.71\ \mathrm{r/min}$$

3.3.3　改变电枢电阻的调速

以他励直流电动机拖动通风机负载为例,在电枢回路串联调速变阻器 R_{r},它的机械特性和负载特性如图 3-9 所示,电动机的机械特性方程式为

$$n=\frac{U_{\mathrm{a}}}{C_{\mathrm{E}}\Phi}-\frac{R_{\mathrm{a}}+R_{\mathrm{r}}}{C_{\mathrm{E}}C_{\mathrm{T}}\Phi^2}T \tag{3-22}$$

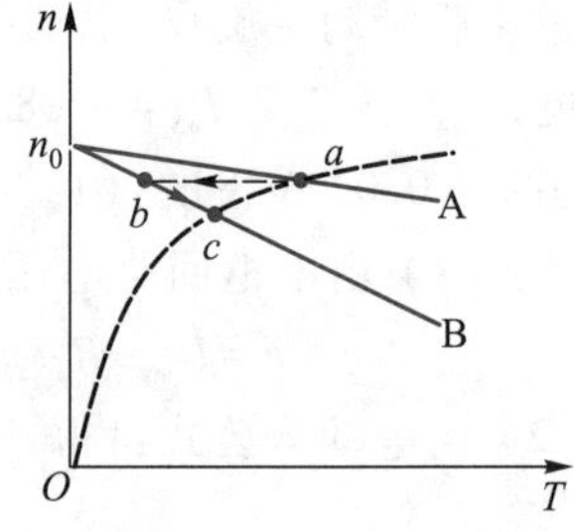

图 3-9　改变电枢电阻调速的机械特性和负载特性

调速前,电动机工作在固有特性 A 和负载特性的交点 a 上。电枢回路电阻 R_{a} 增大为 $R_{\mathrm{a}}+R_{\mathrm{r}}$ 的瞬间,电动机的机械特性由固有特性 A 变为人为特性 B,由于转速 n 为惯量不会发生突变,因此电动机的工作点由 a 点瞬时平移至 b

点，此时电磁转矩 T 小于负载转矩 T_L，转速 n 下降，电动机的工作点由 b 点逐渐过渡到 c 点，最后在 c 点稳定运行。

具体调速特性如下：

（1）调速方向为向下调速。

（2）调速平滑性取决于调速变阻器的调节方式。若均匀调节变阻器，则为无级调速；若分级调节变阻器，则为有级调速。

（3）调速稳定性差，调速过程中机械特性硬度 α 减小，静差率 δ 增大。

（4）调速范围不大，受低速稳定性限制，一般 $D\leqslant 2$。

（5）调速经济性差，由于电枢回路接入的调速电阻额外消耗电能，使电动机的运行效率降低。

（6）调速允许负载为恒转矩负载。调速过程中主磁通 Φ 基本不变，满载电流 I_{aN} 一定，则在不同转速下的输出转矩基本相同。

综上所述，改变电枢电阻调速方式目前较少使用，仅用于小容量电动机和对调速性能要求不高的场合。此外，调速变阻器 R_r 与起动变阻器 R_s 不同，调速变阻器 R_r 供长期使用，起动变阻器 R_s 供短时使用。

［例 **3-5**］　例 3-4 中的他励直流电动机，拖动恒转矩负载 $T_L=30\ \text{N}\cdot\text{m}$ 稳定运行，现采用改变电枢电阻调速，若将转速降低到 $n=300$ r/min 稳定运行，忽略空载转矩 T_0，问电枢回路需要串入多大的调速电阻？

解：由题 3-4 已知

$$C_E\Phi=0.130$$

$$C_T\Phi=1.242$$

忽略空载转矩 T_0，且稳定运行，有 $T=T_L$，可得

$$n=\frac{U_{aN}}{C_E\Phi}-\frac{R_a+R_r}{C_EC_T\Phi^2}T=\left(\frac{110}{0.130}-\frac{0.353+R_r}{0.130\times1.242}\times30\right)\ \text{r/min}=300\ \text{r/min}$$

进而可得调速电阻 R_r 为

$$R_r=2.59\ \Omega$$

3.3.4　改变励磁电流的调速

以他励直流电动机拖动恒功率负载为例，增大励磁电阻 R_f 或降低励磁电压 U_f，均可改变励磁电流 I_f 和主磁通 Φ，它们的机械特性和负载特性如图 3-10 所示，电动机的机械特性方程式为

$$n=\frac{U_a}{C_E\Phi'}-\frac{R_a}{C_EC_T\Phi'^2}T \qquad (3-23)$$

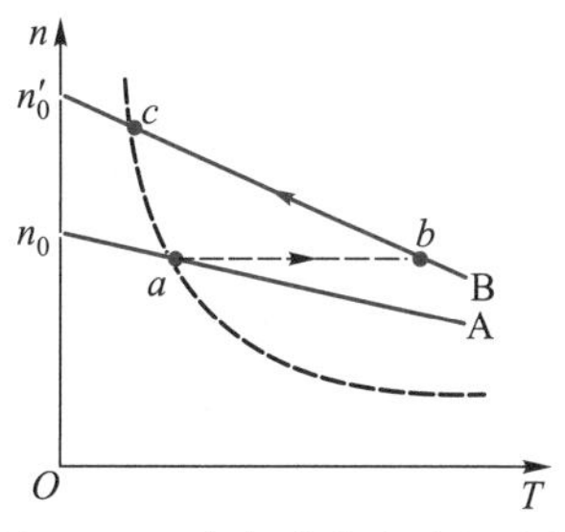

图 3-10　改变励磁电流调速的机械特性和负载特性

调速前，电动机工作在固有特性 A 和负载特性的交点 a 上。主磁通 Φ 减小为 Φ' 的瞬间，电动机的机械特性由固有特性 A 变为人为特性 B，由于转速 n 不会发生突变，电动机的

+VR

工作点由 a 点瞬时平移至 b 点，此时电磁转矩 T 大于负载转矩 T_L，转速 n 上升，电动机的工作点由 b 点逐渐过渡到 c 点，最后在 c 点稳定运行。

具体调速特性如下：

(1) 调速方向为向上调速。

(2) 调速平滑性好，可连续调节励磁电压 U_f 和励磁电阻 R_f，实现无级调速。

(3) 调速稳定性好。调速过程中机械特性硬度 α 减小，理想空载转速 n_0 增大，而静差率 δ 保持不变。

(4) 调速范围不大，受机械强度和换向能力的限制，最高转速一般不超过 $1.5n_N$。

(5) 调速经济性好。若采用调节励磁电阻的方式，由于励磁电流很小，调速时能耗小；若采用调节励磁电压的方式，则需要专用的可调压直流电源，增加了初期投资。

(6) 调速允许负载为恒功率负载。调速过程中主磁通 Φ 减小，满载电流 I_{aN} 一定，则输出转矩减小，电动机转速 n 上升，在不同转速下的输出功率基本相同。

综上所述，在对调速性能要求较高的场合，通常同时采用改变电枢电压和改变励磁电流两种调速方法，以实现较大调速范围内的双向调速，满足各种生产机械的不同调速需求。

提示：

手机打开“电机与拖动 APP”，点击进入“电机调速→直流电机”界面，有固有特性、开环调速和闭环调速三种调速方式。在固有特性中可实现变负载调速；在开环调速中可实现改变电枢电压调速、改变电枢电阻调速和改变励磁电流调速；在闭环调速中可调整设定速度和给定负载。每一种调速方法都显示有机械特性、转速随时间变化、转矩随时间变化三种曲线，调速背景为智能工厂。通过鼠标与调速功能进行互动，首先点击进入直流电机调速界面，系统稳定运行后控制台边缘绿色闪烁，点击控制台，界面左上侧弹出控制条，点击控制条实现各种电机调速，调速过程中界面右侧同步显示电机调速曲线。软件详细使用方法请见彩插或附录。

[例 3-6]　例 3-4 中的他励直流电动机，拖动恒转矩负载运行，T_L = 30.56 N·m，现采用改变励磁电流调速，忽略空载转矩 T_0，问：(1) 主磁通降低10%，电动机的转速升高至多少？(2) 若使电动机的转速升高至 800 r/min，则需要将主磁通下降至多少？

解：由题 3-4 已知

$$C_E\Phi = 0.130$$

$$C_T\Phi = 1.242$$

(1) 忽略空载转矩 T_0，且稳定运行，有 $T=T_L$，主磁通降低 10%，由机械特性

方程式可知，电动机转速 n 为

$$n=\frac{U_{aN}}{0.9\times C_E\Phi}-\frac{R_a}{0.9^2\times C_E C_T\Phi^2}T=\left(\frac{110}{0.117}-\frac{0.353}{0.117\times 1.117}\times 30.56\right)\ \text{r/min}$$
$$=857.62\ \text{r/min}$$

（2）由机械特性方程式可得

$$n=\frac{U_{aN}}{C_E\Phi}-\frac{R_a}{C_E C_T\Phi^2}T=\left(\frac{110}{C_E\Phi'}-\frac{0.353}{9.55\times(C_E\Phi')^2}\times 30.56\right)\ \text{r/min}=800\ \text{r/min}$$

则求得 $C_E\Phi'=0.011$ 或者 $C_E\Phi'=0.126$，验证两个数值是否满足条件。

当 $C_E\Phi'=0.011$ 时，计算电枢电流为

$$I_a=\frac{T}{C_T\Phi'}=\frac{30.56}{9.55\times 0.011}\ \text{A}=290.91\ \text{A}$$

由于该值大于最大电枢电流 $I_{amax}=2.0I_{aN}=71.2$ A，故不满足条件。

当 $C_E\Phi'=0.126$ 时，计算电枢电流为

$$I_a=\frac{T}{C_T\Phi'}=\frac{30.56}{9.55\times 0.126}\ \text{A}=25.40\ \text{A}$$

由于该值小于最大电枢电流 $I_{amax}=2.0I_{aN}=71.2$ A，故满足条件，与固有特性相比磁通减弱比例为

$$\Delta\Phi=\frac{0.130-0.126}{0.130}=3.08\%$$

由上述计算可知，若要使电动机转速升高至 800 r/min，则需要将主磁通下降 3.08%。

3.4 他励直流电动机的制动

PPT 3.4：他励直流电动机的制动

他励直流电动机的运行状态分为电动状态和制动状态。在电动状态下，电动机的电磁转矩与转速同向，电磁转矩为拖动转矩。在制动状态下，电动机的电磁转矩与转速反向，电磁转矩为制动转矩。制动过程中，电动机实际上变成了发电机，将电力拖动系统中的动能转化为电能消耗在电枢回路中。制动的目的是使电力拖动系统减速或者停机，对于起重机等拖动位能性负载的电力拖动系统，制动可以实现以稳定的速度下放重物。他励直流电动机的制动分为三种：能耗制动、反接制动和回馈制动。

3.4.1 能耗制动

能耗制动是将电枢电源 U_a 切换为制动电阻 R_b，将直流电动机的动能转换为电能消耗在电枢回路的电阻上，分为能耗制动过程和能耗制动运行。能耗制动电路和各物理量状态如图 3-11 所示。

1. 能耗制动过程——迅速停机

制动前，电动机处于电动状态，拖动反抗性恒转矩负载稳定工作于固有特性 A 与负载特性的交点 a 上，如图 3-11(a)和图 3-12(a)所示。制动时，将电

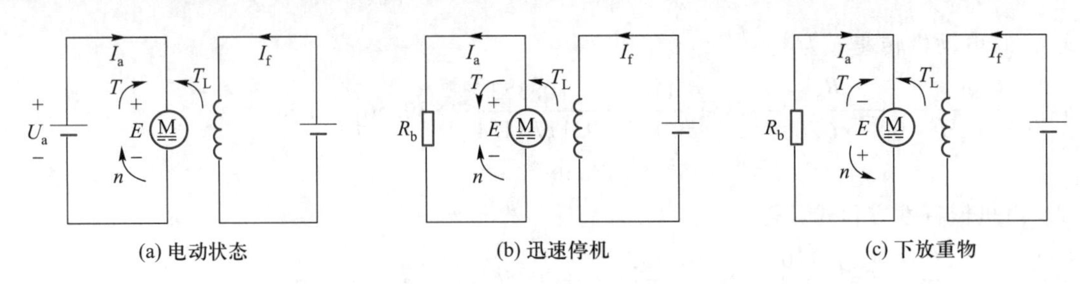

图 3-11　能耗制动电路和各物理量状态

枢电源 U_a 切换为制动电阻 R_b，如图 3-11(b)所示，电动机的机械特性由固有特性 A 变为人为特性 B，如图 3-12(a)所示，机械特性方程式为

$$n=-\frac{R_a+R_b}{C_E C_T \Phi^2}T \tag{3-24}$$

由于转速 n 不会发生突变，电动机的工作点由 a 点瞬时平移至 b 点。在 b 点转速 n 不变，电动势 E 不变，电源切除后电动势 E 将使电枢电流 I_a 反向，进而电磁转矩 T 反向，与负载转矩 T_L 方向相同，与转速 n 方向相反，为制动转矩。在制动转矩 T 和负载转矩 T_L 的共同作用下，转速 n 下降，电动势 E 减小，电枢电流 I_a 减小，电磁转矩 T 减小，电动机的工作点由 b 点逐渐过渡到 O 点。在 O 点处，$n=0,E=0,I_a=0,T=0,T_L=0$，制动过程结束。能耗制动过程迅速停机的工作过程如图 3-12(a)所示，各物理量状态如图 3-11(b)所示。

制动效果取决于制动电阻 R_b 的大小，制动电阻越小，人为特性直线的斜率越小，电枢电流越大，电磁转矩越大，制动越快。但是，在制动过程中，电枢电流 I_a 不能超过最大电枢电流 I_{amax}，即在 b 点的电枢电流 I_{ab} 不能超过 I_{amax}，由图 3-11(b)可知

$$I_{ab}=\frac{E_b}{R_a+R_b}\leqslant I_{amax} \tag{3-25}$$

式中：E_b 为 b 点的电动势。式中各物理量均取绝对值，制动电阻 R_b 计算为

$$R_b\geqslant\frac{E_b}{I_{amax}}-R_a \tag{3-26}$$

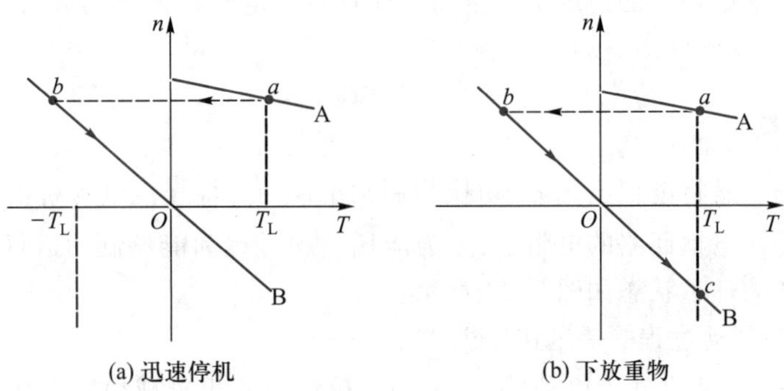

图 3-12　能耗制动工作过程

2. 能耗制动运行——下放重物

制动前，电动机处于电动状态，拖动位能性恒转矩负载稳定工作于固有特性A与负载特性的交点a上，如图3-11(a)和图3-12(b)所示。制动时，将电枢电源U_a切换为制动电阻R_b，如图3-11(c)所示，电动机的机械特性由固有特性A变为人为特性B，如图3-12(b)所示，机械特性方程式与能耗制动过程相同为

$$n=-\frac{R_a+R_b}{C_E C_T \Phi^2}T$$

由于转速n不会发生突变，电动机的工作点由a点瞬时平移至b点。在b点转速n不变，电动势E不变，电源切除后电动势E将使电枢电流I_a反向，进而使电磁转矩T反向，与负载转矩T_L方向相同，与转速n方向相反，为制动转矩。在制动转矩T和负载转矩T_L的共同作用下，转速n下降，电动势E减小，电枢电流I_a减小，电磁转矩T减小，电动机的工作点由b点逐渐过渡到O点。在O点$n=0,E=0,I_a=0,T=0,T_L>0$。在T_L的作用下，转子反向运动，转速n反向上升，电动势E反向增大，电枢电流I_a和电磁转矩T再次反向并增大，电动机的工作点由O点逐渐过渡到c点。在c点$T=T_L$，电动机稳定下放重物。能耗制动运行下放重物的工作过程如图3-12(b)所示，各物理量状态如图3-11(c)所示。

下放重物的速度取决于制动电阻R_b的大小，制动电阻越小，人为特性直线的斜率越小，转速越低，下放重物越慢。由图3-11(c)可知

$$R_a+R_b=\frac{E_c}{I_{ac}}=\frac{C_E C_T \Phi^2 n}{T_L-T_0} \tag{3-27}$$

式中各物理量均取绝对值，制动电阻R_b计算为

$$R_b=\frac{C_E C_T \Phi^2 n}{T_L-T_0}-R_a \tag{3-28}$$

若忽略T_0，则

$$R_b=\frac{C_E C_T \Phi^2 n}{T_L}-R_a \tag{3-29}$$

由上式求得制动电阻R_b后，应校验其是否满足式(3-26)。

[例3-7]　某Z_2系列他励直流电动机，$U_{aN}=220\ \text{V}$，$I_{aN}=68.6\ \text{A}$，$n_N=1\ 500\ \text{r/min}$，$R_a=0.445\ \Omega$，$I_{amax}=2I_{aN}$，忽略空载转矩T_0，在能耗制动状态下以800 r/min的速度稳定下放重物$T_L=0.5\ T_N$，求电枢回路中应串联的制动电阻R_b。

解：由电枢回路电压平衡方程式，可得

$$C_E\Phi=\frac{E}{n_N}=\frac{U_{aN}-R_aI_{aN}}{n_N}=\frac{220-0.445\times68.6}{1\ 500}=0.126$$

忽略空载转矩T_0，$T_L=0.5T_N$，则有

$$I_a=0.5I_{aN}=0.5\times68.6\ \text{A}=34.3\ \text{A}$$

根据能耗制动机械特性方程式

$$n=-\frac{R_a+R_b}{C_E C_T \Phi^2}T=-\frac{R_a+R_b}{C_E\Phi}I_a=-\frac{0.445+R_b}{0.126}\times 34.3\ \mathrm{r/min}=-800\ \mathrm{r/min}$$

求得电枢回路中应串入的制动电阻 R_b

$$R_b=2.49\ \Omega$$

制动电阻 R_b 校验

$$R_b\geqslant\frac{E_b}{I_{amax}}-R_a=\frac{U_{aN}-R_aI_a}{2I_{aN}}-R_a=\left(\frac{220-0.445\times 34.3}{2\times 68.6}-0.445\right)\ \Omega=1.05\ \Omega$$

满足要求。

3.4.2　反接制动

反接制动是使电枢电压 U_a 与电动势 E 的方向相同，共同产生电枢电流 I_a，将由动能转换成的电能和由电源输入的电能一起消耗在电枢回路的电阻上，分为电压反向反接制动和电动势反向反接制动。反接制动电路和各物理量状态如图 3-13 所示。

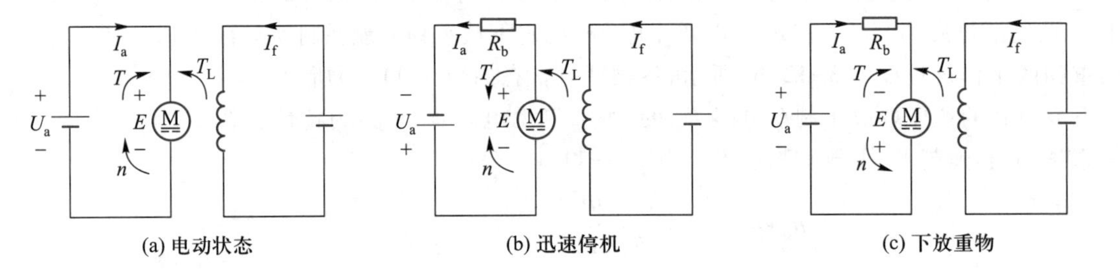

图 3-13　反接制动电路和各物理量状态

1. 电压反向反接制动——迅速停机

制动前，电动机处于电动状态，拖动反抗性恒转矩负载稳定工作于固有特性 A 与负载特性的交点 a 上，如图 3-13(a)和图 3-14(a)所示。制动时，将电枢电压 U_a 反向，在电枢回路内串联制动电阻 R_b，如图 3-13(b)所示，电动机的机械特性由固有特性 A 变为人为特性 B，如图 3-14(a)所示，机械特性方程式为

$$n=-\frac{U_a}{C_E\Phi}-\frac{R_a+R_b}{C_E C_T\Phi^2}T \tag{3-30}$$

由于转速 n 发生突变，电动机的工作点由 a 点瞬时平移至 b 点。在 b 点处，转速 n 不变，电动势 E 不变，电枢电压 U_a 反向，与电动势 E 的方向相同，一起使电枢电流 I_a 反向，进而使电磁转矩 T 反向，与负载转矩 T_L 方向相同，与转速 n 方向相反，为制动转矩。在电磁转矩 T 和负载转矩 T_L 的共同作用下，转速 n 下降，电动势 E 减小，电枢电流 I_a 减小，电磁转矩 T 减小，电动机的工作点由 b 点逐渐过渡到 c 点。在 c 点 $n=0, E=0, I_a=\frac{U_a}{R_a+R_b}, T=-T_s, T_L=0$，制动过程结束。

此时,应立即将电枢电源断开,否则电动机将在电磁转矩 $T=-T_s$ 的作用下反向起动。电压反向反接制动迅速停机的工作过程如图 3-14(a)所示,各物理量状态如图 3-13(b)所示。

制动效果取决于制动电阻 R_b 的大小,制动电阻越小,人为特性斜率越小,电枢电流越大,电磁转矩越大,制动越快。但是,在制动过程中,电枢电流 I_a 不能超过最大电枢电流 I_{amax},即在 b 点的电枢电流 I_{ab} 不能超过 I_{amax},由图 3-13(b)可知

$$I_{ab}=\frac{U_a+E_b}{R_a+R_b}\leqslant I_{amax} \tag{3-31}$$

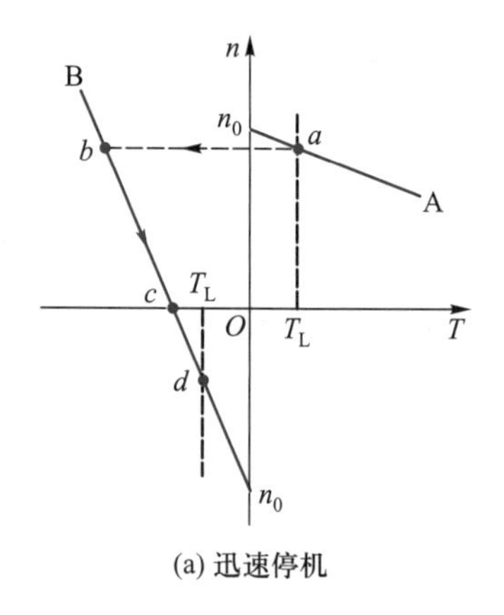

(a) 迅速停机

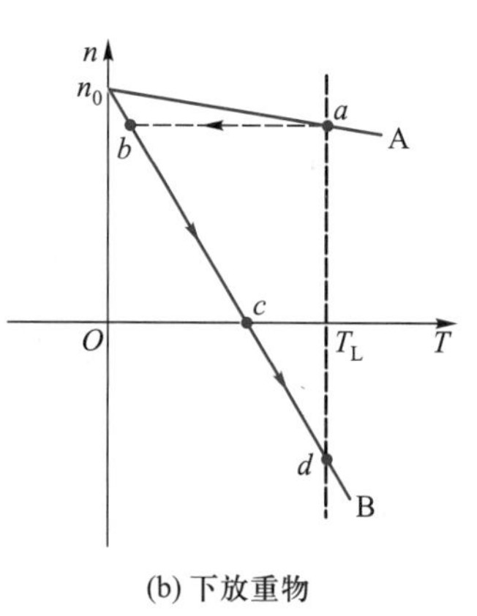

(b) 下放重物

图 3-14 反接制动的工作过程

式中:E_b 为 b 点的电动势。式中各物理量均取绝对值,制动电阻 R_b 计算为

$$R_b\geqslant\frac{U_a+E_b}{I_{amax}}-R_a \tag{3-32}$$

2. 电动势反向反接制动——下放重物

制动前,电动机处于电动状态,拖动位能性恒转矩负载稳定工作于固有特性 A 与负载特性的交点 a 上,如图 3-13(a)和图 3-14(b)所示。制动时,在电枢回路内串联制动电阻 R_b,如图 3-13(c)所示,电动机的机械特性由固有特性 A 变为人为特性 B,如图 3-14(b)所示,机械特性方程式为

$$n=\frac{U_a}{C_E\Phi}-\frac{R_a+R_b}{C_EC_T\Phi^2}T \tag{3-33}$$

由于转速 n 不会发生突变,电动机的工作点由 a 点瞬时平移至 b 点。在 b 点处,转速 n 不变,电动势 E 不变,电枢电压 U_a 不变,由于电枢回路电阻 R_a 增加为 R_a+R_b,电枢电流 I_a 减小,电磁转矩 T 减小。由于 $T<T_L$,转速 n 下降,电动势 E 减小,电枢电流 I_a 增大,电磁转矩 T 增大,电动机的工作点由 b 点逐渐过渡到 c 点。在 c 点 $n=0$,$E=0$,$I_a=\dfrac{U_a}{R_a+R_b}$,$T=C_T\Phi I_a$,$T<T_L$。在负载转矩 T_L 的作用下,转子反向运动,转速 n 反向上升,电动势 E 反向上升,与电枢电压 U_a 的方向相同,使得电枢电流 I_a 继续增大,电磁转矩 T 继续增大,电动机的工

作点由 c 点逐渐过渡到 d 点。在 d 点处，$T=T_L$，电动机稳定下放重物。电动势反向反接制动下放重物的工作过程如图 3-14(b)所示，各物理量状态如图 3-13(c)所示。

下放重物的速度取决于制动电阻 R_b 的大小，制动电阻越小，人为特性直线的斜率越小，转速越低，下放重物越慢。由图 3-13(c)可知

$$R_a+R_b=\frac{U_a+E_d}{I_{ad}}=\frac{U_a+C_E\Phi n}{T_L-T_0}C_T\Phi \tag{3-34}$$

式中各物理量均取绝对值，制动电阻 R_b 计算为

$$R_b=\frac{U_a+C_E\Phi n}{T_L-T_0}C_T\Phi-R_a \tag{3-35}$$

若忽略 T_0，则

$$R_b=\frac{U_a+C_E\Phi n}{T_L}C_T\Phi-R_a \tag{3-36}$$

[例 3-8] 某 Z_2 系列他励直流电动机，$U_{aN}=110$ V，$I_{aN}=112$ A，$n_N=750$ r/min，$R_a=0.1\ \Omega$，忽略空载转矩 T_0，拖动额定反抗性恒转矩负载运行，现采用电压反向反接制动，使得最大制动电流为额定电流的两倍，求电枢回路中应串入的制动电阻 R_b。

解：制动前，感应电动势 E_b 为

$$E_b=U_{aN}-R_aI_{aN}=(110-0.1\times112)\ \text{V}=98.8\ \text{V}$$

制动时 $I_{ab}=2I_{aN}=224$ A，则有

$$I_{ab}=\frac{U_{aN}+E_b}{R_a+R_b}=\frac{110+98.8}{0.1+R_b}\ \text{A}=224\ \text{A}$$

可得制动电阻 R_b 为

$$R_b=0.832\ \Omega$$

3.4.3 回馈制动

回馈制动是使电动机的转速 n 大于理想空载转速 n_0，进而使电动势 E 大于电枢电压 U_a，电动机处于发电状态，将直流电动机的动能转换成电能回馈给电网，分为正向回馈制动和反向回馈制动两种。回馈制动电路和各物理量状态如图 3-15 所示。

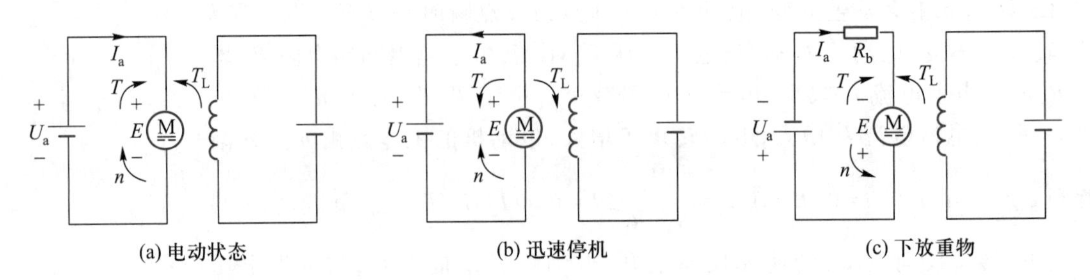

图 3-15 回馈制动电路和各物理量状态

1. 正向回馈制动——电车下坡

电车行驶于平地或上坡时，负载转矩 T_L 阻碍电车前行，电动机处于电动状态，拖动负载稳定工作于固有特性 A 与负载特性的交点 a 上，如图 3-15(a)和图 3-16(a)所示。电车下坡时，负载转矩 T_L 反向，与转速 n 的方向相同，为拖动转矩，如图 3-15(b)所示，电动机的机械特性仍为固有特性 A，如图 3-16(a)所示，机械特性方程式为

$$n=\frac{U_a}{C_E\Phi}-\frac{R_a}{C_EC_T\Phi^2}T$$

在电磁转矩 T 和负载转矩 $-T_L$ 的共同作用下，转速 n 上升，电动势 E 增大，电枢电流 I_a 减小，电磁转矩 T 减小，电动机的工作点由 a 点逐渐过渡到 n_0 点。在 n_0 点 $n=n_0$，$E=U_a$，$I_a=0$，$T=0$，$-T_L$ 为一常数。在负载转矩 $-T_L$ 的作用下，转速 n 继续上升，电动势 E 继续增大，$E>U_a$，电枢电流 I_a 反向上升，电磁转矩 T 反向上升，电动机的工作点由 n_0 点逐渐过渡到 b 点。在 b 点 $T=-T_L$，电车恒速下坡。正向回馈制动电车下坡的工作过程如图 3-16(a)所示，各物理量状态如图 3-15(b)所示。

正向回馈制动在调速过程中也时常出现，若减速后的理想空载转速 n_0 低于当前转速 n，即 $n>n_0$，电动机处于正向回馈制动过程。

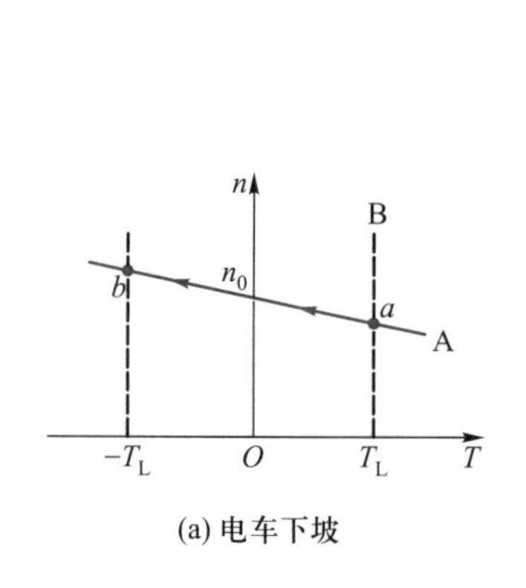

(a) 电车下坡

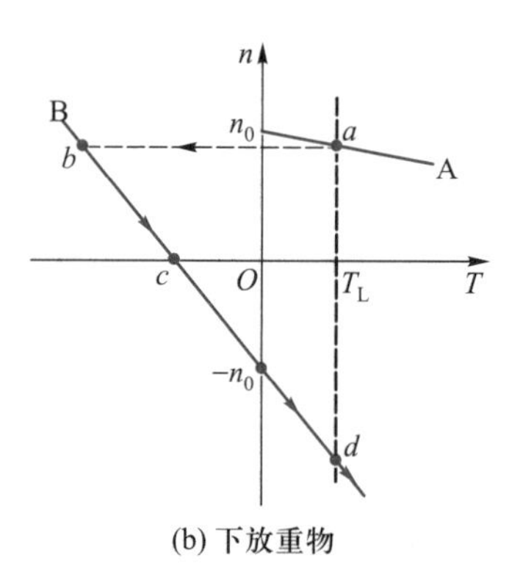

(b) 下放重物

图 3-16　回馈制动工作过程

2. 反向回馈制动——下放重物

制动前，电动机处于电动状态，拖动位能性恒转矩负载稳定工作于固有特性 A 与负载特性的交点 a 上，如图 3-15(a)和图 3-16(b)所示。制动时，将电枢电压 U_a 反向，并在电枢回路内串联制动电阻 R_b，如图 3-15(c)所示，电动机的机械特性由固有特性 A 变为人为特性 B，如图 3-16(b)所示，机械特性方程式与电压反向反接制动相同为

$$n=-\frac{U_a}{C_E\Phi}-\frac{R_a+R_b}{C_EC_T\Phi^2}T$$

由于转速 n 不会发生突变，电动机的工作点由 a 点瞬时平移至 b 点。在 b

点转速 n 不变，电动势 E 不变，电枢电压 U_a 反向，与电动势 E 的方向相同，一起使电枢电流 I_a 反向，进而使电磁转矩 T 反向，与负载转矩 T_L 方向相同，与转速 n 方向相反，为制动转矩。在电磁转矩 T 和负载转矩 T_L 的共同作用下，转速 n 下降，电动势 E 减小，电枢电流 I_a 减小，电磁转矩 T 减小，电动机的工作点由 b 点逐渐过渡到 c 点。在 c 点处，$n=0, E=0, I_a=\dfrac{U_a}{R_a+R_b}, T=-T_s$，$T_L$ 为一常数。在反向起动转矩 $-T_s$ 和负载转矩 T_L 的共同作用下，转子反向运动，转速 n 反向上升，电动势 E 反向增大，电枢电流 I_a 和电磁转矩 T 继续减小，电动机的工作点由 c 点逐渐过渡到 $-n_0$ 点。在 $-n_0$ 点处，$n=-n_0, E=-U_a, I_a=0, T=0$，$T_L$ 为一常数。在负载转矩 T_L 的作用下，转速 n 继续上升，电动势 E 继续增大，$E>-U_a$，电枢电流 I_a 再次反向并上升，电磁转矩 T 再次反向并上升，电动机的工作点由 $-n_0$ 点逐渐过渡到 d 点。在 d 点处，$T=T_L$，电动机稳定下放重物。反向回馈制动下放重物的工作过程如图 3-16(b) 所示，各物理量状态如图 3-15(c) 所示。

下放重物的速度取决于制动电阻 R_b 的大小，制动电阻越小，人为特性斜率越小，转速越低，下放重物越慢。由图 3-15(c) 可知

$$R_a+R_b=\frac{E_d-U_a}{I_{ad}}=\frac{C_E\Phi n-U_a}{T_L-T_0}C_T\Phi \tag{3-37}$$

式中各物理量均取绝对值，制动电阻 R_b 计算为

$$R_b=\frac{C_E\Phi n-U_a}{T_L-T_0}C_T\Phi-R_a \tag{3-38}$$

若忽略 T_0，则

$$R_b=\frac{C_E\Phi n-U_a}{T_L}C_T\Phi-R_a \tag{3-39}$$

[例 **3-9**] 某 Z_2 系列他励直流电动机，$U_{aN}=220$ V，$I_{aN}=115$ A，$n_N=1\,500$ r/min，$R_a=0.25\ \Omega$，忽略空载转矩 T_0，现采用反向回馈制动下放重物 $T_L=0.9T_N$，制动电阻 $R_b=0.01\ \Omega$，求稳定下放重物的速度。

解：由电枢回路电压平衡方程式，可得

$$C_E\Phi=\frac{E}{n_N}=\frac{U_{aN}-R_aI_{aN}}{n_N}=\frac{220-0.25\times115}{1\,500}=0.128$$

稳定下放重物，电枢电流 I_{ad} 为

$$I_{ad}=0.9I_{aN}=0.9\times115\ \text{A}=103.5\ \text{A}$$

感应电动势 E_d 为

$$E_d=U_{aN}+(R_a+R_b)I_{ad}=[220+(0.25+0.01)\times103.5]\ \text{V}=246.91\ \text{V}$$

下放重物速度 n 为

$$n=\frac{E_d}{C_E\Phi}=\frac{246.91}{0.128}\ \text{r/min}=1\,928.98\ \text{r/min}$$

3.5 他励直流电动机的四象限运行

PPT 3.5:
他励直流电动机的四象限运行

由前述章节分析可知,他励直流电动机能够在不同工作场合下针对不同的负载特性,在机械特性的四个象限调整其工作点,从而完成电力拖动任务。现将他励直流电动机在四个象限运行的机械特性画在一个坐标系下,便于对比分析和归纳总结。

当改变他励直流电动机的电气参数 U_a、R_a 和 Φ 时,电动机的机械特性将分布在直角坐标系的四个象限内,如图 3-17 所示。他励直流电动机在电动状态运行时,如图 3-17(a)所示,其机械特性分布在第一、三象限,正向电动状态运行在第一象限,此时电动机的电磁转矩 T 和转速 n 均为正值,电磁转矩 T 为拖动转矩;反向电动状态运行在第三象限,此时电动机的电磁转矩 T 和转速 n 均为负值,电磁转矩 T 依然为拖动转矩。

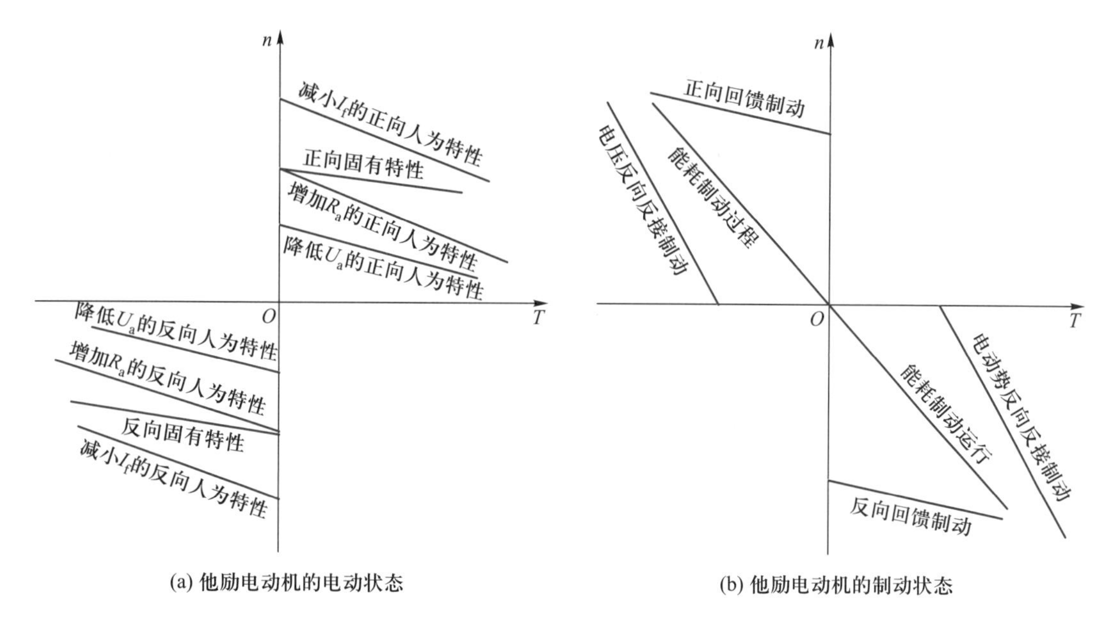

(a) 他励电动机的电动状态　　(b) 他励电动机的制动状态

图 3-17　他励直流电动机的四象限运行

他励直流电动机在制动状态运行时,如图 3-17(b)所示,其机械特性分布在第二、四象限,电动机的电磁转矩 T 和转速 n 的方向相反,电磁转矩 T 为制动转矩。运行在第二象限的制动包括:能耗制动过程——迅速停机、电压反向反接制动——迅速停机、正向回馈制动——电车下坡;运行在第四象限的制动包括:能耗制动运行——下放重物、电动势反向反接制动——下放重物、反向回馈制动——下放重物。

综上所述,他励直流电动机在四个象限运行过程中,每一个象限的运行状态都包括加速、减速和稳定运行的过程,最终电力拖动系统会在电动机的机械特性和负载特性的交点上运行,并且该交点要满足稳定运行的条件,电力拖动系统才是稳定的。

PPT 3.6：并励、串励和复励直流电动机的电力拖动

3.6　并励、串励和复励直流电动机的电力拖动

3.6.1　并励直流电动机的电力拖动

由于并励直流电动机的机械特性与他励直流电动机相同，因此并励直流电动机与他励直流电动机是通用的，并励直流电动机的起动、调速和制动方法可以参照前述他励直流电动机的方法。

1. 起动

当采用降低电枢电压起动时，需将其改为他励方式进行，仅降低电枢电压而保持励磁电压不变；当采用电枢回路串联电阻起动时，与他励直流电动机起动方法相同，直接在电枢回路中起动调速变阻器或者分级电阻，电路如图 3-18 所示。

2. 调速

当采用改变电枢电压调速时，需将其改为他励方式运行，励磁电压保持不变；当采用改变电枢电阻调速时，直接在电枢回路中串联调速变阻器即可。当采用改变励磁电流调速时，若要调节励磁电阻，则需在励磁回路中串联一个调速变阻器；若要调节励磁电压，则需将其改为他励方式运行。电路如图 3-19 所示。

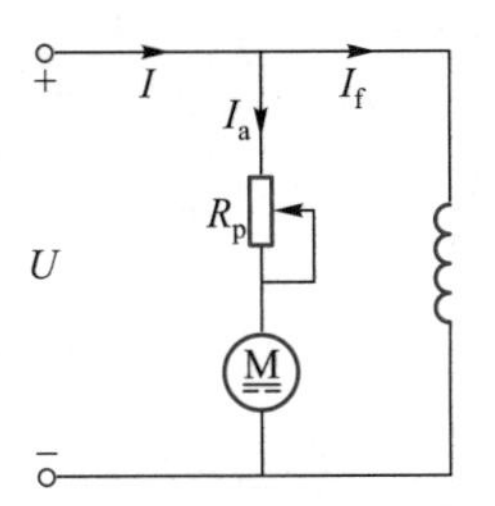

图 3-18　并励电动机电枢回路串联电阻起动的电路

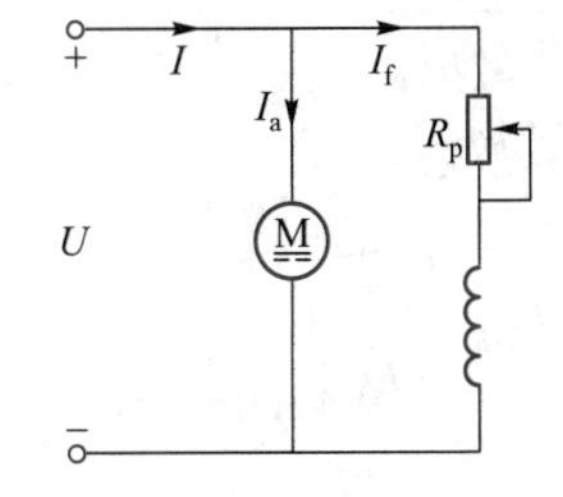

图 3-19　并励电动机改变励磁电流调速的电路

3. 制动

当并励直流电动机制动时，需将其改为他励方式运行，并励直流电动机的制动方式包括能耗制动、反接制动和回馈制动。

3.6.2　串励直流电动机的电力拖动

1. 起动

串励直流电动机既可以采用降低电枢电压起动，又可以采用电枢回路串联电阻起动。

2. 调速

串励直流电动机的调速方法包括改变电枢电压调速、改变电枢电阻调

速和改变励磁电流调速三种。当采用改变电枢电压调速时,需专用的可调压直流电源;当采用改变电枢电阻调速时,在电枢回路中串联调速变阻器或者分级电阻,这种调速方法常用于电车调速场合;当采用改变励磁电流调速时,可以在励磁绕组两端并联调速电阻以减少励磁电流,实现弱磁升速,也可以在电枢绕组两端并联电阻以增加励磁电流,实现强磁降速,电路如图 3-20 所示。

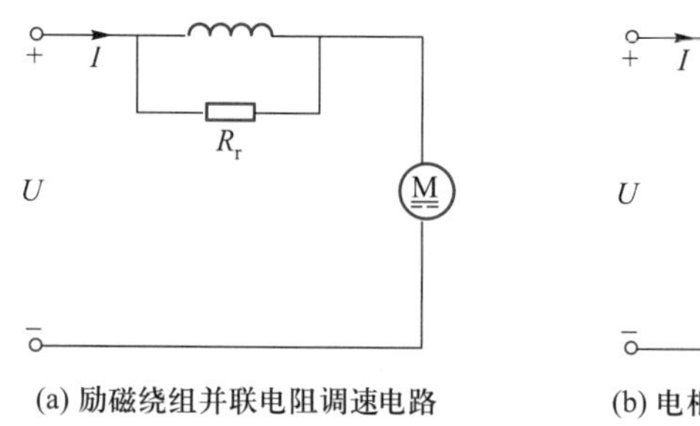

图 3-20 串励直流电动机改变励磁电流调速电路

3. 制动

串励直流电动机的制动方法仅包括能耗制动和反接制动,由于其理想空载转速过高,所以不能运行于回馈制动状态。

串励直流电动机的能耗制动分为自励能耗制动和他励能耗制动。串励直流电动机的电动状态如图 3-21(a)所示。自励能耗制动电路如图 3-21(b)所示。制动时,电源 U 断开,串联制动电阻 R_b,电枢电流 I_a 反向,为了产生制动转矩,必须保持励磁电流 I_f 的方向不变,故将励磁绕组两端位置对调。由于 $I_a=I_f$,随着转速 n 下降,I_a 和 I_f 均减小,使得制动转矩迅速减小,导致制动效果较差,常用于断电事故时的安全停机。这种制动属于能耗制动过程。他励能耗制动电路如图 3-21(c)所示。制动时,需将串励直流电动机改为他励方式进行,可分为能耗制动过程和能耗制动运行两种情况。

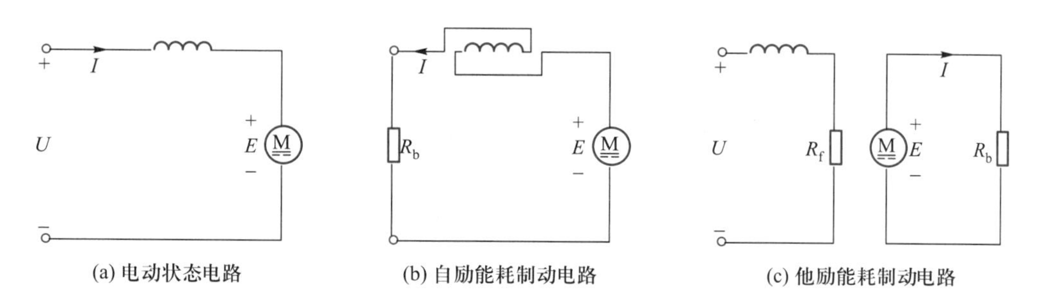

图 3-21 串励直流电动机的能耗制动电路

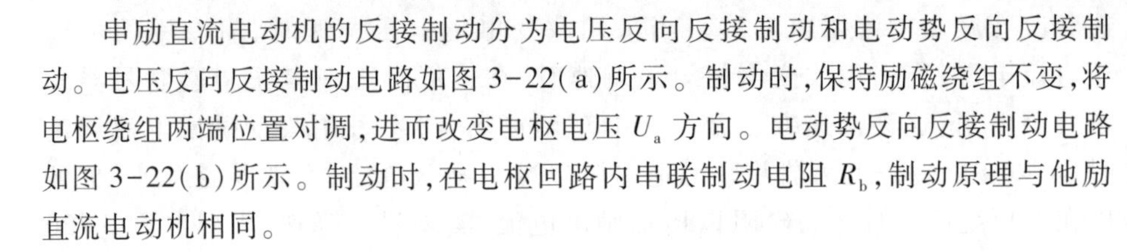

串励直流电动机的反接制动分为电压反向反接制动和电动势反向反接制动。电压反向反接制动电路如图 3-22(a)所示。制动时，保持励磁绕组不变，将电枢绕组两端位置对调，进而改变电枢电压 U_a 方向。电动势反向反接制动电路如图 3-22(b)所示。制动时，在电枢回路内串联制动电阻 R_b，制动原理与他励直流电动机相同。

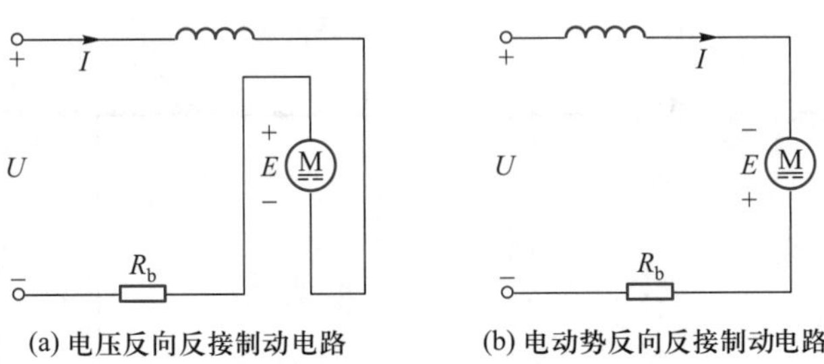

(a) 电压反向反接制动电路　　(b) 电动势反向反接制动电路

图 3-22　串励直流电动机反接制动电路

3.6.3　复励直流电动机的电力拖动

1. 起动

复励直流电动机的起动方法与并励直流电动机基本相同。当采用降低电枢电压起动时，需将其改为他励方式进行，并且将串励绕组短路；当采用电枢回路串联电阻起动时，需在电枢回路串联起动变阻器或分级电阻。

2. 调速

复励直流电动机的调速方法与并励直流电动机基本相同。在改为他励方式进行时，需将串励绕组短路。

3. 制动

复励直流电动机有能耗制动、反接制动和回馈制动三种制动方法，制动方法与并励直流电动机基本相同。当采用能耗制动和回馈制动时，需将串励绕组短路。当为反接制动时，串励绕组的处理方式与串励直流电动机励磁绕组的处理方式一样，需保持串励绕组中的电流方向不变。

3.7　直流电动机 MATLAB 调速仿真

PPT 3.7：直流电动机 MATLAB 调速仿真

直流电动机具有良好的起动、制动性能，宜于在较大调速范围内平滑调速，在需要调速、频繁起制动和快速正反向的电力拖动领域中得到了广泛的应用。以他励直流电动机为例，其调速仿真模型如图 3-23 所示。其中，电动机的主要额定数据为 $P_N = 5$ kW，$U_{aN} = 500$ V，$n_N = 1\ 750$ r/min，$U_{fN} = 300$ V。

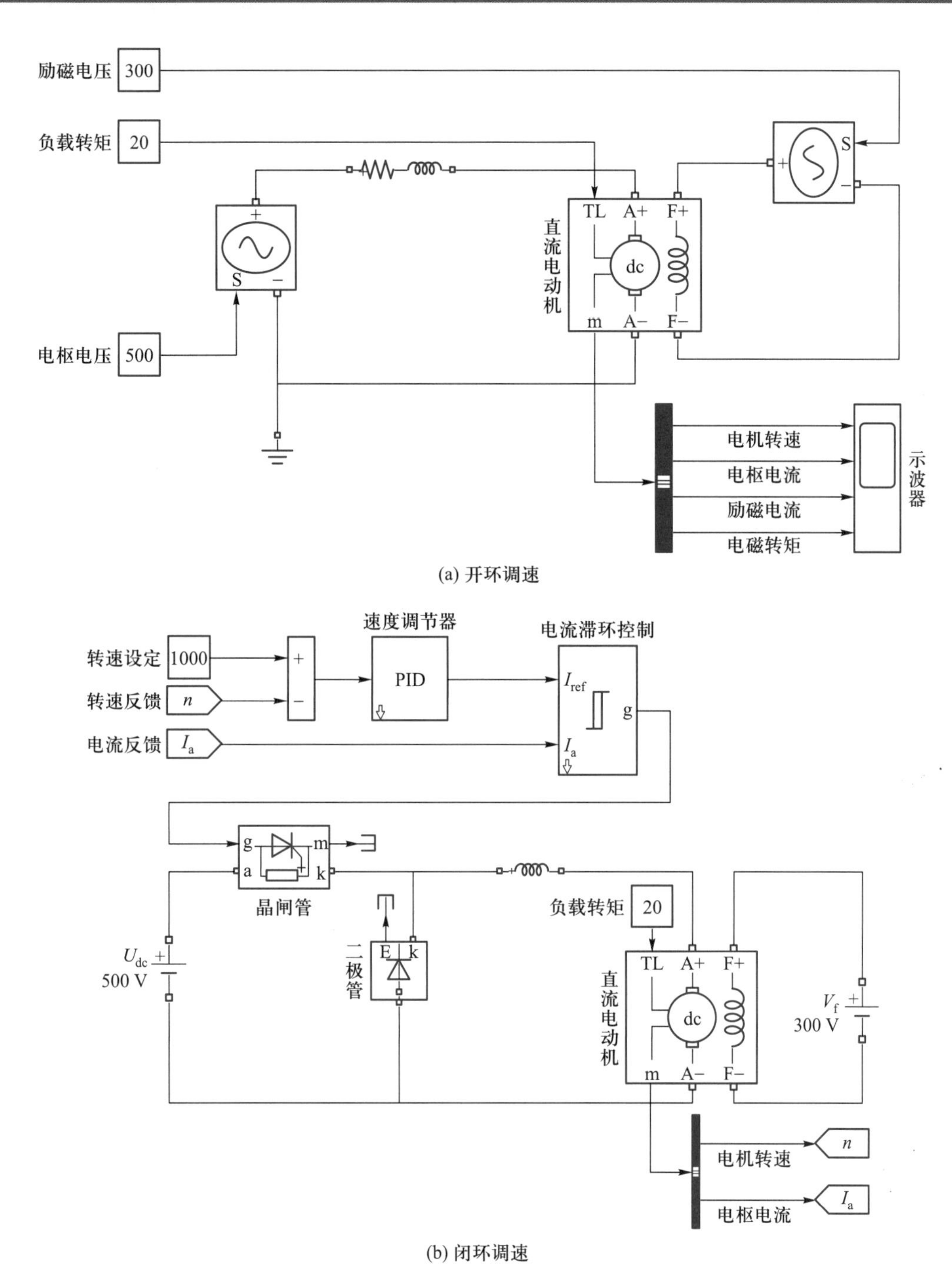

图 3-23　他励直流电动机的调速仿真模型

3.7.1　直流电动机的固有特性

直流电动机在固有特性上工作时,负载和转速的大小关系如表 3-1 所示。

以下从负载递增和负载递减两个方面,对直流电动机的固有特性进行仿真分析。转速随时间、转矩随时间、转速随转矩的变化过程如图 3-24 和图 3-25 所示。

表 3-1　固有特性负载与转速

负载/(N·m)	5	25	45	65
转速/(r/min)	2 105	1 584	1 063	543

1. 负载递增

负载递增时,转速随时间、转矩随时间、转速随转矩的变化过程如图 3-24 所示。

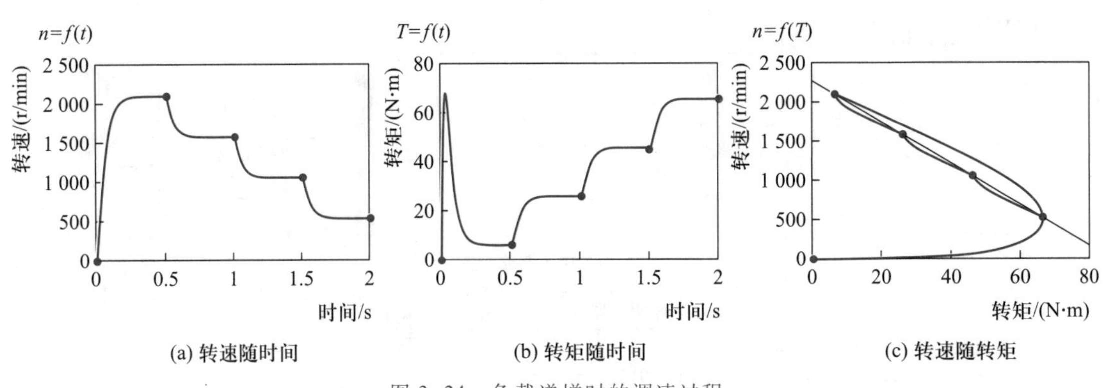

图 3-24　负载递增时的调速过程

2. 负载递减

负载递减时,转速随时间、转矩随时间、转速随转矩的变化过程如图 3-25 所示。

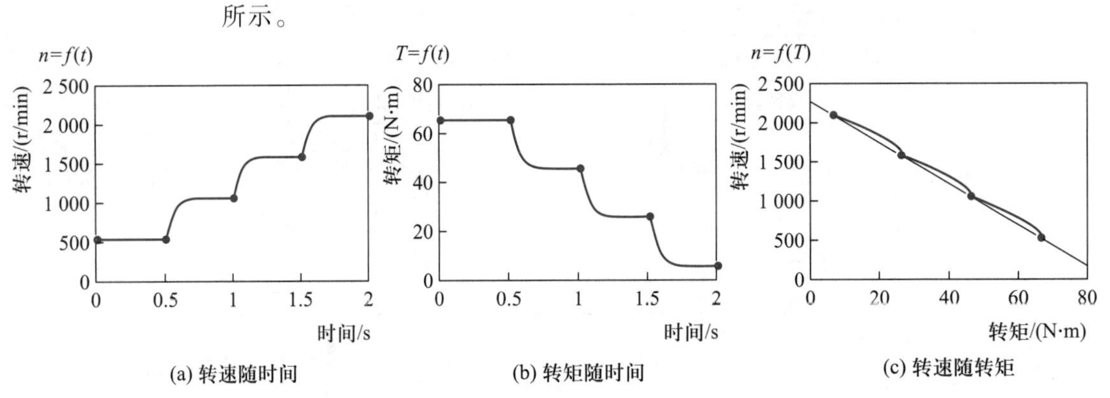

图 3-25　负载递减时的调速过程

由分析可见,在稳定运行范围内,负载越大,转速越低,反之亦然,与理论分析一致。

3.7.2　直流电动机的开环调速

人为改变直流电动机参数,使电动机的稳定工作点偏离固有特性,工作在人为特性上。以下分别采用改变电枢电压调速、改变电枢电阻调速和改变励磁电流调速三种方法,对直流电动机的人为特性进行仿真分析。

1. 改变电枢电压调速

直流电动机在人为特性上工作时，采用改变电枢电压调速方法，负载转矩为 20 N · m，其他参数为额定值，电枢电压和转速的关系如表 3-2 所示。

表 3-2 电枢电压和转速的关系

电枢电压/V	500	400	300	200
转速/(r/min)	1 714	1 264	814	365

以下从电压递减和电压递增两个方面，对直流电动机的改变电枢电压调速进行仿真分析。转速随时间、转矩随时间、转速随转矩的变化过程如图 3-26 和图 3-27 所示。

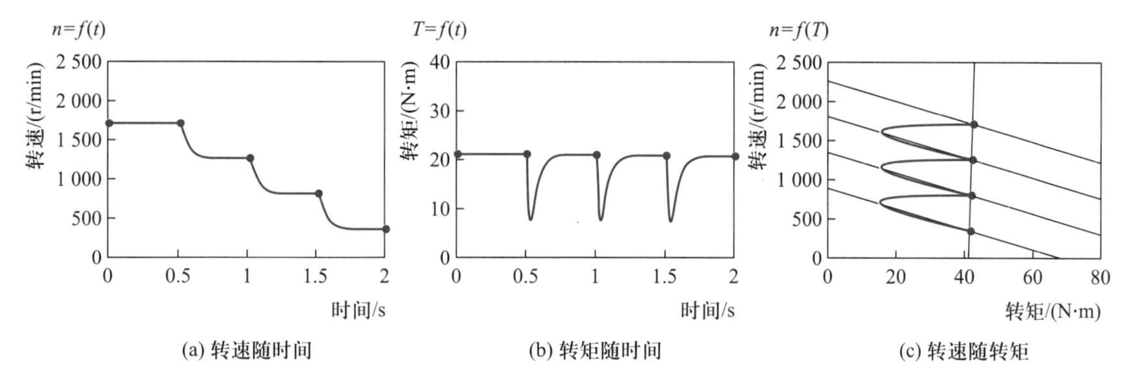

图 3-26 电枢电压递减调速过程

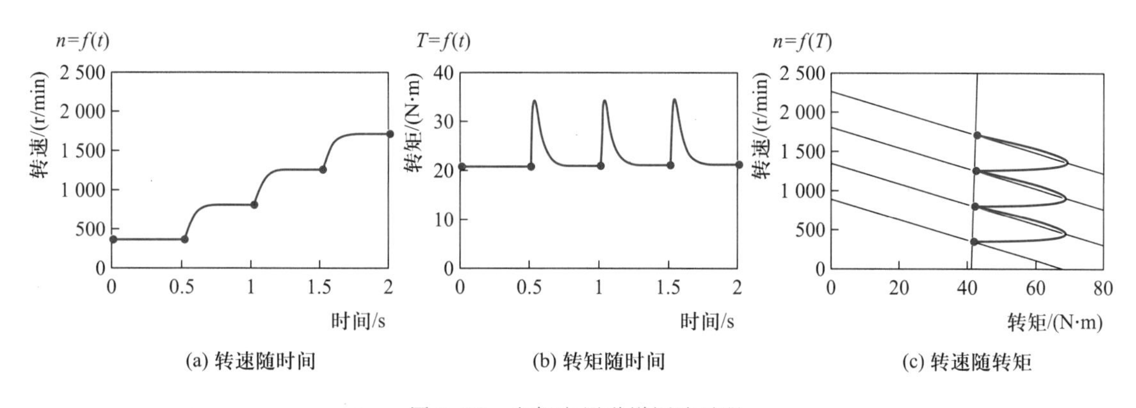

图 3-27 电枢电压递增调速过程

由分析可见，在稳定运行范围内，电枢电压越小，转速越低，反之亦然，与理论分析一致。

2. 改变电枢电阻调速

直流电动机在人为特性上工作时，采用改变电枢电阻调速方法，负载转矩为 20 N · m，其他参数为额定值，电枢电阻和转速的关系如表 3-3 所示。

表 3-3　电枢电阻和转速的关系

电枢电阻/V	1	6	11	16
转速/(r/min)	1 714	1 490	1 268	1 047

以下从电阻递增和电阻递减两个方面,对直流电动机的电阻调速特性进行仿真分析。转速随时间、转矩随时间、转速随转矩的变化过程如图 3-28 和图 3-29 所示。

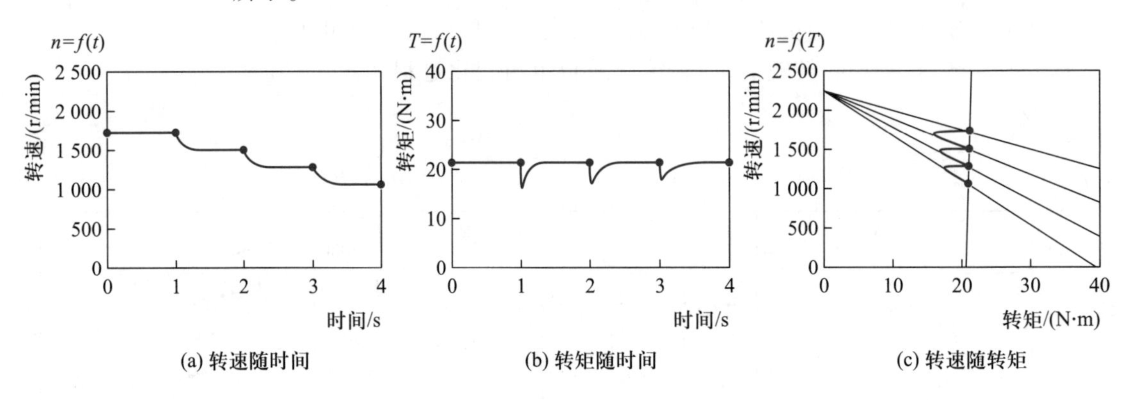

图 3-28　电阻递增调速过程

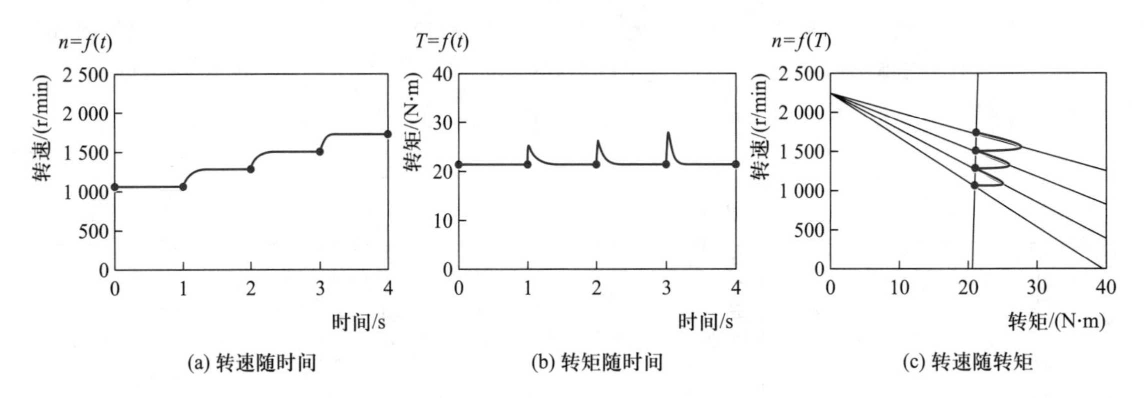

图 3-29　电阻递减调速过程

由分析可见,在稳定运行范围内,电枢电阻越大,转速越低,反之亦然,与理论分析一致。

3. 改变励磁电流调速

直流电动机在人为特性上工作时,采用改变励磁电流调速方法,负载转矩为 20 N · m,其他参数为额定值,励磁电压和转速的关系如表 3-4 所示。

表 3-4　励磁电压与转速的关系

励磁电压/V	300	250	200	150
转速/(r/min)	1 714	1 920	2 147	2 303

以下从电压递减和电压递增两个方面，对直流电动机的改变励磁电流调速进行仿真分析。转速随时间、转矩随时间、转速随转矩的变化过程如图 3-30 和图 3-31 所示。

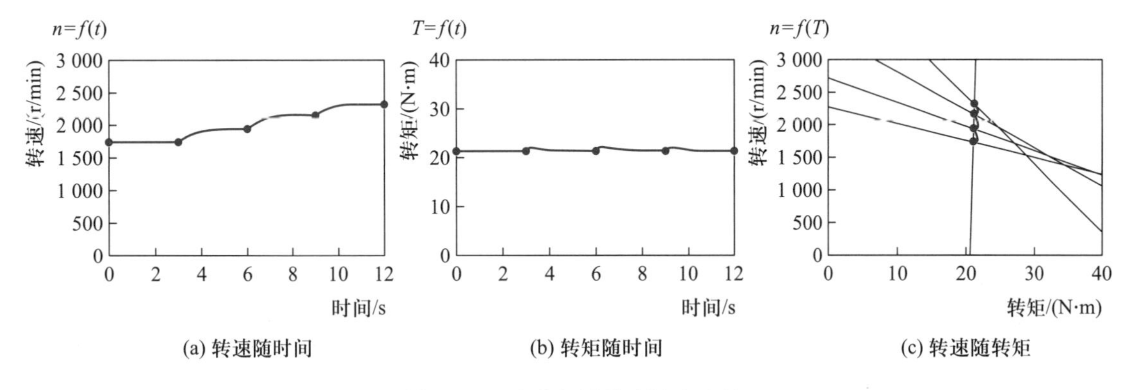

图 3-30 励磁电压递减调速过程

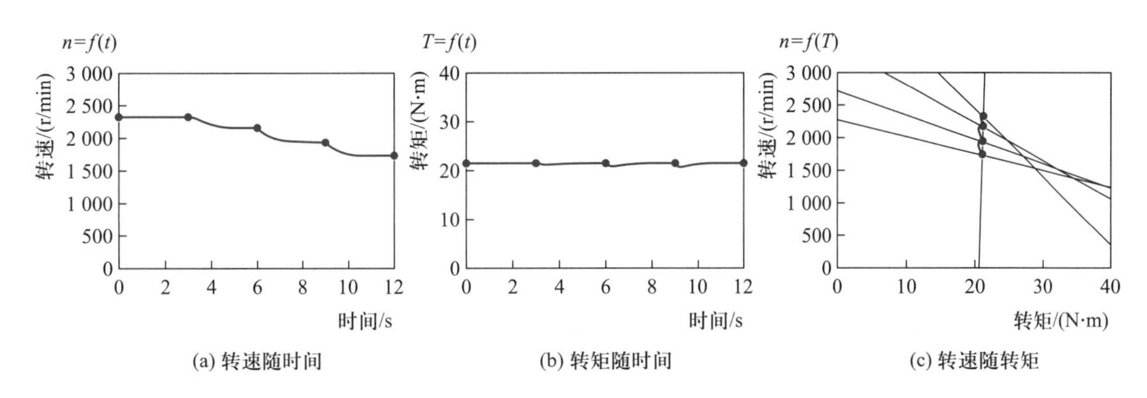

图 3-31 励磁电压递增调速过程

由分析可见，在稳定运行范围内，励磁电压越小，转速越高，反之亦然，与理论分析一致。

3.7.3 直流电动机的闭环调速

根据自动控制原理，将系统的被调量作为反馈量引入系统，可构成闭环反馈控制系统，有效地抑制甚至消除扰动造成的影响，从而维持被调量很少变化或者不变化。以下采用转速反馈控制调速方法，以转速给定值为 200 r/min 为例，对直流电动机闭环调速时的特性进行仿真分析。转速随时间、转矩随时间、转速随转矩的变化过程如图 3-32 和图 3-33 所示。

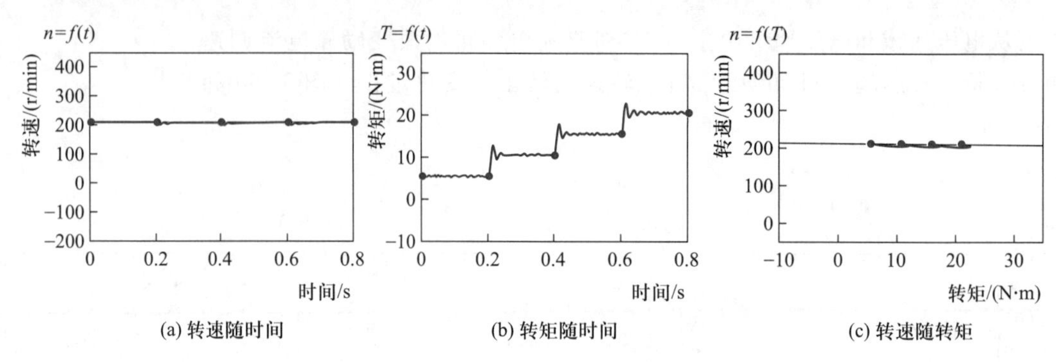

图 3-32　闭环负载递增调速过程

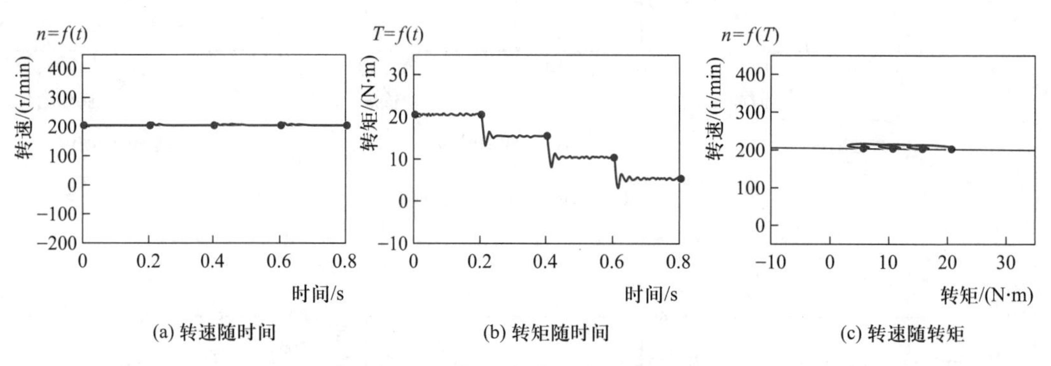

图 3-33　闭环负载递减调速过程

由分析可见，采用转速反馈闭环调速方法，可以有效地抑制负载波动对转速造成的影响。由于系统中采用了 PI 控制器，可以实现无静差的闭环控制，稳态时转速基本维持 200 r/min 不变。

思考题

3-1　他励直流电机的人为特性与固有特性相比，若其理想空载转速和机械特性硬度均发生变化，那么这是哪种情况下的人为特性？

3-2　电枢反应对于他励直流电动机的固有特性有何影响？

3-3　他励直流电动机常用的起动方法有哪些？各有什么优缺点？

3-4　什么样的直流电动机能够直接起动？

3-5　有人认为直流电动机的电磁转矩与电枢电流成正比，这种说法正确吗？

3-6　他励直流电动机在励磁回路中串联可调电阻，在起动时，为什么必须要将其短路？

3-7　他励直流电动机带负载起动时，如果励磁绕组断路，会有什么后果？

3-8　请分析电动机调速与电动机速度变化的区别与联系。

3-9　直流电动机的调速范围受到什么因素的制约？

3-10　他励直流电动机调速，当要求静差率一定时，改变电枢电压调速和改变电枢电阻调速相比，哪一种调速的范围更大？

3-11　试分析他励直流电动机 3 种调速方式适用的负载特性类型。

3-12 试证明改变励磁电流调速时，虽然机械特性硬度降低，但静差率保持不变。

3-13 请总结他励直流电动机的每种调速方式的经济性。

3-14 直流电动机在减速过程中是否一定处于制动状态？

3-15 处于制动状态的直流电动机是否一定会减速停机？

3-16 如果他励直流电动机在电动运行状态中，由于某个因素导致其转速超过理想空载转速，那么电动机会处于何种制动状态？

3-17 他励直流电动机能耗制动下放重物，计算制动电阻 R_b 时，需考虑什么因素？

3-18 对于同一台他励直流电机，在负载转矩和制动电阻相同的情况下，采用三种制动方法下放重物，试比较它们下放重物的速度。

3-19 结合电动机在四象限的运行状态，试问如何区别电动机是处于电动运行状态还是制动状态？

3-20 试分析他励直流电动机在能耗制动、反接制动、回馈制动三种运行状态下的能量转换过程。

3-21 串励直流电动机能否运行在回馈制动状态？

3-22 为什么并励直流电动机在制动时，需要改成他励方式？

练习题

3-1 某 Z_4 系列他励直流电动机，$U_{aN}=440$ V，$I_{aN}=413$ A，$n_N=500$ r/min，$P_N=160$ kW，忽略空载转矩 T_0，现采用电枢回路串联电阻起动方式，求起动级数和各级起动电阻的阻值。

3-2 某 Z_2 系列他励直流电动机，$U_{aN}=220$ V，$I_{aN}=53.5$ A，$n_N=1\ 500$ r/min，$P_N=10$ kW，忽略空载转矩 T_0。(1) 求该电动机直接起动时的起动电流；(2) 若规定起动电流不得超过 $2I_{aN}$，当采用电枢回路串电阻的方式起动时，应该串联多大的起动电阻？当采用降低电枢电压方式起动时，电压应降至何值？

3-3 某 Z_2 系列他励直流电动机，$U_{aN}=220$ V，$I_{aN}=41$ A，$n_N=1\ 500$ r/min，$P_N=7.5$ kW，忽略空载转矩 T_0，拖动额定恒转矩负载运行，现将电枢电压降低至 150 V。(1) 求电枢电压降低的瞬间，该电动机的电枢电流和电磁转矩；(2) 电动机重新稳定运行时的转速是多少？

3-4 某 Z_4 系列他励直流电动机，$U_{aN}=160$ V，$I_{aN}=16$ A，$n_N=1\ 480$ r/min，$P_N=2.2$ kW，忽略空载转矩 T_0，若使用该电动机拖动通风机负载运行，调速前该电动机工作在额定状态，现采用改变电枢电阻调速，若要使转速降低至 1 200 r/min，试问需要在电枢回路中串联多大的调速电阻 R_p？

3-5 题 3-4 中的 Z_4 系列他励直流电动机，若使用该电机拖动恒转矩负载运行，且负载转矩等于电动机的额定转矩。现采用改变电枢电压调速，若要使该电动机的转速降低至 1 000 r/min，试问电枢电压需要降低到何值？

3-6 题 3-4 中的 Z_4 系列他励直流电动机，若使用该电机拖动恒功率负载运行，现采用改变励磁电流调速，若要使该电动机的转速增加至 1 800 r/min，并且要求理想空载转速不超过 2 500 r/min，求 $C_E\Phi$ 的大小。

3-7　某 Z_2 系列他励直流电动机，$U_{aN}=220$ V，$I_{aN}=90$ A，$n_N=1\ 500$ r/min，$P_N=17$ kW，忽略空载转矩 T_0，该电动机在额定电压、额定磁通时拖动某负载运行的转速 1 520 r/min。当向下调速时，要求最低转速为 800 r/min。若采用降低电枢电压或者电枢回路串电阻的方式进行调速，求：(1) 负载为恒转矩负载时的电枢电流变化范围；(2) 负载为恒功率负载时的电枢电流变化范围。

3-8　题 3-7 中的 Z_2 系列他励直流电动机拖动负载运行，采用改变励磁电流调速将转速升至 1 800 r/min，求：(1) 负载为恒转矩负载时的电枢电流变化范围；(2) 负载为恒功率负载时的电枢电流变化范围。

3-9　某 Z_4 系列他励直流电动机，$U_{aN}=440$ V，$I_{aN}=39.5$ A，$n_N=1\ 510$ r/min，$P_N=15$ kW，忽略空载转矩 T_0，负载转矩 $T_L=0.8\ T_N$，问：(1) 以 1 000 r/min 的转速上提重物，电枢回路中应串联多大的调速电阻？(2) 在固有特性上稳定运行时进行能耗制动，制动瞬间电流不超过 $2I_{aN}$，电枢回路中至少串联多大的制动电阻？(3) 采用能耗制动，以 1 000 r/min 的转速稳定下放重物，电枢回路中应串联多大的制动电阻？

3-10　某 Z_2 系列他励直流电动机，$U_{aN}=220$ V，$I_{aN}=68.6$ A，$n_N=1\ 500$ r/min，$P_N=13$ kW，$I_{amax}=2\ I_{aN}$，忽略空载转矩 T_0，该电动机拖动位能性恒转矩负载在额定状态下运行，现采用能耗制动方式以 1 000 r/min 的转速稳定下放重物，求电枢回路中应串联电阻的阻值。

3-11　某起重机由一台 Z_4 系列他励直流电动机拖动，$U_{aN}=160$ V，$I_{aN}=24$ A，$n_N=1\ 540$ r/min，$R_a=0.785\ \Omega$，$I_{amax}=2\ I_{aN}$，忽略电枢反应和空载转矩的影响，问：(1) 当电动机拖动额定负载，并将重物悬停在空中时，需要在电枢回路中串联多大的电阻？此时电动机运行在什么状态？(2) 若采用降低电枢电压的方式，使电动机拖动额定负载，并将重物悬停，需要将电枢电压降为多少？此时电动机运行在什么状态？(3) 当电动机拖动额定负载，并将重物以 100 r/min 的速度匀速上提时，需要在电枢回路中串联多大的电阻？此时电动机运行在什么状态？(4) 当电动机拖动额定负载，采用电动势反向反接制动，将重物以 100 r/min 的速度匀速下放时，需要在电枢回路中串联多大的电阻？此时电动机运行在什么状态？

3-12　某 Z_4 系列他励电动机，$U_{aN}=440$ V，$I_{aN}=65$ A，$n_N=600$ r/min，$P_N=22$ kW，$I_{amax}=2I_{aN}$。忽略空载转矩 T_0，问：(1) 拖动 $T_L=0.8\ T_N$ 的反抗性恒转矩负载，采用能耗制动实现迅速停机，电枢回路中应串联至少多大的制动电阻？(2) 拖动 $T_L=0.8\ T_N$ 的位能性恒转矩负载，采用能耗制动以 350 r/min 的速度匀速下放重物，电枢回路内应串联多大的制动电阻？(3) 拖动 $T_L=0.8T_N$ 的反抗性恒转矩负载，采用电压反向反接制动实现迅速停机，电枢回路中应串联至少多大的制动电阻？(4) 拖动 $T_L=0.8T_N$ 的位能性恒转矩负载，采用电动势反向反接制动以 300 r/min 的速度匀速下放重物，电枢回路内应串联多大的制动电阻？(5) 在电压反向瞬间，在电枢回路中串联较大的制动电阻，以保证此时电枢电流小于 I_{amax}，当转速反向增加至理想空载转速时，将制动电阻减小，使电动机以 1 000 r/min 的速度匀速下放重物，这时电枢回路内应串联多大的制动电阻？

第4章 变压器

变压器是利用电磁感应原理来改变交流电电压、电流或相位的静止电气装置。法拉第在1831年发明的一个“电感环”,称为“法拉第感应线圈”,该装置可视为世界上第一个变压器的雏形。然而,法拉第仅用它来示范电磁感应原理,并未考虑其实际用途。直到19世纪80年代,变压器才开始被实际应用。变压器的问世促进了交流电的广泛应用。在发电站应该输出直流电还是交流电的抉择中,交流电之所以成为最终选择,其优势之一就是能够使用变压器。因此,凡是应用交流电的场合,也几乎都配有变压器。本章主要介绍单相变压器和三相变压器的用途、种类、工作原理、基本结构、铭牌数据、分析方法和运行特性等内容。在此基础上,介绍电力拖动系统经常采用的自耦变压器、仪用互感器等特殊变压器的工作原理和使用注意事项。最后,对变压器的实际应用进行举例分析。

4.1 变压器的用途和种类

4.1.1 变压器的用途

PPT 4.1:
变压器的用途
和种类

变压器的用途有电压变换、电流变换、阻抗变换、隔离、稳压(磁饱和变压器)等。在电力系统中,借助变压器可以实现电能的变换、输送和分配等功能。在一般的工业和民用产品中,借助变压器可以实现电路隔离、电源与负载的阻抗匹配、高电压或大电流的测量等功能。

目前,为了安全发电、节省成本并减少对城市环境的污染,发电站一般建在远离用电地区的能源产地或水陆运输比较方便的地区。因此,需要使用输电线路进行长距离的电能输送,以供用电地区使用。众所周知,输送同样大小的功率,输电电压越高,输电电流就越小,而变压器正好可将电能转换成高电压、低电流的形式进行输送,简称高压输电。采用高压输电主要有两个优点:一是可以大大减少电能输送过程中在输电线路上的功率损耗,二是可以选用截面积较小的输电导线以节省导电材料。因此,在实际应用中,远距离输电需要用高压来进行。输电距离越远、输送功率越大,要求的输电电压就越高。这种在电力系统中作输、配电用的变压器称为电力变压器,它是电力系统不可缺少的设备之一。

目前,变压器的容量,大的可达1 GV·A(1 GV·A = 10^9 V·A)以上,小的只有几 mV·A,大小悬殊,用途迥异。

4.1.2　变压器的种类

变压器有多种不同的分类方法，总结如下：

(1) 按相数的不同，可分为单相变压器、三相变压器和多相变压器三种；

(2) 按每相绕组数的不同，可分为单绕组变压器（常称为自耦变压器）、双绕组变压器、三绕组变压器和多绕组变压器四种；

(3) 按铁心结构的不同，可分为心式变压器和壳式变压器两种；

(4) 按冷却方式的不同，可分为空气自冷式（又称干式）变压器、油浸自冷式变压器、油浸风冷式变压器、强迫油循环式变压器和充气式变压器五种；

(5) 按用途的不同，可分为供输配电用的升压变压器、降压变压器；供特殊电源用的电焊变压器、整流变压器、电炉变压器、中频变压器等特种变压器；供测量用的电流互感器、电压互感器等仪用变压器；用作调压器、联络变压器、降压起动设备的自耦变压器；用于自动控制系统的控制变压器；用于通信系统的阻抗变换器等。

变压器种类虽然很多，但其工作原理基本相同。

4.2　变压器的工作原理

PPT 4.2：变压器的工作原理

变压器的核心部件是铁心和线圈。与电动机中的线圈相同，变压器中的线圈也往往由多个线圈元件串并联组成，通常称为绕组。本节以单相变压器为例来介绍变压器的工作原理，单相变压器是用来变换单相交流电压的装置，其容量一般较小，主要用于控制和照明。在理想情况下，单相双绕组变压器的工作原理如图 4-1 所示。

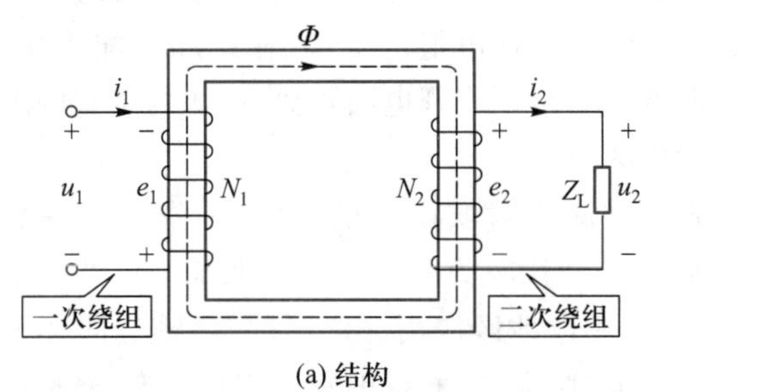

(a) 结构

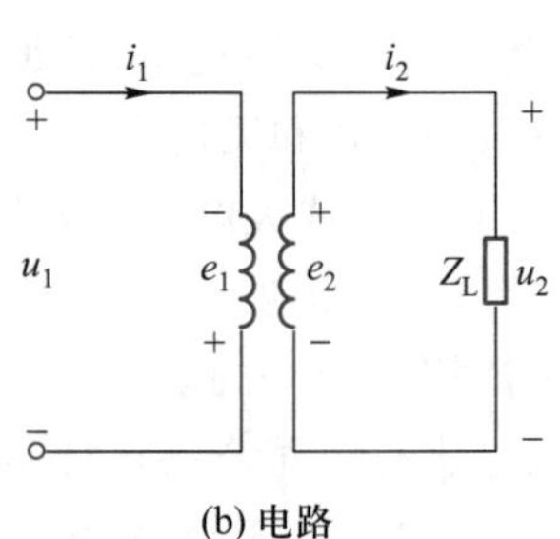

(b) 电路

图 4-1　单相双绕组变压器的工作原理

工作时，接电源的绕组称为一次绕组，也称为初级绕组或原边，其相关物理量用下标“1”标识；接负载的绕组称为二次绕组，也称为次级绕组或副边，其相关物理量用下标“2”标识。为了加强两个绕组之间的磁耦合，二者绕在同一铁心上。为了清晰起见，两个绕组分别画在铁心的左右两侧。其中，一次绕组电路就是本书 1.2 节所讨论的交流铁心线圈电路。

当变压器一次绕组外加交流电压 u_1 后，绕组中就会产生交流电流 i_1 和磁动

势 $f_1=N_1i_1$。在磁动势的作用下，铁心中产生同时与一、二次绕组交链的磁通 Φ，这一过程称为电生磁。由于外加电压为交流电，故产生的磁通是交变的。根据电磁感应原理可知，交变的磁通会分别在一、二次绕组中产生感应电动势 e_1 和 e_2，这一过程称为磁生电。二次绕组在感应电动势的作用下产生电流 i_2，进而在二次绕组两端（即负载两端）产生电压 u_2 并向负载输出电能。

规定变压器的参考方向按如下惯例选取：

（1）i_1 的参考方向与 u_1 的参考方向一致（由于输入功率为正，故又称为电动机惯例）；i_2 的参考方向与 e_2 的参考方向一致，u_2 与 i_2 的参考方向一致（由于输出功率为正，故又称为发电机惯例）。

（2）磁动势 $f=Ni$ 与磁通 Φ 之间符合右手螺旋定则，感应电动势 e 与磁通 Φ 之间符合右手螺旋定则，因此 e 与 i 的参考方向相同。

在上述参考方向的规定下，根据电磁感应原理，有

$$\begin{cases} e_1=-N_1\dfrac{\mathrm{d}\Phi}{\mathrm{d}t} \\ e_2=-N_2\dfrac{\mathrm{d}\Phi}{\mathrm{d}t} \end{cases} \tag{4-1}$$

式中：N_1、N_2 分别为一、二次绕组的匝数。

变压器一、二次绕组的电动势之比称为变压器的电压比，也称为变比，通常用 k 表示，有

$$k=\frac{e_1}{e_2}=\frac{N_1}{N_2} \tag{4-2}$$

由上式可知，变压器的电压比等于其一、二次绕组的匝数之比（简称匝比）。对于理想变压器，即一、二次绕组完全耦合且绕组阻抗压降忽略不计，一、二次绕组的端部电压可近似为

$$\begin{cases} u_1\approx -e_1 \\ u_2\approx e_2 \end{cases} \tag{4-3}$$

若一、二次绕组的端部电压和感应电动势按正弦规律变化，则各物理量的有效值满足下列关系

$$\frac{U_1}{U_2}\approx\frac{E_1}{E_2}=\frac{N_1}{N_2}=k \tag{4-4}$$

一般情况下（除隔离变压器外），一、二次绕组的匝数不同，二者的感应电动势自然就不相同。对于理想变压器，由于绕组中的感应电动势与端部电压近似相等，一、二次绕组的端部电压不相同，故变压器由此而得名。由式（4-4）可知，变压器一、二次绕组电压的有效值之比近似于一、二次绕组的匝数比。实际应用中，只要改变一、二次绕组的匝数比，就可以变换电压，满足不同用户的需求，这就是变压器的基本工作原理。

两个绕组中，匝数多的绕组工作电压高，称为高压绕组；匝数少的绕组工作电压低，称为低压绕组。若以高压绕组为一次绕组，低压绕组为二次绕组，即 $k>$

1 时，则变压器具有降压作用，称为降压变压器；反之，$k<1$，则变压器具有升压作用，称为升压变压器。

4.3　变压器的基本结构

PPT 4.3：变压器的基本结构

变压器主要由铁心、绕组、外壳、油箱、变压器油、绝缘套管等部件组成，现将变压器的基本结构介绍如下。

4.3.1　铁心

铁心是变压器的磁路构成部分，也是变压器的机械骨架。铁心由铁心柱和铁轭两部分组成，铁心柱上套装变压器绕组，铁轭起连接铁心柱使磁路闭合的作用。本节主要介绍铁心的材料、制作和结构。

1. 铁心材料

为了减少变压器运行时铁心内的磁滞损耗和涡流损耗，铁心是用彼此绝缘的硅钢片或非晶材料制成的。

硅钢片有热轧和冷轧两种，为了增加磁导率，硅钢片多采用冷轧工艺制成。冷轧硅钢片又分为晶粒有取向和晶粒无取向两类，国产变压器主要采用晶粒有取向的冷轧硅钢片，其沿碾压方向有较高的导磁性和较小的功率损耗。

非晶材料具有较高的导磁性和较低的铁损耗，目前由非晶材料作铁心制成的变压器逐渐得到了推广应用。

2. 铁心的制作方式

铁心的制作方式有叠片式和卷制式两种。

叠片式铁心由一片片的硅钢片叠压而成。以单相变压器为例，其形状如图 4-2 所示。为了减少磁路中不必要的气隙，叠装时相邻两层的接缝要相互错开。

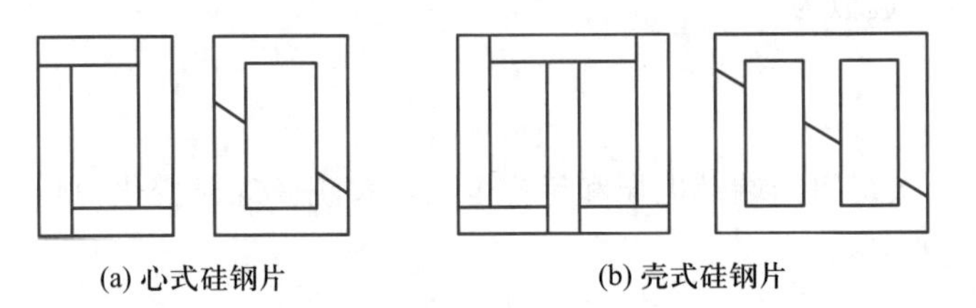

图 4-2　叠片式铁心

卷制式铁心是将带状硅钢片剪裁成一定宽度后再卷制成环形，将铁心绑轧牢固后切割成两个 C 形，如图 4-3 所示，这种变压器通常称为 C 式变压器。由于 C 式变压器制作工艺简单，在小容量单相变压器中逐渐得到了推广。

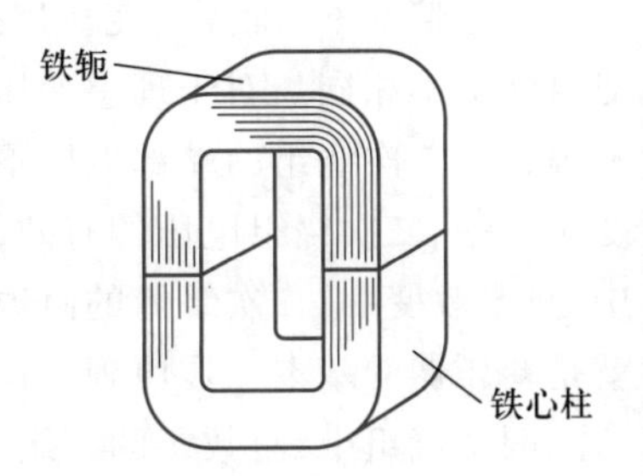

图 4-3　卷制式铁心

3. 铁心结构

(1) 单相变压器的铁心结构

单相变压器的铁心有心式和壳式两种结

构,如图 4-4 所示。

采用心式叠片的变压器称为心式变压器,心式结构的特点是绕组放置在两侧的铁心柱上,形成如图 4-4(a)所示的绕组包围铁心的形状,其结构简单、制作容易,我国国产的电力变压器主要采用心式变压器。

采用壳式叠片的变压器称为壳式变压器,壳式结构的特点是绕组只安装在中间的铁心柱上,形成如图 4-4(b)所示的铁心包围绕组的形状,其机械强度高,但制造复杂,主要用于小容量的电源变压器和电信变压器。

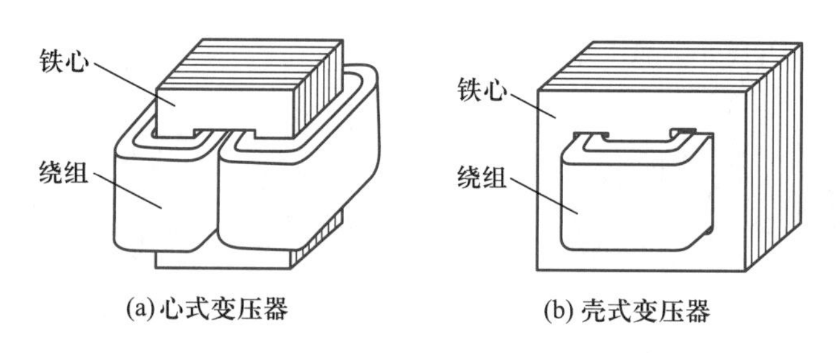

(a) 心式变压器　　(b) 壳式变压器

图 4-4　单相变压器的铁心结构

(2) 三相变压器的铁心结构

当前,电力系统均采用三相制,变换三相电压需要三相变压器。三相变压器的铁心有组式和心式两种结构,如图 4-5 所示。

采用组式结构的三相变压器称为三相组式变压器,其铁心结构如图 4-5(a)所示,由三台完全相同的单相变压器组成,故又称三相变压器组。

采用心式结构的三相变压器称为三相心式变压器,其铁心结构如图 4-5(b)所示,共有三根铁心柱,故又称三铁心柱式三相变压器。

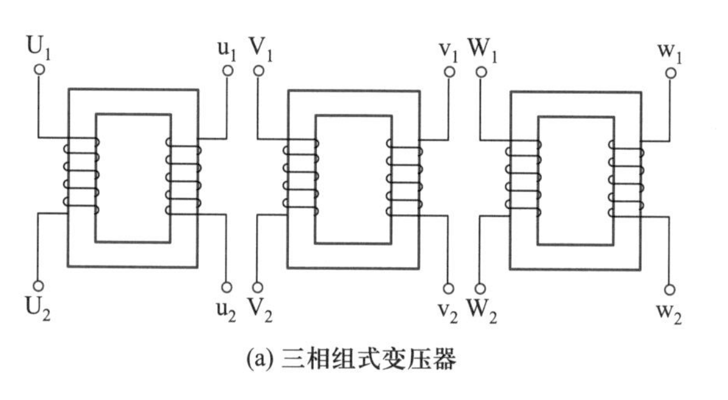

(a) 三相组式变压器

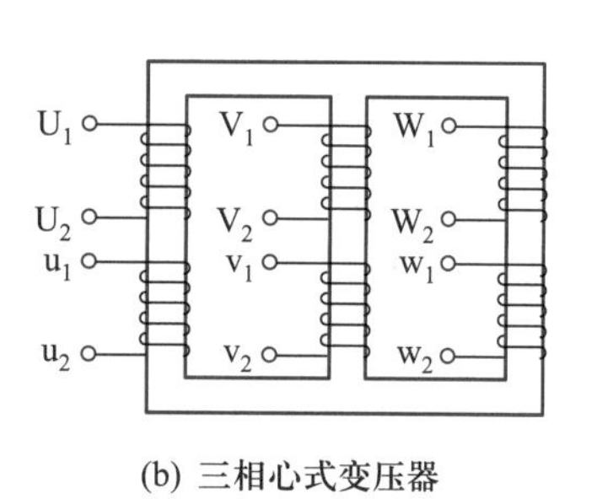

(b) 三相心式变压器

图 4-5　三相变压器的铁心结构

在容量相同的情况下,三相组式变压器虽然结构松散、使用不方便、总体积和总重量大,但每台的体积小、重量轻,不仅搬运方便,而且运行时所需的储备容量小,比较安全可靠,通常用于大容量的三相变压器。我国电力变压器中使用最多的是三相心式变压器,它比三相组式变压器少了三根铁心柱,总体积小、重量轻、成本低、效率高、维护方便,通常用于中小容量的三相变压器。

4.3.2 绕组

绕组是变压器的电路构成部分，用绝缘圆导线或扁导线绕成，一般为铜线或铝线。按照高、低压绕组在铁心柱上放置方式的不同，分为同心式绕组和交叠式绕组两种。

(1) 单相变压器的绕组

单相变压器的绕组，如图 4-6 所示。

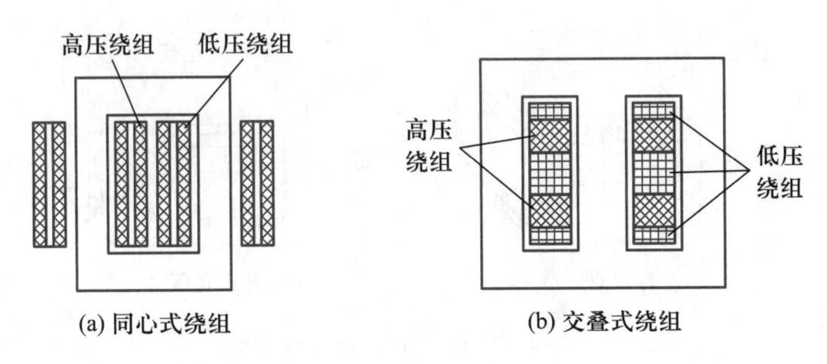

图 4-6 单相变压器的绕组

同心式绕组如图 4-6(a)所示，高、低压绕组同心地套装在铁心柱上，两侧铁心柱上各套装高、低绕组的一半。为了方便绝缘处理，通常将低压绕组放置在靠近铁心的内侧，高压绕组放置在远离铁心的外侧。然而，对于大容量的低压大电流变压器，考虑到引出线工艺困难，往往将低压绕组套装在高压绕组的外面。同心式绕组结构简单、制作方便，国产电力变压器的绕组多采用同心式结构。

交叠式绕组如图 4-6(b)所示，高、低压绕组都做成若干个线圈饼，交替地套装在铁心柱上，故又称饼式绕组。通常，为了便于绝缘处理，最上层和最下层放置低压绕组。交叠式绕组机械强度好、引线方便，但绝缘较复杂，主要用在电炉变压器和电焊变压器中。

(2) 三相变压器的绕组

如图 4-5 所示，U_1U_2、V_1V_2、W_1W_2 为高压绕组，u_1u_2、v_1v_2、w_1w_2 为低压绕组。高压绕组的首端是 U_1、V_1、W_1，尾端是 U_2、V_2、W_2。同理，低压绕组的首端是 u_1、v_1、w_1，尾端是 u_2、v_2、w_2。三相变压器的高、低压绕组既可以连接成星形，也可以连接成三角形，如图 4-7 所示。若三相绕组的三个尾端连在一起，三个首端引出来，则是星形联结；若三相绕组相互首尾顺序相连，构成闭合回路，则是三角形联结。

以三相心式变压器为例，若绕组采用同心式结构放置，其铁心和绕组如图 4-8 所示。

三相变压器工作时，将一次绕组接三相电源，二次绕组接三相负载。每个绕组的电压和电流称为相电压和相电流，用下标“P”标识。三相变压器从三相电源输入的电压和电流以及向三相负载输出的电压和电流称为线电压和线电流，

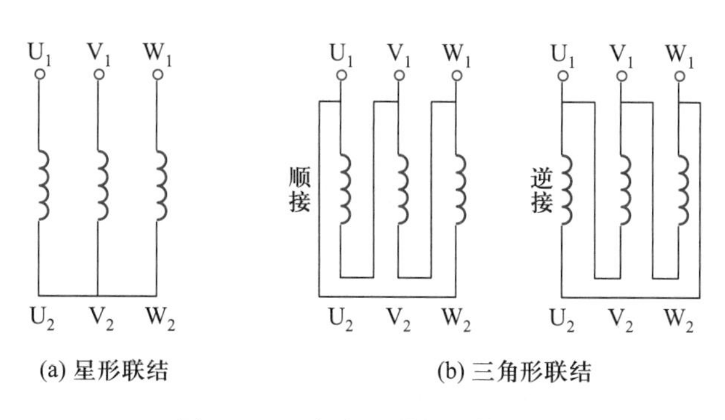

图 4-7　三相变压器的联结组形

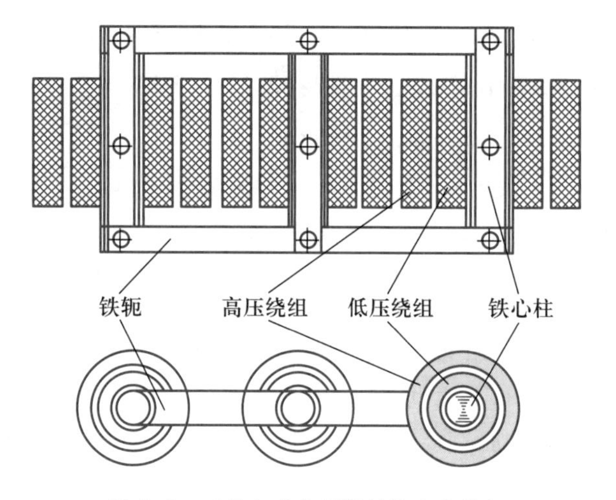

图 4-8　三相心式变压器的铁心和绕组

用下标“L”标识。分析三相变压器时，不仅要掌握相电压与相电流之间的关系，还要注意其线值与相值的关系以及三相功率的计算。三相变压器向对称三相负载供电时，各相的电压、电动势、电流大小相等，相位互差 120°，可取一相来分析，使三相问题简化成单相问题，一、二次绕组内的电压、电动势和电流的关系与单相变压器相同。

［例 **4-1**］　某三相变压器，向某对称三相负载供电。已知一次绕组星形联结，线电压 $U_{1L}=66\ \text{kV}$，线电流 $I_{1L}=15.76\ \text{A}$；二次绕组三角形联结，线电压 $U_{2L}=10\ \text{kV}$，线电流 $I_{2L}=104\ \text{A}$，负载的功率因数 $\lambda_2=\cos\varphi_2=0.8$。试求：(1) 变压器一、二次绕组的相电压和相电流；(2) 变压器的视在功率、有功功率和无功功率。

解：(1) 一次绕组为星形联结，故其相电压和相电流分别为

$$U_{1P}=\frac{U_{1L}}{\sqrt{3}}=\frac{66}{1.73}\ \text{kV}\approx 38.15\ \text{kV}$$

$$I_{1P}=I_{1L}=15.76\ \text{A}$$

二次绕组为三角形联结，故二次绕组的相电压和相电流分别为

$$U_{2P}=U_{2L}=10\ \text{kV}$$

$$I_{2P}=\frac{I_{2L}}{\sqrt{3}}=\frac{104}{1.73}\ \text{A}\approx 60.12\ \text{A}$$

（2）输出的视在功率、有功功率和无功功率

$$S_2=\sqrt{3}U_{2L}I_{2L}=1.73\times10\times104\ \text{kV}\cdot\text{A}\approx 1\ 799\ \text{kV}\cdot\text{A}$$

$$P_2=\sqrt{3}U_{2L}I_{2L}\cos\varphi_2=1.73\times10\times104\times0.8\ \text{kW}\approx 1\ 439\ \text{kW}$$

$$Q_2=\sqrt{3}U_{2L}I_{2L}\sin\varphi_2=1.73\times10\times104\times0.6\ \text{kvar}\approx 1\ 080\ \text{kvar}$$

或者

$$S_2=3U_{2P}I_{2P}=3\times10\times60.12\ \text{kV}\cdot\text{A}\approx 1\ 804\ \text{kV}\cdot\text{A}$$

$$P_2=3U_{2P}I_{2P}\cos\varphi_2=3\times10\times60.12\times0.8\ \text{kW}\approx 1\ 443\ \text{kW}$$

$$Q_2=3U_{2P}I_{2P}\sin\varphi_2=3\times10\times60.12\times0.6\ \text{kvar}\approx 1\ 082\ \text{kvar}$$

4.3.3　其他部件

除铁心和绕组之外，因容量和冷却方式的不同，变压器还有一些其他部件，如外壳、油箱、变压器油和绝缘套管等。

变压器在工作时，绕组和铁心都要发热，因此需要考虑冷却问题。由于变压器容量的大小不同，冷却方式也不同。小容量的变压器可通过自然风冷来散热，即热量可通过绕组和铁心直接散发到周围空气中去，这种冷却方式称为空气自冷式或干式，相应的变压器称为空气自冷式（或干式）变压器，容量不大的单相变压器常采用这种冷却方式。中大容量的变压器则需采用专门的冷却措施。例如，在三相电力变压器中，目前广泛采用的冷却措施是将变压器的器身（铁心和绕组）浸泡在变压器油中，热量靠油的对流作用传给油箱，再通过箱壁散发到周围空气中去，这种冷却方法称为油浸自冷式，相应的变压器称为油浸自冷式变压器，其外形如图 4-9 所示。变压器油箱由钢板焊接而成，箱内除了放置变压器器身外，空间充满变压器油。变压器油的作用是散热和绝缘，不仅便于铁心和绕组散热，还可以增强绕组的绝缘性能。为了增加散热面积，油箱外壁装有散热片或油管。此外，大容量的变压器还采用许多其他更有效的冷却方式，如采用强迫通风或强迫油循环等。

电力变压器的其他附件如图 4-9 所示。其中，温度计、安全气道、气体继电器等具有显示和保护作用；分接开关具有电压调节作用；高、低压套管为瓷质绝缘套管，变压器引出线若从油箱内穿过油箱盖，则必须经过绝缘套管。变压器作为电力系统中普遍使用的重要电气设备，它的安全运行至关重要，特别是大容量的变压器。其中，温度和绝缘性是影响变压器安全运行和使用寿命的主要因素。

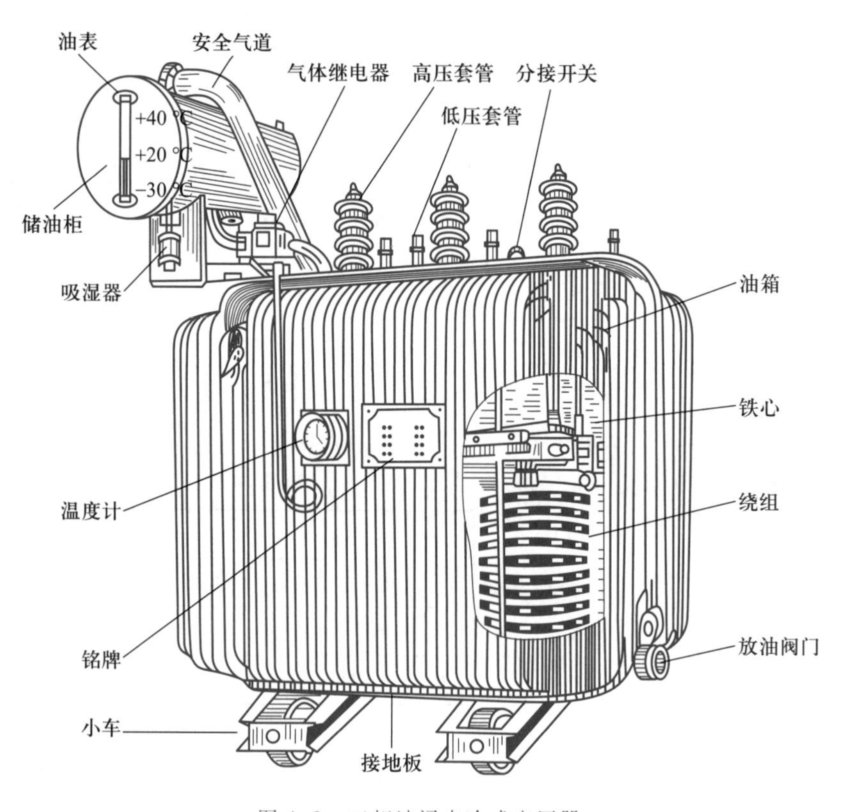

图 4-9 三相油浸自冷式变压器

提示：

手机打开“电机与拖动 APP”，扫描 AR 图 4-1。依次点击“电机结构→变压器”，弹出变压器三维模型，可进行变压器的旋转、放大、缩小、拆分和组合，也可以点击查看每一个部件，从而更好地掌握变压器的结构组成。软件详细使用方法请见彩插和附录。

AR 图 4-1 变压器

PPT 4.4：变压器的铭牌数据

4.4　变压器的铭牌数据

每台变压器的外壳上都附有一个铭牌，上面标有变压器的名称、型号、主要额定值等数据，以说明变压器的类型、使用环境、运行条件和工作能力等。若要正确使用变压器，则必须看懂铭牌，理解铭牌上各项数据的意义。如图 4-10 所示为某油浸自冷式变压器的铭牌数据。

电力变压器

项目	数据	项目
产品型号	S11-M-50/10	标准代号
额定容量	50 kV·A	产品代号
额定电压	10 000±5%/400 V	出厂序号
额定频率	50 Hz　相数 3	
联结组标号	Y.yno	
冷却方式	QNAN	
使用条件	户外	
阻抗电压	4.1%	
绝缘水平	LI 75　AC 35	器身吊重210 kg　油重量85 kg
		总重量390 kg
生产厂家		出厂日期

分接位置	高压		低压	
	电压/V	电流/A	电压/V	电流/A
Ⅰ	10 500			
Ⅱ	10 000	2.89	400	72.2
Ⅲ	9 500			

图 4-10　某油浸自冷式变压器的铭牌数据

4.4.1　型号

在标准 JB/T 3837—2016 中，电力变压器产品型号的组成形式如图 4-11 所示。其中，产品型号字母表示变压器的相数、绝缘方式、冷却方式和绕组材料等产品的主要特征；型号字母后可用数字、字母、符号等表示变压器的损耗水平、特殊用途或特殊结构、额定容量、电压等级以及特殊使用环境。如果不具有特殊用途或特殊结构，不针对特殊使用环境，则无需表示。

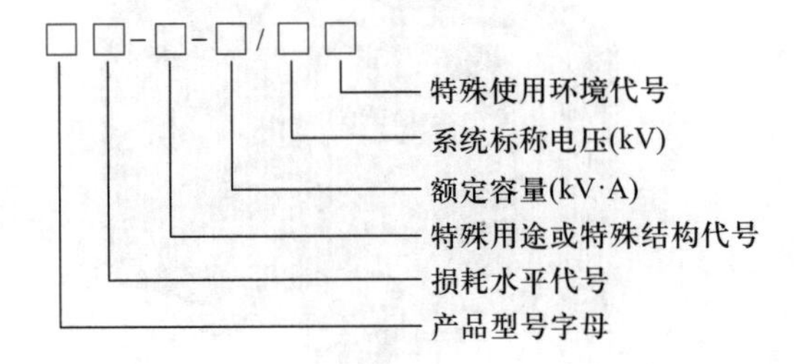

图 4-11　电力变压器产品型号组成

例如,图 4-10 中变压器的产品型号为 S11-M-50/10,各部分的含义如下:

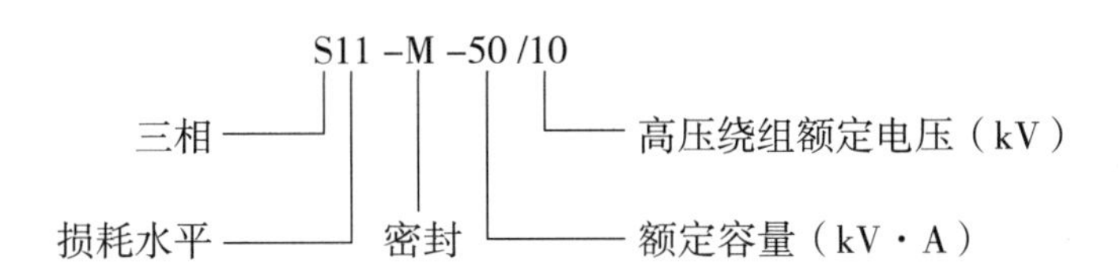

再如,一台三相、油浸式、绝缘系统温度为 105 ℃、风冷、双绕组、无励磁调压、铝导线、铁心材质为电工钢、损耗水平代号“11”、20 000 kV·A、110 kV 级电力变压器,其产品型号为:SFL11-20000/110。

提示:资料来源于《JB/T 3837—2016 变压器类产品型号编制方法》。变压器型号甚多,铭牌各异,若需了解,可详细查阅相关产品目录或手册。

4.4.2 额定值

变压器的铭牌值即额定值,它是设计和选择变压器的依据,变压器在额定值下运行可以获得较高的运行性能。变压器工作时,若电压、电流、功率和频率都等于额定值,则称为额定状态。变压器的额定值用下标“N”标识,铭牌上给出的主要额定值介绍如下。

1. 额定电压

额定电压用 U_{1N}/U_{2N} 表示,单位为 V(伏)或 kV(千伏)。变压器的额定电压指变压器在空载运行时高、低压绕组的电压值,其中三相变压器的额定电压是指线电压的额定值。例如,某变压器的额定电压为 10 000 V/400 V,表示若以高压绕组为一次绕组,则应接在 10 000 V 的交流电源上,而低压绕组为二次绕组,其空载电压为 400 V,此时变压器起降压作用。反之,若低压绕组为一次绕组,则应接在 400 V 的交流电源上,高压绕组为二次绕组,其空载电压为 10 000 V,此时变压器起升压作用。

2. 额定电流

额定电流用 I_{1N}/I_{2N} 表示,单位为 A(安)或 kA(千安)。变压器的额定电流指变压器在满载运行时高、低压绕组的电流值,其中三相变压器的额定电流是指线电流的额定值。额定电流是变压器在正常工作时长期允许通过的电流,若实际电流超过额定电流则称为过载。长期过载会使变压器的温度超过允许值。由于额定电流是变压器满载运行时的电流值,故额定状态为满载状态。

3. 额定容量

变压器的容量是指一次侧输入容量或二次侧输出容量,又称通过容量。额定容量,简称容量,用 S_N 表示,单位为 V·A(伏安)或 kV·A(千伏安),指变压器视在功率的额定值。

单相变压器的额定容量为

$$S_N = U_{1N} I_{1N} = U_{2N} I_{2N} \tag{4-5}$$

三相变压器的额定容量为

$$S_N = \sqrt{3} U_{1N} I_{1N} = \sqrt{3} U_{2N} I_{2N} \tag{4-6}$$

一般情况下,容量在 630 kV・A 及以下的变压器称为小型电力变压器;容量为 800~6 300 kV・A 的变压器称为中型电力变压器;容量为 8 000~63 000 kV・A 的变压器称为大型电力变压器;90 000 kV・A 及以上的变压器称为特大型电力变压器。

4. 额定频率

额定频率用 f_N 表示,我国的工业用电标准频率(简称工频)为 50 Hz。

4.4.3 其他数据

变压器的铭牌上标有丰富的信息,除了名称、产品型号和上述额定数据外,还有相数、短路阻抗、阻抗电压、冷却条件、使用条件、绝缘水平、绝缘耐热等级、联结组标号、最高允许温升、器身吊重、绝缘油重、总重量、产品代号、标准代号、出厂序号、出厂日期和生产厂家等信息。

不同容量等级电力变压器的铭牌标识的信息不尽相同。一般情况下,大型变压器的铭牌内容比较齐全,小型变压器的铭牌内容相对少一些,在相关的行业标准上均有明确规定。

[**例 4-2**] 某台单相变压器,$S_N = 200$ kV・A,$U_{1N}/U_{2N} = 10\ 000$ V/230 V。试求:(1) 变压器的额定电流;(2) 如果用三台单相变压器组成一台三相组式变压器,高压绕组为三角形联结,低压绕组为星形联结,求这台三相变压器的额定电压、额定电流和容量。

解:(1) 单相变压器

$$I_{1N} = \frac{S_N}{U_{1N}} = \frac{200 \times 10^3}{10\ 000}\ \text{A} = 20\ \text{A}$$

$$I_{2N} = \frac{S_N}{U_{2N}} = \frac{200 \times 10^3}{230}\ \text{A} = 870\ \text{A}$$

(2) 三相变压器

$$S_N = 3 \times 200\ \text{kV·A} = 600\ \text{kV·A}$$

$$U_{1N} = 10\ 000\ \text{V}$$

$$U_{2N} = \sqrt{3} \times 230\ \text{V} = 400\ \text{V}$$

$$I_{1N} = \frac{S_N}{\sqrt{3} U_{1N}} = \frac{600 \times 10^3}{1.73 \times 10\ 000}\ \text{A} = 34.68\ \text{A}$$

$$I_{2N} = \frac{S_N}{\sqrt{3} U_{2N}} = \frac{600 \times 10^3}{1.73 \times 400}\ \text{A} = 867\ \text{A}$$

4.5 变压器的电磁关系

PPT 4.5：变压器的电磁关系

如第 4.2 节所述，对于普通变压器，一、二次绕组之间只有磁场耦合，通过电磁感应才能实现电能传递。本节针对空载和负载两种情况，分析变压器的电磁关系。从本节开始至 4.8 节都以单相变压器为分析对象，但分析方法和结果也适用于三相变压器中的任一相。

4.5.1 空载运行的电磁关系

变压器空载运行是指一次绕组外加交流电压、二次绕组不接负载（即开路）时的运行状态。图 4-12 给出了单相变压器空载运行时的工作原理图。其中，u_{20} 为二次绕组的空载电压或开路电压。

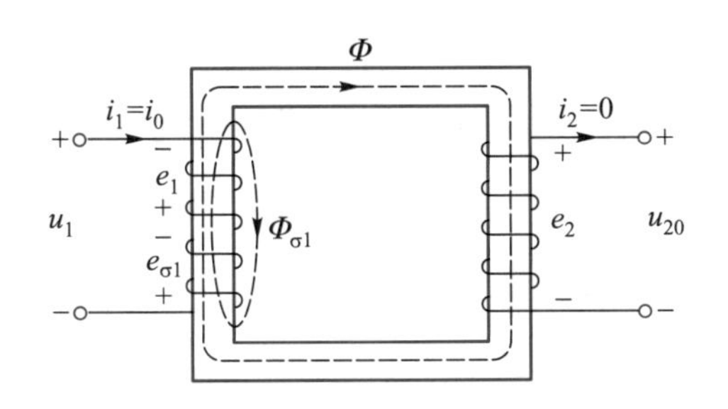

图 4-12 单相变压器空载运行时的工作原理图

变压器空载运行时，一次绕组外加交流电压 u_1 后会产生交流电流，该电流称为空载电流，用 i_0 表示。空载电流 i_0 会产生空载磁动势 $f_0 = N_1 i_0$，由于 $i_1 = i_0$、$i_2 = 0$，该磁动势即为励磁磁动势。在磁动势的作用下，铁心中产生交变的磁通，该磁通可以分为主磁通和漏磁通两部分：

（1）由于铁心的磁导率比变压器油或空气大得多，绝大部分磁感线经过铁心闭合，该部分磁感线同时与一、二次绕组交链，相应的磁通称为主磁通，用 Φ 表示，其磁路称为主磁路。主磁通 Φ 会分别在一、二次绕组中产生感应电动势 e_1 和 e_2，变压器的能量传递是通过主磁通进行的。

（2）少量磁感线不经过铁心而经过变压器油或空气等非磁性物质闭合，该部分磁感线仅与一次绕组交链，相应的磁通称为一次绕组的漏磁通，用 $\Phi_{\sigma1}$ 表示，其磁路称为漏磁路。漏磁通 $\Phi_{\sigma1}$ 在一次绕组中产生感应漏电动势 $e_{\sigma1}$。

由于二次绕组开路，二次绕组中无电流、漏磁通和漏电动势。

1. 空载电流与励磁电流

变压器的功率损耗包括铜损耗和铁损耗两部分。对于铜损耗，变压器负载运行时，铜损耗包括一、二次绕组两部分的铜损耗；变压器空载运行时，一次绕组的铜损耗很小，二次绕组没有铜损耗。对于铁损耗，空载运行与负载运行时，一次绕组的电压和频率不变，均为额定值，主磁通也不变，因而铁损耗保持不变且远大于空载铜损耗。因此，空载运行时，变压器的功率损耗主要是铁损耗，且变压器没有功率输出，电源输入的电功率主要消耗在铁心中。于是，空载电流 i_0 可分为两部分：一是用于建立主磁场的励磁电流，只起励磁作用，与主磁通同向，不消耗有功功率，为无功分量 i_Φ，滞后于 $-\dot{E}_1 90°$；二是对应着铁损耗的铁损电流，为有功分量 $i_{P_{\mathrm{Fe}}}$，与 $-\dot{E}_1$ 同相位。

因此，空载电流的相量形式为

$$\dot{I}_0=\dot{I}_\Phi+\dot{I}_{P_{\mathrm{Fe}}} \tag{4-7}$$

根据式(4-7)可画出主磁路的等效电路，如图 4-13(a)所示。然后，进一步将其等效为图 4-13(b)，该图与图 1-24 中主磁路部分的等效电路相同。

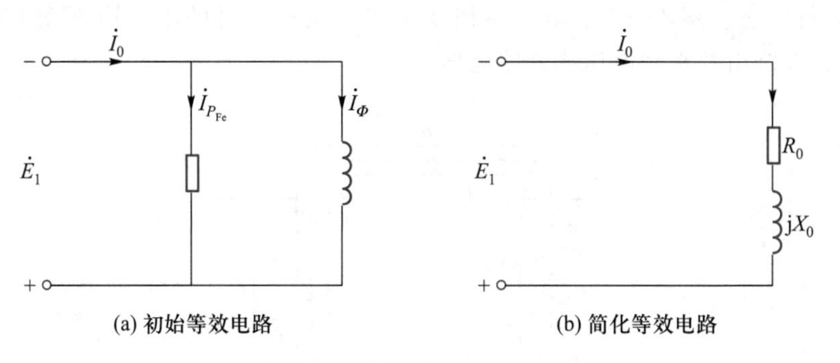

图 4-13　变压器主磁路的等效电路

空载电流、主磁通和感应电动势之间的相量关系，如图 4-14 所示。其中，α_{Fe} 为铁耗角。由于空载电流中主要是励磁电流，一般比铁损耗电流大很多，故铁耗角 α_{Fe} 很小。在理想变压器中，可以认为空载电流就是励磁电流，用 i_0 表示。一般情况下，电力变压器的空载电流占额定电流的比例不足 10%，随着变压器容量的增大，空载电流的占比逐渐减小。

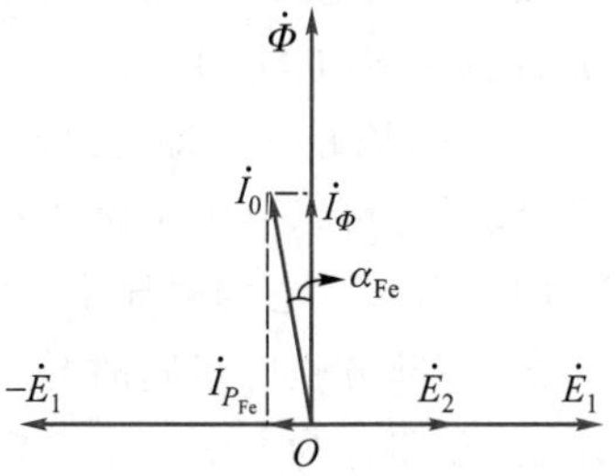

图 4-14　变压器主磁路的相量图

2. 电动势平衡方程式

变压器内部涉及电路和磁路问题，与本书 1.2 节中交流铁心线圈电路的分析方式相同，对变压器进行分析也是先将有关磁路问题等效为电路问题，再统一按照电路理论进行分析和计算。

根据电磁感应定律，一次绕组漏磁链 $\Psi_{\sigma1}$ 感应的漏电动势为

$$e_{\sigma1}=-\frac{\mathrm{d}\Psi_{\sigma1}}{\mathrm{d}t}=-L_{\sigma1}\frac{\mathrm{d}i_0}{\mathrm{d}t} \tag{4-8}$$

式中：$L_{\sigma1}$ 为一次绕组的漏电感，用相量形式表示，有

$$\dot{E}_{\sigma1}=-\mathrm{j}\omega L_{\sigma1}\dot{I}_0=-\mathrm{j}X_1\dot{I}_0 \tag{4-9}$$

式中：X_1 为一次绕组的漏电抗，且 $X_1=\omega L_{\sigma1}=2\pi f L_{\sigma1}$。

根据图 4-12 设定的参考方向，利用基尔霍夫电压定律，一、二次绕组的电

压方程分别为

$$\begin{cases}u_1=-e_1-e_{\sigma1}+R_1i_0\\u_{20}=e_2\end{cases}\tag{4-10}$$

用相量形式表示，有

$$\begin{cases}\dot{U}_1=-\dot{E}_1-\dot{E}_{\sigma1}+R_1\dot{I}_0\\\dot{U}_{20}=\dot{E}_2\end{cases}\tag{4-11}$$

式中：R_1 为一次绕组的电阻。

将式(4-9)代入式(4-11)，可得变压器空载运行时的电动势平衡方程式

$$\begin{cases}\dot{U}_1=-\dot{E}_1+(R_1+jX_1)\dot{I}_0=-\dot{E}_1+Z_1\dot{I}_0\\\dot{U}_{20}=\dot{E}_2\end{cases}\tag{4-12}$$

式中：Z_1 为一次绕组的漏阻抗，且 $Z_1=R_1+jX_1$。

4.5.2 负载运行的电磁关系

变压器负载运行是指一次绕组外加交流电压、二次绕组连接负载 Z_L 时的运行状态，图 4-15 给出了单相变压器负载运行时的工作原理图。变压器负载运行时，二次绕组电流不再为零，使得铁心内部的电磁过程与空载运行时有所不同。下文主要针对负载运行与空载运行的不同之处进行分析，二者的相同之处不再赘述。

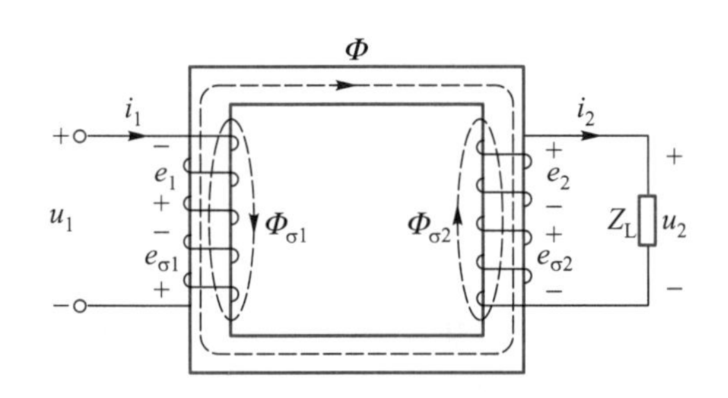

图 4-15 单相变压器负载运行时的工作原理图

变压器负载运行时，除了一、二次绕组的磁动势 $f_1=N_1i_1$ 和 $f_2=N_2i_2$ 联合产生励磁磁动势 f_0 和主磁通 Φ 外，一、二次绕组的磁动势还各自产生小部分仅与自身绕组交链的漏磁通 $\Phi_{\sigma1}$ 和 $\Phi_{\sigma2}$，两个漏磁通又分别在各自交链的绕组中产生感应漏电动势 $e_{\sigma1}$ 和 $e_{\sigma2}$。图 4-15 是在图 4-1(a)基础上显露了一、二次绕组的漏磁通和感应漏电动势。

1. 电动势平衡方程式

变压器负载时，一、二次绕组漏磁路的电参数等效方法与空载时的等效方法完全相同。因此，一、二次绕组漏磁链感应的漏电动势为

$$\begin{cases}\dot{E}_{\sigma1}=-jX_1\dot{I}_1\\ \dot{E}_{\sigma2}=-jX_2\dot{I}_2\end{cases}\tag{4-13}$$

式中：X_1 和 X_2 分别为一、二次绕组的漏电抗。

根据图 4-15 设定的参考方向，利用基尔霍夫电压定律，一、二次绕组的电压方程分别为

$$\begin{cases}u_1=-e_1-e_{\sigma1}+R_1i_1\\ u_2=e_2+e_{\sigma2}-R_2i_2\end{cases}\tag{4-14}$$

用相量形式表示，有

$$\begin{cases}\dot{U}_1=-\dot{E}_1-\dot{E}_{\sigma1}+R_1\dot{I}_1\\ \dot{U}_2=\dot{E}_2+\dot{E}_{\sigma2}-R_2\dot{I}_2\end{cases}\tag{4-15}$$

式中：R_1 和 R_2 分别为一、二次绕组的电阻。

将式(4-13)代入式(4-15)，可得变压器负载运行时的电动势平衡方程式为

$$\begin{cases}\dot{U}_1=-\dot{E}_1+(R_1+jX_1)\dot{I}_1=-\dot{E}_1+Z_1\dot{I}_1\\ \dot{U}_2=\dot{E}_2-(R_2+jX_2)\dot{I}_2=\dot{E}_2-Z_2\dot{I}_2\end{cases}\tag{4-16}$$

式中：Z_1 和 Z_2 分别为一、二次绕组的漏阻抗。

2. 磁动势平衡方程式

由变压器负载前后的电压平衡方程式可知，在 U_1 不变的情况下，变压器由空载变为负载后，一次绕组电流由 I_0 增至 I_1，E_1 将略有下降。然而，由于漏阻抗 Z_1 的数值很小，可忽略不计，因此在 U_1 不变的情况下，可近似认为 E_1 基本不变。由式(1-47)可知，$E_1=4.44N_1f\Phi_m$，故变压器负载前后主磁通 Φ 基本不变。根据磁路欧姆定律，变压器铁心内部的励磁磁动势自然也不变，即变压器负载时的励磁磁动势与空载时的励磁磁动势相等。

空载运行时，主磁通由空载磁动势 $f_0=N_1i_0$ 单独产生；变压器负载运行后，主磁通由一、二次绕组磁动势 $f_1=N_1i_1$ 和 $f_2=N_2i_2$ 联合产生。根据图 4-15 所示的参考方向，用相量形式表示，可得变压器负载运行时的磁动势平衡方程式为

$$\dot{F}_1+\dot{F}_2=\dot{F}_0\tag{4-17}$$

或

$$N_1\dot{I}_1+N_2\dot{I}_2=N_1\dot{I}_0\tag{4-18}$$

或

$$N_1i_1+N_2i_2=N_1i_0\tag{4-19}$$

3. 电压变换

设主磁通 $\Phi=\Phi_m\sin\omega t$，根据电磁感应定律有

$$\begin{cases} e_1=-N_1\dfrac{d\Phi}{dt}=-\omega N_1\Phi_m\cos\omega t=2\pi fN_1\Phi_m\sin(\omega t-90^\circ)=E_{1m}\sin(\omega t-90^\circ) \\ e_2=-N_2\dfrac{d\Phi}{dt}=-\omega N_2\Phi_m\cos\omega t=2\pi fN_2\Phi_m\sin(\omega t-90^\circ)=E_{2m}\sin(\omega t-90^\circ) \end{cases}$$

可见，在相位上，变压器一、二次绕组的感应电动势滞后于主磁通 90°，用相量形式表示为

$$\begin{cases} \dot{E}_1=\dfrac{\dot{E}_{1m}}{\sqrt{2}}=-j\dfrac{\omega}{\sqrt{2}}N_1\dot{\Phi}_m=-j\dfrac{2\pi f}{\sqrt{2}}N_1\dot{\Phi}_m=-j4.44N_1f\dot{\Phi}_m \\ \dot{E}_2=\dfrac{\dot{E}_{2m}}{\sqrt{2}}=-j\dfrac{\omega}{\sqrt{2}}N_2\dot{\Phi}_m=-j\dfrac{2\pi f}{\sqrt{2}}N_2\dot{\Phi}_m=-j4.44N_2f\dot{\Phi}_m \end{cases} \tag{4-20}$$

在数值上，它们的有效值为

$$\begin{cases} E_1=4.44N_1f\Phi_m \\ E_2=4.44N_2f\Phi_m \end{cases} \tag{4-21}$$

上式表明，绕组内感应电动势的大小正比于绕组匝数、电源频率和磁通幅值。对于实际变压器，由于一、二次绕组的漏阻抗均较小，阻抗压降可忽略不计，故可认为 $U_1\approx E_1$、$U_2\approx E_2$，变压器一、二次绕组的电压之比为

$$\frac{U_1}{U_2}\approx\frac{E_1}{E_2}=\frac{N_1}{N_2} \tag{4-22}$$

特别地，当变压器空载运行时，由于 I_1 很小，I_2 为零，故 $U_1\approx E_1$、$U_2=E_2$。可见，当变压器空载和接近空载时，即使不忽略绕组的阻抗压降，一、二次绕组的电压之比也近似等于二者的匝数之比。因此，通常用空载时一、二次绕组的电压值来计算变压器的电压比。当对一次绕组施加额定电压时，规定二次绕组的开路电压为其额定电压，于是得变压器的电压比为

$$k=\frac{E_1}{E_2}\approx\frac{U_{1N}}{U_{2N}} \tag{4-23}$$

4. 电流变换

变压器在工作时，i_2 的大小主要取决于负载阻抗模 $|Z_L|$ 的大小，而 i_1 的大小则取决于 i_2 的大小，可以从以下两个方面来解释这一规律。

（1）功率关系角度

从功率关系角度来看，二次绕组向负载输出的功率只能由一次绕组从电源吸取，然后通过主磁通传递到二次绕组。i_2 变化时，i_1 也会相应地变化。因此，可以把变压器的工作原理视为是一种供需平衡关系，需要的电流（或功率）越多，变压器所提供的电流（或功率）也就越多，反之亦然。

若忽略绕组电阻和铁心的功率损耗，变压器一、二次侧的功率守恒，电压和电流的有效值满足下列关系

$$U_1I_1\approx U_2I_2 \tag{4-24}$$

结合式(4-22)，可得

$$\frac{I_1}{I_2} \approx \frac{U_2}{U_1} \approx \frac{N_2}{N_1} = \frac{1}{k} \tag{4-25}$$

(2) 电磁关系角度

从电磁关系的角度来看，变压器空载时磁路的磁动势为 $f_0 = N_1 i_0$，负载时二次绕组磁动势 $f_2 = N_2 i_2$ 为去磁作用。为了维持负载前后主磁通的基本不变，一次绕组必须增加相应的励磁电流 Δi_1 才能抵消二次绕组磁动势产生的去磁效应，即

$$N_1 \Delta i_1 + N_2 i_2 = 0 \tag{4-26}$$

两边同时加 $N_1 i_0$，有

$$N_1(i_0 + \Delta i_1) + N_2 i_2 = N_1 i_0 \tag{4-27}$$

与式(4-19)中的磁通势平衡方程式相比较，可得

$$i_1 = i_0 + \Delta i_1 = i_0 - \frac{N_2}{N_1} i_2 \tag{4-28}$$

因此，变压器负载时，一次绕组电流 i_1 必然增加，且 i_1 分为两部分：一是为主磁路提供励磁的电流分量 i_0，该部分大小固定不变；二是负载电流分量 $-\frac{N_2}{N_1} i_2$，该部分的大小随负载的变化而变化，是 i_1 的主要部分。二次绕组连接的负载越大，一次绕组所提供的电流就越大，从电磁关系的角度再一次解释了 i_1 的大小取决于 i_2 的大小。

由于空载电流比额定电流小很多，故在满载或接近满载时，空载电流可以忽略不计，式(4-19)可变为

$$N_1 i_1 + N_2 i_2 \approx 0 \tag{4-29}$$

由上式可知，一、二次绕组电流的有效值之比近似与二者的匝数成反比，结论同式(4-25)。可见，变压器在实现电压变换的同时，也实现了电流变换。

5. 阻抗变换

当理想变压器的二次绕组接有阻抗模为 $|Z_L|$ 的负载时，该变压器的电路如图 4-16(a)所示，有

$$|Z_L| = \frac{U_2}{I_2} = \frac{U_1/k}{kI_1} = \frac{1}{k^2} \cdot \frac{U_1}{I_1}$$

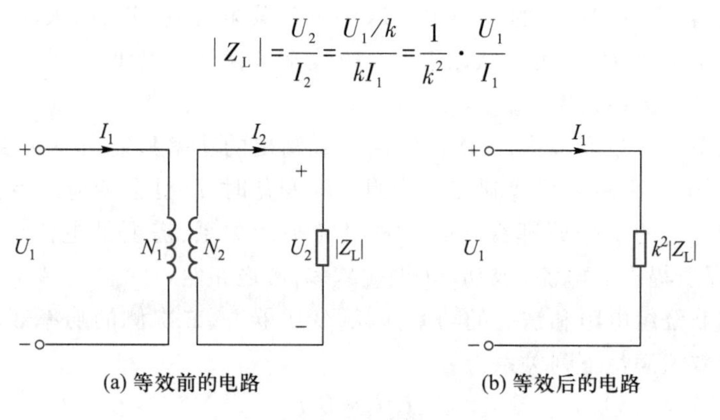

图 4-16 变压器的阻抗变换

U_1 与 I_1 之比，相当于从变压器一次绕组看进去的等效阻抗模 $|Z'_L|$。于是，图 4-16(a)可进一步等效为图 4-16(b)，有

$$|Z'_L| = k^2 |Z_L| \tag{4-30}$$

可见，当负载直接接电源时，电源的负载阻抗模为 $|Z_L|$；当负载通过变压器接电源时，相当于将原阻抗模 $|Z_L|$ 增加了 k^2 倍。在电子技术中，经常利用变压器的这一阻抗变换作用来实现阻抗匹配。

[例 4-3]　晶体管功率放大电路输出端接一个电阻 $R_L = 8\ \Omega$ 的扬声器。扬声器的功率放大电路相当于一个交流电源，其电动势 $E_S = 8.5\ V$，内电阻 $R_S = 72\ \Omega$。现采用下述两种接法将扬声器接至功率放大电路的输出端：(1) 直接接入；(2) 经电压比 $k=3$ 的变压器接入。试求这两种接法下功率放大电路的输出电流和输出功率。

解：(1) 直接接入

$$I = \frac{E_S}{R_S + R_L} = \frac{8.5}{72+8}\ A = 0.106\ A$$

$$P = R_L I^2 = 8 \times 0.106^2\ W = 0.09\ W$$

(2) 经变压器接入

$$R'_L = k^2 R_L = 3^2 \times 8\ \Omega = 72\ \Omega$$

$$I = \frac{E_S}{R_S + R'_L} = \frac{8.5}{72+72}\ A = 0.059\ A$$

$$P = R'_L I^2 = 72 \times 0.059^2\ W = 0.25\ W$$

4.6　变压器的运行分析

PPT 4.6：变压器的运行分析

等效电路、基本方程式和相量图是变压器运行分析的三种工具。在实际使用中，若直接利用基本方程式对变压器的性能进行计算，计算过程较繁琐。通常，工程上先将基本方程式转换为等效电路，用等效电路来代替具有电路、磁路和电磁相互作用的实际变压器，然后利用等效电路对变压器的运行性能进行计算。

4.6.1　等效电路

变压器内部既有电路问题，又有磁路问题，若能用一个等效电路来代替变压器，便可将其中的磁路问题转化成电路问题，使分析和计算得以简化。变压器在负载运行时，一、二次绕组之间仅靠主磁通联系，除了电磁耦合外，并无直接电路上的联系，电磁混杂，不便分析。为了用一个能正确反映变压器内部电磁关系和功率关系，且便于工程计算的等效电路来代替实际的变压器，通常会将匝数为 N_2 的实际二次绕组用一个匝数为 N_1 的等效二次绕组来代替，这一过程称为折算，折算后的各物理量用原物理量加上标“′”来标识。这样既不会影响一次绕组，也不会影响负载，该等效方法称为二次绕组向一次绕组的折算。

1. 物理量的折算

变压器负载运行时，由磁动势平衡方程式可知，二次绕组通过磁动势 F_2 来影响一次绕组，因此折算的原则是要保证折算前后磁动势和功率不变。分析时，假设高压绕组为一次绕组，低压绕组为二次绕组，即将低压绕组向高压绕组折算。因匝数不同，折算后二次绕组的电流、电压、电动势和阻抗与折算前有所不同，折算值与实际值的关系可通过下列过程获得。

（1）二次绕组电流的折算

由于折算前后二次绕组的磁动势保持不变，故

$$N_1 I_2' = N_2 I_2$$

于是求得

$$I_2' = \frac{I_2}{k} \tag{4-31}$$

即电流的折算值等于其实际值除以电压比。

（2）二次绕组电压和电动势的折算

由于折算前后二次绕组输出的视在功率应保持不变，故

$$U_2' I_2' = U_2 I_2 = S$$

将式(4-31)代入上式，得

$$U_2' = kU_2 \tag{4-32}$$

由于折算后的二次绕组与一次绕组匝数相同，故

$$E_2' = kE_2 \tag{4-33}$$

可见，电压和电动势的折算值等于其实际值乘以电压比。

（3）二次绕组漏阻抗和负载阻抗的折算

由于折算前后二次绕组本身消耗的有功功率和无功功率都应保持不变，故

$$R_2' I_2'^2 = R_2 I_2^2$$

$$X_2' I_2'^2 = X_2 I_2^2$$

将式(4-31)代入上式，得

$$R_2' = k^2 R_2 \tag{4-34}$$

$$X_2' = k^2 X_2 \tag{4-35}$$

进而得到折算后的二次绕组漏阻抗 Z_2'

$$Z_2' = k^2 Z_2 \tag{4-36}$$

同理，折算后的负载阻抗 Z_L' 为

$$Z_L' = k^2 Z_L \tag{4-37}$$

可见，阻抗的折算值等于实际值乘以电压比的平方。

上述折算是将二次绕组折算至一次绕组，同样也可以将一次绕组折算至二次绕组，即将一次绕组匝数 N_1 变换为二次绕组匝数 N_2。具体方法与上述过程相同，不再赘述。

2. 空载时的等效电路

根据图 4-12 中的变压器运行示意图和式(4-12)中的电动势平衡方程式，可获得空载时变压器的电路，如图 4-17 所示。

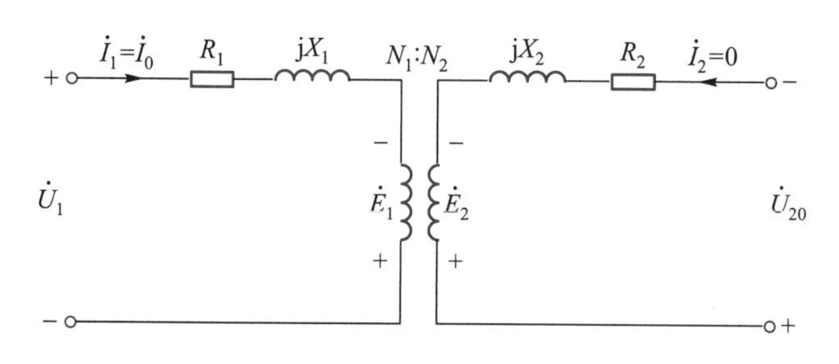

图 4-17　空载时变压器的电路

(1) 折算后的等效电路

将二次绕组折算至一次绕组后的等效电路，如图 4-18 所示。

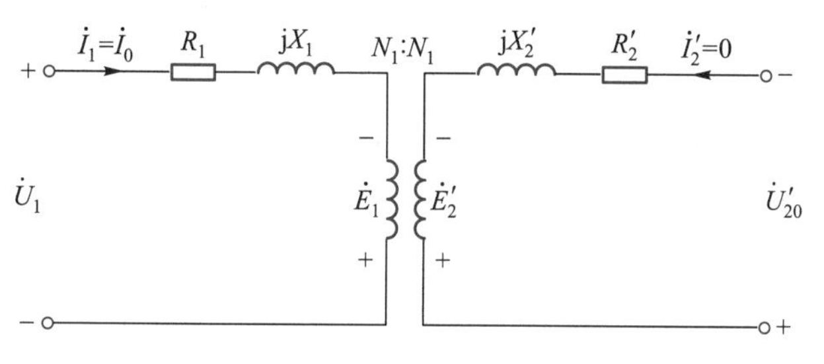

图 4-18　将二次绕组折算至一次绕组后的等效电路

(2) T 形等效电路

图 4-18 中，由于 $\dot{E}_2'=\dot{E}_1$，两者可以合并，用励磁电阻 R_0 和励磁电抗 X_0(即励磁阻抗 Z_0)的电压来代替，得到如图 4-19 所示的等效电路。其中，变压器本身部分形如“T”，故称 T 形等效电路。

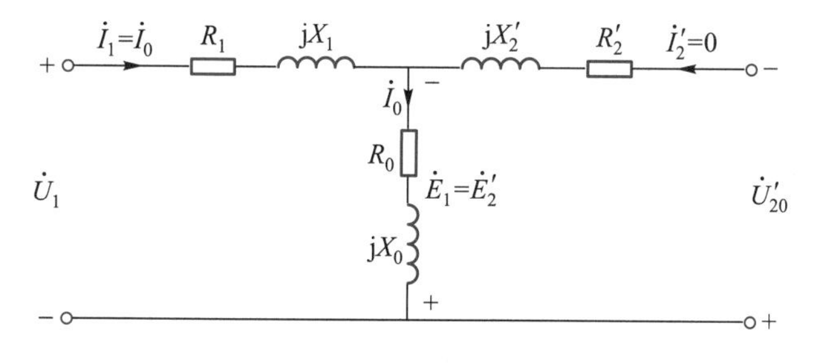

图 4-19　空载时变压器的 T 形等效电路

变压器在空载运行时，$\dot{I}_1=\dot{I}_0$，$\dot{I}_2=0$，此时的电路就是本书 1.2 节讨论的交流铁心线圈电路，于是变压器空载时的等效电路可进一步等效为图 1-24 所示的形式，如图 4-20 所示。

在图 4-20 所示的等效电路中,励磁电阻 R_0 和励磁电抗 X_0 均不是常数,二者随着外加电压 $\dot{U}_1$ 的改变而改变。电压越高,铁心饱和程度就越大,R_0 和 X_0 越小。对于一般电力变压器,考虑到电网电压波动较小,主磁通 Φ 基本保持不变,励磁参数可近似为常数。变压器空载时,励磁电阻 R_0、励磁电抗 X_0 以及励磁阻抗 Z_0 的数值可以通过 4.7 节介绍的空载试验获得。

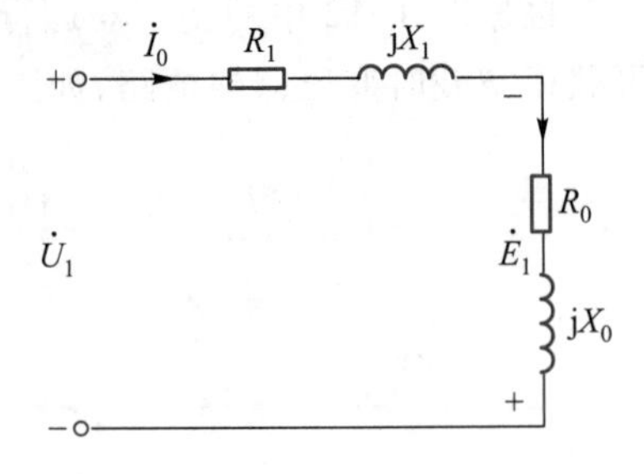

图 4-20 空载时变压器的等效电路

3. 负载时的等效电路

根据图 4-15 中的变压器运行示意图和式(4-16)中的电动势平衡方程式,可获得负载时变压器的电路,如图 4-21 所示。很显然,一、二次绕组的两个电气回路是相互独立的。

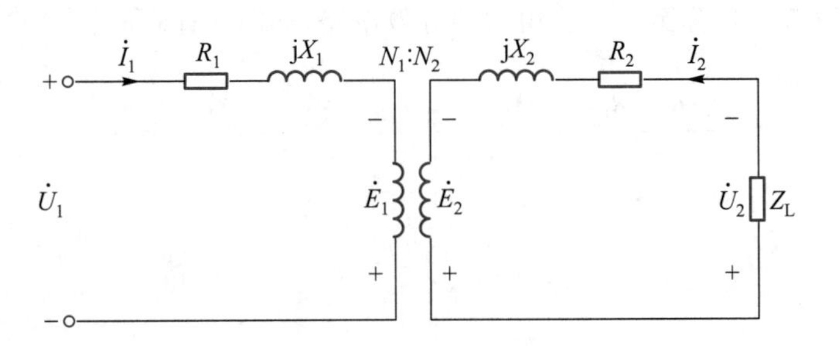

图 4-21 负载时变压器的电路

(1) 折算后的等效电路

将二次绕组折算至一次绕组后的等效电路,如图 4-22 所示。

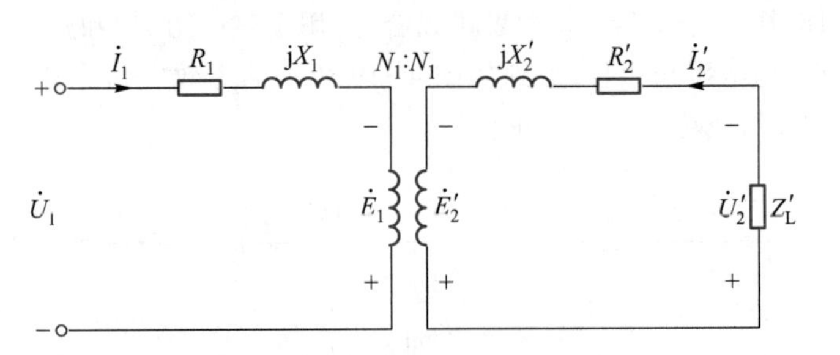

图 4-22 负载时变压器折算后的等效电路

(2) T 形等效电路

图 4-22 中,由于 $\dot{E}_2'=\dot{E}_1$,两者可以合并,用励磁阻抗 Z_0 的电压来代替,得到负载时变压器的 T 形等效电路,如图 4-23 所示。

(3) Γ 形等效电路

T 形等效电路虽然比较准确地描述了变压器内部的电磁关系,但计算较复杂。一般情况下,对于电力变压器,一次绕组的漏阻抗压降仅占额定电压的百分

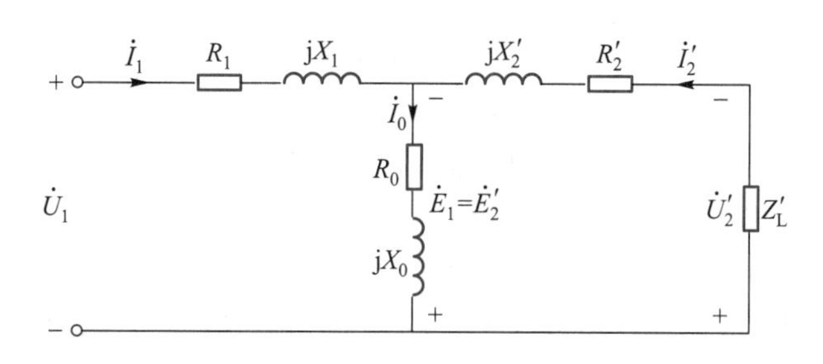

图 4-23 负载时变压器的 T 形等效电路

之几。在外加电压一定的条件下，励磁电流 I_0 基本不变，且远小于额定电流。因此，可将 T 形等效电路的励磁支路移至电源端，使变压器的等效电路变为“Γ”形，称为 Γ 形等效电路，如图 4-24 所示。Γ 形等效电路可大大简化计算过程，使简化过程所引起的误差在工程允许的范围内。

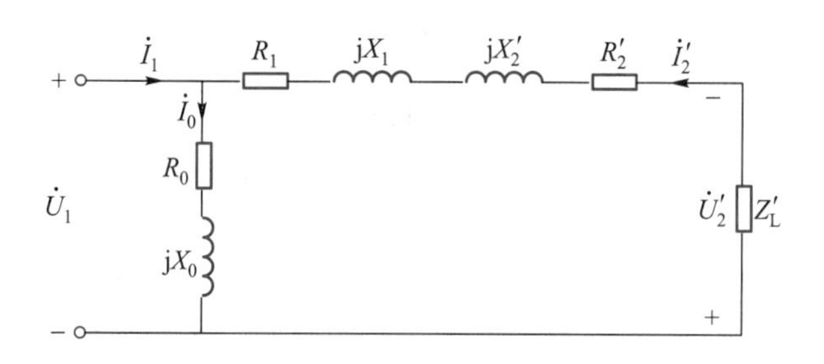

图 4-24 负载时变压器的 Γ 形等效电路

(4) 简化等效电路

变压器在满载或接近满载运行时，I_0 可以忽略不计，相当于励磁支路断开，于是 Γ 形等效电路可进一步简化为“一”字形，获得变压器负载时的简化等效电路，如图 4-25 所示。

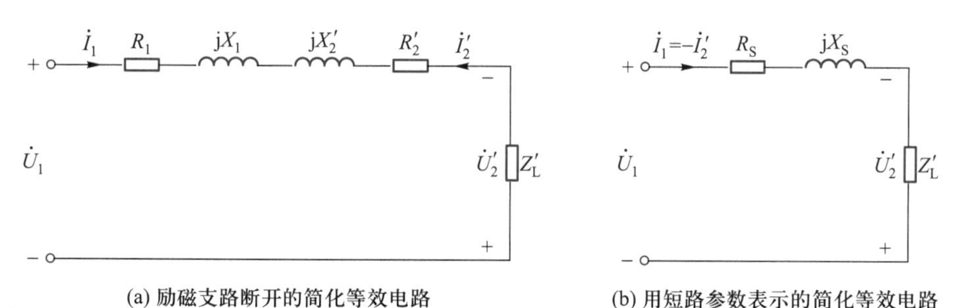

(a) 励磁支路断开的简化等效电路　　(b) 用短路参数表示的简化等效电路

图 4-25 负载时变压器的简化等效电路

在图 4-25(b)所示的变压器简化等效电路中，有

$$\begin{cases} R_S = R_1 + R_2' \\ X_S = X_1 + X_2' \\ Z_S = Z_1 + Z_2' = R_S + jX_S \end{cases} \tag{4-38}$$

式中：R_S、X_S 和 Z_S 分别称为变压器二次侧短路时的短路电阻、短路电抗和短路阻抗，其数值可以通过 4.7 节介绍的短路试验获得。

［例 4-4］　某三相变压器，高、低压绕组都是星形联结。$S_N=63\ kV\cdot A$，$U_{1N}/U_{2N}=6.3\ kV/0.4kV$，$R_1=6\ \Omega$，$X_1=8\ \Omega$，$R_2=0.024\ \Omega$，$X_2=0.04\ \Omega$，$R_0=1\ 500\ \Omega$，$X_0=6\ 000\ \Omega$，高压绕组作一次绕组，加上额定电压，低压绕组向一个星形联结的对称三相负载供电，负载每相阻抗 $Z_L=(2.4+j1.2)\ \Omega$。（1）试用 T 形等效电路求该变压器一、二次绕组电流的实际值，并分析该变压器是否过载。（2）试用简化等效电路求变压器输出的相电流和相电压、线电流和线电压。

解：（1）用 T 形等效电路

$$k=\frac{U_{1NP}}{U_{2NP}}=\frac{U_{1N}/\sqrt{3}}{U_{2N}/\sqrt{3}}=\frac{6.3}{0.4}=15.75$$

$$U_{1NP}=\frac{U_{1N}}{\sqrt{3}}=\frac{6\ 300}{1.73}\ V\approx 3\ 641.62\ V$$

$$Z_2'=k^2Z_2=15.75^2\times(0.024+j0.04)\ \Omega=(5.95+j9.92)\ \Omega$$

$$Z_L'=k^2Z_L=15.75^2\times(2.4+j1.2)\ \Omega=(595.35+j297.68)\ \Omega$$

电路总阻抗

$$Z=Z_1+\frac{Z_0(Z_2'+Z_L')}{Z_0+Z_2'+Z_L'}=\left[6+j8+\frac{(1\ 500+j6\ 000)\times(5.95+j9.92+595.35+j297.68)}{1\ 500+j6\ 000+5.95+j9.92+595.35+j297.68}\right]\ \Omega$$

$$=(541.82+j336.11)\ \Omega=637.60\angle 31.81^\circ\ \Omega$$

由此求得

$$\dot{I}_1=\frac{\dot{U}_{1NP}}{Z}=\frac{3\ 641.62\angle 0^\circ}{637.60\angle 31.8^\circ}\ A=5.71\angle -31.8^\circ\ A$$

$$\dot{E}_2'=\dot{E}_1=Z_1\dot{I}_1-\dot{U}_{1NP}=[(6+j8)\times 5.71\angle -31.8^\circ-3\ 641.62]\ V$$

$$=3\ 588.49\angle -180.33^\circ\ V$$

$$\dot{I}_2'=\frac{\dot{E}_2'}{Z_2'+Z_L'}=\frac{3\ 588.49\angle -180.33^\circ}{5.95+j9.92+595.35+j297.68}\ A$$

$$=5.31\angle 152.58^\circ\ A$$

$$I_2=kI_2'=15.75\times 5.31\ A=83.63\ A$$

$$I_{2NP}=I_{2N}=\frac{S_N}{\sqrt{3}U_{2N}}=\frac{63\ 000}{1.73\times 400}\ A=91\ A$$

由于 $I_2<I_{2NP}$，故未过载。

（2）用简化等效电路

$$Z_S=Z_1+Z_2'=(6+j8+5.95+j9.92)\ \Omega=(11.95+j17.92)\ \Omega$$

$$\dot{I}_1=-\dot{I}_2'=\frac{\dot{U}_{1NP}}{Z_S+Z_L'}=\frac{3\ 641.62\angle 0^\circ}{11.95+j17.92+595.35+j297.68}\ A$$

$$=5.32\angle -27.46^\circ\ \text{A}$$

$$I_{2P}=kI_2'=15.75\times5.32\ \text{A}=83.79\ \text{A}$$

$$U_{2P}=|Z_L|I_{2P}=\sqrt{2.4^2+1.2^2}\times83.79\ \text{V}=224.83\ \text{V}$$

$$I_{2L}=I_{2P}=83.79\ \text{A}$$

$$U_{2L}=\sqrt{3}\,U_{2P}=1.73\times224.83\ \text{V}=388.96\ \text{V}$$

4.6.2 基本方程式

基本方程式是变压器内部电磁关系的定量描述,利用基本方程式可以对变压器的各种性能进行分析和计算。

1. 空载时的基本方程式

(1) 空载时折算前的基本方程式

归纳前面的分析,变压器空载时的四个基本方程式为

$$\begin{cases}\dot U_1=-\dot E_1+Z_1\dot I_0\\ \dot U_{20}=\dot E_2\\ \dot E_1=k\dot E_2\\ \dot E_1=-Z_0\dot I_0\end{cases}\tag{4-39}$$

(2) 空载时折算后的基本方程式

将各物理量的折算值代入,可得变压器空载时折算后的四个基本方程式为

$$\begin{cases}\dot U_1=-\dot E_1+Z_1\dot I_0\\ \dot U_{20}'=\dot E_2'\\ \dot E_1=\dot E_2'\\ \dot E_1=-Z_0\dot I_0\end{cases}\tag{4-40}$$

2. 负载时的基本方程式

(1) 负载时折算前的基本方程式

归纳前面的分析,变压器负载时的六个基本方程式为

$$\begin{cases}\dot U_1=-\dot E_1+Z_1\dot I_1\\ \dot U_2=\dot E_2-Z_2\dot I_2\\ N_1\dot I_1+N_2\dot I_2=N_1\dot I_0\\ \dot E_1=k\dot E_2\\ \dot E_1=-Z_0\dot I_0\\ \dot U_2=Z_L\dot I_2\end{cases}\tag{4-41}$$

(2) 负载时折算后的基本方程式

将各物理量的折算值代入,可得变压器负载时折算后的六个基本方程式为

$$\begin{cases} \dot{U}_1=-\dot{E}_1+Z_1\dot{I}_1 \\ \dot{U}_2'=\dot{E}_2'-Z_2'\dot{I}_2' \\ \dot{I}_1+\dot{I}_2'=\dot{I}_0 \\ \dot{E}_1=\dot{E}_2' \\ \dot{E}_1=-Z_0\dot{I}_0 \\ \dot{U}_2'=Z_L'\dot{I}_2' \end{cases} \tag{4-42}$$

4.6.3 相量图

根据等效电路和基本方程式可以画出变压器运行时的相量图,从而比较清晰、形象地表示出变压器中各物理量之间的大小关系和相位关系,有利于定性分析变压器的运行情况。相量图的画法要视所求解的具体条件而定,本章选择$\dot{U}_2'$为参考相量,画在水平向右的方位。

1. 空载时的相量图

根据变压器空载时的 T 形等效电路和折算后的基本方程式(4-40),可画出变压器空载运行时的相量图,如图 4-26 所示。虽然实际上漏阻抗压降$R_1\dot{I}_0$和 $jX_1\dot{I}_0$均很小,但为了能清晰地表示二者之间的相位关系,相量图中将二者放大画出。图中,φ_0 为 $\dot{U}_1$ 和 $\dot{I}_0$之间的夹角,称为空载时的功率因数角。

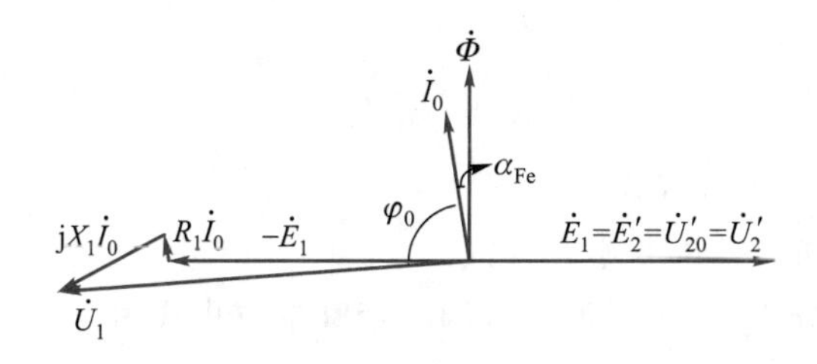

图 4-26　变压器空载运行时的相量图

变压器空载运行时的相量图可通过下列步骤获得:

(1) 以 $\dot{U}_2'$为参考相量,根据 $\dot{E}_1=\dot{E}_2'=\dot{U}_{20}'=\dot{U}_2'$,画出 $\dot{E}_1$、$\dot{E}_2'$和$-\dot{E}_1$。

(2) 根据主磁通超前感应电动势 90°,画出 $\dot{\Phi}$。

(3) 根据励磁电流超前主磁通铁耗角 α_{Fe},画出 $\dot{I}_0$。

(4) 根据 $\dot{U}_1=-\dot{E}_1+Z_1\dot{I}_0=-\dot{E}_1+R_1\dot{I}_0+jX_1\dot{I}_0$,画出 $\dot{U}_1$,并获得 $\dot{U}_1$ 和 $\dot{I}_0$之间的夹角,即变压器一次侧的功率因数角 φ_0。

如图 4-26 所示,由于一次绕组的阻抗压降可忽略不计,则 $\dot{U}_1 \approx -\dot{E}_1$,故变压器空载运行时的功率因数 $\cos\varphi_0$ 较低。尽管空载时变压器不输出有功功率,但仍需由电网提供较大的无功功率来建立磁场,因此变压器最好不要空载或轻载运行。

2. 负载时的相量图

根据变压器二次侧功率因数角 φ_2 的正负,可将变压器负载分为电感性($\varphi_2>0$)、电阻性($\varphi_2=0$)和电容性($\varphi_2<0$)三类。根据变压器负载时的 T 形等效电路和折算后的基本方程式(4-42),可画出变压器连接三类负载运行时折算后的相量图,如图 4-27 所示。假定等效电路参数已知,且负载的大小和相位已给定,则变压器负载运行时的相量图可通过下列步骤获得:

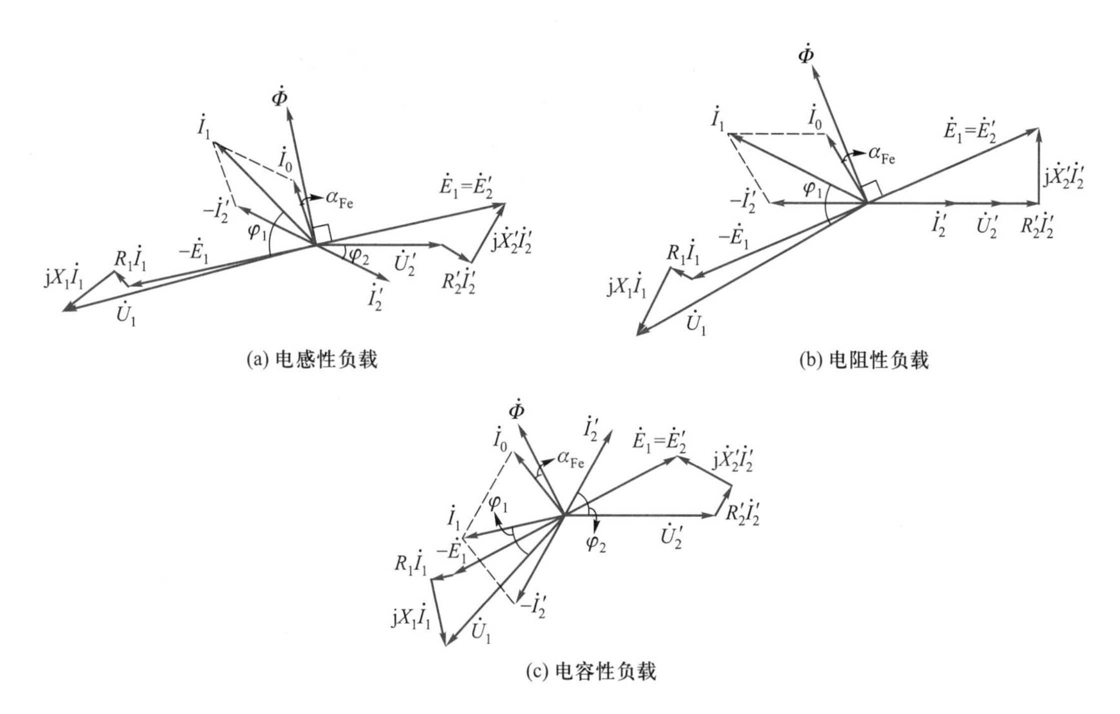

(a) 电感性负载　(b) 电阻性负载　(c) 电容性负载

图 4-27　负载时变压器的相量图

(1) 以 $\dot{U}_2'$为参考相量,针对不同性质负载的功率因数角 φ_2,画出 $\dot{I}_2'$和$-\dot{I}_2'$;

(2) 根据 $\dot{E}_1=\dot{E}_2'=\dot{U}_2'+Z_2'\dot{I}_2'=\dot{U}_2'+R_2'\dot{I}_2+\mathrm{j}X_2'\dot{I}_2'$,画出 $\dot{E}_1$、$\dot{E}_2'$和$-\dot{E}_1$;

(3) 根据主磁通超前感应电动势 90°,画出 $\dot{\Phi}$;

(4) 根据励磁电流超前主磁通铁耗角 α_{Fe},画出 $\dot{I}_0$;

(5) 根据 $\dot{I}_1=\dot{I}_0+(-\dot{I}_2')$,画出 $\dot{I}_1$;

(6) 根据 $\dot{U}_1=-\dot{E}_1+Z_1\dot{I}_1=-\dot{E}_1+R_1\dot{I}_1+\mathrm{j}X_1\dot{I}_1$,画出 $\dot{U}_1$,并获得 $\dot{U}_1$ 和 $\dot{I}_1$之间的功率因数角 φ_1。

由相量图可知,与空载运行相比,负载时变压器一次侧的功率因数角减小,功率因数提高。

PPT 4.7：变压器的参数测定

4.7 变压器的参数测定

若利用等效电路对变压器的运行性能进行分析和计算，需要预先知道等效电路的相关参数。在设计变压器时，可根据结构、形状、尺寸和材料等数据计算出参数。对于现成的变压器，则需要通过试验来测定参数，本节介绍通过空载试验和短路试验来测定变压器参数的方法。

4.7.1 空载试验

单相变压器空载试验亦称开路试验，接线方式如图 4-28 所示，变压器空载时的等效电路见图 4-20。原则上，空载试验既可以在高压侧进行也可以在低压侧进行。为了安全起见，空载试验通常在低压侧进行。低压绕组作一次绕组，外加额定电压；高压绕组作二次绕组，输出端开路。由于一般电力变压器的空载电流比额定电流小很多，电流表和功率表采用内接法接到电压表与变压器之间。

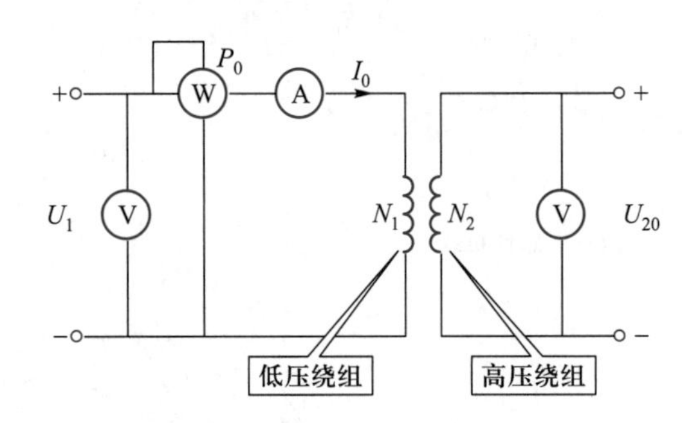

图 4-28 单相变压器空载试验的接线方式

在空载试验中，可以测得的数据有一次绕组的电压 U_1、空载电流 I_0、空载时的输入功率 P_0 和二次绕组的电压 U_{20}，进而求得变压器的电压比、铁损耗和励磁阻抗。

1. 电压比

当变压器空载时，变压器的电压比近似等于一、二次绕组的电压之比，即

$$k \approx \frac{U_1}{U_{20}} \tag{4-43}$$

2. 铁损耗

空载试验测得的功率 P_0 为空载损耗，如上所述，空载损耗仅包括铁损耗和一次绕组的铜损耗。其中，铜损耗远小于负载运行时的数值，而铁损耗与负载运行时的相同。因此，空载铜损耗可以忽略不计，空载试验测得的功率 P_0 可以近似为铁损耗 P_{Fe}，即

$$P_{Fe} \approx P_0 \tag{4-44}$$

3. 励磁阻抗

由空载时变压器的等效电路可知，励磁阻抗模为

$$\frac{U_1}{I_0}=|Z_1+Z_0|$$

由于 $Z_1 \ll Z_0$，可得

$$|Z_0| \approx \frac{U_1}{I_0} \tag{4-45}$$

4. 励磁电阻

变压器空载时，铁损耗为

$$P_{\text{Fe}}=R_0 I_0^2 \tag{4-46}$$

结合式(4-44)，可得励磁电阻为

$$R_0 \approx \frac{P_0}{I_0^2} \tag{4-47}$$

5. 励磁电抗

$$X_0=\sqrt{|Z_0|^2-R_0^2} \tag{4-48}$$

需要说明的是，由于空载试验是在低压侧进行的，所求得的参数 $|Z_0|$、R_0 和 X_0 是折算至低压侧的数值。如果变压器在实际工作的高压绕组为一次绕组，那么分析时 $|Z_0|$、R_0 和 X_0 应该用折算至高压侧的数值，折算公式为

$$\text{折算至高压侧的参数}=k^2\times\text{折算至低压侧的参数} \tag{4-49}$$

4.7.2　短路试验

单相变压器短路试验的接线方式如图 4-29 所示，由负载时变压器的简化等效电路可得短路时的等效电路如图 4-30 所示。与空载试验同理，原则上，短路试验既可以在高压侧进行也可以在低压侧进行。为了安全起见，短路试验在高压侧进行，即将高压绕组作为一次绕组，外加电压由零逐渐增加直至电流等于额定电流；低压绕组作为二次绕组，输出端短路。因此，电流表和功率表采用外接法接到电压表与变压器之外。

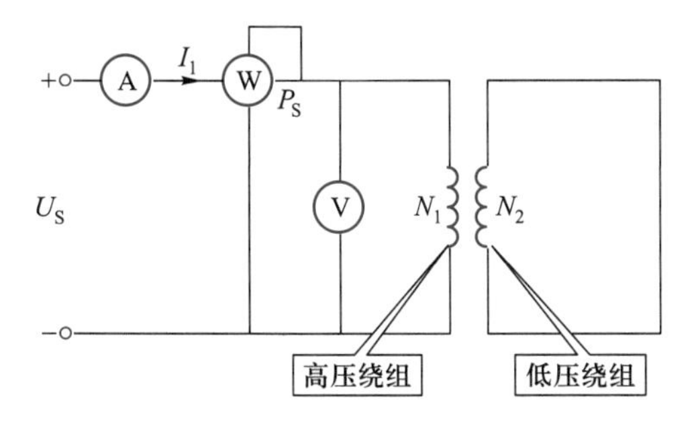

图 4-29　单相变压器短路试验的接线方式

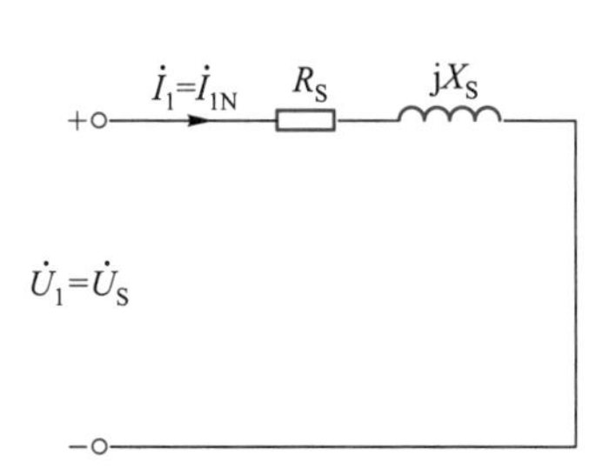

图 4-30　短路时的等效电路

在短路试验中，可以测得的数据有一次绕组的电压 U_S、电流 I_1 和功率 P_S，进而可以求得变压器的铜损耗、短路阻抗和阻抗电压。

1. 铜损耗

短路试验测得的功率 P_S 包括铁损耗和铜损耗。一方面,二次侧短路,U_S 远小于额定电压,铁心中的主磁通比正常运行时要小很多,因而铁损耗远小于正常运行时的数值;另一方面,电流为额定电流,铜损耗等于满载铜损耗且远大于铁损耗。因此,短路铁损耗可以忽略不计,短路试验测得的功率 P_S 可以近似为一、二次绕组的铜损耗 P_{Cu},即

$$P_{Cu} \approx P_S \tag{4-50}$$

2. 短路阻抗

由图 4-30 可知,二次绕组短路时,短路阻抗模为

$$|Z_S| = \frac{U_S}{I_1} \tag{4-51}$$

3. 短路电阻

二次绕组短路时,铜损耗为

$$P_{Cu} = R_S I_1^2 \tag{4-52}$$

结合式(4-50),可得短路电阻为

$$R_S = \frac{P_S}{I_1^2} \tag{4-53}$$

值得注意的是,由于短路试验时绕组的温度与实际运行时的温度不一定相同,而绕组的电阻与温度有关,因此技术标准规定要将试验所求得的绕组电阻换算成基准温度 75 ℃时的数值,换算公式为

$$R_{S75\,℃} = \frac{\alpha + 75}{\alpha + \theta} R_S \tag{4-54}$$

式中:θ 为试验时的室温,单位为℃(摄氏度);α 是与绕组材料有关的温度换算常数。

对于铜线,$\alpha = 234.5$ ℃;对于铝线,$\alpha = 228$ ℃。因此,铜线绕组的电阻换算公式为

$$R_{S75\,℃} = \frac{234.5 + 75}{234.5 + \theta} R_S$$

铝线绕组的电阻换算公式为

$$R_{S75\,℃} = \frac{228 + 75}{228 + \theta} R_S$$

4. 短路电抗

$$X_S = \sqrt{|Z_S|^2 - R_S^2} \tag{4-55}$$

值得注意的是,绕组的电抗与温度无关,75 ℃时的短路阻抗模为

$$|Z_{S75\,℃}| = \sqrt{R_{S75\,℃}^2 + X_S^2} \tag{4-56}$$

5. 阻抗电压

在基准温度下,额定电流通过短路阻抗时的电压称为阻抗电压或短路电压,

即短路试验测得的电压 U_S，且 $U_S=|Z_{S75℃}|I_{1N}$。考虑到电力变压器的容量等级和电压等级较多，参数相差悬殊。为了便于分析和表示，在工程计算中，阻抗电压常以额定电压为基值，用标幺值或百分数的形式来表示。

物理量的标幺值可定义为

$$标幺值=\frac{实际值}{基值}$$

式中：标幺值用上标“ * ”标识。

基值一般取相应的额定值，即电压基值为额定电压，电流基值为额定电流，阻抗基值为额定电压与额定电流的比值。于是，阻抗电压的标幺值为

$$U_S^*=\frac{U_S}{U_{1N}}=\frac{|Z_{S75℃}|I_{1N}}{U_{1N}}=|Z_S|^* \tag{4-57}$$

式中：$|Z_S|^*$ 恰好为短路阻抗模的标幺值，即 $|Z_{S75℃}|$ 为阻抗基值的相对值。

可见，尽管变压器的阻抗电压和短路阻抗具有不同的量纲，但二者的标幺值相等。阻抗电压反映了变压器通过额定电流时在自身阻抗上所产生的电压损耗，进而会影响变压器的电压稳定性、短路电流的大小、效率和成本等。阻抗电压和短路阻抗均是变压器的重要概念，在变压器的铭牌和工程手册上均有标注，常用百分数形式表示。在如图 4-10 所示的电力变压器铭牌上，标有百分数形式的阻抗电压。

目前，在变压器的国家标准（如 GB 1094.1）中，以百分数表示的短路阻抗实测值是铭牌上必须标注的项目。在实际应用中，短路阻抗越大，负载后变压器二次侧的电压波动受负载变化的影响就越大，但变压器的短路电流越小，反之亦然。因此，一方面，为了减小二次电压随负载的变化率，希望短路阻抗越小越好；另一方面，为了减小短路电流，希望短路阻抗越大越好。在工程应用中，应二者兼顾，合理选择。为了妥善处理正常运行和事故后运行的矛盾要求，国家对各类变压器的短路阻抗给予不同的规定。一般来说，电压等级越高，短路阻抗数值就越大。

需要说明的是，由于短路试验是在高压侧进行的，所求得的参数 $|Z_S|$、R_S 和 X_S 是折算至高压侧的数值。如果该变压器在实际工作时低压绕组为一次绕组，分析时 $|Z_S|$、R_S 和 X_S 应该用折算至低压侧的数值，折算公式为

$$折算至低压侧的参数=\frac{1}{k^2}\times折算至高压侧的参数 \tag{4-58}$$

三相变压器空载试验和短路试验的接线方式如图 4-31 和图 4-32 所示。测得的数据中，电压为线电压，电流为线电流，功率为三相功率，而三相变压器的等效电路是指每一相的等效电路，因此在利用前述公式计算参数时，必须首先将所测得的线值转化为相值。所有物理量只有采用一相的数值，才能获得三相变压器每一相的等效电路参数。如果采用标幺值，对于三相变压器，无论是星形联结还是三角形联结，其线值和相值的标幺值相等，不必加以区分。

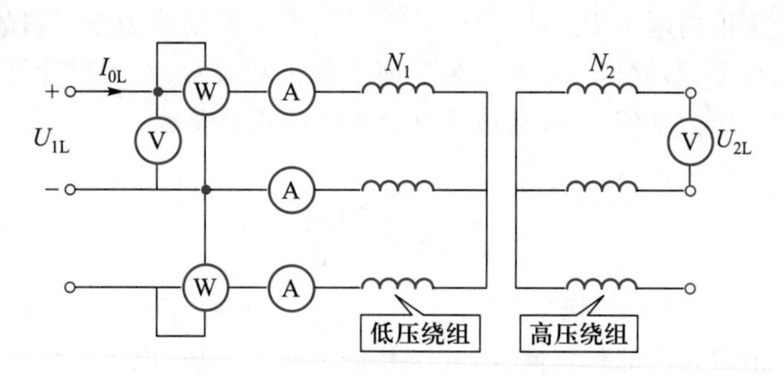

图 4-31　三相变压器空载试验的接线方式

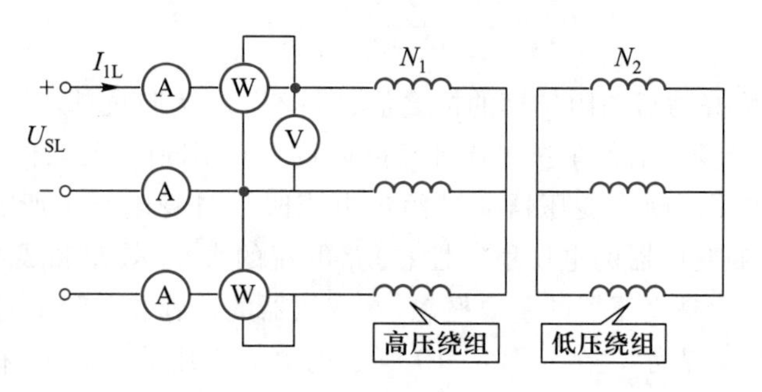

图 4-32　三相变压器短路试验的接线方式

［例 4-5］　SCL-1600/10 型三相变压器，高压绕组三角形联结，低压绕组星形联结，$S_N = 1\ 600$ kV·A，$U_{1N}/U_{2N} = 10$ kV/0.4 kV，$I_{1N}/I_{2N} = 92.5$ A/2 312 A。在低压侧做空载试验，测得 $U_{1L} = 400$V，$I_{0L} = 104$ A，$P_0 = 3\ 950$ W；在高压侧做短路试验，测得 $U_S = 600$ V，$I_{1L} = 92.5$A，$P_S = 13\ 300$ W。当实验室室温为 20 ℃时，试求折算至高压侧 75 ℃时的 $|Z_0|$、R_0、X_0 和 $|Z_S|$、R_S、X_S。

解：(1) 由空载试验求得

$$|Z_0| = \frac{U_1}{I_0} = \frac{U_{1L}/\sqrt{3}}{I_{0L}} = \frac{400}{1.73\times104}\ \Omega = 2.223\ \Omega$$

$$R_0 = \frac{P_0}{3I_0^2} = \frac{3\ 950}{3\times104^2}\ \Omega = 0.122\ \Omega$$

$$X_0 = \sqrt{|Z_0|^2 - R_0^2} = \sqrt{2.223^2 - 0.122^2}\ \Omega = 2.22\ \Omega$$

$$k = \frac{U_{1NP}}{U_{2NP}} = \frac{U_{1N}}{U_{2N}/\sqrt{3}} = \frac{10}{0.4/1.73} = 43.25$$

折算至高压侧，得

$$|Z_0| = 43.25^2\times2.223\ \Omega = 4\ 158.26\ \Omega$$

$$R_0 = 43.25^2\times0.122\ \Omega = 228.21\ \Omega$$

$$X_0 = 43.25^2\times2.22\ \Omega = 4\ 152.65\ \Omega$$

（2）由短路试验求得

$$|Z_S|=\frac{U_S}{I_1}=\frac{U_{SL}}{I_{1L}/\sqrt{3}}=\frac{600}{92.5/1.73}\ \Omega=11.22\ \Omega$$

$$R_S=\frac{P_S}{3I_1^2}=\frac{P_S}{3(I_{1L}/\sqrt{3})^2}=\frac{P_S}{I_{1L}^2}=\frac{13\ 300}{92.5^2}\ \Omega=1.55\ \Omega$$

$$X_S=\sqrt{|Z_S|^2-R_S^2}=\sqrt{11.22^2-1.55^2}\ \Omega=11.11\ \Omega$$

折算至 75 ℃得

$$R_S=\frac{228+75}{228+20}\times1.55\ \Omega=1.89\ \Omega$$

$$X_S=11.11\ \Omega$$

$$|Z_S|=\sqrt{1.89^2+11.11^2}\ \Omega=11.27\ \Omega$$

4.8　变压器的运行特性

PPT 4.8：变压器的运行特性

变压器的主要运行指标有两个：一是变压器的电压变化率，二是变压器的运行效率。它们分别表现为变压器的外特性和效率特性。

4.8.1　外特性

在保持一次侧电压 U_1 和负载功率因数 $\cos\varphi_2$ 不变的条件下，变压器二次电压 U_2 和电流 I_2 之间的关系 $U_2=f(I_2)$ 称为变压器的外特性。由变压器负载时的基本方程式(4-41)可知，负载变化引起 I_2 变化，U_2 也会发生变化。图 4-33 给出了变压器在电感性、电阻性和电容性三种负载情况下的外特性。

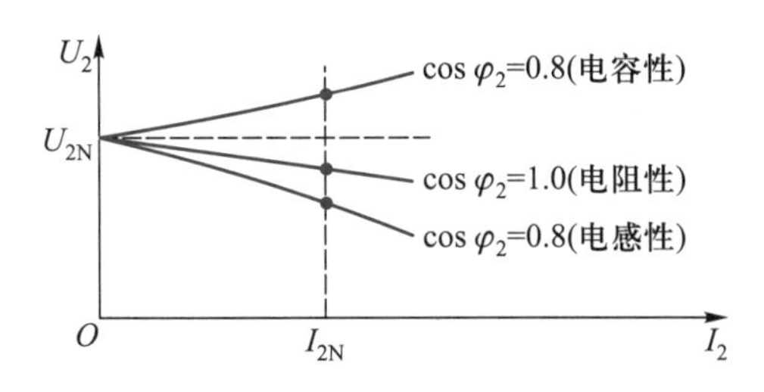

图 4-33　变压器的外特性

U_2 随 I_2 的变化程度可以用电压调整率（或电压变化率）来表示，记为 V_R。电压调整率是表征变压器运行性能的主要指标之一，可以反映变压器二次侧供电电压的稳定性。电压调整率 V_R 的定义是：在一次电压为额定值、负载功率因数不变的情况下，变压器从空载到满载时，二次电压从空载电压（即额定电压）到满载电压所变化的数值占空载电压的比值，通常用百分数表示，即

$$V_R=\frac{\Delta U_2}{U_{2N}}\times100\%=\frac{U_{2N}-U_2}{U_{2N}}\times100\% \tag{4-59}$$

如果折算至一次侧，那么上式可改写成

$$V_R=\frac{U_{1N}-U_2'}{U_{1N}}\times100\% \tag{4-60}$$

变压器负载运行时的电压调整率，可根据变压器的简化等效电路及其相量图来求取。根据图 4-25(b)所示的简化等效电路，可画出变压器用短路参数表示的相量图，如图 4-34 所示。

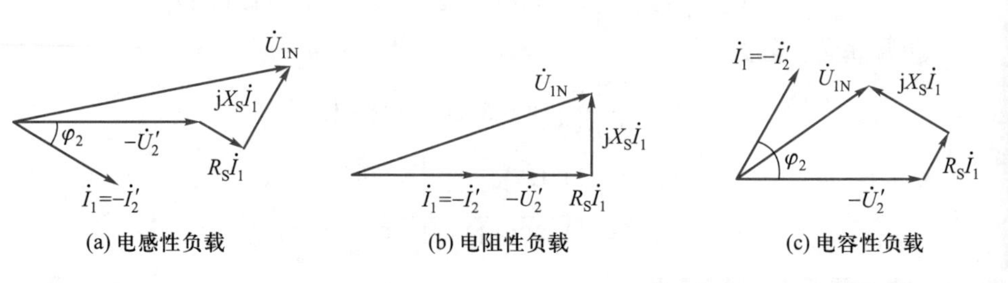

图 4-34 变压器用短路参数表示的相量图

结合式(4-60)，利用图 4-34 中相量图的几何关系，可得

$$V_R=(R_S\cos\varphi_2+X_S\sin\varphi_2)\frac{I_{1N}}{U_{1N}}\times100\% \tag{4-61}$$

由上式可知，电压调整率不仅取决于变压器自身的结构参数（即短路参数），而且与变压器负载的大小和性质密切相关，如图 4-33 所示。

(1) 电阻性负载：$\cos\varphi_2=1$，$\sin\varphi_2=0$，R_S 较 X_S 小很多，$V_R>0$ 且较小。

(2) 电感性负载：$0<\cos\varphi_2<1$，$0<\sin\varphi_2<1$，$V_R>0$，且 $\cos\varphi_2$ 越小，V_R 越大。

(3) 电容性负载：$0<\cos\varphi_2<1$，$-1<\sin\varphi_2<0$，若 $|R_S\cos\varphi_2|<|X_S\sin\varphi_2|$，则 $V_R<0$。

综上所述，对于电感性负载，随着电流 I_2 的增加，电压 U_2 会逐渐下降，外特性是下降的曲线，且电阻性负载的电压下降相对较小；对于电容性负载，随着电流 I_2 的下降，电压 U_2 可能不降反升，外特性是上翘的曲线。正如图 4-27 中所示的变压器相量图，电感性和电阻性负载时的电压 U_2 小于空载电压 E_2，而电容性负载时的电压 U_2 大于空载电压 E_2。常用的电力变压器在 $\cos\varphi_2=0.8$（电感性）时，V_R 一般约为 5%。

4.8.2 效率特性

变压器从电源输入的有功功率 P_1 和向负载输出的有功功率 P_2 分别为

$$P_1=U_1I_1\cos\varphi_1 \tag{4-62}$$

$$P_2=U_2I_2\cos\varphi_2 \tag{4-63}$$

从能量传递的角度看，变压器将电源的能量以电磁耦合的形式传递给负载，在电能的传递过程中，实际变压器由于自身存在的损耗而必然消耗一定的电能，导致输入的有功功率大于输出的有功功率，二者之差为变压器的损耗。如上所述，变压器的损耗包括铜损耗和铁损耗两部分，即

$$P_1 - P_2 = P_{Cu} + P_{Fe} \tag{4-64}$$

1. 铜损耗

铜损耗的计算公式为

$$P_{Cu} = R_1 I_1^2 + R_2 I_2^2 \tag{4-65}$$

若用负载时 T 形等效电路求铜损耗,则

$$P_{Cu} = R_1 I_1^2 + R_2' I_2'^2 \tag{4-66}$$

若用负载时简化等效电路求铜损耗,则

$$P_{Cu} = R_S I_1^2 \tag{4-67}$$

若用短路试验求铜损耗,则

$$P_{Cu} \approx \beta^2 P_S \tag{4-68}$$

式中:$\beta = \dfrac{I_1}{I_{1N}}$为负载系数。

由于铜损耗与电流的平方成正比,随负载变化而变化,故又称可变损耗。

2. 铁损耗

铁损耗可通过等效电路求得,有

$$P_{Fe} = R_0 I_0^2 \tag{4-69}$$

也可以通过空载试验求得,有

$$P_{Fe} \approx P_0 \tag{4-70}$$

变压器运行中,一次绕组电压和频率不变,主磁通基本保持不变,铁损耗也就不变,不随负载的变化而变化,故又称不变损耗。

3. 变压器效率

输出功率 P_2 占输入功率 P_1 的百分比称为变压器的效率,用 η 表示,即

$$\eta = \frac{P_2}{P_1} \times 100\% \tag{4-71}$$

由于变压器的电压调整率 V_R 较小,若忽略负载时二次电压的变化,则

$$\begin{cases} U_2 = U_{2N} \\ P_2 = U_2 I_2 \cos\varphi_2 = \dfrac{I_2}{I_{2N}} U_{2N} I_{2N} \cos\varphi_2 = \beta S_N \cos\varphi_2 = \beta S_N \lambda_2 \\ P_1 = P_2 + P_{Fe} + P_{Cu} = \beta S_N \lambda_2 + P_0 + \beta^2 P_S \end{cases}$$

由此,得到效率的计算公式为

$$\eta = \frac{\beta S_N \lambda_2}{\beta S_N \lambda_2 + P_0 + \beta^2 P_S} \tag{4-72}$$

可见,与电压调整率类似,变压器的效率既取决于变压器自身的结构参数(即励磁参数和短路参数),也与变压器的负载大小和负载性质密切相关。

在保持 U_1 和 λ_2 不变的条件下,变压器的效率 η 与 I_2 或 β 的关系 $\eta = f(I_2)$ 或 $\eta = f(\beta)$ 称为效率特性。根据式(4-72),可绘出变压器的效率特性,如图 4-35 所示。

空载时,变压器的运行效率为零;随着负载增大,输出功率增加,铜损耗也有所增加。当负载从零开始增大时,负载系数β较小,铜损耗较小,作为不变损耗的铁损耗占比较大,因此总损耗没有输出功率增加得快,使得变压器效率逐渐提高;负载增大至一定程度后,作为可变损耗的铜损耗将变为主要损耗,以致β继续增大效率反而逐渐降低。因此,效率必然存在一个最大值η_{max},它可通过将η对β求导并令导数为零的推导获得。

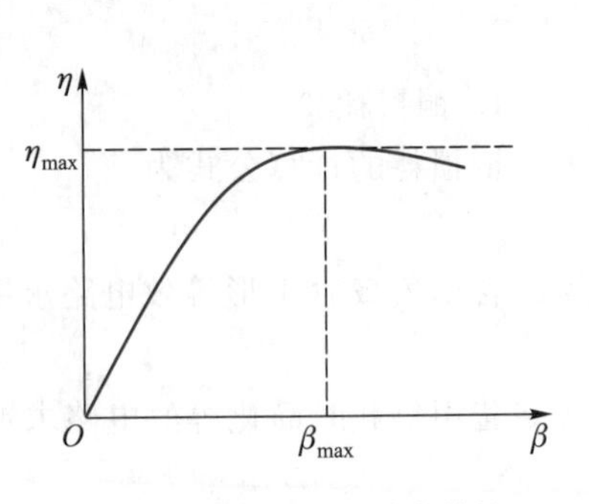

图 4-35　变压器的效率特性

根据式(4-72),可求得产生最大效率η_{max}的条件是

$$P_0=\beta^2P_S \tag{4-73}$$

由式(4-68)和式(4-70),得

$$P_{Fe}=P_{Cu} \tag{4-74}$$

可见,当铁损耗等于铜损耗时,变压器的效率最高。由式(4-73)求得产生最大效率时的负载系数β_{max}为

$$\beta_{max}=\sqrt{\frac{P_0}{P_S}} \tag{4-75}$$

对于变压器,β_{max}一般为0.4~0.6。变压器在规定的负载功率因数(一般取$\cos\varphi_2=0.8$电感性)下,满载时的效率称为额定效率η_N。额定效率是表征变压器运行性能的指标之一,变压器的额定效率一般为95%~99%。

上述分析仅针对单相变压器,对于对称运行的三相变压器,由于各相电压、电流大小相等,相位互差120°,在运行特性的分析和计算时,可取三相变压器的任意一相进行研究,从而将三相问题转换为单相问题。在求三相变压器的效率时,式(4-71)和式(4-72)中的功率和损耗用三相总功率和总损耗代入也是成立的,只是将公式中的分子、分母同时扩大至3倍,公式仍然不变。

[**例 4-6**]　用例4-5中的三相变压器向一电感性对称三相负载供电。试求:(1) $\cos\varphi_2=0.8$和$\cos\varphi_2=0.6$时的电压调整率;(2) V_R忽略不计,$\cos\varphi_2=0.8$,负载系数$\beta=1$和$\beta=0.5$时的效率;(3) 在$\cos\varphi_2=0.8$效率最大时的负载系数β_{max}和最大效率η_{max}。

解:例4-5已求得70 ℃时,$R_S=1.89\ \Omega$,$X_S=11.11\ \Omega$,且有

$$I_{1NP}=\frac{I_{1N}}{\sqrt{3}}=\frac{92.5}{1.73}\ \text{A}=53.47\ \text{A}$$

$$U_{1NP}=U_{1N}=10\times10^3\ \text{V}=10\ 000\ \text{V}$$

(1) 求电压调整率

当$\cos\varphi_2=0.8$时

$$V_R=(R_S\cos\varphi_2+X_S\sin\varphi_2)\times\frac{I_{1NP}}{U_{1NP}}\times100\%$$

$$=(1.89\times0.8+11.11\times0.6)\times\frac{53.47}{10\ 000}\times100\%$$

$$=4.37\%$$

当 $\cos\varphi_2=0.6$ 时

$$V_R=(R_S\cos\varphi_2+X_S\sin\varphi_2)\times\frac{I_{1NP}}{U_{1NP}}\times100\%$$

$$=(1.89\times0.6+11.11\times0.8)\times\frac{53.47}{10\ 000}\times100\%$$

$$=5.36\%$$

(2) 求效率

当 $\beta=1$ 时

$$\eta=\frac{\beta S_N\lambda_2}{\beta S_N\lambda_2+P_0+\beta^2P_S}\times100\%$$

$$=\frac{1\times1\ 600\times0.8}{1\times1\ 600\times0.8+3.95+1^2\times13.3}\times100\%$$

$$=98.67\%$$

当 $\beta=0.5$ 时

$$\eta=\frac{\beta S_N\lambda_2}{\beta S_N\lambda_2+P_0+\beta^2P_S}\times100\%$$

$$=\frac{0.5\times1\ 600\times0.8}{0.5\times1\ 600\times0.8+3.95+0.5^2\times13.3}\times100\%$$

$$=98.88\%$$

(3) 求 β_{max} 和 η_{max}

$$\beta_{max}=\sqrt{\frac{P_0}{P_S}}=\sqrt{\frac{3.95}{13.3}}=0.545$$

$$\eta_{max}=\frac{\beta_{max}S_N\lambda_2}{\beta_{max}S_N\lambda_2+P_0+\beta_{max}^2P_S}\times100\%$$

$$=\frac{0.545\times1\ 600\times0.8}{0.545\times1\ 600\times0.8+3.95+0.545^2\times13.3}\times100\%$$

$$=98.88\%$$

4.9　三相变压器

PPT 4.9：三相变压器

三相变压器广泛应用于电力系统，对于对称运行的三相变压器，可将三相问题转换为单相问题，针对其中任意一相采用单相变压器的基本方程式、等效电路以及性能计算方法等进行研究。三相变压器与单相变压器的共同问题，前面已经做了深入分析和讨论，此处不再赘述。本节主要分析三相变压器的特殊问题，包括三相变压器的磁路结构、绕组的连接方式和并联运行。

4.9.1　三相变压器的磁路结构

三相变压器的磁路结构分两种，一种是三相磁路彼此独立，一种是三相磁路彼此相关，分别对应图 4-5 所示的三相组式变压器和三相心式变压器。

在三相组式变压器中，每相主磁通均有各自的磁路且彼此独立，如图 4-36 所示。其中，三相磁路的磁阻相同，当外加三相电压对称时，三相励磁电流也对称。

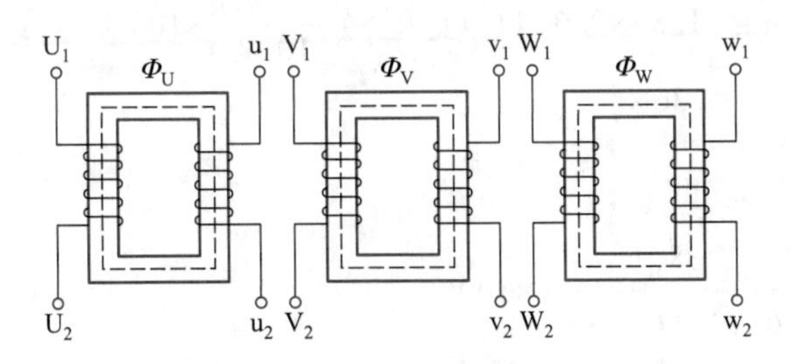

图 4-36　三相组式变压器的磁路结构

在三相心式变压器中，三相磁路之间彼此相关，如图 4-37 所示。其中，三相磁路的长度不等，中间相的磁路较短。当外加三相电压对称时，三相励磁电流并不完全对称，中间相的励磁电流偏小，但由于励磁电流很小，其影响可忽略不计。若变压器负载运行的负载对称，则仍可认为三相电流是对称的。

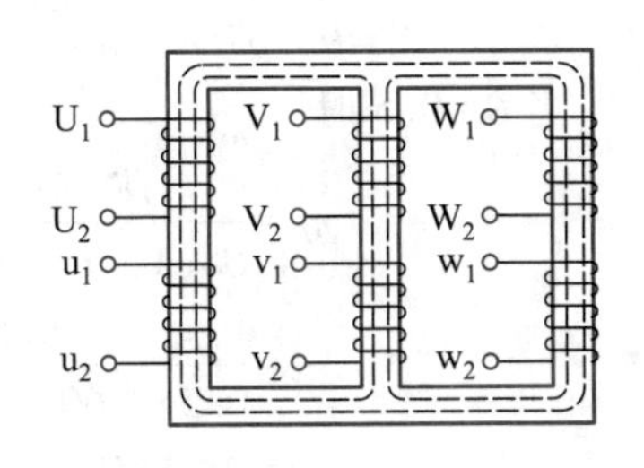

图 4-37　三相心式变压器的磁路

4.9.2　三相变压器的联结组

三相变压器的联结组用来说明变压器一、二次绕组的各种不同连接方式，联结组由联结组形和联结组号两部分构成。

1. 联结组的表示方法

(1) 联结组形

三相变压器的一、二次绕组既可以连接成星形，也可以连接成三角形。组合起来，三相变压器的一、二次绕组有四种连接方式，即星/星、星/角、角/星和角/角。星形联结又分无中性点引出和有中性点引出两种。

为了便于区别，国家标准规定用下述符号来表示三相变压器的联结组形，如表 4-1 所示。

表 4-1　三相变压器的联结组形

符号	联结组形
Y	无中性点引出的星形联结的高压绕组
YN	有中性点引出的星形联结的高压绕组
D	三角形联结的高压绕组

续表

符号	联结组形
y	无中性点引出的星形联结的低压绕组
yn	有中性点引出的星形联结的低压绕组
d	三角形联结的低压绕组

在高、低压绕组的联结符号之间用逗号隔开。例如，联结组形为 Y，d 的变压器是指高压绕组为无中性点引出的星形联结，低压绕组为三角形联结。然而，在具体连接时，还会出现以下三种情况：

① 三角形联结如图 4-7 所示，有顺接和逆接两种连接方式；

② 绕在同一铁心柱上的高、低压绕组，可属于同一相，也可属于不同相；

③ 绕在同一铁心柱上的高、低压绕组，可以绕向相同，也可以绕向相反，如图 4-38 所示。

根据电磁感应定律，绕在同一铁心柱上的高、低压绕组，被同一主磁通交链，当主磁通交变时，在两个绕组中感应出的电动势之间存在一定的极性关系，该极性关系与绕组的绕向相关。在图 4-38(a)中，两绕组绕向相同，若某一瞬间电流都从绕组的首端流入，则二者所产生的主磁通方向相同。两绕组的两个首端 U_1 与 u_1 称为同极性端，两绕组的两个尾端 U_2 与 u_2 也是同极性端。在图 4-38(b)中，两绕组绕向相反，若某一瞬间电流都从绕组的首端流入，则二者所产生的主磁通方向相反。两绕组的两个首端 U_1 与 u_1 称为异极性端，两绕组的两个尾端 U_2 与 u_2 也是异极性端，而 U_1 与 u_2、U_2 与 u_1 为同极性端。

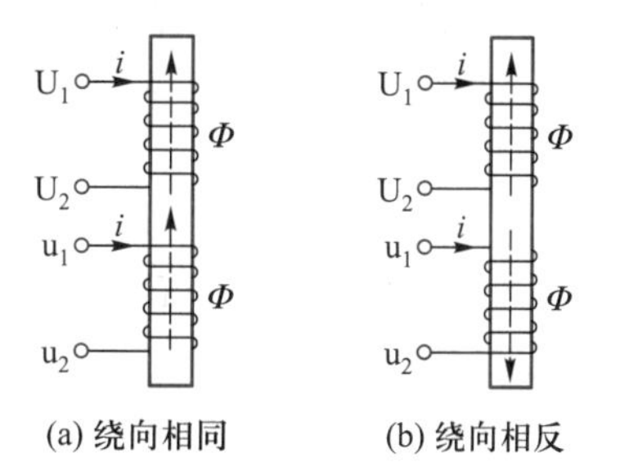

图 4-38　绕组的绕向

在电路图中，绕组的符号如图 4-39 所示。由于符号自身无法反映绕组的绕向，通常会在两个绕组间同极性的一对端子上分别加小圆点或其他符号进行标记。两个绕组上有标记的两端或无标记的两端为同极性端。一个绕组上有标记的一端和另一绕组上无标记的一端为异极性端。在电路图中，与图 4-38 相对应的绕组符号如图 4-39 所示。

可见，同样是星形联结或三角形联结，连接方式不同，仍然会产生不同的效果，仅用上述的联结组形还不足以反映三相变压器高、低压绕组连接方式的差别。因此，还需要在联结组形后面加上联结组号以示区别。

(2) 联结组号

理论分析和实验结果发现：如果三相变压器连接方式不同，高、低压绕组线电动势的相位差就不同，而且都是 30°的整数倍。因此，可以利用这一相位差的不同来规定联结组号，具体方法就是目前普遍采用的时钟表示法，如图 4-40 所示。

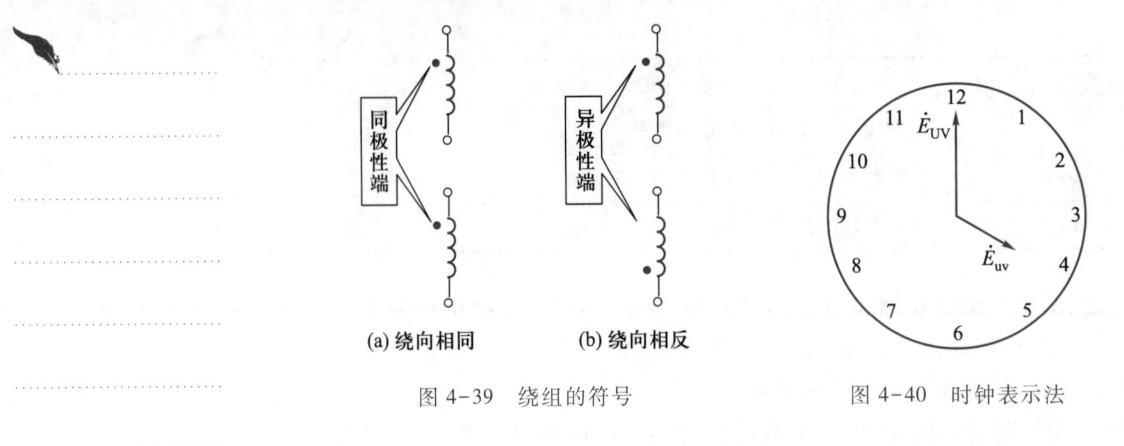

图 4-39 绕组的符号　　图 4-40 时钟表示法

时钟表示法就是将高压绕组对应的线电动势 $\dot{E}_{UV}$ 作钟表的分针（即长针）指向 12 点即 0 点的位置；低压绕组对应的线电动势 $\dot{E}_{uv}$ 作钟表的时针（即短针）。高、低压绕组所指示的钟点数即为联结组号，故三相变压器的联结组号有 0~11，共 12 个数。例如，在图 4-40 中联结组号应为 4，即低压绕组线电动势滞后于高压绕组线电动势共 4×30° = 120°。

（3）联结组

将联结组号记在联结组形后面，就组成了三相变压器的联结组。通过联结组可以反映三相变压器高、低压绕组间连接方式的不同。

例如，联结组为 YN，d11 的三相变压器，其联结组形为 YN，d，说明其高压绕组为有中性点引出的星形联结，低压绕组为三角形联结；其联结组号为 11，说明低压绕组的线电动势滞后于高压绕组对应的线电动势 11×30° = 330°。

2. 标准联结组

三相变压器的联结组共有 24 种之多，为避免制造和使用时引起的混乱和不便，国家标准规定以 Y，yn0、Y，d11、YN，d11、Y，y0、YN，y0 五种为标准联结组。当高、低压绕组都为星形联结时，联结组号选 0；当高压绕组为星形联结，低压绕组为三角形联结时，联结组号选 11。五种标准联结组的绕组连接方式如图 4-41 所示，其他联结组的绕组连接图可查阅有关手册或资料。

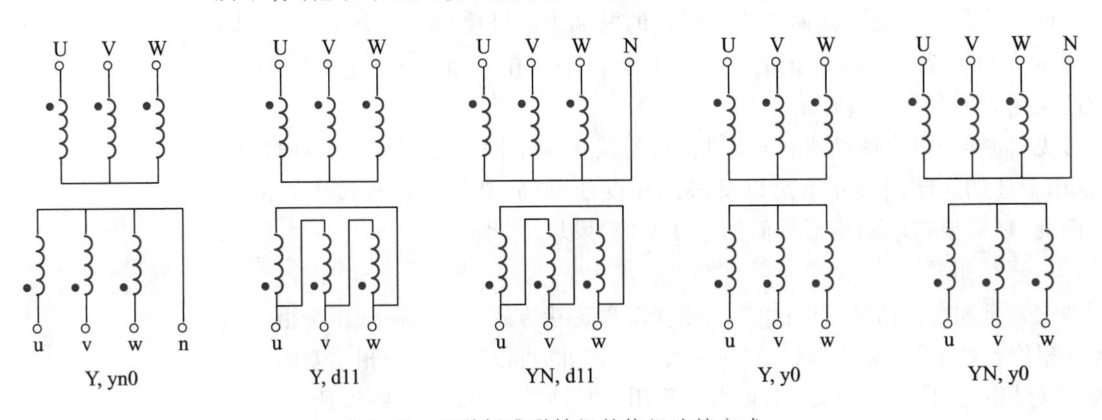

图 4-41 五种标准联结组的绕组连接方式

受铁心磁路饱和的影响，当主磁通为正弦波时，励磁电流为非正弦波，不可避免地含有高次谐波分量。其中三次谐波的影响最大，而三次谐波在时间上是同相的，星形联结如果没有中性线，则三次谐波电流无法通过，从而影响主磁通的波形。若接成三角形，三次谐波电流就可以通过，不会对主磁通波形造成影响。因此，在电力系统中，Y，y 和 Y，yn（空载时与 Y，y 情况相同）联结组形只适用于容量较小的三相心式变压器。

五种标准联结组的主要应用范围如下：

（1）Y，yn0：主要应用于容量较小的配电变压器中，其二次侧由中性线引出，构成三相四线制供电系统，既可用于照明负载，也可用于动力负载；其高压侧额定电压一般不超过 35 kV，低压侧额定电压一般为 400 V（相电压为 230 V）。

（2）Y，d11：主要应用于容量较大的、二次侧额定电压超过 400 V 的线路中，其高压侧额定电压不超过 35 kV，最大容量为 5 600 kV · A。

（3）YN，d11：主要应用于 110 kV 以上的高压输电线中，其高压侧可以通过中性点接地。

（4）Y，y0：主要应用于给三相动力负载供电的配电变压器中。

（5）YN，y0：主要应用于一次侧中性点需接地的变压器中。

4.9.3 三相变压器的并联运行

通俗地讲，变压器的并联运行就是将多台变压器的一次绕组接到公共电源上，二次绕组并联起来一起向外供电，如图 4-42 所示。

变压器并联运行的好处在于：

（1）提高电网供电的可靠性。一方面可以解决单台变压器供电不足的困难；另一方面当某台变压器出现故障时，其他变压器可继续运行，保证供电正常。

（2）提高变压器运行效益。根据负载的大小来调整投入运行变压器的数量，尽可能使变压器接近满载。

（3）减少变压器的储备容量。在并联运行的变压器中，每台的容量应小于总容量；并联变压器的数目不宜过多，否则会增加设备的投资和占用面积。

变压器在并联运行时，既要保证变压器的安全运行，又要尽量不增加变压器内部的功率损耗，而且容量大的变压器应多输出电流和功率，容量小的变压器应少输出电流和功率，以充分利用变压器的容量并实现合理分配。以下从电压比、联结组和短路阻抗三个方面，分析三相变压器的并联运行条件。

1. 电压比相等

并联运行的变压器中，如果变压器的电压比不同，则说明其额定电压不相等，会在二次绕组构成的回路中产生循环电流，简称环流。以两台变压器并联运行为例，若空载运行，可将变压器的一相化为如图 4-43 所示的等效电路。其中，$\dot{U}_{20\mathrm{I}}$、$\dot{U}_{20\mathrm{II}}$ 分别为两台变压器的空载电压；Z''_{SI}、Z''_{SII} 分别为两台变压器折算到二次侧的短路阻抗。

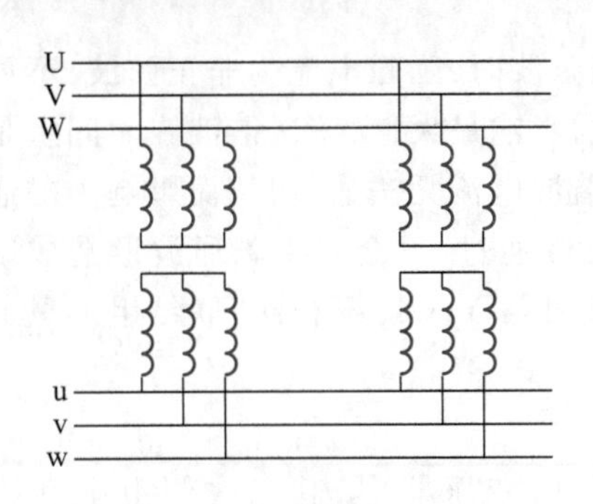

图 4-42 两台变压器的并联运行

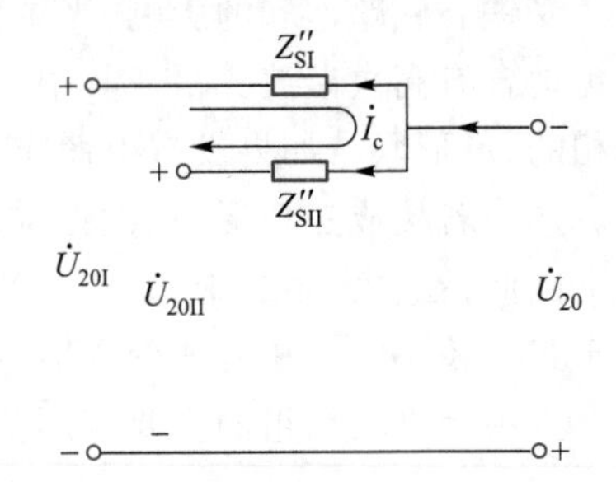

图 4-43 电压比不同时的并联运行等效电路

若两台变压器的联结组和短路阻抗标幺值分别相等，电压比分别为 k_{I} 和 k_{II}，则二次侧的开路电压差为

$$\Delta\dot{U}_{20}=\dot{U}_{20\mathrm{I}}-\dot{U}_{20\mathrm{II}}=\frac{\dot{U}_1}{k_{\mathrm{I}}}-\frac{\dot{U}_1}{k_{\mathrm{II}}} \tag{4-76}$$

于是，二次侧回路的环流为

$$\dot{I}_c=\frac{\Delta\dot{U}_{20}}{Z''_{\mathrm{SI}}+Z''_{\mathrm{SII}}} \tag{4-77}$$

由于短路阻抗很小，即使两台变压器的电压比差很小，即开路电压差很小，还是会产生较大的环流。环流的存在，会增加变压器的损耗，降低变压器的效率。因此，必须对环流加以限制，通常要求并联运行的变压器的电压比差不得大于平均电压比的±5%。

2. 联结组相同

如果两台变压器的联结组不同，则二次绕组的线电动势相位不同，至少相差30°，如图 4-44 所示。此时，二次侧开路电压差 $\Delta\dot{U}_{20}=\dot{U}_{20\mathrm{I}}-\dot{U}_{20\mathrm{II}}$ 的有效值为

$$\Delta U_{20}=2U_{20\mathrm{I}}\sin\frac{30^\circ}{2}=2U_{20\mathrm{II}}\sin\frac{30^\circ}{2}=0.518U_{2\mathrm{N}} \tag{4-78}$$

可见，两台变压器并联后，当二次绕组的线电动势相位差为 30°时，电压差为额定电压的 51.8%。用标幺值表示，有 $\Delta U_{20}^*\approx 0.518$。

如果两台变压器的短路阻抗标幺值均为 0.05，则环流的标幺值近似为

$$I_c^*=\frac{\Delta U_{20}^*}{|Z_{\mathrm{SI}}|^*+|Z_{\mathrm{SII}}|^*}=\frac{0.518}{0.05+0.05}=5.18$$

可见，即使二次侧开路，回路中的环流仍为额定电流的 5.18 倍，严重过载。若过载时间稍长，可能烧坏变压器。因此，变压器并联运行时，联结组必须相同。

3. 短路阻抗的标幺值相等

短路阻抗的标幺值相等是指阻抗模的标幺值和阻抗角都要相等，该条件关系到各台变压器的负载分配是否合理的问题。以两台变压器并联运行为例，负载运行时，可将变压器的一相化为图 4-45 所示的等效电路。

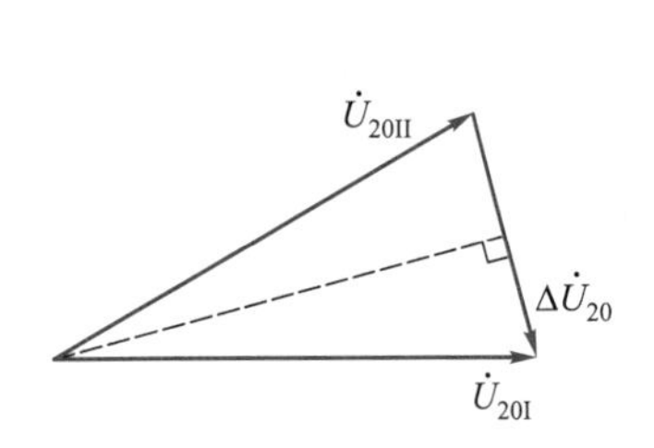

图 4-44 联结组不同时的并联运行相量图

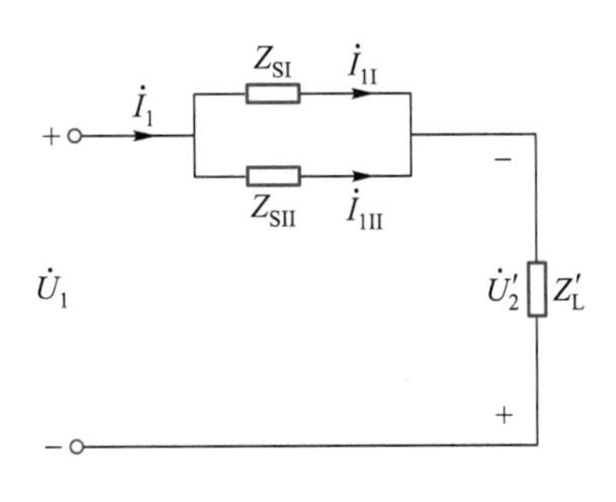

图 4-45 短路阻抗不同时的并联运行等效电路

若两台变压器的电压比和联结组分别相等，只有短路阻抗不同，则有

$$Z_{\mathrm{S\,I}}\dot{I}_{1\,\mathrm{I}}=Z_{\mathrm{S\,II}}\dot{I}_{1\,\mathrm{II}} \tag{4-79}$$

$$\frac{\dot{I}_{1\,\mathrm{I}}}{\dot{I}_{1\,\mathrm{II}}}=\frac{Z_{\mathrm{S\,II}}}{Z_{\mathrm{S\,I}}}=\frac{|Z_{\mathrm{S\,II}}|}{|Z_{\mathrm{S\,I}}|}\underline{/(\varphi_{\mathrm{S\,II}}-\varphi_{\mathrm{S\,I}})} \tag{4-80}$$

由此，得到以下三点：

(1) 各变压器承担的负载与其短路阻抗模成反比。

由于两台变压器的视在功率之比为

$$\frac{S_{\mathrm{I}}}{S_{\mathrm{II}}}=\frac{U_2'I_{1\,\mathrm{I}}}{U_2'I_{1\,\mathrm{II}}}=\frac{I_{1\,\mathrm{I}}}{I_{1\,\mathrm{II}}}=\frac{|Z_{\mathrm{S\,II}}|}{|Z_{\mathrm{S\,I}}|} \tag{4-81}$$

所以

$$S_{\mathrm{I}}:S_{\mathrm{II}}=I_{1\,\mathrm{I}}:I_{1\,\mathrm{II}}=\frac{1}{|Z_{\mathrm{S\,I}}|}:\frac{1}{|Z_{\mathrm{S\,II}}|} \tag{4-82}$$

由此可知，并联运行时，各变压器承担的负载与其短路阻抗模成反比。

若变压器铭牌上给出的是阻抗电压的标幺值，将上述各量除以相应的额定值，并根据式(4-57)得

$$S_{\mathrm{I}}^*:S_{\mathrm{II}}^*=I_{1\,\mathrm{I}}^*:I_{1\,\mathrm{II}}^*=\frac{1}{|Z_{\mathrm{S\,I}}|^*}:\frac{1}{|Z_{\mathrm{S\,II}}|^*}=\frac{1}{U_{\mathrm{S\,I}}^*}:\frac{1}{U_{\mathrm{S\,II}}^*} \tag{4-83}$$

当 $U_{\mathrm{S\,I}}^*$ 和 $U_{\mathrm{S\,II}}^*$ 已知时，便可以根据式(4-83)求出各台变压器应分担的负载(视在功率或输出电流)。

如果是三台变压器并联运行，则有

$$S_{\mathrm{I}}^*:S_{\mathrm{II}}^*:S_{\mathrm{III}}^*=I_{1\,\mathrm{I}}^*:I_{1\,\mathrm{II}}^*:I_{1\,\mathrm{III}}^*=\frac{1}{|Z_{\mathrm{S\,I}}|^*}:\frac{1}{|Z_{\mathrm{S\,II}}|^*}:\frac{1}{|Z_{\mathrm{S\,III}}|^*}=\frac{1}{U_{\mathrm{S\,I}}^*}:\frac{1}{U_{\mathrm{S\,II}}^*}:\frac{1}{U_{\mathrm{S\,III}}^*} \tag{4-84}$$

当更多台变压器并联运行时，依此类推。

(2) 各变压器的短路阻抗模的标幺值相等，即各变压器的阻抗电压标幺值相等，各变压器分担的负载与其容量成正比。

由式(4-83)知，当 $|Z_{\mathrm{S\,I}}|^*=|Z_{\mathrm{S\,II}}|^*$，即 $U_{\mathrm{S\,I}}^*=U_{\mathrm{S\,II}}^*$ 时

$$S_{\mathrm{I}}^{*} : S_{\mathrm{II}}^{*} = I_{1\mathrm{I}}^{*} : I_{1\mathrm{II}}^{*} = 1$$

即

$$\frac{S_{\mathrm{I}}}{S_{\mathrm{NI}}} : \frac{S_{\mathrm{II}}}{S_{\mathrm{NII}}} = \frac{I_{1\mathrm{I}}}{I_{1\mathrm{NI}}} : \frac{I_{1\mathrm{II}}}{1_{1\mathrm{NII}}} = 1$$

因而

$$S_{\mathrm{I}} : S_{\mathrm{II}} = S_{\mathrm{NI}} : S_{\mathrm{NII}}$$

$$I_{1\mathrm{I}} : I_{1\mathrm{II}} = I_{1\mathrm{NI}} : I_{1\mathrm{NII}}$$

短路阻抗模的标幺值相差太大的变压器不宜并联运行，一般相差不要大于平均值的 10%。

（3）若各变压器的短路阻抗角相等，其电流的相位相同，则总负载为各变压器承担负载的算术和。

当 $\varphi_{\mathrm{I}} = \varphi_{\mathrm{II}}$ 时，由式（4-80）可知 $\dot{I}_{1\mathrm{I}}$ 与 $\dot{I}_{1\mathrm{II}}$ 相位相同，因此总负载电流和总视在功率分别为

$$I_1 = I_{1\mathrm{I}} + I_{1\mathrm{II}}$$

$$S = S_{\mathrm{I}} + S_{\mathrm{II}}$$

可见，在短路阻抗标幺值相等（短路阻抗模的标幺值和阻抗角都相等）时，各变压器的负载分配最合理。否则，容易出现 $|Z_{\mathrm{S}}|^{*}$ 大的变压器欠载而 $|Z_{\mathrm{S}}|^{*}$ 小的变压器过载的情况，总负载能力受 $|Z_{\mathrm{S}}|^{*}$ 小的变压器的负载限制。如果实际变压器的短路阻抗角相差不大，那么可忽略其影响。

以上分析说明，实际运行时，三相变压器的三个并联运行条件中，必须严格保证第二个条件，即并联变压器的联结组必须相同，另外两个条件可以允许一定范围内的误差。

［例 **4-7**］　三台电压比、联结组和阻抗电压的标幺值都相等的变压器并联运行。三者的容量分别为 $S_{\mathrm{NI}} = 100\ \mathrm{kV \cdot A}$，$S_{\mathrm{NII}} = 200\ \mathrm{kV \cdot A}$，$S_{\mathrm{NIII}} = 400\ \mathrm{kV \cdot A}$。当总负载为 560 kV · A 时，试问：（1）各自分担的负载是多少？（2）三台变压器能承担的最大总负载是多少？

解：设总负载用 S_{L} 表示，则

（1）由于各变压器承担的负载与容量成正比，故

$$S_{\mathrm{I}} : S_{\mathrm{II}} : S_{\mathrm{III}} = S_{\mathrm{NI}} : S_{\mathrm{NII}} : S_{\mathrm{NIII}} = 100 : 200 : 400$$

$$S_{\mathrm{I}} = \frac{1}{7} S_{\mathrm{L}} = \frac{1}{7} \times 560\ \mathrm{kV \cdot A} = 80\ \mathrm{kV \cdot A}$$

$$S_{\mathrm{II}} = \frac{2}{7} S_{\mathrm{L}} = \frac{2}{7} \times 560\ \mathrm{kV \cdot A} = 160\ \mathrm{kV \cdot A}$$

$$S_{\mathrm{III}} = \frac{4}{7} S_{\mathrm{L}} = \frac{4}{7} \times 560\ \mathrm{kV \cdot A} = 320\ \mathrm{kV \cdot A}$$

（2）$S_{\mathrm{L}} = S_{\mathrm{NI}} + S_{\mathrm{NII}} + S_{\mathrm{NIII}} = (100+200+400)\ \mathrm{kV \cdot A} = 700\ \mathrm{kV \cdot A}$

4.10　其他用途的变压器

PPT 4.10：其他用途的变压器

在电力系统和其他用电场合，除了使用前面介绍的普通双绕组变压器以外，还广泛使用一些用于不同场合、有特殊要求的变压器，尽管它们品种和规格各有不同，但基本理论相通。本节主要介绍常用的自耦变压器和仪用互感器。

4.10.1　自耦变压器

高、低压绕组中有一部分是公共绕组的变压器称为自耦变压器，有单相和三相之分，也有降压和升压之分。自耦变压器常用于高、低电压比较接近的场合，例如用于连接两个电压相近的电力网。在工厂和实验室里，通常用作调压器和交流电动机的减压起动设备等。

1. 单相自耦变压器

单相自耦变压器如图 4-46 所示，其绕组可分为上下两部分，上面部分称为串联绕组，下面部分称为公共绕组。在图 4-46(a)中，将串联绕组加上公共绕组作为一次绕组，公共绕组兼作二次绕组，为降压自耦变压器。在图 4-46(b)中，将串联绕组加上公共绕组作为二次绕组，公共绕组兼作一次绕组，为升压自耦变压器。

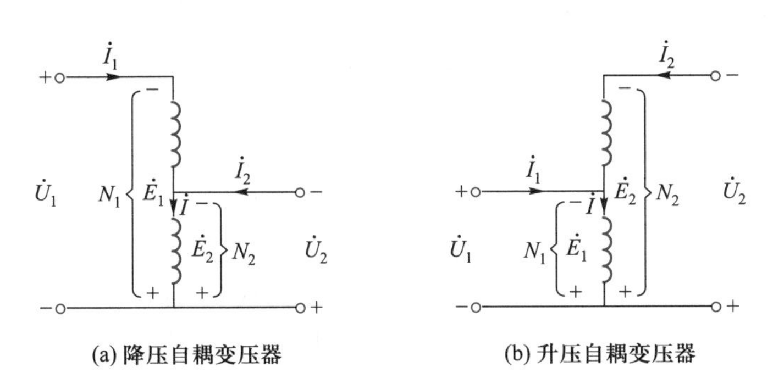

图 4-46　单相自耦变压器

(1) 电压关系

自耦变压器与普通双绕组变压器相同，当一次绕组外加交流电压 $\dot{U}_1$ 后，也存在主磁通和漏磁通，主磁通在一、二次绕组中分别产生感应电动势 $\dot{E}_1$ 和 $\dot{E}_2$。自耦变压器的电动势平衡方程式与普通双绕组变压器相同，若忽略绕组的阻抗压降，则自耦变压器的电压比为

$$\frac{U_1}{U_2}\approx\frac{E_1}{E_2}=\frac{N_1}{N_2}=k \tag{4-85}$$

式中：$k>1$ 时，自耦变压器为降压变压器；$k<1$，为升压变压器。

(2) 电流关系

自耦变压器的磁动势平衡方程式与普通双绕组变压器相同，即

$$N_1\dot{I}_1+N_2\dot{I}_2=N_1\dot{I}_0$$

在空载电流可以忽略的情况下,有

$$N_1\dot{I}_1+N_2\dot{I}_2\approx 0$$

于是,得

$$\dot{I}_1\approx-\frac{\dot{I}_2}{k}\text{或}\frac{I_1}{I_2}\approx\frac{1}{k} \tag{4-86}$$

根据基尔霍夫电流定律,公共绕组的电流为

$$\dot{I}=\dot{I}_1+\dot{I}_2 \tag{4-87}$$

由于忽略 $\dot{I}_0$,$\dot{I}_1$与 $\dot{I}_2$相位相反,故在数值上

$$I=|I_1-I_2| \tag{4-88}$$

在降压变压器中,$I_1<I_2$;在升压变压器中,$I_1>I_2$。如果一、二次电压相差不大,k 接近于 1,则公共绕组的电流 I 很小,接近于空载电流。因此,由于 I 与 I_1、I_2 不相等,公共绕组和串联绕组可以用不同截面积的材料绕制,从而可以节省材料,进而减小体积、重量和成本。

(3) 功率关系

除了电动势平衡方程式和磁动势平衡方程式外,自耦变压器的容量公式也与普通双绕组变压器的相同,即

$$S_N=U_{1N}I_{1N}=U_{2N}I_{2N} \tag{4-89}$$

普通双绕组变压器的高、低压绕组是分开放置的,虽然套装在同一铁心柱上,但相互绝缘,两绕组之间只有磁的耦合,并无电的联系,变压器的功率传递仅由绕组之间的电磁感应来完成。然而,自耦变压器的高、低压绕组实际上是一个绕组,低压绕组接线是从高压绕组引出来的,两绕组之间既有磁的耦合,又有电的联系。因此,自耦变压器的视在功率由两部分组成:一部分是公共绕组通过电磁感应传递的,称为感应功率 S_i;另一部分是串联绕组通过直接传导传递的,称为传导功率 S_t。

在降压变压器中,有

$$S_2=U_2I_2=U_2(I+I_1)=U_2I+U_2I_1=S_i+S_t$$
$$S_i=U_2I$$
$$S_t=U_2I_1$$

在升压变压器中,有

$$S_1=U_1I_1=U_1(I+I_2)=U_1I+U_1I_2=S_i+S_t$$
$$S_i=U_1I$$
$$S_t=U_1I_2$$

正是由于传导功率的存在,与同容量的普通双绕组变压器相比,自耦变压器的效率更高、电压调整率更低。在 S_N 一定时,电压比 k 越接近于 1,I_1 就越接近 I_2;I 和 S_i 越小,传导功率 S_t 所占比例就越大,经济效果越显著。

综上所述,自耦变压器具有耗材少、体积小、重量轻、价格低和效率高等优点,在电力系统、工厂、实验室和家用电器中均有应用。

2. 三相自耦变压器

三相自耦变压器的工作原理如图 4-47 所示。三个高压绕组连接成星形,三个低压绕组只是高压绕组的一部分(图 4-47 中下面的部分),也连接成星形。若高压绕组作为一次绕组接到三相电源上,则低压绕组作为二次绕组输出降低后的电压。若想输出多种电压,那么低压绕组需多备几个抽头(图 4-47 中为三个抽头)。这种自耦变压器常用于三相异步电动机的减压起动。

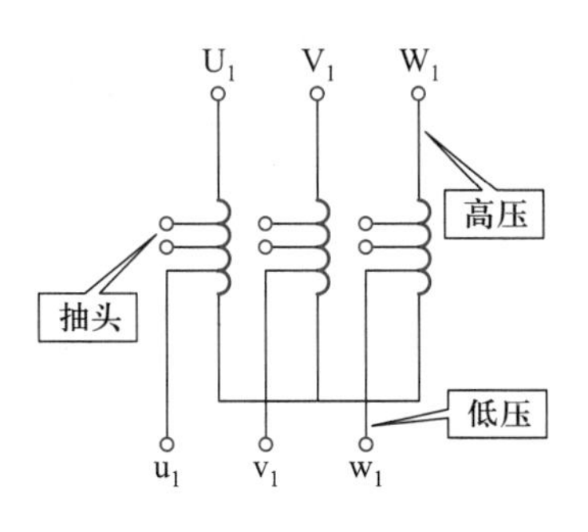

图 4-47　三相自耦变压器

4.10.2　仪用变压器

仪用变压器也称仪用互感器,分为电压互感器和电流互感器两种。与普通变压器相比,仪用变压器能更准确地按一定比例将高电压(或大电流)变换为测量仪表所需的低电压(或小电流),从而实现对电力系统的间接测量、显示和控制。仪用变压器能够扩大仪表的量程,使仪表与高电压(或大电流)隔离,以保护工作人员和仪器仪表的安全。为了提高测量精度,仪用变压器的铁心尽量选择导磁性能好的材料,工作中不能饱和,尽量减小励磁电流和阻抗压降。

1. 电压互感器

电压互感器相当于一台处于空载运行状态的小型降压变压器,其接线方式如图 4-48 所示。高压绕组作一次绕组,与被测电路并联;低压绕组作二次绕组,接电压表或功率表等负载。

由于电压表的负载阻抗非常大,二次绕组相当于开路,故

$$U_1 \approx \frac{N_1}{N_2} U_2 = k_v U_2 \tag{4-90}$$

式中:k_v 为电压互感器的变压比,且 $k_v > 1$。

通常将二次绕组的额定电压设计成统一标准值 100 V,配 100 V 量程的电压表。由于一次绕组电压的范围较广,所以一次侧可有很多抽头,对应不同的变压比。只要根据被测线路的电压选择合适的变压比 k_v,就可以将高电压变换为便于测量的低电压,以适应不同的场合。

电压互感器在使用时要注意:(1) 二次绕组不允许短路,以免电流过大而烧坏互感器;(2) 为了安全起见,尤其是在一次电压很大时,二次绕组连同铁心要可靠接地;(3) 电压互感器不宜接过多的仪表,以免二次绕组的负载阻抗变小,影响互感器测量的准确性。

2. 电流互感器

电流互感器相当于一台处于短路运行状态的小型升压变压器,其接线方式如图 4-49 所示。低压绕组作一次绕组,与被测电路串联,由一匝或几匝截面积较大的导线绕制而成;高压绕组作二次绕组,接电流表或功率表等负载,匝数较多,

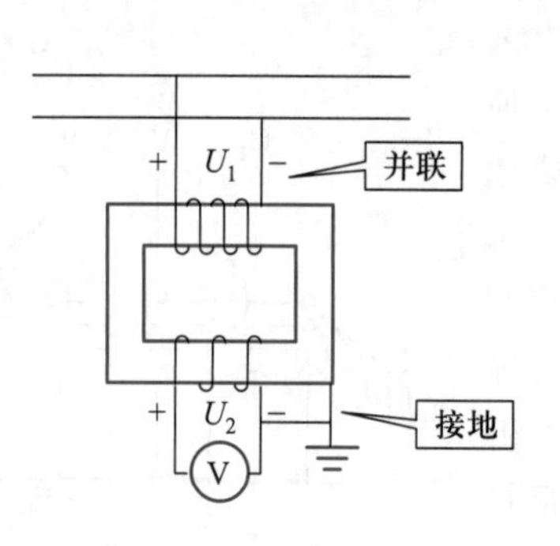

图 4-48　电压互感器接线图

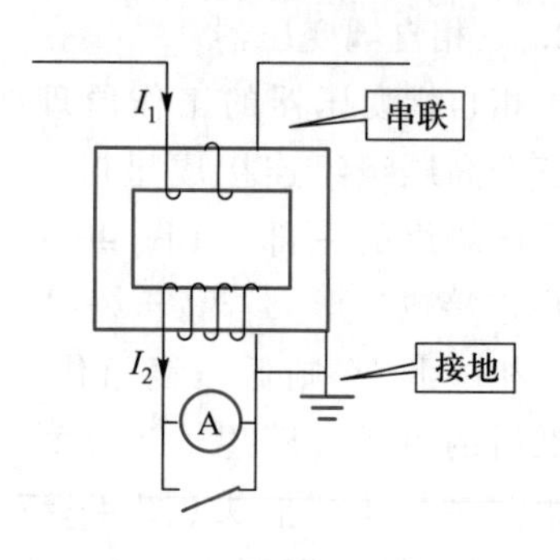

图 4-49　电流互感器接线图

截面积较小。

由于电流表的负载阻抗非常小,二次绕组相当于短路,因而一次绕组电压很小,产生的主磁通很小,励磁电流(空载电流)很小,可以忽略不计,故

$$N_1\dot{I}_1+N_2\dot{I}_2\approx 0$$

$$I_1\approx\frac{N_2}{N_1}I_2=k_iI_2 \tag{4-91}$$

式中:k_i 称为电流互感器的变流比,且 $k_i>1$。

通常将二次绕组的额定电流设计成统一标准值 5 A 或 1 A,配 5 A 或 1 A 量程的电流表。由于一次绕组电流的范围较广,故一次侧可有很多抽头,对应不同的变流比。只要根据被测线路的电流选择合适的变流比 k_i,就可以将大电流变为便于测量的小电流,以适应不同的场合。

电流互感器在使用时要注意:

(1) 二次绕组不允许开路,否则 $N_2I_2=0$,剩下的 N_1I_1 会使主磁通大增,从而产生很大的感应电动势,损坏互感器的绝缘,危害人员及设备的安全。为此,一般电流互感器的二次侧都有一个短路环,电流表接入后,才将开关打开,短路环断开;电流表未接入或更换时,应将开关闭合,短路环连通。

(2) 为了安全起见,尤其是在一次电压很高时,二次绕组连同铁心要可靠接地。

(3) 电流互感器不宜接过多仪表,以免二次绕组的负载阻抗变大,影响测量的准确性。

PPT 4.11:
变压器的应用

4.11　变压器的应用

4.11.1　变压器在电力系统中的应用

世界范围内绝大部分的交流电首先由发电站中的交流发电机产生,然后经过一系列的电压变换,最终输送到各用电地区。目前,我国交流高压输电的电压等级有 110 kV、220 kV、330 kV、500 kV、750 kV 和 1 000 kV 等多种。大型交流发电机的输出电压虽已超过 10 kV,但仍然不能满足远距离输电的电压需求,需

要在发电站中安装升压变压器,先将电压升高到输电所需要的数值,再进行远距离输电。由于目前工农业生产和民用建筑的动力用电高压为 10 kV 和 6 kV、低压为 380 V 和 220 V,电能输送到用电地区后,需要通过降压变压器将输送来的电能降压,然后再配送到各用电用户。从发电站开始,电能的输配送过程如图 4-50 所示。电能降压时,必须视具体需求,使用各种变压器来获得不同的电压。

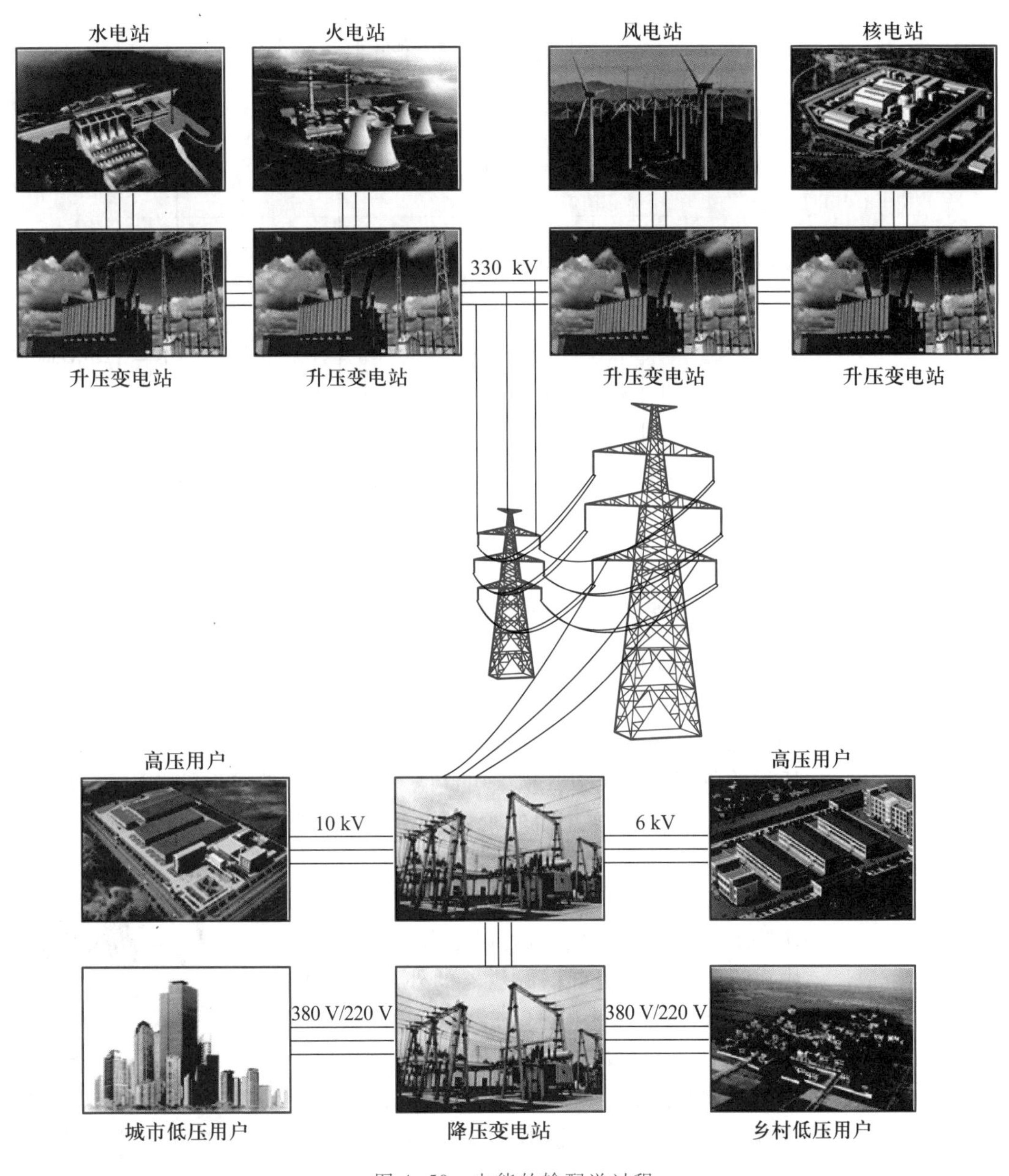

图 4-50 电能的输配送过程

变压器也是工厂供电系统中最重要的电气设备，某 6~10 kV 高压配电所的工厂供电系统，如图 4-51 所示。各车间变电所的低压侧通过低压联络线相互连接，以提高供电系统运行的可靠性和灵活性。此外，该高压配电所有一条高压配电线直接供电给一组高压电动机，另有一条高压配电线直接接一组高压并联电容器。3 号车间变电所的低压母线上也接有一组低压并联电容器。并联电容器用于补偿无功功率，提高功率因数。

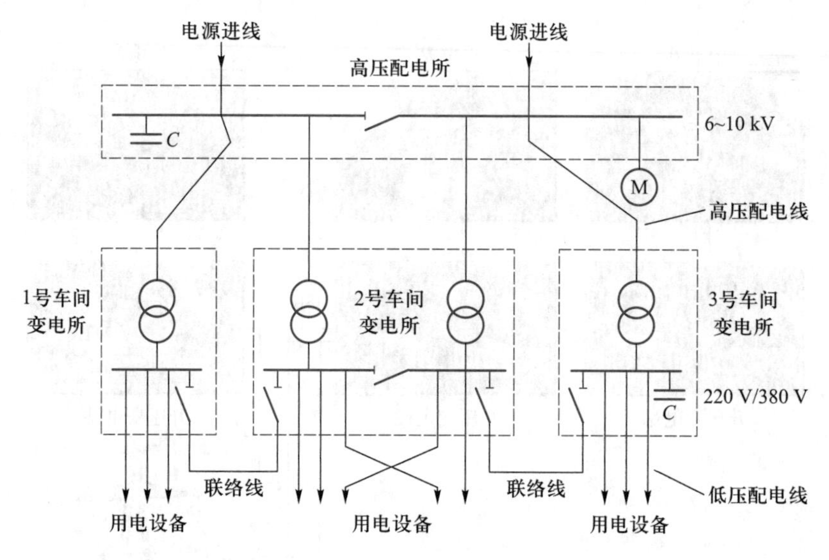

图 4-51 某 6~10 kV 高压配电所的工厂供电系统

4.11.2 变压器在调压设备中的应用

在工厂和实验室里，自耦变压器通常用作调压器和交流电动机的减压起动设备等。现以调压器为例，说明变压器的具体应用。接触式自耦变压器通过可滑动的电刷与裸露在外的绕组相接触，引出输出电压。若将图 4-46 和图 4-47 中所示的单相自耦变压器和三相自耦变压器上面的输出端改用滑动触点引出，滑动触点移动时，二次绕组的匝数就会随之改变。这样就成为输出电压可平滑调节的自耦变压器，又称自耦调压器。

在单相自耦调压器中，输出电压 U_2 既可以低于一次绕组的输入电压 U_1，也可以稍高于 U_1。在实验室中广泛应用的单相自耦调压器的外形如图 4-52 所示，一次绕组的输入电压 $U_1 = 220$ V，二次绕组的输出电压 $U_2 = 0 \sim 250$ V。由于受到被电刷短路的线圈的短路电流限制，接触式自耦变压器的容量一般较小，电压不高，但容量越小，体积就越小，重量就越轻。当需要较大容量和较高电压的调节时，可采用动圈式调压器。

图 4-52 单相自耦调压器

4.11.3 变压器在电子产品中的应用

在日常生活中,除了纯电阻性电器(如电炉子、白炽灯、电饭锅、热水器)和带电机的电器(如冰箱、空调、电扇、洗衣机、抽油烟机)外,电脑、电视、微波炉、电磁炉等其他家用电器基本上都不能直接使用交流电,而电网提供的是 220 V、50 Hz 的交流电,需要把交流电变成直流电才能使用。

以电源适配器为例,笔记本电脑工作时,需要使用电源适配器为其提供稳定的恒压直流电,如图 4-53 所示。电源适配器的工作原理简单,就是利用开关电源的原理,通过转化电路,将不稳定的交流电转换成笔记本电脑所需要的恒压直流电,其中变压器起到降压变换的作用。在转化电路中,有过流保护、过压保护和短路保护等保护电路,以防止意外发生时笔记本电脑被损毁。

图 4-53 变压器在稳压电源中的应用

思考题

4-1 为什么远距离输电需要用高压来进行?

4-2 为什么发电站输出交流电进行远距离传输,而非直流电?

4-3 某三相变压器共有三个高压绕组和三个低压绕组,该变压器是多绕组变压器还是双绕组变压器?

4-4 在何种假设条件下,变压器一、二次绕组电压的有效值之比等于变压器的电压比?

4-5 为什么我国国产电力变压器主要采用心式变压器而非壳式变压器?

4-6 同心式绕组适用于哪类结构的铁心? 交叠式绕组适用于哪类结构的铁心?

4-7 额定电压为 10 000 V/230 V 的变压器,是否可以将低压绕组接在 380 V 的交流电源上工作?

4-8 变压器长期运行时,实际工作电流是否可以大于、等于或小于额定电流?

4-9 变压器的额定容量为什么用视在功率而非有功功率表示?

4-10　在空载和负载两种情况下分别计算变压器的电压比，哪种计算结果更加精确？

4-11　为什么说变压器只有在满载和接近满载时一、二次绕组电流与匝数成反比才成立？空载或轻载时是否成立？

4-12　阻抗变换公式是在忽略什么因素的情况下得到的？

4-13　如何根据图 4-34 中的相量图，求得式（4-61）中的表达式？在三类负载情况下是否可以得出同样的表达式？

4-14　为什么一次绕组外加电压不变，铁损耗也不变？

4-15　为什么 R_0 不需要从室温值换算至 75 ℃值，而 R_S 需要换算？

4-16　变压器在额定电压下进行空载试验和额定电流下进行短路试验时，电压加在高压侧测得的 P_0 和 P_S 与电压加在低压侧测得的结果是否相同？

4-17　为什么变压器的空载损耗可视为铁损耗，而短路损耗可视为铜损耗？

4-18　额定电压不变，频率变化时，变压器的空载电流、铁损耗、绕组的漏阻抗以及电压调整率如何变化？

4-19　电压调整率与哪些因素有关？在什么情况下会出现零值或负值？

4-20　最大效率、额定效率和实际效率有什么区别？

4-21　在空载和负载两种情况下，一次侧的功率因数有何变化？

4-22　在空载和负载两种情况下，二次端电压 U_{20} 和 U_2 的大小关系如何变化？与所带的负载性质是否相关？

4-23　负载功率因数与哪些因素有关？

4-24　联结组为 Y，d3 的三相变压器，其高压绕组线电动势与对应的低压绕组线电动势的相位差是多少？滞后与超前的关系如何？

4-25　如果已知联结组，能否画出绕组的连接图？

4-26　两台变压器并联运行，二者容量相同而阻抗电压标幺值不同，哪台分担的负载多？若阻抗电压标幺值相同而容量不同，哪台分担的负载多？

4-27　两台变压器应满足什么条件时才可以并联运行？为什么？

4-28　与一般双绕组变压器相比，自耦变压器存在哪些优缺点？

4-29　电压互感器和电流互感器在使用时需要注意哪些事项？

练习题

4-1　某三相变压器，高压绕组为星形联结，低压绕组为三角形联结，容量 $S_N=500\ kV\cdot A$，额定电压 $U_{1N}/U_{2N}=35\ kV/11\ kV$。试求该变压器在额定状态下运行时，高、低压绕组的线电流和相电流。

4-2　$S_N=75\ kV\cdot A$ 的三相变压器，二次绕组为星形联结，以 400 V 的线电压供电给三相对称负载，设负载为星形联结，每相负载的阻抗 $Z_L=(2-j1.5)\ \Omega$。此变压器能否承担上述负载？

4-3　某单相变压器，一次绕组加 10 000 V 的电压，空载时，二次电压为 230 V，满载时二次电流为 217 A，试求这台变压器的电压比和满载时的一次电流。

4-4　某单相变压器，一次绕组匝数 $N_1=783$ 匝，电阻 $R_1=0.6\ \Omega$，漏电抗 $X_1=2.45\ \Omega$；二次绕组匝数 $N_2=18$ 匝，电阻 $R_2=0.0029\ \Omega$，电抗 $X_2=0.0012\ \Omega$。设空载和负载时 Φ_m 不变，且 $\Phi_m=0.0575$ Wb，$U_1=10\ 000$ V，$f=50$ Hz。空载时，$\dot{U}_1$ 超前于 $\dot{E}_1$ 180.01°；负载阻抗 $Z_L=(0.05-j0.016)\ \Omega$。试求：(1) 电动势 E_1 和 E_2；(2) 空载电流 I_0；(3) 一次绕组电流 I_1 和负载电流 I_2。

4-5　某半导体收音机的输出端需接一只电阻为 800 Ω 的扬声器，若目前市场上供应的扬声器的电阻只有 8 Ω，试问：应该利用电压比为多少的变压器才能实现这一阻抗匹配？

4-6　某台变压器，$S_N=100$ kV·A，$U_{1N}/U_{2N}=6\ 000$ V/400 V；采用 Y，y 接法，每相参数 $Z_1=(4.2+j9.2)\ \Omega$，$Z_0=(514+j5\ 526)\ \Omega$。试求：(1) 励磁电流与额定电流的比值；(2) 空载运行时的输入功率；(3) 一次侧相电压、相电动势及漏阻抗压降，并比较它们的大小。

4-7　某台单相变压器，$U_{1N}/U_{2N}=380$ V/190 V，$Z_1=(0.4+j0.8)\ \Omega$，$Z_2=(0.15+j0.3)\ \Omega$，$Z_0=(600+j1\ 200)\ \Omega$，$Z_L=(7.5+j4.75)\ \Omega$。当一次绕组加上额定电压 380 V 时，分别用 T 形等效电路和简化等效电路，求负载电流和电压的实际值。

4-8　某单相变压器，$S_N=50$ kV·A，$U_{1N}/U_{2N}=1\ 000$ V/230 V，$R_1=40\ \Omega$，$X_1=60\ \Omega$，$R_2=0.02\ \Omega$，$X_2=0.04\ \Omega$，$R_0=2\ 400\ \Omega$，$X_0=12\ 000\ \Omega$。当该变压器作降压变压器向外供电时，二次电压 $U_2=215$ V，电流 $I_2=180$ A，功率因数 $\lambda_2=0.8$（电感性）。利用基本方程式试求该变压器的 I_0、I_1 和 U_1。

4-9　某单相铜线变压器，$S_N=2\ 000$ kV·A，$U_{1N}/U_{2N}=127$ kV/11 kV，$I_{1N}/I_{2N}=157.5$ A/1 818 A，$f=50$ Hz，室温 $\theta=15$ ℃。在低压侧做空载试验，测得 $U_1=11$ kV，$I_0=45.5$ A，$P_0=47$ kW；在高压侧做短路试验，测得 $U_S=9.24$ kV，$I_1=157.5$ A，$P_S=129$ kW。设 $R_1=R_2'$，$X_1=X_2'$，试求折算至高压侧 75 ℃时的 T 形等效电路中的各参数。

4-10　某台三相变压器，高压绕组为星形联结，低压绕组为三角形联结。$S_N=750$ kV·A，$U_{1N}/U_{2N}=10\ 000$ V/231 V，$I_{1N}/I_{2N}=43.3$ A/1 874 A。室温为 20 ℃，绕组为铜线绕组。在低压侧进行空载试验，测得 $U_{1L}=231$ V，$U_{2L}=10\ 000$ V，$I_{0L}=103.8$ A，$P_0=3\ 800$ W；在高压侧进行短路试验，测得 $U_{SL}=440$ V，$I_{1L}=43.3$ A，$P_S=10\ 900$ W。试求折算至高压侧的 $|Z_0|$、R_0、X_0 和 $|Z_S|$、R_S、X_S。

4-11　用上题中的变压器向 $\lambda_2=0.8$（电感性）、$\lambda_2=1$（电阻性）和 $\lambda_2=0.8$（电容性）三种负载供电，试求电压调整率。

4-12　试求练习题 4-8 中变压器的输出功率 P_2、铜损耗 P_{Cu}、铁损耗 P_{Fe} 和效率 η。

4-13　两台电压比和联结组相同的变压器并联运行，二者的容量和阻抗电压标幺值分别为 $S_{NI}=100$ kV·A，$U_{NI}^*=0.04$，$S_{NII}=100$ kV·A，$U_{NII}^*=0.045$。当总负载为 200 kV·A 时，试问：(1) 两台变压器各自分担的负载是多少？(2) 为了不使两台变压器过载，总负载应为多少？

4-14　三台电压比、联结组和容量都相同的变压器并联运行。三者的阻抗电压标幺值分别为 $U_{S1}^* = 4\%$、$U_{S2}^* = 4.5\%$、$U_{S3}^* = 6\%$。试问：(1) 当三者输出的总视在功率为 1 380 kV · A 时，各自分担的视在功率是多少？(2) 当三台变压器的容量 $S_N = 630$ kV · A 时，各自能输出的最大视在功率是多少？

4-15　某单位原用一台 Y, yn0, $S_N = 500$ kV · A, $U_{1N}/U_{2N} = 10$ kV/0.4 kV, $U_S^* = 4.5\%$的变压器供电。由于用电量增加近 40%，需从以下四台备用的变压器中选择一台与原变压器并联运行。这四台备用变压器的数据分别为：

(1) 变压器 1：Y, yn6, 500 kV · A, 10 kV/0.4 kV, $U_S^* = 4.5\%$；

(2) 变压器 2：Y, yn0, 500 kV · A, 6.3 kV/0.4 kV, $U_S^* = 4.5\%$；

(3) 变压器 3：Y, yn0, 200 kV · A, 10 kV/0.4 kV, $U_S^* = 4.5\%$；

(4) 变压器 4：Y, yn0, 315 kV · A, 10 kV/0.4 kV, $U_S^* = 4.0\%$。

试问：这四台变压器中可以选用的是哪几台？通过计算说明选用它们与原变压器并联运行时的最大供电量是多少。

4-16　某单相自耦变压器，$S_N = 2$ kV · A，一次额定电压 $U_{1N} = 220$ V，二次电压可以调节，当二次电压调节到 $U_2 = 100$ V 时，输出电流 $I_2 = 10$ A。试求：(1) 串联绕组的电流 I_1；(2) 公共绕组的电流 I 以及输出视在功率、感应功率和传导功率。

4-17　某台普通的双绕组配电变压器，$S_N = 50$ kV · A, $U_{1N}/U_{2N} = 2\ 400$ V/240 V，现将其改接成一台升压自耦变压器，上面串联绕组的电压为 240 V，下面公共绕组的电压为 2 400 V，且 240 V 绕组的绝缘足以承受 2 640 V 的对地电压。试求：(1) 该自耦变压器高压侧和低压侧的额定电压；(2) 该自耦变压器的额定容量。

4-18　现利用一台额定电压为 6 000 V/100 V 的电压互感器和一台额定电流为 100 A/5 A 的电流互感器测量某电路的电压和电流。测得电压互感器二次电压为 80 V，电流互感器二次电流为 4 A，试问被测电路的电压和电流是多少？

第5章 异步电动机

交流电机分为同步电机和异步电机两大类，二者在工作原理上有着本质的不同，如果转子的转速与旋转磁场的转速相同，就是同步电机；如果不同，就是异步电机。同步电机采用双边（定子和转子）励磁，异步电机采用单边（定子）励磁，转子电流通过感应产生，二者在性能和应用上有着较大的区别。

原则上，异步电机既可以作为电动机运行，也可以作为发电机运行，但实际应用中，异步电机多作为电动机运行，仅在较少数场合，例如风力发电厂和小型水电站，异步电机才作为发电机使用。异步电机作为电动机时，其功率范围从几瓦到上万千瓦，是国民经济各行业和人们日常生活中应用最广泛的电动机，为多种机械设备和家用电器提供动力。例如，机床、中小型轧钢设备、风机、水泵、轻工机械、冶金和矿山机械等，大都采用三相异步电动机；电风扇、洗衣机、电冰箱、空调器等家用电器，广泛使用单相异步电动机。本章主要介绍三相异步电动机的工作原理、基本结构、电磁关系、运行特性等。

5.1 三相异步电动机的工作原理

PPT 5.1：三相异步电动机的工作原理

5.1.1 旋转磁场

三相异步电机的结构与直流电机的结构相似，也是由定子和转子组成。其中，定子是由定子铁心和嵌放在定子铁心槽内的三相绕组组成，如图5-1所示。三相绕组由三个独立的、匝数尺寸相同且轴线互差120°的单相绕组组成，图5-1中的U_1U_2、V_1V_2和W_1W_2分别表示三相绕组UVW的三个单相绕组，为了简化表示每相绕组仅由一个整距线圈构成，每个圈边占据一个定子铁心槽，U_1、V_1和W_1为绕组的首端，U_2、V_2和W_2为绕组的尾端，U_1U_2、V_1V_2和W_1W_2可接成星形或三角形。将三相绕组接至三相电源，每相绕组的电流为

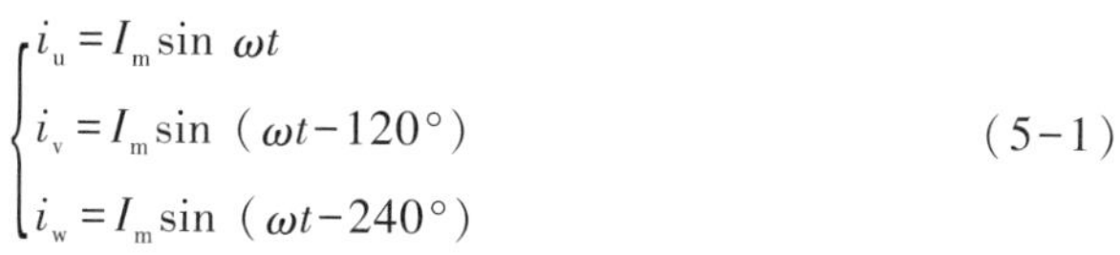

$$\begin{cases} i_u = I_m \sin \omega t \\ i_v = I_m \sin(\omega t - 120°) \\ i_w = I_m \sin(\omega t - 240°) \end{cases} \tag{5-1}$$

图5-2给出了三相电流随时间变化的曲线，规定电流的参考方向为首端流向尾端，即电流由首端流向尾端为正，由尾端流向首端为负。⊗表示电流流入纸面，⊙表示电流流出纸面。为了说明三相电流通过三相绕组产生磁场的情况，选择四个时刻加以分析。当$\omega t = 0°$时，$i_u = 0$，U相绕组中没有电流；$i_v < 0$，V相绕组

中电流由尾端流向首端，则 V_1 为⊙，V_2 为⊗；$i_w>0$，W 相绕组中电流由首端流向尾端，则 W_1 为⊗，W_2 为⊙。利用右手定则即可得到此时的磁场，如图 5-3(a) 所示。同理，可得 $\omega t=90°$、$\omega t=180°$ 和 $\omega t=270°$ 时的磁场，分别如图 5-3(b)、(c) 和 (d) 所示。仔细观察图 5-3 可以发现，随着时间的推移，三相电流通过三相绕组所产生的磁场是一个大小不变、转速恒定的旋转磁场（详见本章 5.4 节），该旋转磁场具有一对磁极，旋转方向为顺时针 U→V→W，电流变化 360°，旋转磁场旋转 360°，如图 5-4 所示。

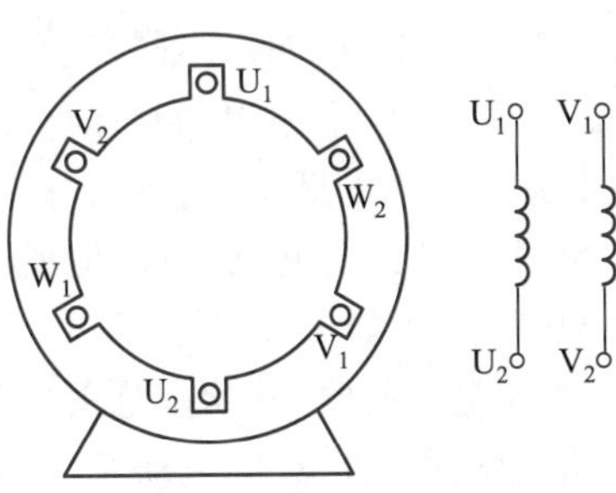

图 5-1　定子三相绕组（二极）

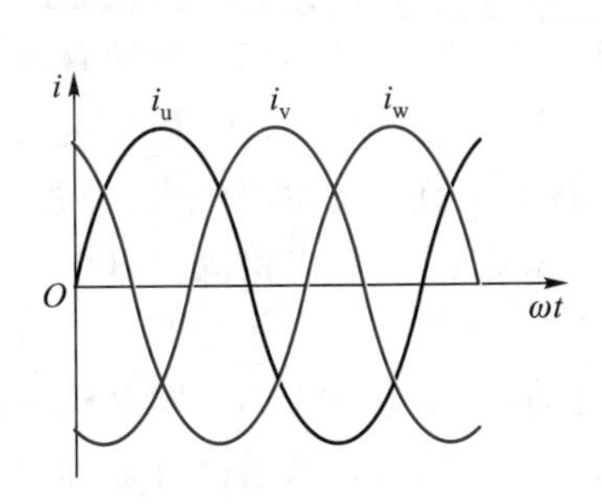

图 5-2　定子三相电流

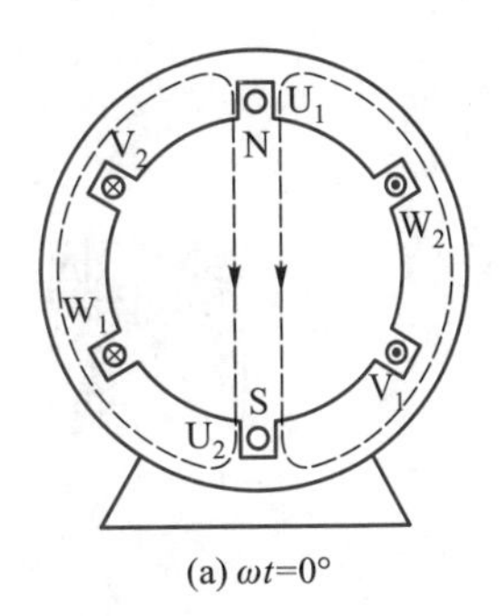

(a) ωt=0°

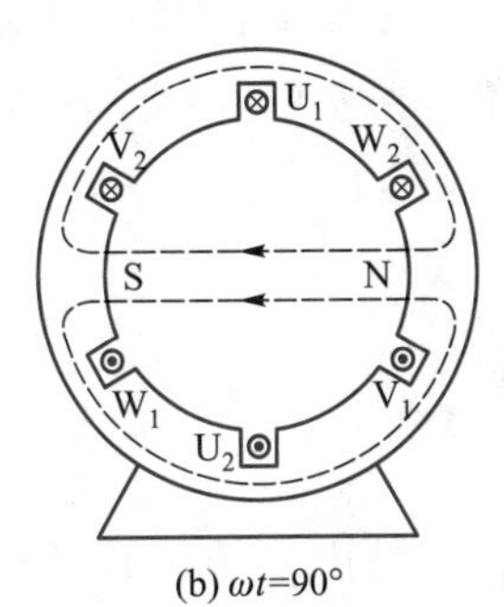

(b) ωt=90°

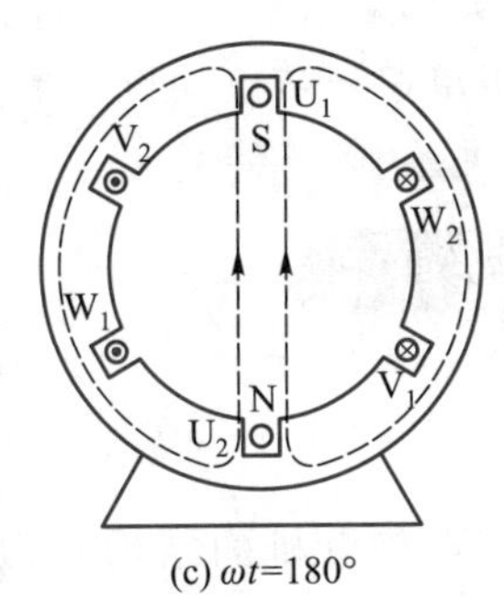

(c) ωt=180°

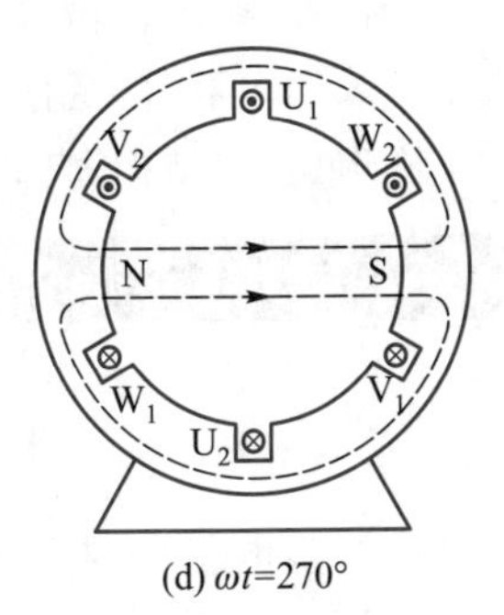

(d) ωt=270°

图 5-3　二极旋转过程

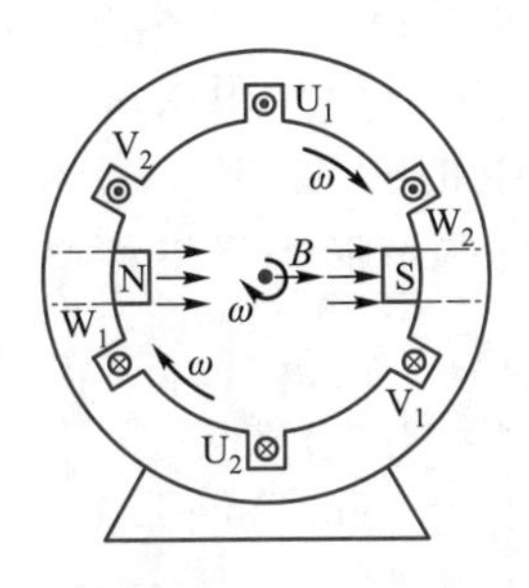

图 5-4　二极旋转磁场

改变定子三相绕组的结构，每相绕组由两个整距线圈构成，每个圈边占据一个定子铁心槽，U_1、V_1 和 W_1 为绕组的首端，U_4、V_4 和 W_4 为绕组的尾端，$U_1U_2U_3U_4$、$V_1V_2V_3V_4$ 和 $W_1W_2W_3W_4$ 可接成星形或三角形，如图 5-5 所示。将

该三相绕组接至三相电源，每相绕组的电流如式(5-1)和图5-2所示。同样选择四个时刻来分析三相电流通过三相绕组产生磁场的情况。当$\omega t=0°$时，$i_u=0$，U相绕组中没有电流；$i_v<0$，V相绕组中电流由尾端流向首端，则V_1为⊙，V_2为⊗，V_3为⊙，V_4为⊗；$i_w>0$，W相绕组中电流由首端流向尾端，则W_1为⊗，W_2为⊙，W_3为⊗，W_4为⊙。利用右手定则可得到此时的磁场，如图5-6(a)所示。同理，可得$\omega t=90°$、$\omega t=180°$和$\omega t=270°$时的磁场，分别如图5-6(b)、(c)和(d)所示。仔细观察图5-6可以发现，随着时间的推移，三相电流通过三相绕组所产生的磁场是一个大小不变、转速恒定的旋转磁场，该旋转磁场具有两对磁极，旋转方向为顺时针U→V→W，电流变化360°，旋转磁场旋转180°，如图5-7所示。

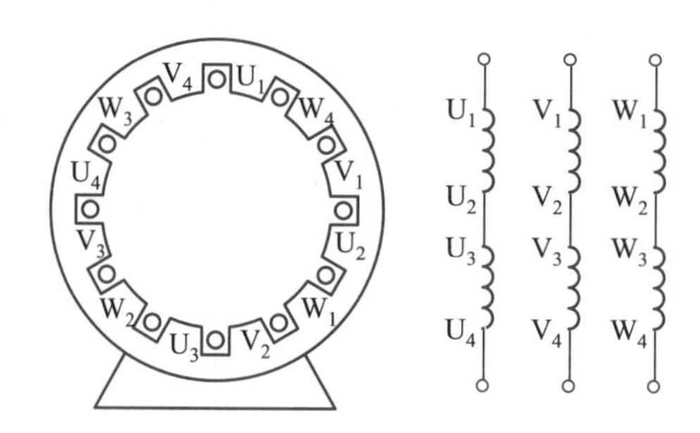

图5-5　定子三相绕组(四极)

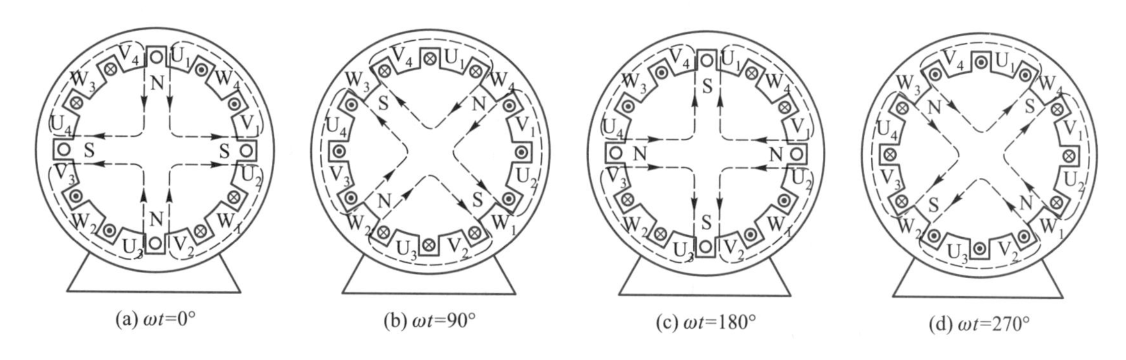

图5-6　四极旋转过程

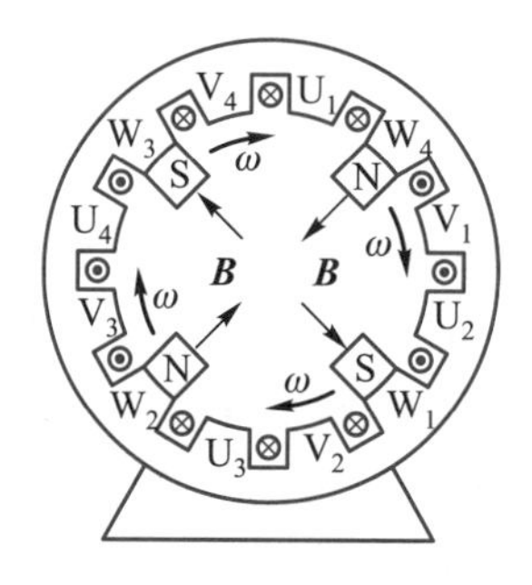

图5-7　四极旋转磁场

由此可见,当旋转磁场一对极时,电流变化 360°,旋转磁场旋转 360°;当旋转磁场二对极时,电流变化 360°,旋转磁场旋转 180°。因此,在电机中存在两种角度,一种是电角度,另一种是机械角度,二者的关系为

电角度=极对数×机械角度

例如,在二对极时,360°=2×180°。此外,由三相绕组的定义可知,三个单相绕组的轴线互差 120°,此 120°实际上是指电角度。在二对极时,虽然三个单相绕组的轴线在空间上互差 60°,但是在电角度上互差 120°。

由上述分析可见,三相绕组通以三相电流将产生旋转磁场,旋转磁场的转速称为同步转速 n_0,计算公式为

$$n_0=\frac{60f_1}{p} \tag{5-2}$$

式中:f_1 为电源的频率,即定子电压和定子电流的频率;p 为极对数。旋转磁场的转向与三相绕组中的三相电流的相序一致,由超前相转向滞后相。

5.1.2　工作原理

当定子三相绕组接至三相电源时,流入三相绕组的三相电流便会在电机内部产生一个同步转速为 n_0 的旋转磁场。该旋转磁场在旋转运动过程中,分别切割嵌放在定子铁心槽内的定子绕组和嵌放在转子铁心槽内的转子绕组,并在定子绕组和转子绕组上产生感应电动势。转子绕组感应电动势会在闭合的转子绕组回路内产生感应电流,忽略转子绕组电感,则转子绕组感应电流与感应电动势同相位,其方向可利用右手定则判定。如图 5-8 所示,若旋转磁场顺时针旋转,则 N 极下转子绕组导体中的感应电流流出纸面,S 极下转子绕组导体中的感应电流流入纸面。在此基础上,转子绕组导体中的感应电流与旋转磁场相互作用,在转子绕组导体上产生电磁力和电磁转矩,其方向可利用左手定则判定。如图 5-8 所示,N 极下转子绕组导体受力方向为顺时针,S 极下转子绕组导体受力方向也为顺时针。转子绕组在电磁转矩的作用下,沿着顺时针方向(即旋转磁场的旋转方向)拖动生产机械旋转。此时,三相异步电动机从三相电源输入电能,向生产机械输出机械能。

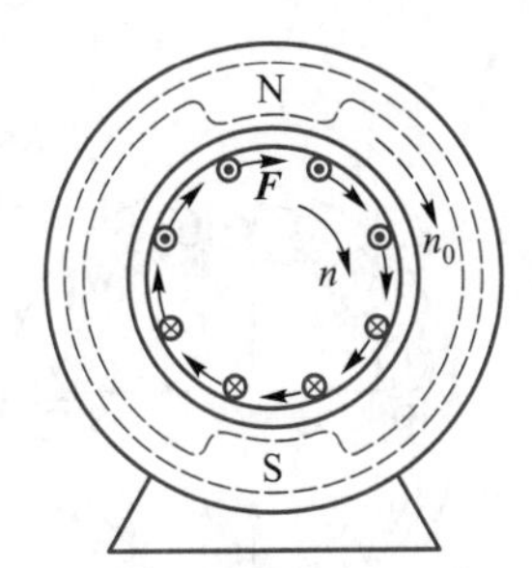

图 5-8　三相异步电动机工作原理

从上述分析可知,只有旋转磁场的同步转速与转子的转速不同时,旋转磁场才会与转子产生相对运动,并切割转子绕组,进而在转子绕组上产生感应电动势、感应电流、电磁力和电磁转矩,最终转子受力旋转。因此,在三相异步电动机正常工作的过程中,旋转磁场的同步转速始终与转子的转速不同,这也是称之为“异步”的原因。此外,由于三相异步电动机是利用转子绕组中的感应电动势和感应电流来产生电磁力和电磁转矩工作的,故被称为感应电动机。

5.1.3 运行状态

在实际工作中,三相异步电动机的同步转速 n_0 与转子转速 n 始终保持着不同,二者之差 $\Delta n=n_0-n$ 代表了旋转磁场切割转子绕组的速度,又称转差速度,通常把转差速度 Δn 与同步转速 n_0 的比值称为转差率,用 s 表示,即

$$s=\frac{n_0-n}{n_0} \tag{5-3}$$

转差率 s 反映了转子与旋转磁场相对运动的大小,是分析三相异步电动机工作状态的重要物理量。三相异步电动机有五种工作状态,分别介绍如下。

1. 堵转状态

当三相异步电动机工作在堵转状态时,$n=0$,$s=1$。此时,三相电源刚接至三相异步电动机,转子尚未转动,因此这种状态又称为起动状态。

2. 电动状态

当三相异步电动机工作在电动状态时,$n_0>n>0$,$1>s>0$。此时,旋转磁场、电磁转矩、转子旋转的方向一致,同步转速 n_0 略高于转子转速 n,电磁转矩的方向与转子旋转的方向相同,为拖动转矩,由定子绕组输入的电功率将变换为由转子转轴输出的机械功率。

3. 理想空载状态

当三相异步电动机工作在理想空载状态时,$n=n_0$,$s=0$。此时,旋转磁场与转子同向同速旋转,二者之间无相对运动,电磁转矩 T 为 0。

4. 发电状态

当三相异步电动机工作在发电状态时,$n>n_0$,$s<0$。此时,转子由其他原动机(水轮机、汽轮机等)拖动旋转,转子转向与旋转磁场转向相同,但转子转速 n 超过同步转速 n_0,因此二者的相对运动发生变化,致使转子绕组中的感应电动势、感应电流和电磁转矩的方向与电动机运行时相反,电磁转矩的方向与转子旋转的方向相反为制动转矩,由转子转轴输入的机械功率将变换为由定子绕组输出的电功率。

5. 制动状态

当三相异步电动机工作在制动状态时,$n<0$,$s>1$。此时,由于某种原因,转子转向与旋转磁场的转向相反,电磁转矩的方向与转子旋转的方向相反为制动转矩,起到阻碍转子转动的作用。

[例 5-1] 某变极多速三相异步电动机 YD-160L-4/6,具有两种极对数 $p=2$ 和 $p=3$,可进行变极操作,电源频率 $f_1=50$ Hz。试求:(1) $p=2$ 时,该电动机的同步转速;(2) $p=3$ 时,该电动机的同步转速。

解:(1) 当 $p=2$ 时,

$$n_0=\frac{60f_1}{p}=\frac{60\times50}{2}\ \text{r/min}=1\ 500\ \text{r/min}$$

(2) 当 $p=3$ 时,

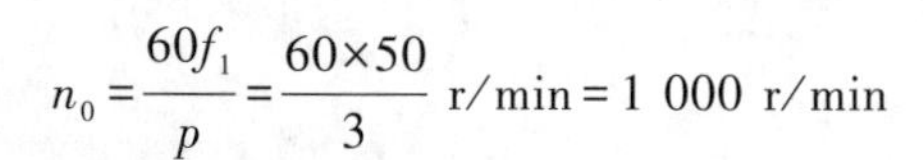

$$n_0=\frac{60f_1}{p}=\frac{60\times50}{3}\ \text{r/min}=1\ 000\ \text{r/min}$$

PPT 5.2：三相异步电动机的基本结构

5.2　三相异步电动机的基本结构

5.2.1　电机结构

三相异步电动机是由定子和转子两大部分组成的，定子和转子之间有一个较小的空气隙。图 5-9 和图 5-10 给出了笼型异步电动机的结构图和部件。

1. 定子

三相异步电动机的定子是由定子铁心、定子绕组、机座和端盖组成的。

(1) 定子铁心

定子铁心多采用彼此绝缘、0.35～0.5 mm 厚的圆形硅钢片叠压而成，以减少定子铁心的铁损耗。定子铁心的内壁开有许多均匀分布的槽，称为定子槽，用来嵌放定子绕组，如图 5-11(a)所示。三相异步电动机的容量不同，定子槽的形状也不尽相同，一般可分为三类：半闭口槽、半开口槽和开口槽，如图 5-12 所示。半闭口槽常用于低压小型三相异步电动机，半开口槽多用于 500 V 以下中型三相异步电动机，开口槽一般用于 500 V 以上中大型三相异步电动机。

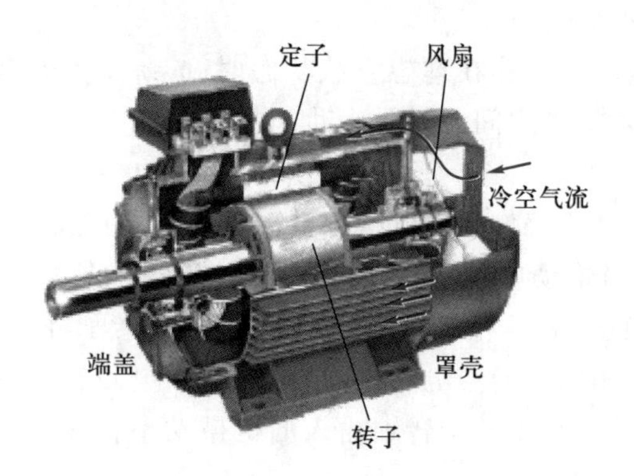

图 5-9　笼型异步电动机的结构图

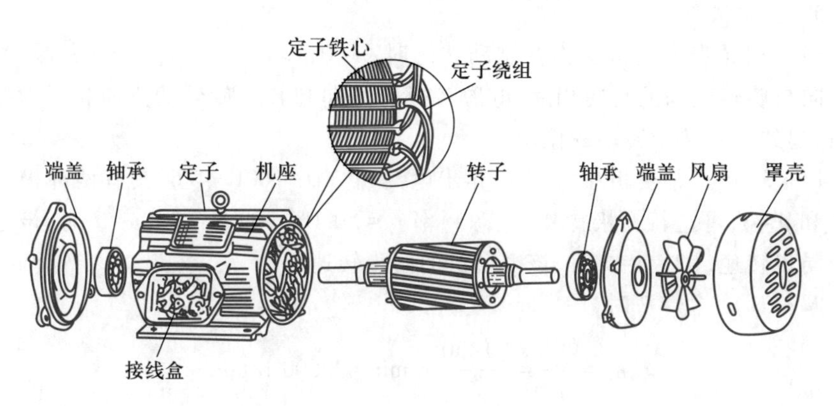

图 5-10　笼型异步电动机的部件

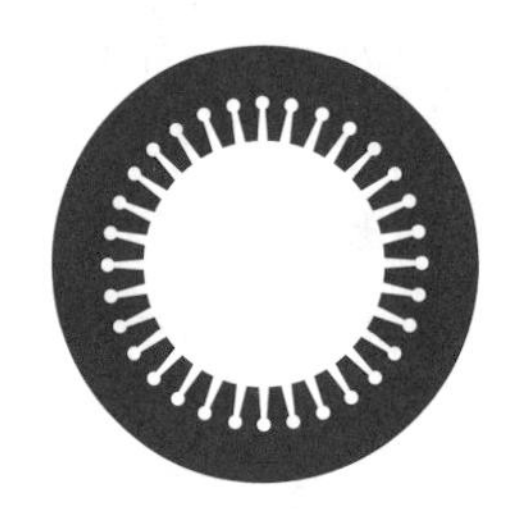

(a) 定子铁心硅钢片

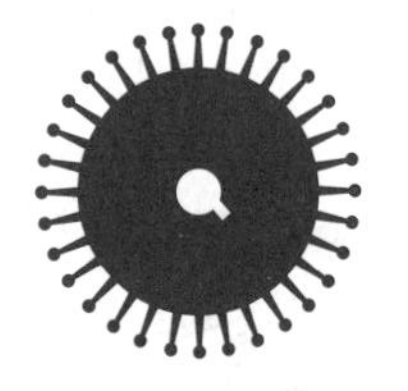

(b) 转子铁心硅钢片

图 5-11　定子和转子铁心硅钢片

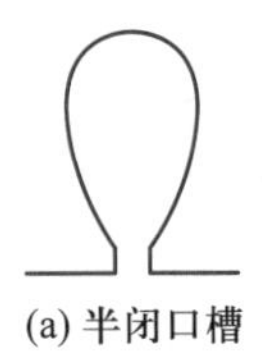

(a) 半闭口槽

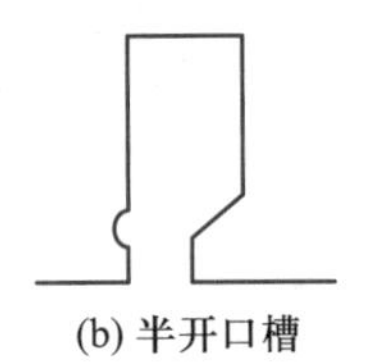

(b) 半开口槽

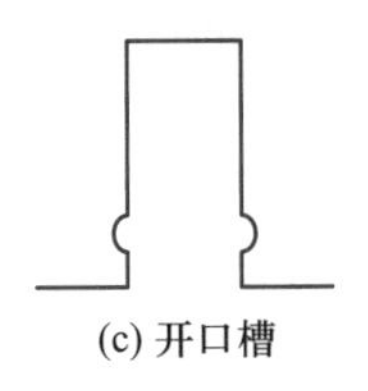

(c) 开口槽

图 5-12　定子铁心槽形

(2) 定子绕组

定子绕组为由绝缘导线制成的三相对称绕组,嵌放在定子铁心槽内。高压大中型三相异步电动机的定子三相绕组常采用星形连接,低压中小型三相异步电动机的定子三相绕组则视需要接成星形或三角形。后续章节会更加详细地讲解定子三相绕组的基本结构和缠绕方式。

(3) 机座

机座主要用来固定和支撑定子铁心和端盖,机座应具有足够的机械强度和刚度。中小型电动机一般采用铸铁机座,大型电动机一般采用钢板焊接机座。

(4) 端盖

端盖由铸铁或铸钢制成,固定在机座两端,用以支撑转子转轴和防护外物入侵。

2. 转子

三相异步电动机的转子是由转子铁心、转子绕组和转轴等组成的。

(1) 转子铁心

转子铁心是主磁路的一部分,由 0.35~0.5 mm 厚的圆筒形硅钢片叠压而成,并固定在转轴或者转子支架上。转子铁心表面冲有许多均匀分布的槽,用以嵌放转子绕组,如图 5-11(b)所示。

(2) 转子绕组

转子绕组有笼型绕组和绕线型绕组两种,根据转子绕组的不同,三相异步电动机又分为笼型异步电动机和绕线型异步电动机两种。

绕线型绕组与定子绕组相同,是三相对称绕组,采用星形连接,如图 5-13 所示。它的三个出线端分别与安装在转轴上的三个滑环相连,然后再通过固定在定子上的三个电刷引到接线盒中。正常运行时,绕线型绕组的三个出线端短路，起动或调速时，绕线型绕组可在接线盒处外接三相电阻，以改善起动或调速性能，如图 5-14 所示。绕线型异步电动机的结构如图 5-15 所示。

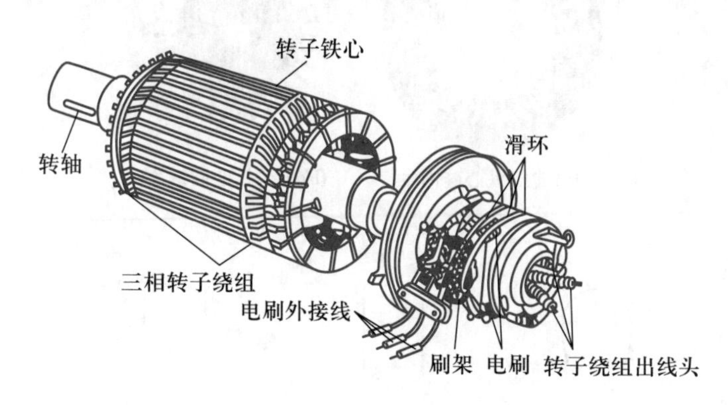

图 5-13　绕线型绕组

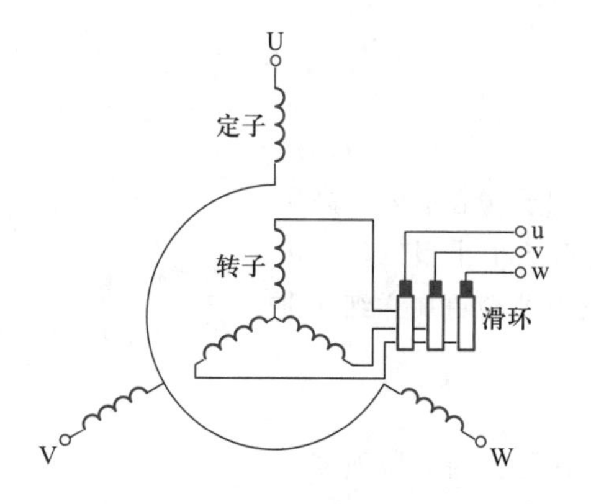

图 5-14　绕线型异步电动机接线

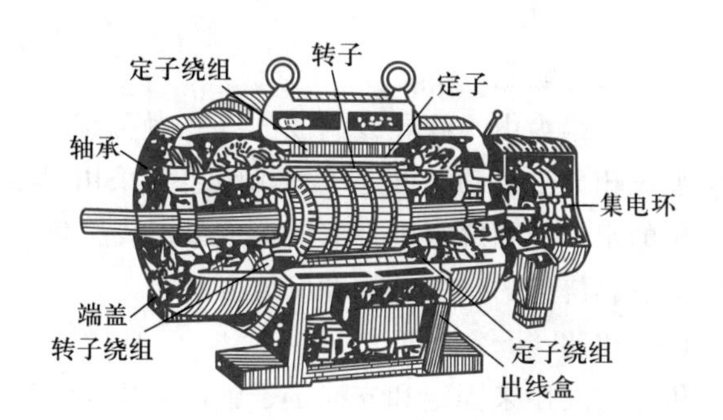

图 5-15　绕线型异步电动机的结构

笼型绕组的结构与绕线型绕组的结构截然不同，由导条和端环组成。在每一个转子槽中，嵌放一根裸导条，在转子铁心两端分别用两个短路环把所有的导条连接起来，形成一个自身闭合的多相对称短路绕组。如果去掉转子铁心，整个绕组就像一个笼子，故此得名笼型绕组，如图 5-16 所示。大型异步电动机的笼型绕组通常采用铜导条（见图 5-16（a）和（b）），中、小型异步电动机的笼型绕组则由熔化的铝水一次浇注而成（见图 5-16（c））。

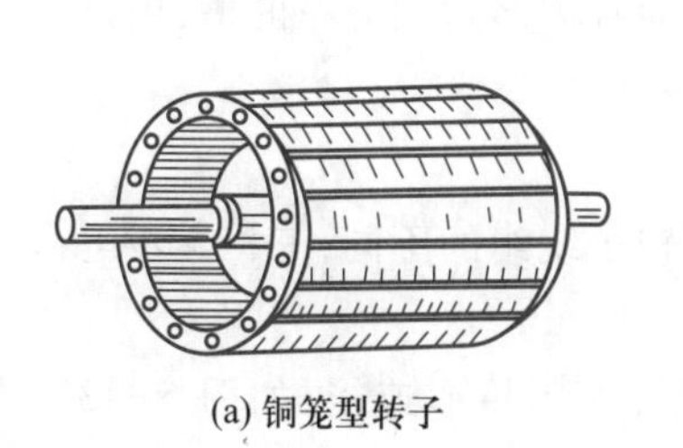

(a) 铜笼型转子

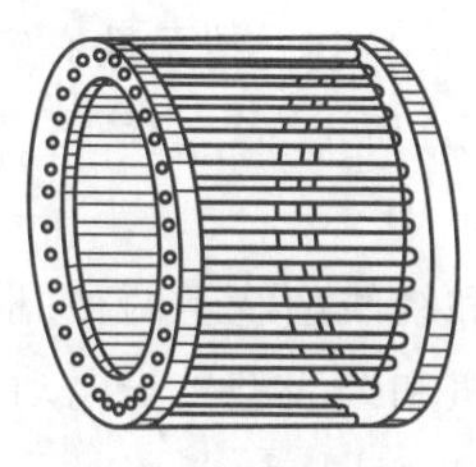

(b) 铜笼型绕组

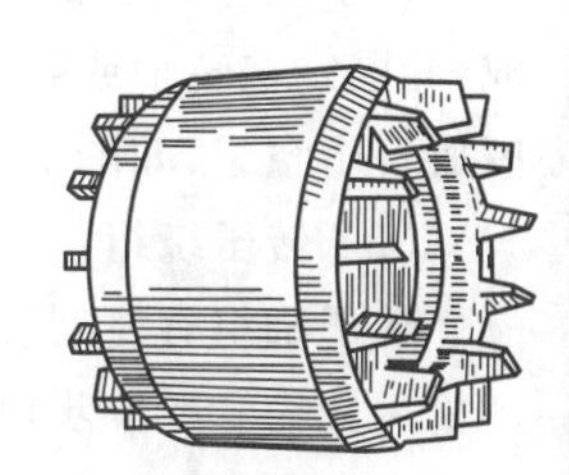

(c) 铝笼型绕组

图 5-16　笼型绕组

(3) 气隙

异步电动机定子和转子之间的空气间隙称为气隙。中小型异步电动机的气隙一般为0.2~2 mm。由于气隙是异步电动机能量转换的主要场所,所以气隙的大小对异步电动机的运行性能和参数具有较大的影响。一般情况下,气隙越大,磁阻和定子绕组励磁电流就越大,电动机功率因数就越低。因此,为了提高功率因数,应尽量减小气隙,但也不应过小,否则容易引起定转子扫膛,附加损耗增加使电动机效率降低。因此,异步电动机的气隙大小往往为机械条件所能允许达到的最小值。

提示:

手机打开"电机与拖动APP",扫描AR图5-1。依次点击"电机结构→三相异步电机",弹出三相异步电机三维模型,可进行三相异步电机的旋转、放大、缩小、拆分和组合,也可以点击查看每一个部件,从而更好地掌握三相异步电机的结构组成。软件详细使用方法见彩插或附录。

AR图5-1　三相异步电机

5.2.2　交流绕组

1. 基本要求

虽然交流绕组的种类很多,但对各种交流绕组的基本要求却大致相同。从设计制造和运行性能两个方面考虑,对交流绕组的基本要求如下:

(1) 每相绕组阻抗相等,即每相绕组匝数、形状相同。

(2) 在导体数目一定的情况下,力争获得较大的电动势和磁动势。

(3) 电动势和磁动势中的谐波分量应尽可能小,电动势和磁动势的波形力求接近正弦波。

(4) 端部连线尽可能短,以节省用铜量。

(5) 绝缘性能可靠,制造、维修方便。

2. 基本概念

(1) 机械角度和电角度

电机中实际空间几何角度称为机械角度,感应电动势(或电流)变化的角度称为电角度。对于一对极电机,磁极旋转一周,绕组内导体感应电动势变化一个周期，此时机械角度和电角度相等都为 360°。对于两对极电机，磁极旋转一周，绕组内导体感应电动势变化两个周期，此时机械角度为 360°，电角度为 720°。依此类推，可得二者之间的关系：电角度 = 极对数×机械角度。

（2）相带

每极下每相绕组占有的范围称为相带，一般用电角度表示。由于每个磁极占有的电角度是 180°，对于三相绕组而言，每相占有 60°电角度，称为 60°相带。

（3）槽距角

相邻两槽之间的电角度称为槽距角 α，反映了相邻两槽中导体感应电动势在时间上的相位移，如图 5-17 所示。若定子槽数为 z，电机极对数为 p，则

$$\alpha = p\frac{360^\circ}{z} \tag{5-4}$$

图 5-17　基本物理量

（4）极距

相邻两磁极中心线之间的圆周距离称为极距 τ，如图 5.17 所示，用弧长表示为

$$\tau = \frac{\pi R}{p} \tag{5-5}$$

式中：R 为定子内圆半径。用槽数表示为

$$\tau = \frac{z}{2p} \tag{5-6}$$

（5）节距

一个线圈的两个有效圈边之间所跨过的距离称为线圈的节距 y，一般用线圈跨过的槽数来表示。若 $y=\tau$，则称为整距绕组；若 $y<\tau$，则称为短距绕组。

（6）每极每相槽数

设每极下每相绕组所占有的槽数为 q，绕组相数为 m，则

$$q = \frac{z}{2pm} \tag{5-7}$$

若 $q=1$，则称为集中绕组；若 $q>1$，则称为分布绕组。

（7）单层绕组和双层绕组

若一个槽内只嵌放一个圈边，则称为单层绕组；若一个槽内嵌放两个分属不同线圈的圈边，则称为双层绕组。单层绕组包括同心式、链式和交叉式，而双层绕组则分为叠绕组和波绕组。

3. 三相单层绕组

设异步电动机的槽数 $z=12$、磁极对数 $p=1$、相数 $m=3$ 和 $y=\tau$，以此为例说明三相单层绕组的嵌放和连接规律。具体步骤如下：

（1）计算绕组参数。

依次计算槽距角、极距、节距和每极每相的槽数，如下所示：

$$\alpha = p\frac{360^\circ}{z} = 30^\circ$$

AR+V

$$\tau=\frac{z}{2p}=6$$

$$y=\tau=6$$

$$q=\frac{z}{2pm}=2$$

（2）划分相带，确定每相槽号。

按 60°划分相带，根据三相绕组各相互差 120°电角度和每极每相的槽数，确定每相所占槽号，U 相占据 1、2、7、8 号槽，V 相占据 5、6、11、12 号槽，W 相占据 3、4、9、10 号槽。

（3）嵌放圈边，构建绕组。

根据每相所占据的槽数，计算每相绕组所需线圈元件的个数。例如，U 相占据四个槽，单层绕组每槽嵌放一个圈边，合计四个圈边，即两个线圈（一个线圈有两个圈边），因此 U 相绕组由两个线圈元件组成。由于线圈节距为 6，线圈的两个圈边之间的距离为 6 个槽，所以将 U 相绕组第一个线圈元件的左圈边嵌放在 1 号槽，右圈边嵌放在 7 号槽，然后再将 U 相绕组第二个线圈元件毗邻嵌放，将其左圈边嵌放在 2 号槽，右圈边嵌放在 8 号槽。将两个线圈元件首尾相连，即第一个线圈元件的尾端与第二个线圈元件的首端相连，组成一个线圈组，即 U 相绕组，1 号槽圈边的引出线为 U 相绕组的首端 U_1，8 号槽圈边的引出线为 U 相绕组的尾端 U_2，可描述为 U_1-[(1-7)-(2-8)]-U_2。同理，我们可得 V 相绕组和 W 相绕组，分别描述为 V_1-[(5-11)-(6-12)]-V_2 和 W_1-[(9-3)-(10-4)]-W_2。三相单层绕组展开如图 5-18 所示。

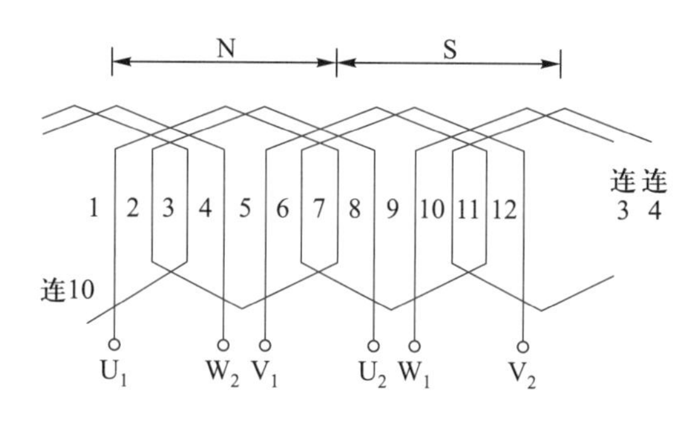

图 5-18 三相单层绕组

提示：

手机打开“电机与拖动 APP”，扫描 AR 图 5-2。依次点击“电机绕组→三相异步电机”，弹出三相异步电机定子绕组三维模型，可进行定子绕组的旋转、放大和缩小，能够从多个角度观察定子绕组，从而更好地掌握三相异步电机定子绕组的绕制方法及其在定子铁心槽内的嵌放方式。软件详细使用方法请见彩插或附录。

R+VR

AR 图 5-2　三相异步电机的定子绕组

4. 三相双层绕组

设异步电动机的槽数 $z=12$、磁极对数 $p=1$、相数 $m=3$ 和 $y=5$，以此为例说明三相双层绕组的嵌放和连接规律。具体步骤如下：

（1）计算绕组参数。

依次计算槽距角、极距、节距和每极每相槽数，如下所示：

$$\alpha=p\frac{360^\circ}{z}=30^\circ$$

$$\tau=\frac{z}{2p}=6$$

$$y=5$$

$$q=\frac{z}{2pm}=2$$

（2）划分相带，确定每相槽号。

按 60°划分相带，根据三相绕组各相互差 120°电角度和每极每相的槽数，确定每相所占槽号，U 相占据 1、2、7、8 号槽，V 相占据 5、6、11、12 号槽，W 相占据 3、4、9、10 号槽。

（3）嵌放圈边，构建绕组。

根据每相所占据的槽数，计算每相绕组所需线圈元件的个数。例如，U 相占据四个槽，双层绕组每槽嵌放两个圈边，合计八个圈边，即四个线圈，因此 U 相绕组由四个线圈元件组成。由于线圈的节距为 5，线圈的两个圈边之间的距离为 5 个槽，所以将 U 相绕组第一个线圈元件的左圈边嵌放在 1 号槽的上层，右圈边嵌放在 6 号槽的下层，然后再将 U 相绕组第二个线圈元件毗邻嵌放，将其左圈边嵌放在 2 号槽的上层，右圈边嵌放在 7 号槽的下层。将两个线圈元件首尾相连，即第一个线圈元件的尾端与第二个线圈元件的首端相连，组成一个线圈组，可描述为[(1-6′)-(2-7′)]，其中“′”表示槽的下层。

同理，将 U 相绕组第三个线圈元件的左圈边嵌放在 7 号槽的上层，右圈边嵌放在 12 号槽的下层。再将 U 相绕组第四个线圈元件毗邻嵌放，将其左圈边嵌放在 8 号槽的上层，右圈边嵌放在 1 号槽的下层。将两个线圈元件首尾相连，即第三个线圈元件的尾端与第四个线圈元件的首端相连，组成一个线圈组，可描述为[(7-12′)-(8-1′)]。

将上述两个线圈组串联或并联起来，便组成了 U 相绕组。旋转磁场旋转时，将在各圈边中产生感应电动势。如果 N 极下的感应电动势方向向上，则 S 极下的感应电动势方向向下，为了使各圈边中的感应电动势在串联和并联时不会相互抵消，串联时应将 7 号槽下层的圈边与 1 号槽下层的圈边相连，将 1 号槽上层圈边的引出线作为 U 相绕组的首端 U_1，7 号槽上层圈边的引出线作为 U 相绕组的尾端 U_2；并联时应将 1 号槽上层的圈边和 1 号槽下层的圈边相连，二者共同引出线作为 U 相绕组的首端 U_1，将 7 号槽上层的圈边和 7 号槽下层的圈边相连，二者共同引出线作为 U 相绕组的尾端 U_2。因此，U 相绕组可描述为

串联
U_1 o—[(1-6′)-(2-7′)]
U_2 o—[(7-12′)-(8-1′)]

并联
U_1 o—[(1-6′)-(2-7′)]
U_2 o—[(7-12′)-(8-1′)]

以此类推，可以得到 V 相绕组和 W 相绕组，具体描述如下

串联
V_1 o—[(5-10′)-(6-11′)]
V_2 o—[(11-4′)-(12-5′)]

并联
V_1 o—[(5-10′)-(6-11′)]
V_2 o—[(11-4′)-(12-5′)]

串联
W_1 o—[(9-2′)-(10-3′)]
W_2 o—[(3-8′)-(4-9′)]

并联
W_1 o—[(9-2′)-(10-3′)]
W_2 o—[(3-8′)-(4-9′)]

以 U 相绕组串联为例，三相双层绕组展开如图 5-19 所示。

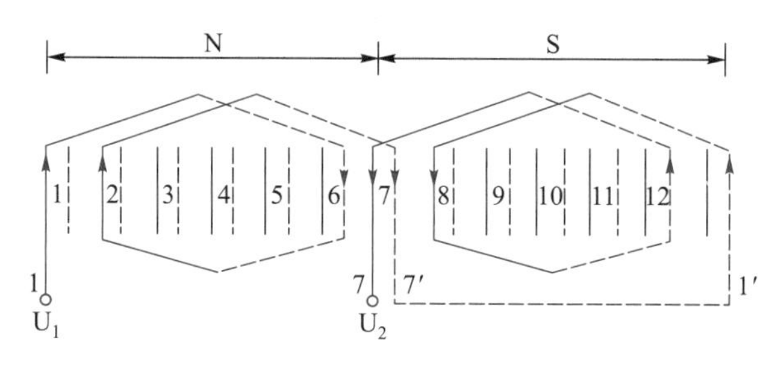

图 5-19　三相双层绕组

5. 笼型绕组

笼型绕组结构比较特殊，如图 5-20 所示，这里介绍其极数、相数和匝数。

(1) 极数

笼型绕组中的电动势和电流都是感应产生的，因此定子有几个磁极，笼型绕组导体中电动势和电流的方向就分成几个区域，故转子电流产生磁场的极数与定子极数相等，即

$$p_2 = p_1 = p$$

式中：p_2 为转子极数；p_1 为定子极数。二者均可用电动机极数 p 表示。

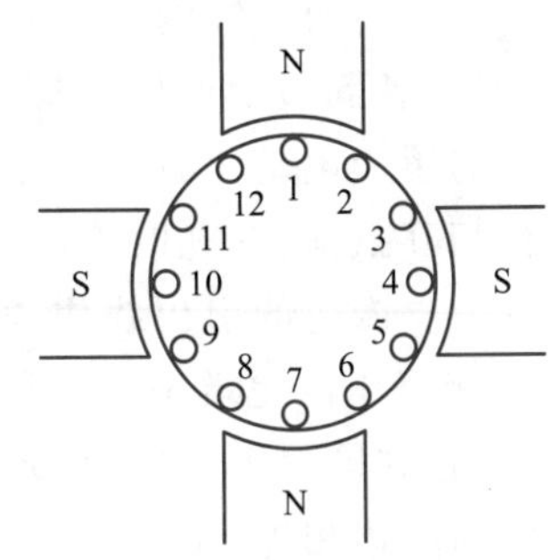

图 5-20　笼型绕组

(2) 相数

笼型绕组为多相绕组，各相之间电流大小相等，相位不同，但同一相绕组中电流相位相同。若转子槽数 z_2 能被极对数 p 整除，则说明在相同极下存在相对位置相同的导体，这些导体的相位相同，此时笼型绕组的相数为

$$m_2 = \frac{z_2}{p} \tag{5-8}$$

若转子槽数 z_2 不能被极对数 p 整除，则说明各导体相对于磁极的位置均不相同，此时笼型绕组的相数为

$$m_2 = z_2 \tag{5-9}$$

(3) 匝数

由于每相只有一根导体，相当于半匝，故笼型绕组每相匝数为

$$N_2 = \frac{1}{2} \tag{5-10}$$

[例 5-2]　某三相双层绕组电动机，$p=2$，$z=36$，$y=8$。(1) 试求槽距角 α、极距 τ、每极每相槽数 q；(2) 试判断是短距绕组还是整距绕组；(3) 试判断是分布绕组还是集中绕组；(4) 试问每相绕组有几个线圈组？每个线圈组包含几个线圈？

解：(1) 槽距角为

$$\alpha = \frac{p360^\circ}{z} = \frac{2\times360^\circ}{36} = 20^\circ$$

极距为

$$\tau = \frac{z}{2p} = \frac{36}{2\times2} = 9$$

每极每相槽数为

$$q = \frac{z}{2pm} = \frac{36}{2\times2\times3} = 3$$

(2) 由于 $y<\tau$，因此该三相绕组为短距绕组。

(3) 由于 $q>1$，因此该三相绕组为分布绕组。

(4) 对于单层绕组，每相绕组由 p 个线圈组组成；对于双层绕组，每相绕组

由 $2p$ 个线圈组组成。本电动机为双层绕组，因此每相绕组由 4 个线圈组组成。

本电动机定子有 36 槽，且为双层绕组，因此合计 72 个圈边，有 36 个线圈，每相 12 个线圈，所以每个线圈组 3 个线圈；对于双层绕组，每极每相下对应一个线圈组，每极每相槽数为 3，则可得 3 个线圈，因此每个线圈组 3 个线圈。

5.3　三相异步电动机的分类、型号和额定值

PPT 5.3：三相异步电动机的分类、型号和额定值

每台三相异步电动机的外壳上都附有铭牌，上面标注了该电动机的型号、额定值和相关技术数据。铭牌上的额定值和相关技术数据是正确选择、使用和检修电动机的依据。下面对三相异步电动机分类以及铭牌中的型号和额定值分别叙述。

5.3.1　分类

1. 按电动机尺寸大小分类

三相异步电动机可分为大型电动机、中型电动机和小型电动机。定子铁心外径 $D>1\ 000$ mm 或机座中心高 $H>630$ mm 为大型电动机；定子铁心外径 1 000 mm>D>500 mm 或机座中心高 630 mm>H>355 mm 为中型电动机；定子铁心外径 500 mm>D>120 mm 或机座中心高 355 mm>H>80 mm 为小型电动机。

2. 按电动机冷却方式分类

三相异步电动机可分为自冷式、自扇冷式、他扇冷式等，可参见国家标准 GB/T 1993-93《旋转电机冷却方法》。

3. 按电动机安装形式分类

三相异步电动机可分为 IMB3（卧式，机座带底脚，端盖上无凸缘）、IMB5（卧式，机座不带底脚，端盖上有凸缘）、IMB35（卧式，机座带底脚，端盖上有凸缘）。

4. 按电动机运行工作制分类

三相异步电动机可分为 S1（连续工作制）、S2（短时工作制）、S3-S8（周期性工作制）。

5. 按转子结构形式分类

三相异步电动机可分为三相笼型异步电动机和三相绕线型异步电动机。

5.3.2　型号

我国电机产品型号的编制方法是按照国家标准 GB/T 4831-2016《旋转电机产品型号编制方法》实施的，即由汉语拼音字母、国际通用符号和阿拉伯数字组成，其中包含产品代号、规格代号、特殊环境代号等。例如，型号为 Y2-200M2-2 三相异步电动机：Y2 为产品代号，2 表示第 2 次改型设计，是 Y 系列三相异步电动机的升级换代产品；200M2-2 为规格代号，200 表示机座中心高（单位为 mm），M 表示机座长短号（S—短机座、M—中机座、L—长机座），2 表示铁心长度序号（用数字 1,2,3,……，依次表示），2 表示极数。再如，型号为 Y-100L2-4-WF1 三相异步

电动机:Y为产品代号,表示异步电动机;100L2-4为规格代号,100表示机座中心高,L表示机座长短号,2表示铁心长度序号,4表示极数;WF1为特殊环境代号,W表示户外用,F表示化工防腐用,1表示中等防腐。三相异步电动机型号如图5-21所示。

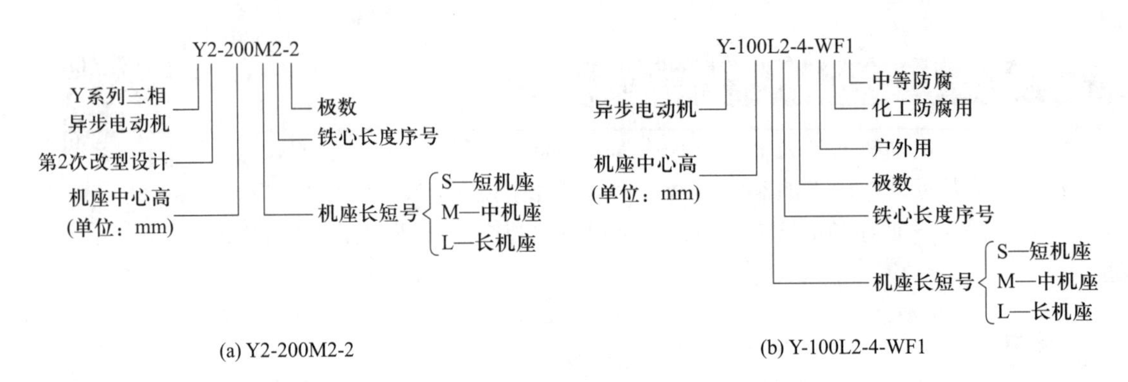

图5-21 三相异步电动机型号

常用产品代号包括Y—异步电动机、T—同步电动机、TF—同步发电机、Z—直流电动机、ZF—直流发电机、QF—汽轮发电机、SF—水轮发电机等。常用的特殊环境代号包括T—热带用、TH—湿热带用、TA—干燥带用、G—高原用、H—船用、W—户外用、F—化工防腐用等。

我国生产的三相异步电动机产品较多,应用于各个生产生活领域。现有老系列和新系列之分,老系列已逐步停产,新系列符合国际电工协会标准,具有国际通用性,技术、经济指标更高。主要产品系列如下:

Y2—小型三相异步电动机:外壳为封闭式,可防止灰尘、水滴浸入,用于无特殊要求的各种机械设备,如金属切削机床、水泵、鼓风机、运输机械等。

Y—小型三相异步电动机:外壳为防护式,能防止直径大于12 mm的杂物或水滴进入电动机,适用于运行时间长、负荷率较高的各种机械设备。

YX—高效三相异步电动机:用冷轧硅钢片及新工艺降低电动机损耗,效率较Y基本系列平均高3%,适用于重载起动的场合,如起重设备、卷扬机、压缩机、泵类等。

YR—绕线型三相异步电动机:转子为绕线型,可通过转子外接电阻获得大的起动转矩并在一定范围内分级调节电动机转速。

YD—变极多速三相异步电动机:在Y系列上派生,利用多套定子绕组接法来达到电动机的变速,适合于万能、组合、专用切削机床及多级调速的传动机构。

YCT—电磁调速三相异步电动机:由Y系列电动机与电磁离合器组合而成,为恒转矩无级调速电动机,用于恒转速无级调速场合,尤适用于风机、水泵等。

YA—增安型三相异步电动机:在Y基本系列上对结构及防护上加强措施,适用于有爆炸危险的场合。

YB—隔爆型三相异步电动机：在 Y 基本系列上派生，按隔爆标准规定生产，用于煤矿及有可燃性气体的工厂。

5.3.3　额定值

1. 额定功率

三相异步电动机在额定状态下运行时，轴上输出的机械功率，用 P_N 表示，单位为 W 或 kW。

2. 额定电压

三相异步电动机在额定状态下运行时，定子绕组的线电压，用 U_N 表示，单位为 V 或 kV。它与定子绕组的连接方式有对应关系，例如，铭牌上 $U_N=380\ \text{V}/660\ \text{V}$、连接方式为△/Y，表示三角形联结时，电动机额定电压为 380 V；星形联结时，电动机额定电压为 660 V。

3. 额定电流

三相异步电动机在额定状态下运行时，定子绕组的线电流，用 I_N 表示，单位为 A 或 kA。

4. 额定频率

三相异步电动机在额定状态下运行时，定子绕组所加交流电的频率，用 f_N 表示，单位为 Hz，我国规定标准工业频率即工频为 $f_N=50\ \text{Hz}$。

5. 额定转速

三相异步电动机在额定状态下运行时，转子的旋转速度，用 n_N 表示，单位为 r/min。

除此之外，铭牌上还标注了绕组的连接方式（星形或三角形）、绝缘等级、额定功率因数和额定效率等。

[例 5-3]　某三相异步电动机 Y2-250M-2，$P_N=55\ \text{kW}$，$U_N=380\ \text{V}$，定子绕组△连接，$I_N=99.8\ \text{A}$，$\lambda_N=0.90$，$f_N=50\ \text{Hz}$，$n_N=2\ 965\ \text{r/min}$，求额定状态下：(1) 转差率 s_N；(2) 定子相电流 I_{1N}；(3) 输入有功功率 P_{1N}；(4) 效率 η_N。

解：(1) 由三相异步电动机型号可知 $p=1$，则同步转速 $n_0=3\ 000\ \text{r/min}$，因此转差率为

$$s_N=\frac{n_0-n_N}{n_0}=\frac{3\ 000-2\ 965}{3\ 000}=0.012$$

(2) 定子绕组△连接，定子相电流为

$$I_{1N}=\frac{I_N}{\sqrt{3}}=\frac{99.8}{1.732}\ \text{A}=57.62\ \text{A}$$

(3) 输入有功功率为

$$P_{1N}=\sqrt{3}U_N I_N\lambda_N=1.732\times380\times99.8\times0.90\ \text{W}=59.12\ \text{kW}$$

(4) 效率为

$$\eta_N=\frac{P_N}{P_{1N}}\times100\%=\frac{55}{59.12}\times100\%=93.0\%$$

PPT 5.4：三相异步电动机绕组的磁动势

5.4　三相异步电动机绕组的磁动势

在本章第一节，已经简要分析过三相绕组通以三相电流会产生旋转磁场。在此基础上，本节将详细阐述单相绕组和三相绕组磁动势的性质、大小和分布情况。由于三相绕组嵌放于定子铁心的不同位置，流经三相绕组的三相电流又是随时间变化的交流电。因此，三相绕组的磁动势是随空间和时间变化的，既是空间的函数又是时间的函数，简而言之，三相绕组的磁动势是时空函数。在进行磁动势分析时，先分析某一时刻磁动势随空间分布的情况，再分析某一位置磁动势随时间变化的情况。

5.4.1　单相绕组磁动势——脉振磁动势

1. 整距线圈磁动势

如图 5-22 所示，线圈元件 U 为整距线圈，其上通以交流电流 i_u

$$i_u(t)=\sqrt{2}I_u\cos\omega t \tag{5-11}$$

则线圈 U 产生的磁动势 f_u 为

$$f_u(t)=N_ui_u(t)=N_u\sqrt{2}I_u\cos\omega t \tag{5-12}$$

N_u 为线圈 U 的匝数。该磁动势产生的磁场及其磁力线如图 5-22 所示。任选一条磁力线作为磁场强度积分的闭合路径，由全电流定律可得

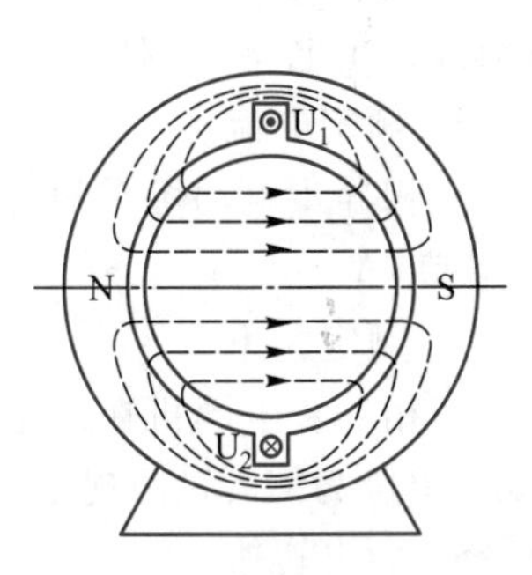

图 5-22　整距线圈产生的磁场及其磁力线

$$\oint_L \boldsymbol{H}\cdot d\boldsymbol{l}=\sum i_u=N_ui_u(t)=f_u(t) \tag{5-13}$$

由此可知，线圈 U 产生的磁动势 f_u 分配到该磁路上的四个部分：定子铁心、左气隙、转子铁心和右气隙。由于铁心的磁阻要比空气隙的磁阻小得多，所以可以忽略定子铁心和转子铁心中磁阻的磁位差，线圈磁动势完全降落在该磁路两个相同的空气隙上。因此，该磁路两处空气隙的磁动势为

$$f_r(t)=\frac{f_u(t)}{2}=\left(\frac{\sqrt{2}}{2}\right)N_uI_u\cos\omega t \tag{5-14}$$

利用相同的计算方法，可以计算其他磁路上空气隙的磁动势，进而可以求解三相异步电动机中各处空气隙的磁动势。可以发现，三相异步电动机中各处空气隙的磁动势大小相等，电动机竖直中心线左侧空气隙的磁动势方向由定子指向转子，电动机竖直中心线右侧空气隙的磁动势方向由转子指向定子。设磁动势的参考方向为定子到转子，左侧各处空气隙的磁动势为正值，右侧各处空气隙的磁动势为负值，现由 U_1 处剖开并向左右展开，以横轴为展开空气隙的位置，纵轴为各位置处空气隙的磁动势，原点为水平中轴线与空气隙的左交点，来构建空气隙位置-磁动势坐标系，并绘制空气隙磁动势随空气隙位置分布的函数曲线（如图 5-23 所示）。从图中可见，在某一时刻，三相异步电动机中各处空气隙的磁动势大小相等，以 U_2 处为界，左侧为正，右侧为负。因此，空气隙磁动势不仅是时间的函数，还是空间的函数，可描述为

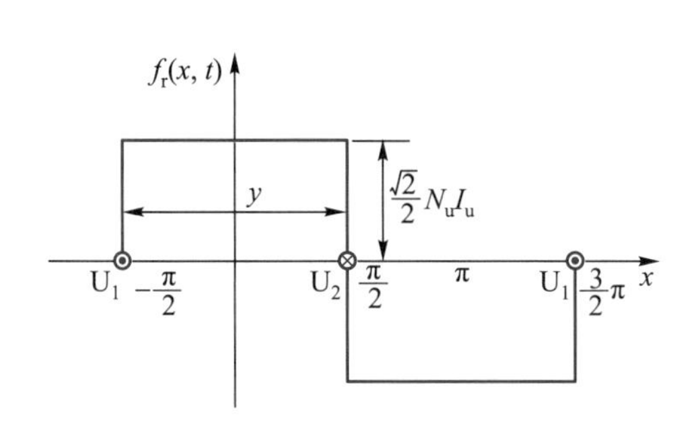

图 5-23　空气隙磁动势随空气隙位置分布的函数曲线

$$\begin{cases} f_r(x,t)=\left(\dfrac{\sqrt{2}}{2}\right)N_uI_u\cos\omega t, & -\dfrac{\pi}{2}\leqslant x<\dfrac{\pi}{2} \\ f_r(x,t)=-\left(\dfrac{\sqrt{2}}{2}\right)N_uI_u\cos\omega t, & \dfrac{\pi}{2}\leqslant x<\dfrac{3}{2}\pi \end{cases} \tag{5-15}$$

式中：t 为时间；x 为空气隙位置，用电角度来表示。

当 $x<U_2$ 时，$\omega t=0, f_r=(\sqrt{2}/2)N_uI_u$；$\omega t=\pi/2, f_r=0$；$\omega t=\pi, f_r=-(\sqrt{2}/2)N_uI_u$；$\omega t=3\pi/2, f_r=0$。

当 $x>U_2$ 时，$\omega t=0, f_r=-(\sqrt{2}/2)N_uI_u$；$\omega t=\pi/2, f_r=0$；$\omega t=\pi, f_r=(\sqrt{2}/2)N_uI_u$；$\omega t=3\pi/2, f_r=0$。

由此可知，当整距线圈通以正弦交流电时，所产生的空气隙磁动势在任何时刻空间上的分布是矩形波，该空间矩形波的幅值随时间交变，这样的磁动势称为脉振磁动势，脉振磁动势产生的磁场称为脉振磁场。

在 t 时刻，利用傅里叶级数在空间上分解矩形波磁动势，可得如图 5-24 所

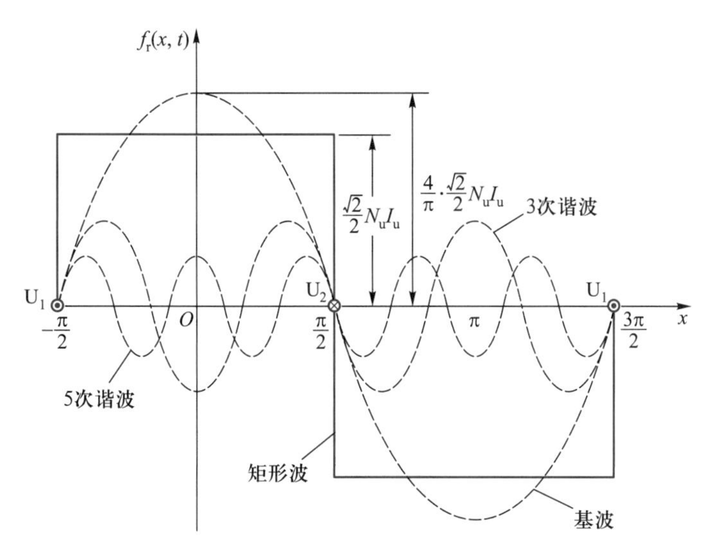

图 5-24　矩形波磁动势的分解

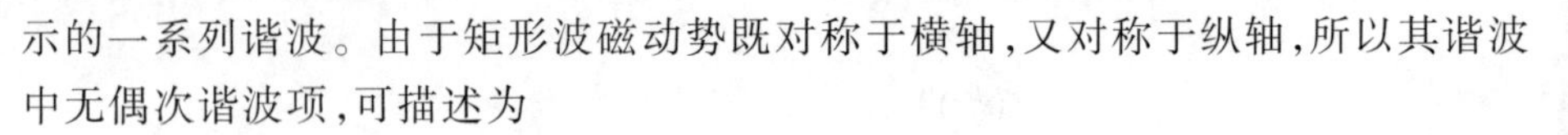

示的一系列谐波。由于矩形波磁动势既对称于横轴,又对称于纵轴,所以其谐波中无偶次谐波项,可描述为

$$f_{\mathrm{r}}(x,t)=\frac{4}{\pi}\cdot\frac{\sqrt{2}}{2}N_{\mathrm{u}}I_{\mathrm{u}}\cos\omega t\cos x-\frac{4}{\pi}\cdot\frac{\sqrt{2}}{2}N_{\mathrm{u}}I_{\mathrm{u}}\cos\omega t\frac{1}{3}\cos 3x+\frac{4}{\pi}\cdot\frac{\sqrt{2}}{2}N_{\mathrm{u}}I_{\mathrm{u}}\cos\omega t\frac{1}{5}\cos 5x-\cdots \tag{5-16}$$

其基波分量,又称为基波磁动势,描述为

$$f_{\mathrm{r1}}(x,t)=\frac{4}{\pi}\cdot\frac{\sqrt{2}}{2}N_{\mathrm{u}}I_{\mathrm{u}}\cos\omega t\cos x=F_{\mathrm{r1}}\cos\omega t\cos x \tag{5-17}$$

基波磁动势的幅值为

$$F_{\mathrm{r1}}=\frac{4}{\pi}\cdot\frac{\sqrt{2}}{2}N_{\mathrm{u}}I_{\mathrm{u}}=0.9N_{\mathrm{u}}I_{\mathrm{u}} \tag{5-18}$$

ν 次谐波分量又称为 ν 次谐波磁动势,描述为

$$f_{\mathrm{r}\nu}(x,t)=\frac{4}{\pi}\cdot\frac{\sqrt{2}}{2}N_{\mathrm{u}}I_{\mathrm{u}}\frac{1}{\nu}\cos\omega t\cos\nu x=F_{\mathrm{r}\nu}\cos\omega t\cos\nu x \tag{5-19}$$

ν 次谐波磁动势的幅值为

$$F_{\mathrm{r}\nu}=\frac{4}{\pi}\cdot\frac{\sqrt{2}}{2}N_{\mathrm{u}}I_{\mathrm{u}}\frac{1}{\nu}=0.9N_{\mathrm{u}}I_{\mathrm{u}}\frac{1}{\nu} \tag{5-20}$$

2. 线圈组磁动势

(1) 整距线圈组

整距线圈组由 q 个匝数相同的整距线圈串联组成,相邻两个线圈在空间上间隔一个槽距角 α,这种线圈组又称为整距分布线圈组。因此,每个线圈产生的空气隙基波磁动势大小相同,在空间位置上相差 α 电角度。如上节所述,空气隙基波磁动势在空间上按余弦规律变化,故其可用空间相量来表示,整距线圈组产生的空气隙基波磁动势的空间相量等于 q 个整距线圈产生的空气隙基波磁动势的空间相量和。与线圈组感应电动势计算方法相同,引入基波分布系数 k_{q1} [参见本章 5.5 节式(5-46)],可得整距线圈组产生的空气隙基波磁动势为

$$\begin{aligned}f_{\mathrm{q1}}(x,t)&=q\,f_{\mathrm{r1}}(x,t)k_{\mathrm{q1}}=\frac{4}{\pi}\cdot\frac{\sqrt{2}}{2}(qN_{\mathrm{u}}k_{\mathrm{q1}})I_{\mathrm{u}}\cos\omega t\cos x\\&=F_{\mathrm{q1}}\cos\omega t\cos x\end{aligned} \tag{5-21}$$

式中:$F_{\mathrm{q1}}=\frac{4}{\pi}\cdot\frac{\sqrt{2}}{2}(qN_{\mathrm{u}}k_{\mathrm{q1}})I_{\mathrm{u}}=0.9(qN_{\mathrm{u}}k_{\mathrm{q1}})I_{\mathrm{u}}$。

同理,可得整距线圈组产生的空气隙 ν 次谐波磁动势为

$$\begin{aligned}f_{\mathrm{q}\nu}(x,t)&=q\,f_{\mathrm{r}\nu}(x,t)k_{\mathrm{q}\nu}=\frac{4}{\pi}\cdot\frac{\sqrt{2}}{2}(qN_{\mathrm{u}}k_{\mathrm{q}\nu})I_{\mathrm{u}}\frac{1}{\nu}\cos\omega t\cos\nu x\\&=F_{\mathrm{q}\nu}\cos\omega t\cos\nu x\end{aligned} \tag{5-22}$$

式中:$F_{\mathrm{q}\nu}=\frac{4}{\pi}\cdot\frac{\sqrt{2}}{2}(qN_{\mathrm{u}}k_{\mathrm{q}\nu})I_{\mathrm{u}}\frac{1}{\nu}=0.9(qN_{\mathrm{u}}k_{\mathrm{q}\nu})I_{\mathrm{u}}\frac{1}{\nu}$。

(2) 短距线圈组

三相双层绕组多采用短距线圈，相对于整距线圈，短距线圈的两个圈边(一个圈边嵌放在槽的上层，另外一个圈边嵌放在槽的下层)差一个距离，相当于下层圈边向上层圈边平移了一个距离，这个距离就是线圈节距所缩短的电角度 $180°(\tau-y)/\tau$。由于磁动势的大小和波形只与槽内线圈组边的分布有关，因此，双层短距分布线圈组产生的空气隙基波磁动势为两个线圈组边产生的空气隙基波磁动势的相量和，因此又可引入基波短距系数 k_{y1}[参见本章5.5节式(5-40)]，可得双层短距分布线圈组产生的空气隙基波磁动势为

$$f_{d1}(x,t)=f_{q1}(x,t)k_{y1}=\frac{4}{\pi}\cdot\frac{\sqrt{2}}{2}(qN_uk_{q1}k_{y1})I_u\cos\omega t\cos x$$
$$=F_{d1}\cos\omega t\cos x \tag{5-23}$$

式中：$F_{d1}=\frac{4}{\pi}\cdot\frac{\sqrt{2}}{2}(qN_uk_{q1}k_{y1})I_u=0.9(qN_uk_{w1})I_u$；$k_{w1}=k_{q1}k_{y1}$ 称为绕组系数。

同理，可得短距线圈组所产生的空气隙 ν 次谐波磁动势为

$$f_{d\nu}(x,t)=f_{q\nu}(x,t)k_{y\nu}=\frac{4}{\pi}\cdot\frac{\sqrt{2}}{2}(qN_uk_{q\nu}k_{y\nu})I_u\frac{1}{\nu}\cos\omega t\cos\nu x$$
$$=F_{d\nu}\cos\omega t\cos\nu x \tag{5-24}$$

式中：$F_{d\nu}=\frac{4}{\pi}\cdot\frac{\sqrt{2}}{2}(qN_uk_{q\nu}k_{y\nu})I_u\frac{1}{\nu}=0.9(qN_uk_{w\nu})I_u\frac{1}{\nu}$。

整距线圈组可看成短距线圈组的特例，此时 $k_{y1}=1$。

3. 单相绕组磁动势

由于每对极下的磁感线经过的路径构成了一条分支磁路，若电动机有 p 对极，就有 p 条并联的对称分支磁路，因此单相绕组产生的空气隙基波磁动势就是单相绕组在一对极下线圈产生的空气隙基波磁动势。图5-25为二对极定子一相绕组产生的磁场和空气隙磁动势的分布曲线。

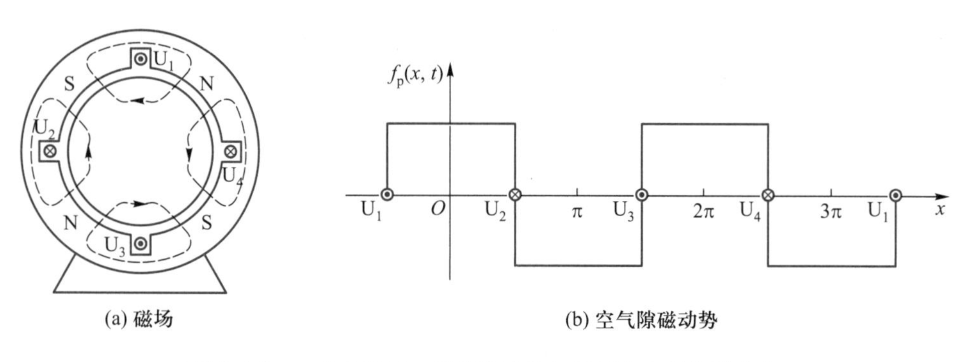

图5-25　二对极定子一相绕组产生的磁场和空气隙磁动势

对于单层绕组，每相绕组有 p 个线圈组，每相每对极下有1个线圈组，每相绕组的匝数为 qN_up，每相每对极下的绕组匝数为 qN_u。设每相绕组的并联支路

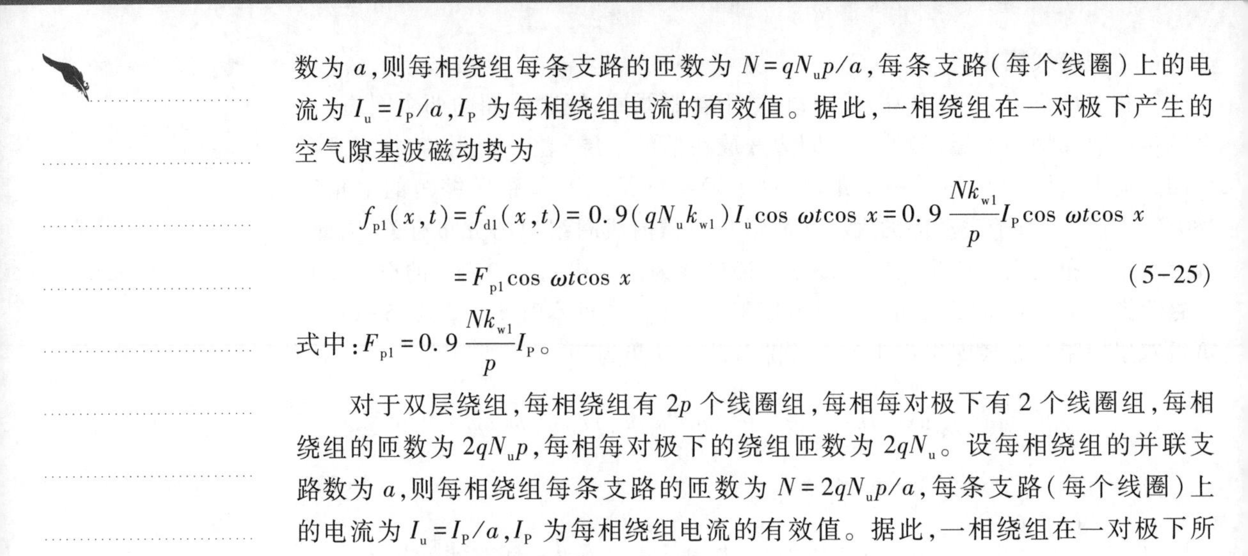

数为 a，则每相绕组每条支路的匝数为 $N=qN_u p/a$，每条支路（每个线圈）上的电流为 $I_u=I_P/a$，I_P 为每相绕组电流的有效值。据此，一相绕组在一对极下产生的空气隙基波磁动势为

$$f_{p1}(x,t)=f_{d1}(x,t)=0.9(qN_u k_{w1})I_u\cos\omega t\cos x=0.9\frac{Nk_{w1}}{p}I_P\cos\omega t\cos x$$
$$=F_{p1}\cos\omega t\cos x \tag{5-25}$$

式中：$F_{p1}=0.9\dfrac{Nk_{w1}}{p}I_P$。

对于双层绕组，每相绕组有 $2p$ 个线圈组，每相每对极下有 2 个线圈组，每相绕组的匝数为 $2qN_u p$，每相每对极下的绕组匝数为 $2qN_u$。设每相绕组的并联支路数为 a，则每相绕组每条支路的匝数为 $N=2qN_u p/a$，每条支路（每个线圈）上的电流为 $I_u=I_P/a$，I_P 为每相绕组电流的有效值。据此，一相绕组在一对极下所产生的空气隙基波磁动势为

$$f_{p1}(x,t)=2f_{d1}(x,t)=0.9(2qN_u k_{w1})I_u\cos\omega t\cos x=0.9\frac{Nk_{w1}}{p}I_P\cos\omega t\cos x$$
$$=F_{p1}\cos\omega t\cos x \tag{5-26}$$

式中：$F_{p1}=0.9\dfrac{Nk_{w1}}{p}I_P$。

利用相同的方法，可以计算一相绕组在一对极下所产生的空气隙 ν 次谐波磁动势

$$f_{p\nu}(x,t)=F_{p\nu}\cos\omega t\cos\nu x$$

式中：$F_{p\nu}=0.9\dfrac{Nk_{w\nu}}{\nu p}I_P$。

5.4.2　三相绕组磁动势——旋转磁动势

本章第一节在介绍三相异步电动机的工作原理时，已经简要地介绍了旋转磁场。本节将在单相绕组磁动势的基础上，利用公式解析法和相量图解法，详细分析三相绕组磁动势。

1. 公式解析法

U、V、W 三相绕组分别通以三相电流

$$\begin{cases} i_u(t)=\sqrt{2}I_P\cos\omega t \\ i_v(t)=\sqrt{2}I_P\cos(\omega t-120^\circ) \\ i_w(t)=\sqrt{2}I_P\cos(\omega t+120^\circ) \end{cases} \tag{5-27}$$

现以 U 相绕组的轴线位置作为空间坐标原点，以 U→V→W 相方向为空气隙位置坐标 x（用电角度表示）的正方向，构建磁动势位置坐标系。由于 U 相绕组、V 相绕组和 W 相绕组在空间上互差 120°电角度，故可得每相绕组产生的空气隙基波磁动势为

$$\begin{cases} f_{u1}(x,t)=F_{p1}\cos\omega t\cos x \\ f_{v1}(x,t)=F_{p1}\cos(\omega t-120°)\cos(x-120°) \\ f_{w1}(x,t)=F_{p1}\cos(\omega t+120°)\cos(x+120°) \end{cases} \tag{5-28}$$

利用三角函数公式可将上式分解,得

$$\begin{cases} f_{u1}(x,t)=\frac{1}{2}F_{p1}\cos(\omega t-x)+\frac{1}{2}F_{p1}\cos(\omega t+x) \\ f_{v1}(x,t)=\frac{1}{2}F_{p1}\cos(\omega t-x)+\frac{1}{2}F_{p1}\cos(\omega t+x-240°) \\ f_{w1}(x,t)=\frac{1}{2}F_{p1}\cos(\omega t-x)+\frac{1}{2}F_{p1}\cos(\omega t+x+240°) \end{cases} \tag{5-29}$$

将三个单相绕组所产生的空气隙基波磁动势相加,则可得三相绕组所产生的空气隙基波磁动势为

$$\begin{aligned} f_{t1}(x,t)&=f_{u1}(x,t)+f_{v1}(x,t)+f_{w1}(x,t)=\frac{3}{2}F_{p1}\cos(\omega t-x) \\ &=F_{t1}\cos(\omega t-x) \end{aligned} \tag{5-30}$$

式中:$F_{t1}=\frac{3}{2}F_{p1}=1.35\frac{Nk_{w1}}{p}I_P$。

由上式可知,三相绕组所产生的空气隙基波磁动势以 ωt 为角度增量在空间旋转,其幅值为单相脉振磁动势幅值的$\frac{3}{2}$倍,其速度为 $n_0=\frac{60f_1}{p}$。若为 m 相绕组,其产生的旋转磁动势的幅值为单相脉振磁动势幅值的$\frac{m}{2}$倍,则有

$$F_{t1}=\frac{m}{2}F_{p1}=\frac{m}{2}0.9\frac{Nk_{w1}}{p}I_P \tag{5-31}$$

2. 相量图解法

相量图解法与本章第一节分析旋转磁场所用的方法类似。首先,选定 U 相绕组轴线位置作为分析参考位置,画出 U 相绕组产生的空气隙基波磁动势相量 $\dot{F}_{u1}$。由于 U 相绕组、V 相绕组和 W 相绕组在空间上互差 120°电角度,所以可以画出 V 相绕组和 W 相绕组产生的空气隙基波磁动势相量 $\dot{F}_{v1}$ 和 $\dot{F}_{w1}$,二者分别位于 V 相绕组和 W 相绕组的轴线处。然后,选定几个分析时刻,如 $\omega t=0$、$\omega t=120°$和 $\omega t=240°$,画出在每一个时刻三个单相绕组合成的基波磁动势,即可得到三相绕组所产生的空气隙基波磁动势为旋转磁动势,如图 5-26 所示。

在 $\omega t=0°$时,$\dot{F}_{u1}$ 的值为 F_{p1},$\dot{F}_{v1}$ 的值为$-\frac{1}{2}F_{p1}$,$\dot{F}_{w1}$ 的值为$-\frac{1}{2}F_{p1}$,三者相量求和可得合成空气隙基波磁动势 $\dot{F}_{t1}$,其大小为$\frac{3}{2}F_{p1}$,方向为 9 点钟方向($\dot{F}_{u1}$ 方向)。

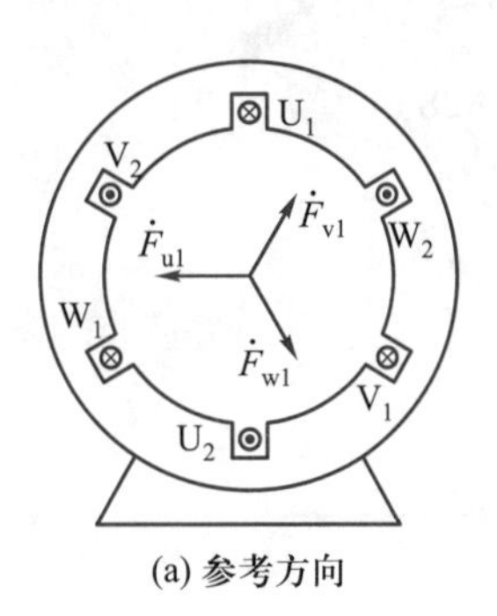

(a) 参考方向

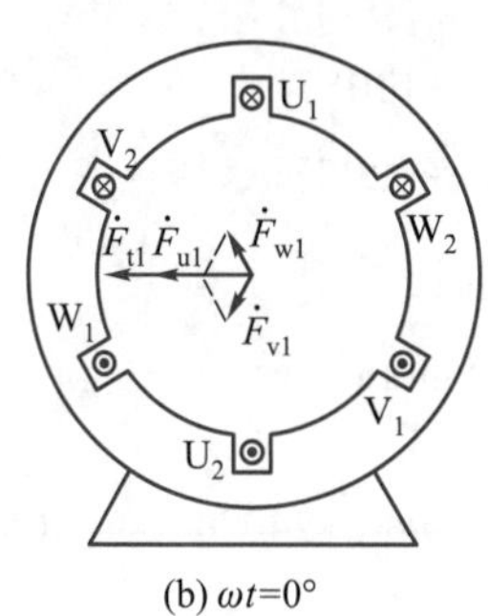

(b) ωt=0°

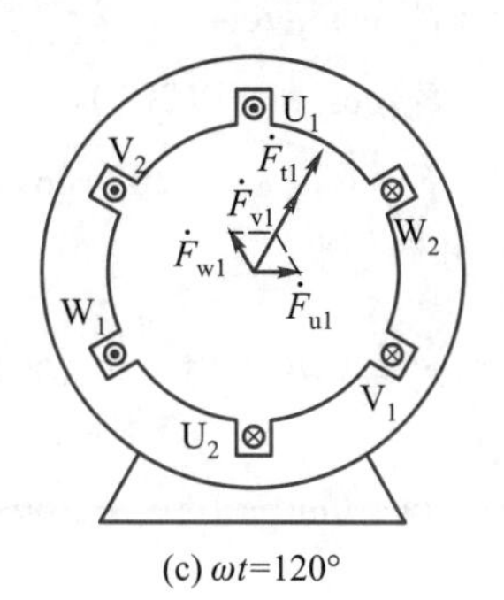

(c) ωt=120°

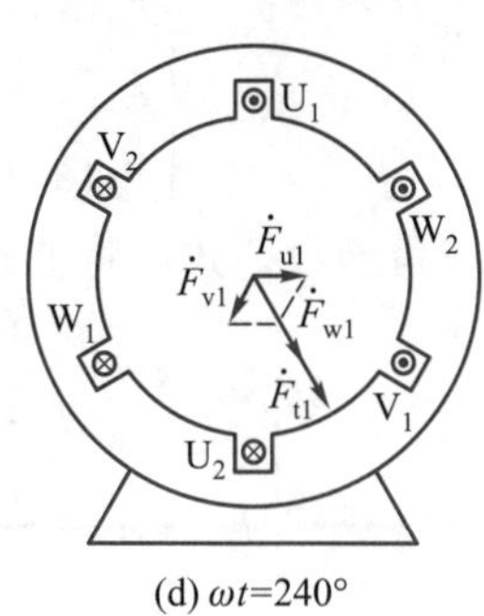

(d) ωt=240°

图 5-26　旋转磁动势

在 $\omega t=120°$时，$\dot F_{u1}$ 的值为$-\dfrac{1}{2}F_{p1}$，$\dot F_{v1}$ 的值为 F_{p1}，$\dot F_{w1}$ 的值为$-\dfrac{1}{2}F_{p1}$，三者相量求和可得合成空气隙基波磁动势 $\dot F_{t1}$，其大小为$\dfrac{3}{2}F_{p1}$，方向为 1 点钟方向（$\dot F_{v1}$ 方向）。

在 $\omega t=240°$时，$\dot F_{u1}$ 的值为$-\dfrac{1}{2}F_{p1}$，$\dot F_{v1}$ 的值为$-\dfrac{1}{2}F_{p1}$，$\dot F_{w1}$ 的值为 F_{p1}，三者相量求和可得合成空气隙基波磁动势 $\dot F_{t1}$，其大小为$\dfrac{3}{2}F_{p1}$，方向为 5 点钟方向（$\dot F_{w1}$ 方向）。

综上分析，可得如下结论：

当三相电流通入三相绕组时，所产生的空气隙基波磁动势为幅值恒定不变的圆形旋转磁动势。

[例 5-4]　某三相异步电动机定子绕组为三相双层绕组，$z=48$，$p=2$，$y=\dfrac{5}{6}\tau$，每个线圈元件匝数 $N_u=20$，并联支路数 $a=2$，每相电流 $I_P=24$ A，试求：(1) 短距系数 k_{y1}；(2) 分布系数 k_{q1}；(3) 绕组系数 k_{w1}；(4) 线圈组磁动势 F_{d1}；(5) 单相绕组磁动势 F_{p1}；(6) 旋转磁动势 F_{t1}。

解：(1) 短距系数为

$$k_{y1}=\sin\left(\frac{y}{\tau}90°\right)=\sin\left(\frac{5}{6}90°\right)=0.966$$

(2) 槽距角为

$$\alpha=p\frac{360°}{z}=2\times\frac{360°}{48}=15°$$

每极每相槽数为

$$q=\frac{z}{2pm}=\frac{48}{2\times2\times3}=4$$

分布系数为

$$k_{q1}=\frac{\sin\dfrac{q\alpha}{2}}{q\sin\dfrac{\alpha}{2}}=\frac{\sin\dfrac{4\times15^{\circ}}{2}}{4\sin\dfrac{15^{\circ}}{2}}=0.958$$

(3) 绕组系数为

$$k_{w1}=k_{q1}k_{y1}=0.966\times0.958=0.925$$

(4) 每个线圈电流

$$I_{u}=\frac{I_{P}}{a}=\frac{24}{2}\text{ A}=12\text{ A}$$

线圈组磁动势为

$$F_{d1}=0.9(qN_{u}k_{w1})I_{u}=0.9\times4\times20\times0.925\times12\text{ A}=799.2\text{ A}$$

(5) 每相绕组每条支路的匝数为

$$N=\frac{2qN_{u}p}{a}=\frac{2\times4\times20\times2}{2}=160$$

单相绕组磁动势为

$$F_{p1}=0.9\frac{Nk_{w1}}{p}I_{P}=0.9\times\frac{160\times0.925}{2}\times24\text{ A}=1\ 598.4\text{ A}$$

(6) 旋转磁动势为

$$F_{t1}=1.35\frac{Nk_{w1}}{p}I_{P}=1.35\times\frac{160\times0.925}{2}\times24\text{ A}=2\ 397.6\text{ A}$$

5.5 三相异步电动机绕组的电动势

PPT 5.5：三相异步电动机绕组的电动势

上一节已经分析得出三相电流通入三相绕组后会在空气隙中产生旋转磁动势，即空气隙基波磁动势。该旋转磁动势在空气隙中为余弦分布，且幅值不变。由于电动机绕组也在空气隙中，因此旋转磁动势在旋转过程中就要切割电动机绕组，在绕组中产生感应电动势。本节将先分析单个导体和线圈的感应电动势，然后再讨论单个线圈组和单相绕组的感应电动势，最后再计算三相绕组的感应电动势。

5.5.1 单相绕组的感应电动势

1. 导体的感应电动势

上一节已经得到空气隙基波旋转磁动势为 $f_{t1}(x,t)=F_{t1}\cos(\omega t-x)$。本节以 $x=0$ 处嵌放的导体 A 为例，分析其感应电动势，如图 5-27 所示。

在 $x=0$ 处，空气隙基波旋转磁动势为 $f_{t1}(0,t)=F_{t1}\cos\omega t$，假设该处旋转磁场描述为

$$b_{a1}=B_{m1}\sin\omega t$$

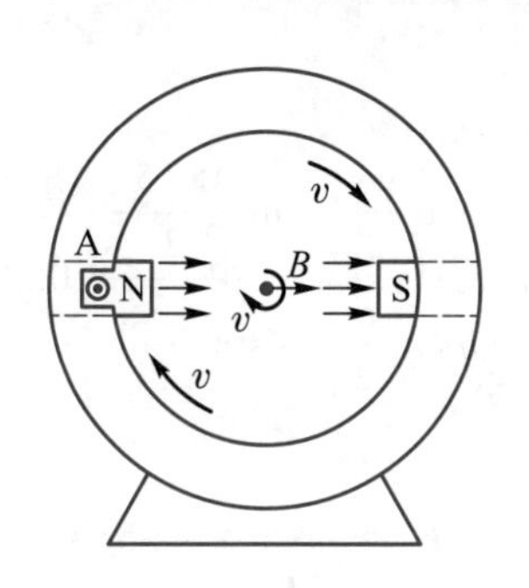

图 5-27　导体感应电动势产生原理

式中：B_{m1} 为空气隙基波磁感应强度的幅值。由此可见，旋转磁场在以线速度 v 旋转的过程中，会造成 $x=0$ 处的磁感应强度随时间正弦变化。

导体 A 的感应电动势为

$$e_{a1}=b_{a1}lv=B_{m1}lv\cos\ \omega t=E_{m1}\cos\ \omega t \tag{5-32}$$

式中：l 为导体 A 的长度；v 为旋转磁场的线速度，$v=\Omega R$，其中 Ω 为旋转磁场的角速度，R 为转子半径。转子周长可计算为 $2\pi R$，也可以计算为 $2p\tau$，其中 τ 为极距，p 为极对数。因此，可得 $\pi R=p\tau$，旋转磁场的线速度 v 又可计算为

$$v=\Omega R=\frac{2\pi n_0}{60}R=\frac{2\pi}{60}\cdot\frac{60f_1}{p}\cdot\frac{p\tau}{\pi}=2\tau f_1 \tag{5-33}$$

式中：f_1 为电源频率。因此，导体 A 感应电动势的有效值为

$$\begin{aligned}E_{a1}&=\frac{E_{m1}}{\sqrt{2}}=\frac{1}{\sqrt{2}}\cdot\frac{\pi}{2}\cdot\left(\frac{2}{\pi}B_{m1}\right)lv=\frac{1}{\sqrt{2}}\cdot\frac{\pi}{2}B_{av1}l2\tau f_1\\&=\frac{\pi}{\sqrt{2}}\Phi_1 f_1=2.22f_1\Phi_1\end{aligned} \tag{5-34}$$

式中：$B_{av1}=\frac{2}{\pi}\cdot B_{m1}$ 为空气隙基波磁感应强度的平均值；$\Phi_1=B_{av1}l\tau$ 为空气隙基波每极磁通量。

2. 整距线圈的感应电动势

整距线圈的节距等于极距，即 $y=\tau$。因此，整距线圈的一个圈边在 N 极下，另一个圈边则在 S 极下相同的位置，两个圈边的感应电动势大小相等，相位相差 180°，其相量图如图 5-28 所示，整距线圈的感应电动势为

$$\dot{E}_{r1}=\dot{E}_{a1}-\dot{E}'_{a1}=2\dot{E}_{a1} \tag{5-35}$$

其有效值为

$$E_{r1}=2E_{a1}=4.44f_1\Phi_1 \tag{5-36}$$

上式为 1 匝整距线圈的感应电动势，若整距线圈为 N_u 匝，则其感应电动势的有效值为

$$E_{r1}=4.44f_1N_u\Phi_1 \tag{5-37}$$

3. 短距线圈的感应电动势

短距线圈的节距小于极距，即 $y<\tau$。因此，短距线圈的两个圈边的感应电动势

大小相等，相位相差$\dfrac{y}{\tau}180°$，其相量图如图 5-29 所示，短距线圈的感应电动势为

$$\dot{E}_{d1}=\dot{E}_{a1}-\dot{E}'_{a1} \tag{5-38}$$

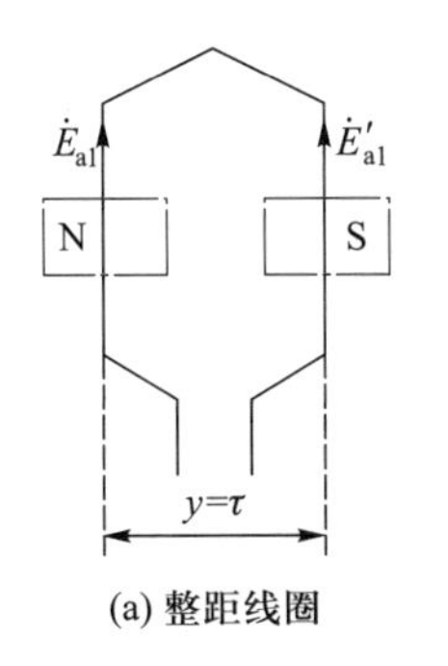

(a) 整距线圈

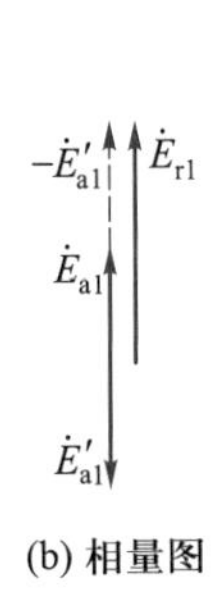

(b) 相量图

图 5-28　整距线圈的感应电动势

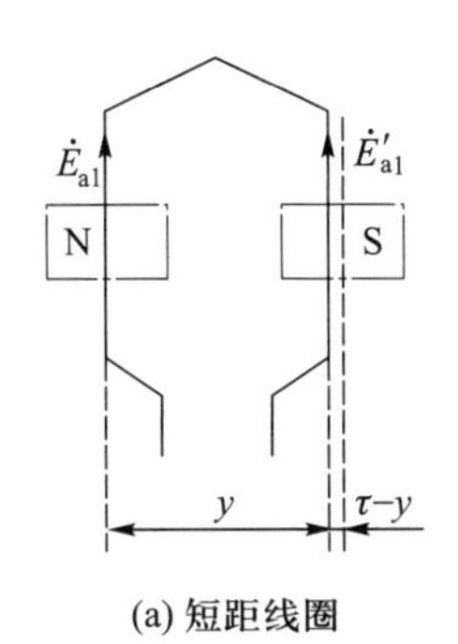

(a) 短距线圈

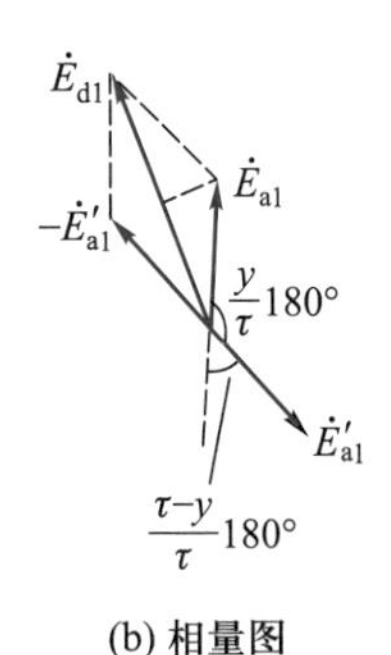

(b) 相量图

图 5-29　短距线圈的感应电动势

其有效值为

$$E_{d1}=2E_{a1}\sin\left(\frac{y}{\tau}90°\right)=4.44f_1\Phi_1k_{y1} \tag{5-39}$$

式中：k_{y1} 称为短距系数，表示短距线圈感应电动势与整距线圈感应电动势之比

$$k_{y1}=\sin\left(\frac{y}{\tau}90°\right)=\frac{E_{d1}}{2E_{a1}}=\frac{E_{d1}}{E_{r1}} \tag{5-40}$$

式中：E_{d1} 为短距线圈感应电动势的有效值；E_{r1} 为整距线圈感应电动势的有效值。

上式为 1 匝短距线圈的感应电动势；若短距线圈为 N_u 匝，则其感应电动势的有效值为

$$E_{d1}=4.44f_1N_u\Phi_1k_{y1} \tag{5-41}$$

4. 线圈组的感应电动势

每个线圈组由 q 个匝数相同的线圈串联组成，相邻两个线圈在空间间隔一个槽距角 α。因此，在旋转磁场的作用下，各个线圈感应的电动势在时间上也相差 α 电角度，其相量如图 5-30(a)所示，图中的 $q=3$。为了计算相量和，现改变

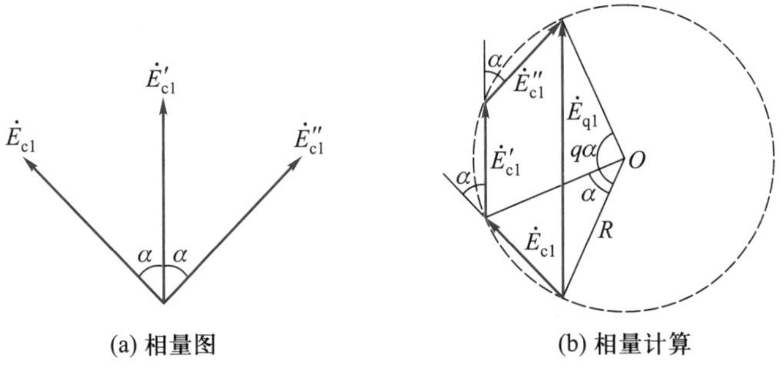

(a) 相量图　(b) 相量计算

图 5-30　分布线圈组的感应电动势

画法，如图 5-30(b)所示，其中，O 为多边形外接圆的圆心，R 为外接圆的半径，则分布线圈组的感应电动势为

$$\dot{E}_{q1}=\dot{E}_{c1}+\dot{E}'_{c1}+\dot{E}''_{c1} \tag{5-42}$$

式中：$\dot{E}_{c1}$、$\dot{E}'_{c1}$和 $\dot{E}''_{c1}$为各线圈组的感应电动势。感应电动势有效值为

$$E_{q1}=2R\sin\frac{q\alpha}{2} \tag{5-43}$$

$$E_{c1}=E'_{c1}=E''_{c1}=2R\sin\frac{\alpha}{2} \tag{5-44}$$

则有

$$E_{q1}=E_{c1}\frac{\sin\dfrac{q\alpha}{2}}{\sin\dfrac{\alpha}{2}}=qE_{c1}k_{q1} \tag{5-45}$$

式中：k_{q1} 称为分布系数，表示分布线圈组感应电动势与集中线圈组感应电动势之比

$$k_{q1}=\frac{\sin\dfrac{q\alpha}{2}}{q\sin\dfrac{\alpha}{2}}=\frac{E_{q1}}{qE_{c1}}=\frac{E_{q1}}{E_{z1}} \tag{5-46}$$

式中：E_{q1} 为分布线圈组感应电动势的有效值；E_{z1} 为集中线圈组感应电动势的有效值。所谓集中线圈组是指线圈组中的各个线圈都嵌放在同一个槽内。分布线圈组组成分布绕组，集中线圈组组成集中绕组，因此分布系数也可看成分布绕组与集中绕组感应电动势有效值之比。

若分布线圈组中的线圈为短距线圈，则有 $E_{c1}=E_{d1}=4.44f_1N_u\Phi_1k_{y1}$，将其带入式(5-45)，可得分布短距线圈组感应电动势的有效值为

$$E_{q1}=qE_{d1}k_{q1}=4.44f_1qN_u\Phi_1k_{y1}k_{q1}=4.44f_1(qN_u)k_{w1}\Phi_1 \tag{5-47}$$

式中：$k_{w1}=k_{y1}k_{q1}$ 为绕组系数；$(qN_u)k_{w1}$ 为线圈组有效匝数。

5. 单相绕组的感应电动势

对于单层绕组，每相绕组由 p 个线圈组组成，每相绕组线圈总匝数为 qN_up。设每相绕组的并联支路数为 a，则每条支路线圈总匝数为 $N=qN_up/a$。因此，可得每条支路感应电动势的有效值，即每相绕组感应电动势的有效值为

$$E_{p1}=4.44f_1\left(\frac{qN_up}{a}\right)k_{w1}\Phi_1=4.44f_1Nk_{w1}\Phi_1 \tag{5-48}$$

式中：Nk_{w1} 为每条支路线圈的有效匝数。

对于双层绕组，每相绕组由 $2p$ 个线圈组组成，每相绕组线圈总匝数为 $2qN_up$。设每相绕组的并联支路数为 a，则每条支路线圈总匝数为 $N=2qN_up/a$。因此，可得每条支路感应电动势的有效值，即每相绕组感应电动势的有效值为

$$E_{p1}=4.44f_1\left(\frac{2qN_up}{a}\right)k_{w1}\Phi_1=4.44f_1Nk_{w1}\Phi_1 \tag{5-49}$$

式中：Nk_{w1} 为每条支路线圈有效匝数。

5.5.2　三相绕组的感应电动势

三相绕组可以为星形联结，也可以为三角形联结。三相绕组中每相绕组感应电动势大小相同，相位互差 120°，其线电动势与相电动势大小以及相位之间的关系与一般三相交流电路相同。若为星形联结，则线电动势为相电动势的 $\sqrt{3}$ 倍

$$E_{l1}=\sqrt{3}E_{p1} \tag{5-50}$$

若为三角形联结，则线电动势等于相电动势

$$E_{l1}=E_{p1} \tag{5-51}$$

［例 5-5］　某三相异步电动机定子绕组为三相双层绕组，$z=48$，$p=2$，$y=\frac{5}{6}\tau$，$f_1=50$ Hz，每个线圈元件匝数 $N_u=20$，并联支路数 $a=2$，每极空气隙基波磁通 $\Phi_1=0.006$ Wb。试求：(1) 导体电动势 E_1；(2) 线圈电动势 E_{d1}；(3) 线圈组电动势 E_{q1}；(4) 单相绕组电动势 E_{p1}。

解：(1) 导体电动势为

$$E_1=2.22f_1\Phi_1=2.22\times50\times0.006\ \text{V}=0.67\ \text{V}$$

(2) 短距系数为

$$k_{y1}=\sin\left(\frac{y}{\tau}90^\circ\right)=\sin\left(\frac{5}{6}\times90^\circ\right)=0.966$$

线圈电动势为

$$E_{d1}=4.44f_1N_u\Phi_1k_{y1}=4.44\times50\times20\times0.006\times0.966\ \text{V}=25.73\ \text{V}$$

(3) 槽距角为

$$\alpha=p\frac{360^\circ}{z}=2\times\frac{360^\circ}{48}=15^\circ$$

每极每相槽数为

$$q=\frac{z}{2pm}=\frac{48}{2\times2\times3}=4$$

分布系数为

$$k_{q1}=\frac{\sin\frac{q\alpha}{2}}{q\sin\frac{\alpha}{2}}=\frac{\sin\frac{4\times15^\circ}{2}}{4\times\sin\frac{15^\circ}{2}}=0.958$$

绕组系数为

$$k_{w1}=k_{q1}k_{y1}=0.966\times0.958=0.925$$

线圈组电动势为

$$E_{q1}=4.44f_1(qN_u)k_{w1}\Phi_1=4.44\times50\times4\times20\times0.925\times0.006\ \text{V}=98.57\ \text{V}$$

(4) 每相绕组每条支路的匝数为

$$N=\frac{2qN_up}{a}=\frac{2\times4\times20\times2}{2}=160$$

单相绕组电动势为

$$E_{p1}=4.44f_1Nk_{w1}\Phi_1=4.44\times50\times160\times0.925\times0.006\ \text{V}=197.14\ \text{V}$$

PPT 5.6：三相异步电动机的电磁关系

5.6 三相异步电动机的电磁关系

三相异步电动机的定子和转子之间只有磁的耦合，没有电的联系，它们靠电磁感应作用将能量从定子传递到转子，在这一点上与变压器完全相似。三相异步电动机的定子绕组相当于变压器的一次绕组，从电源吸收电流和功率；三相异步电动机的转子绕组相当于变压器的二次绕组，通过电磁感应产生电动势和电流。只不过变压器将感应电流作为输出电流，输出电功率，而三相异步电动机利用感应电流产生电磁转矩，输出机械功率。此外，变压器的一次绕组和二次绕组均静止，具有相同的频率，而三相异步电动机的定子绕组静止，转子绕组旋转，二者具有不同的频率。由于三相异步电动机的电磁关系与变压器相似，工作原理也相似，所以变压器的电动势平衡方程式和磁动势平衡方程式都可以作为三相异步电动机电磁关系分析的基础。

5.6.1 主磁通和漏磁通

1. 主磁通

旋转磁场中绝大部分的磁通穿过空气隙，并同时交链于定子绕组和转子绕组，这部分磁通称为主磁通 Φ。如图 5-31 所示，其路径为定子铁心→空气隙→转子铁心→空气隙→定子铁心，构成闭合路径。主磁通同时交链于定子绕组和转子绕组，分别在定子绕组和转子绕组中产生感应电动势，是能量转换的媒介。

2. 漏磁通

除了主磁通以外，还有极少一部分磁通只与定子绕组交链，这部分磁通称为定子漏磁通 $\Phi_{\sigma1}$。此外，转子绕组切割旋转磁场也会产生感应电动势和感应电流，转子电流同样也会产生只与其自身交链的磁通，这部分磁通称为转子漏磁通 $\Phi_{\sigma2}$。根据位置的不同，漏磁通又分为槽部漏磁通和端部漏磁通，如图 5-31 所示。漏磁通不参与能量交换，并且主要通过空气闭合，受磁路饱和的影响较小，在一定条件下漏磁通的磁路可以看作是线性磁路，漏磁通产生的感应电动势只起到电抗压降的作用。

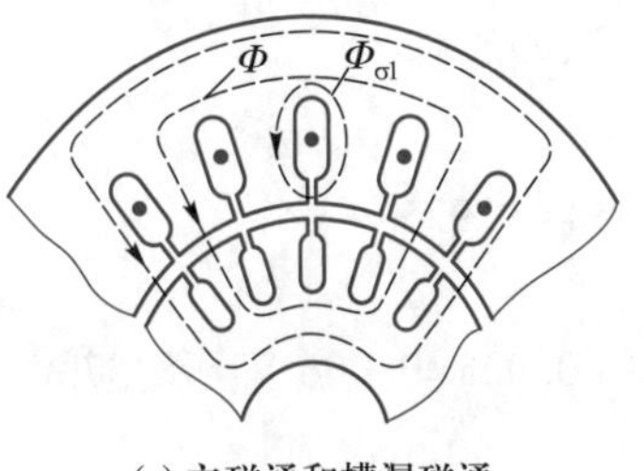

(a) 主磁通和槽漏磁通

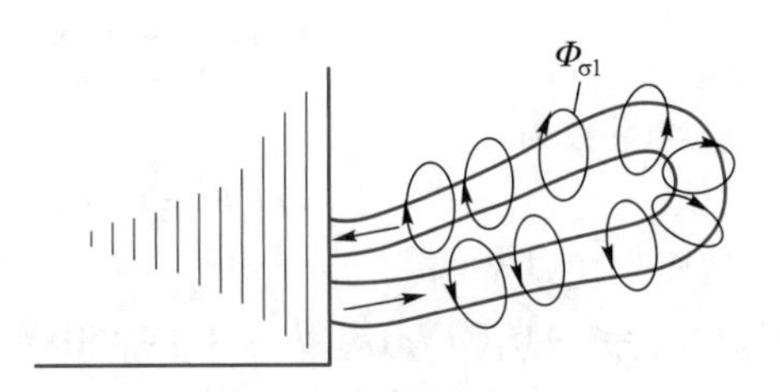

(b) 端部漏磁通

图 5-31　主磁通和漏磁通

5.6.2　电动势的平衡方程式

1. 定子电路电动势的平衡方程式

三相异步电动机定子绕组的三相是对称的,因此在分析时只取一相即可。前面已经介绍过三相异步电动机的定子绕组与变压器的一次绕组在工作原理上基本一致,所以二者的电动势平衡方程式基本相同,三相异步电动机定子电路电动势平衡方程式为

$$\dot{U}_1=-\dot{E}_1+(R_1+\mathrm{j}X_1)\dot{I}_1=-\dot{E}_1+Z_1\dot{I}_1 \tag{5-52}$$

式中:$\dot{U}_1$、$\dot{E}_1$ 和 $\dot{I}_1$是定子每相绕组的电压、电动势和电流;R_1、X_1 和 Z_1 是定子每相绕组的电阻、漏电抗和漏阻抗。主磁通在定子每相绕组产生的感应电动势为

$$\dot{E}_1=-\mathrm{j}4.44f_1N_1k_{\mathrm{w1}}\dot{\Phi}_{\mathrm{m}} \tag{5-53}$$

其有效值为

$$E_1=4.44f_1N_1k_{\mathrm{w1}}\Phi_{\mathrm{m}} \tag{5-54}$$

式中:Φ_{m} 为主磁通 Φ 的幅值;N_1 为定子每相绕组的匝数;N_1k_{w1} 为定子每相绕组的有效匝数;f_1 为定子每相绕组感应电动势的频率,简称定子频率。定子漏磁通 $\Phi_{\sigma1}$ 产生的感应电动势为

$$\dot{E}_{\sigma1}=-\mathrm{j}X_1\dot{I}_1 \tag{5-55}$$

式中:漏电抗 $X_1=2\pi f_1L_{\sigma1}$。

1 对极旋转磁场旋转 1 圈,感应电动势 $\dot{E}_1$ 变化 1 个周期;p 对极旋转磁场旋转 1 圈,感应电动势 $\dot{E}_1$ 变化 p 个周期。若 p 对极旋转磁场每分钟旋转 n_0 圈,定子绕组感应电动势 $\dot{E}_1$ 每分钟变化 pn_0 个周期,则定子频率为

$$f_1=\frac{pn_0}{60} \tag{5-56}$$

比较式(5-2),可以发现定子感应电动势的频率与定子电压的频率相同。

如果忽略 R_1 和 X_1,可得

$$U_1=E_1=4.44f_1N_1k_{\mathrm{w1}}\Phi_{\mathrm{m}} \tag{5-57}$$

则有

$$\Phi_{\mathrm{m}}=\frac{U_1}{4.44f_1N_1k_{\mathrm{w1}}} \tag{5-58}$$

可见 Φ_{m} 正比于定子绕组相电压 U_1。

2. 转子电路电动势的平衡方程式

三相异步电动机正常工作时转子绕组处于短路状态,其相电压 $U_2=0$。因此,转子电路电动势平衡方程式为

$$0=\dot{E}_{2\mathrm{s}}-(R_2+\mathrm{j}X_{2\mathrm{s}})\dot{I}_{2\mathrm{s}}=\dot{E}_{2\mathrm{s}}-Z_{2\mathrm{s}}\dot{I}_{2\mathrm{s}} \tag{5-59}$$

式中:$\dot{E}_{2\mathrm{s}}$ 和 $\dot{I}_{2\mathrm{s}}$是转子每相绕组的电动势和电流;R_2、$X_{2\mathrm{s}}$ 和 $Z_{2\mathrm{s}}$ 是转子每相绕组

的电阻、漏电抗和漏阻抗。主磁通在转子每相绕组产生的感应电动势为

$$\dot{E}_{2s}=-j4.44f_2N_2k_{w2}\dot{\Phi}_m \tag{5-60}$$

其有效值为

$$E_{2s}=4.44f_2N_2k_{w2}\Phi_m \tag{5-61}$$

式中：N_2 为转子每相绕组的匝数；N_2k_{w2} 为转子每相绕组的有效匝数；f_2 为转子每相绕组感应电动势的频率，简称转子频率。转子漏磁通 $\Phi_{\sigma2}$ 产生的感应电动势为

$$\dot{E}_{\sigma2s}=-jX_{2s}\dot{I}_{2s} \tag{5-62}$$

式中：漏电抗 $X_{2s}=2\pi f_2L_{\sigma2}$。

由于定子是静止的，而转子是旋转的，旋转磁场相对于定子和转子的运动速度是不同的。进而，定子绕组和转子绕组切割磁力线的速度也不同，二者感应电动势的频率也就不同。转子的旋转速度为 n，旋转磁场相对于转子的运动速度为 n_0-n，p 对极旋转磁场每分钟环绕转子旋转了 n_0-n 圈，转子绕组感应电动势 $\dot{E}_{2s}$ 每分钟变化 $p(n_0-n)$ 个周期，则转子频率为

$$f_2=\frac{p(n_0-n)}{60}=\frac{pn_0}{60}\cdot\frac{n_0-n}{n_0}=sf_1 \tag{5-63}$$

由上式可见，转子频率与转差率成正比，只有在转子静止时，$n=0$，$s=1$，定子频率等于转子频率，即 $f_2=f_1$，三相异步电动机就与变压器一样了。由于转子频率 f_2 与转差率 s 有关，在转子电路中与 f_2 有关的物理量均与 s 有关，所以其下标中都加上了“s”。

若令转子静止时的漏电抗为 X_2，感应电动势为 E_2，则有

$$X_2=2\pi f_1L_{\sigma2} \tag{5-64}$$

$$E_2=4.44f_1N_2k_{w2}\Phi_m \tag{5-65}$$

进而可得

$$X_{2s}=sX_2 \tag{5-66}$$

$$E_{2s}=sE_2 \tag{5-67}$$

5.6.3　磁动势的平衡方程式

定子三相电流通入定子三相绕组会产生定子旋转磁场，由式(5-31)可知，其旋转磁动势的幅值可表示为

$$F_1=\frac{m_1}{2}0.9\frac{N_1k_{w1}}{p}I_1 \tag{5-68}$$

式中：I_1 为定子相电流；N_1k_{w1} 为定子每相绕组的有效匝数；$m_1=3$。定子旋转磁动势在空间的转速为 n_0。

同理，转子多相电流通入转子多相绕组(笼型转子为多相绕组，绕线型转子为三相绕组)会产生旋转磁场，其旋转磁动势的幅值为

$$F_2=\frac{m_2}{2}0.9\frac{N_2k_{w2}}{p}I_{2s} \tag{5-69}$$

式中：I_{2s} 为转子相电流；N_2k_{w2} 为转子每相绕组的有效匝数；m_2 为转子绕组相数。转子频率为 f_2，转子旋转磁动势的转速为

$$n_2=\frac{60f_2}{p}=\frac{60sf_1}{p}=sn_0 \tag{5-70}$$

该转速为旋转磁动势相对于转子本身的转速。由于转子本身以转速 n 在空间旋转，因此旋转磁动势在空间的转速为

$$n+n_2=(1-s)n_0+sn_0=n_0 \tag{5-71}$$

由此可见，定子旋转磁动势和转子旋转磁动势均以同步转速 n_0 在空间上沿同一方向旋转，二者构成三相异步电动机的合成旋转磁动势，即励磁旋转磁动势，以产生旋转磁场。

在理想空载时，$n=n_0$，$s=0$，则有 $\dot{E}_{2s}=0$，$\dot{I}_{2s}=0$。此时，定子电流 $\dot{I}_1$为空载电流，即励磁电流，用 $\dot{I}_0$表示，即 $\dot{I}_1=\dot{I}_0$。定子旋转磁动势的幅值为

$$F_1=\frac{m_1}{2}0.9\frac{N_1k_{w1}}{p}I_0=F_0 \tag{5-72}$$

式中：F_0 为励磁旋转磁动势的幅值。

由于从负载到空载，定子电压 U_1 和频率 f_1 没有发生改变，因此根据式(5-58)，主磁通 Φ_m 也基本保持不变，负载时的合成旋转磁动势就应该等于空载时的励磁旋转磁动势，即

$$\dot{F}_1+\dot{F}_2=\dot{F}_0 \tag{5-73}$$

由于三者在空间均以同步转速旋转，所以三者之间相对静止，可写为

$$m_1N_1k_{w1}\dot{I}_1+m_2N_2k_{w2}\dot{I}_{2s}=m_1N_1k_{w1}\dot{I}_0 \tag{5-74}$$

上述方程式即为三相异步电动机的磁动势平衡方程式。

［例 **5-6**］　某三相绕线型异步电动机 YR-280M-4，$P_N=75$ kW，$U_N=380$ V，定子绕组△联结，$n_N=1\ 485$ r/min，$f_N=50$ Hz，$\lambda_N=0.88$，$\eta_N=92.5\%$，转子开路电压 $U_{2N}=354$ V，转子绕组 Y 联结，求额定状态下：(1) 转差率 s_N；(2) 转子每相绕组感应电动势 E_{2s}；(3) 转子频率 f_2；(4) 电源输入有功功率 P_{1N}；(5) 额定电流 I_N。

解：(1) 由三相异步电动机型号可知 $p=2$，则同步转速 $n_0=1\ 500$ r/min，因此转差率为

$$s_N=\frac{n_0-n_N}{n_0}=\frac{1\ 500-1\ 485}{1\ 500}=0.01$$

(2) 转子开路电压为线电压，且此时转子静止，由于转子绕组为星形联结，因此可得静止时转子每相绕组感应电动势为

$$E_2=\frac{U_{2N}}{\sqrt{3}}=\frac{354}{1.732}\ \text{V}=204.39\ \text{V}$$

额定状态下，转子每相绕组感应电动势为

$$E_{2s}=s_N E_2=0.01\times204.39\ \text{V}=2.04\ \text{V}$$

（3）转子频率为

$$f_2=s_N f_1=0.01\times50\ \text{V}=0.5\ \text{Hz}$$

（4）电源输入有功功率为

$$P_{1N}=\frac{P_N}{\eta_N}=\frac{75}{0.925}\ \text{kW}=81.08\ \text{kW}$$

（5）额定电流为

$$I_N=\frac{P_{1N}}{\sqrt{3}U_N\lambda_N}=\frac{81.08\times1\ 000}{1.732\times380\times0.88}\ \text{A}=139.99\ \text{A}$$

PPT 5.7：三相异步电动机的运行分析

5.7 三相异步电动机的运行分析

与变压器一样，三相异步电动机的运行也从等效电路、基本方程式和相量图这三方面进行分析。

5.7.1 等效电路

三相异步电动机的定子电路与转子电路之间没有电的联系，只有磁的联系，因此二者之间电磁混杂，分析不便，如图 5-32 所示。为了简化三相异步电动机的运行分析与计算，可采用与变压器相似的等效电路方法，把定子和转子之间的电磁关系用等效电路的形式表示，将电磁关系转化为电路关系，以便分析和计算。

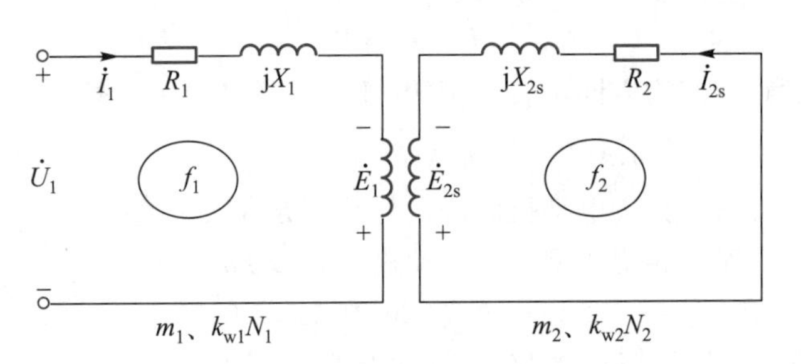

图 5-32　三相异步电动机电路

由于定子绕组和转子绕组的相数、匝数和频率均不相同，所以二者无法进行有机结合。为了得到等效电路，在不改变基本电磁关系的前提下，可将转子频率折算为定子频率，将转子绕组的相数和匝数折算为定子绕组的相数和匝数，这一过程分别被称为频率折算和绕组折算。与变压器一样，折算的原则是保证折算前后的电磁关系不变，即磁动势和功率不变。

1. 频率折算

频率折算就是用一个等效的转子电路来代替实际的转子电路，而该等效转子电路应与定子电路具有相同的频率。具体的方法就是用一个等效的静止转子来代替实际的旋转转子。根据转子电路电动势平衡方程式(5-59)，有

$$\dot{I}_{2s}=\frac{\dot{E}_{2s}}{R_2+\mathrm{j}X_{2s}}=\frac{s\dot{E}_2}{R_2+\mathrm{j}sX_2}=\frac{\dot{E}_2}{\frac{R_2}{s}+\mathrm{j}X_2}=\dot{I}_2 \tag{5-75}$$

虽然 $\dot{I}_{2s}$与 $\dot{I}_2$相等，但其各自的含义却不尽相同。$\dot{E}_{2s}$ 与 X_{2s} 的频率为 f_2，转子相电流 $\dot{I}_{2s}$的频率也为 f_2，所以 $\dot{I}_{2s}$为转子旋转时的相电流。而 $\dot{E}_2$ 与 X_2 的频率为 f_1，转子相电流 $\dot{I}_2$的频率也为 f_1，所以 $\dot{I}_2$为转子静止时的相电流。可见在进行频率折算时，将 $\dot{E}_{2s}$、$\dot{I}_{2s}$和 X_{2s} 改为 $\dot{E}_2$、$\dot{I}_2$和 X_2，将 R_2 改为$\frac{R_2}{s}$，在转子电路中串联一个电阻$\frac{1-s}{s}R_2$，即 $R_2+\frac{1-s}{s}R_2=\frac{R_2}{s}$。电阻$\frac{1-s}{s}R_2$ 可以看成是三相异步电动机的“负载电阻”，其上的电压$\frac{1-s}{s}R_2\dot{I}_2$可以看成是转子电路的端电压。这样转子电路电动势平衡方程式就可以写成

$$\frac{1-s}{s}R_2\dot{I}_2=\dot{E}_2-(R_2+\mathrm{j}X_2)\dot{I}_2 \tag{5-76}$$

折算后，就相当于用一个静止转子来代替旋转转子，这样定子和转子的频率就相同了。频率折算后的等效电路如图 5-33 所示。

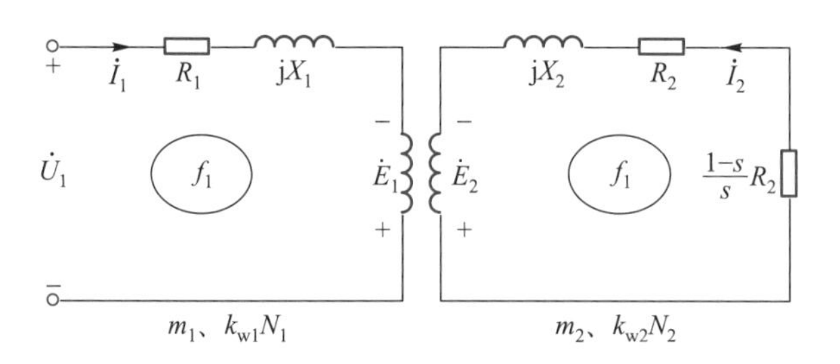

图 5-33　频率折算后等效电路

2. 绕组折算

绕组折算就是用一个与定子绕组具有相同相数 m_1、匝数 N_1 和绕组系数 k_{w1} 的等效转子绕组来代替相数 m_2、匝数 N_2 和绕组系数 k_{w2} 的实际转子绕组，在折算过程中保持磁动势和功率不变，主要有电流折算、电动势折算和阻抗折算。

(1) 电流折算

折算前转子磁动势为

$$F_2=\frac{m_2}{2}0.9\frac{N_2k_{w2}}{p}I_2 \tag{5-77}$$

折算后转子磁动势为

$$F_2'=\frac{m_1}{2}0.9\frac{N_1k_{w1}}{p}I_2' \tag{5-78}$$

折算前后转子磁动势保持不变，则有

$$\frac{m_2}{2}0.9\frac{N_2k_{w2}}{p}I_2=\frac{m_1}{2}0.9\frac{N_1k_{w1}}{p}I_2' \tag{5-79}$$

可得

$$I_2'=\frac{m_2N_2k_{w2}}{m_1N_1k_{w1}}I_2=\frac{I_2}{k_i} \tag{5-80}$$

式中：$k_i=\frac{m_1N_1k_{w1}}{m_2N_2k_{w2}}$称为电流比。

(2) 电动势折算

折算前转子电动势为

$$\dot{E}_2=-j4.44f_1N_2k_{w2}\dot{\Phi}_m \tag{5-81}$$

折算后转子电动势为

$$\dot{E}_2'=-j4.44f_1N_1k_{w1}\dot{\Phi}_m=\dot{E}_1 \tag{5-82}$$

则有

$$\dot{E}_2'=\frac{N_1k_{w1}}{N_2k_{w2}}\dot{E}_2=k_e\dot{E}_2 \tag{5-83}$$

式中：$k_e=\frac{N_1k_{w1}}{N_2k_{w2}}$称为电动势比。

(3) 阻抗折算

折算前转子有功损耗（铜耗）

$$P_{Cu2}=m_2I_2^2R_2 \tag{5-84}$$

折算后转子有功损耗

$$P_{Cu2}'=m_1I_2'^2R_2' \tag{5-85}$$

式中：R_2'为折算后转子电阻。若折算前后的功损耗保持不变，则有

$$m_2I_2^2R_2=m_1I_2'^2R_2' \tag{5-86}$$

可得

$$R_2'=\frac{m_2}{m_1}\left(\frac{I_2}{I_2'}\right)^2R_2=\frac{m_2}{m_1}\left(\frac{m_1N_1k_{w1}}{m_2N_2k_{w2}}\right)^2R_2=k_ek_iR_2=k_zR_2 \tag{5-87}$$

式中：k_z 为阻抗比。同理，根据折算前后无功功率保持不变，可得

$$X_2'=k_zX_2 \tag{5-88}$$

式中：X_2'为折算后转子电抗。

经过绕组折算后的等效电路如图 5-34 所示。

3. T 形等效电路

与变压器一样，感应电动势 $\dot{E}_2'=\dot{E}_1$ 可以表示为

$$\dot{E}_2'=\dot{E}_1=-(R_0+jX_0)\dot{I}_0=-Z_0\dot{I}_0 \tag{5-89}$$

式中：R_0、X_0 和 Z_0 分别为三相异步电动机的励磁电阻、励磁电抗和励磁阻抗；$\dot{I}_0$为空载电流，即励磁电流。因此，T 形等效电路如图 5-35 所示。

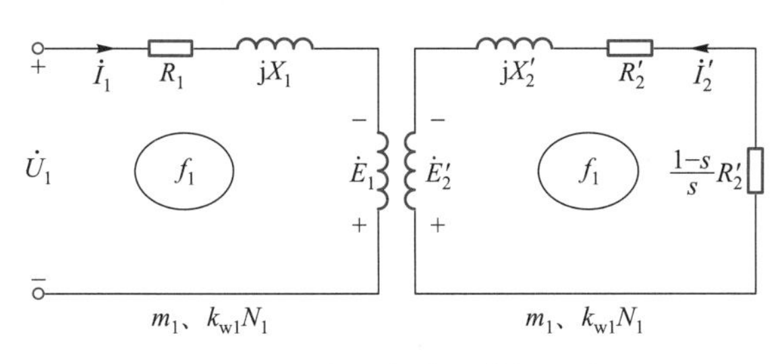

图 5-34　绕组折算后等效电路

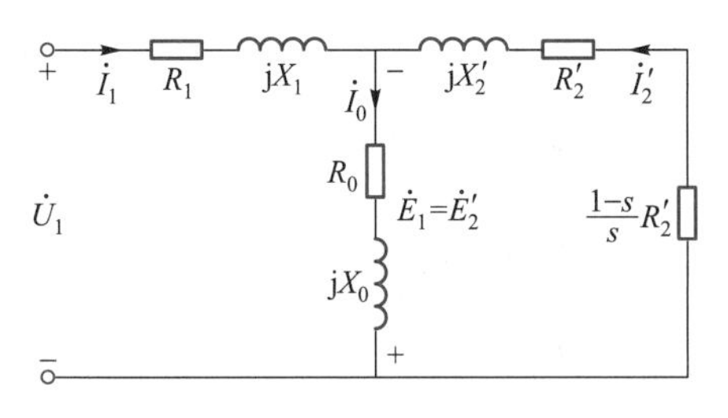

图 5-35　T 形等效电路

4. 简化等效电路

考虑到 T 形等效电路的计算较为复杂，在工程应用中，如果计算精度要求不高，可对其进行简化处理。由于定子漏阻抗上的压降较小，所以可将励磁阻抗回路前移，得到的简化等效电路如图 5-36 所示。

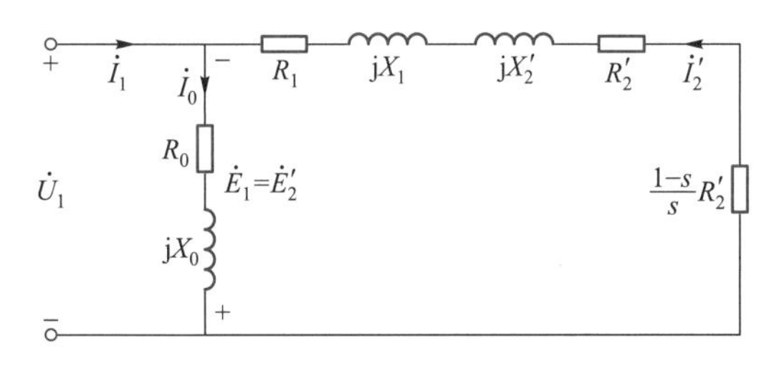

图 5-36　简化等效电路

5.7.2　基本方程式

经过频率和绕组折算后，三相异步电动机的基本方程式为

$$\begin{cases}\dot{U}_1=-\dot{E}_1+(R_1+jX_1)\dot{I}_1\\ \dot{U}_2'=\dot{E}_2'-(R_2'+jX_2')\dot{I}_2'\\ \dot{I}_1+\dot{I}_2'=\dot{I}_0\\ \dot{E}_1=-(R_0+jX_0)\dot{I}_0\\ \dot{E}_2'=\dot{E}_1\\ \dot{U}_2'=\dfrac{1-s}{s}R_2'\dot{I}_2'\end{cases}\tag{5-90}$$

$\frac{1-s}{s}R_2'$可以看成为三相异步电动机的“负载电阻”，其上的电功率相当于三相异步电动机输出的机械功率。

5.7.3　相量图

根据基本方程式(5-90)，可画出三相异步电动机的相量图，如图 5-37 所示。该图清晰地表明了各物理量的大小和相位关系。具体绘制方法与变压器相似，首先选择 $\dot{E}_2'=\dot{E}_1$ 为参考相量，令其水平向右。由于三相异步电动机为感性负载，所以 $\dot{I}_2'$滞后 $\dot{E}_2'$，进而可画出$\frac{R_2'}{s}\dot{I}_2'$和 $\mathrm{j}X_2'\dot{I}_2'$，二者之和恰为 $\dot{E}_2'$。由 $\dot{E}_2'=\dot{E}_1$ 可得$-\dot{E}_1$，进而可画出 $\dot{I}_0$，又因 Z_0 接近纯感性，故二者近乎垂直。由 $\dot{I}_0$和 $\dot{I}_2'$可得 $\dot{I}_1$，进而可得 $R_1\dot{I}_1$和 $\mathrm{j}X_1\dot{I}_1$，最终可得 $\dot{U}_1$。

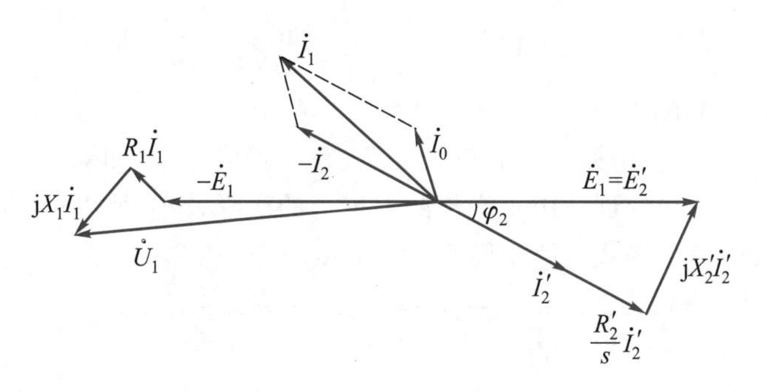

图 5-37　相量图

［例 5-7］　某三相异步电动机，$p=2$，$U_N=380$ V，定子绕组△联结，$f_N=50$ Hz，$n_N=1\ 452$ r/min，$R_1=1.33\ \Omega$，$X_1=2.43\ \Omega$，$R_2'=1.12\ \Omega$，$X_2'=4.4\ \Omega$，$R_0=7\ \Omega$，$X_0=90\ \Omega$。求：(1) T 形等效电路下额定状态时的定子相电流 $\dot{I}_1$、转子相电流 $\dot{I}_2'$和励磁电流 $\dot{I}_0$；(2) 简化等效电路下额定状态时的定子相电流 $\dot{I}_1$、转子相电流 $\dot{I}_2'$和励磁电流 $\dot{I}_0$。

解：(1) 应用 T 形等效电路

$$s_N=\frac{n_0-n_N}{n_0}=\frac{1\ 500-1\ 452}{1\ 500}=0.032$$

$$Z_1=R_1+\mathrm{j}X_1=(1.33+\mathrm{j}2.43)\ \Omega=2.77\ \underline{/61.3^\circ}\ \Omega$$

$$Z_2'=\frac{R_2'}{s_N}+\mathrm{j}X_2'=\left(\frac{1.12}{0.032}+\mathrm{j}4.4\right)\ \Omega=35.28\ \underline{/7.17^\circ}\ \Omega$$

$$Z_0=R_0+\mathrm{j}X_0=(7+\mathrm{j}90)\ \Omega=90.27\ \underline{/85.55^\circ}\ \Omega$$

取 $\dot{U}_1$ 为参考相量，即令 $\dot{U}_1=380\ \underline{/0^\circ}$ V，则定子相电流

$$\dot{I}_1=\frac{\dot{U}_1}{Z_1+\frac{Z_0Z_2'}{Z_0+Z_2'}}=\frac{380\angle 0^\circ}{1.33+\mathrm{j}2.43+\frac{90.27\angle 85.55^\circ\times 35.28\angle 7.17^\circ}{7+\mathrm{j}90+35+\mathrm{j}4.4}}\ \mathrm{A}$$

$$=11.47\angle -29.43^\circ\ \mathrm{A}$$

转子相电流

$$\dot{I}_2'=-\frac{Z_0}{Z_2'+Z_0}\dot{I}_1=-\frac{90.27\angle 85.55^\circ}{35+\mathrm{j}4.4+7+\mathrm{j}90}\times 11.47\angle -29.43^\circ\ \mathrm{A}$$

$$=10.02\angle 170.11^\circ\ \mathrm{A}$$

空载电流

$$\dot{I}_0=\dot{I}_1+\dot{I}_2'=(11.47\angle -29.43^\circ+10.02\angle 170.11^\circ)\ \mathrm{A}=3.91\angle -88.27^\circ\ \mathrm{A}$$

或者

$$\dot{I}_0=\frac{Z_2'}{Z_2'+Z_0}\dot{I}_1=-\frac{35.28\angle 7.17^\circ}{35+\mathrm{j}4.4+7+\mathrm{j}90}\times 11.47\angle -29.43^\circ\ \mathrm{A}=3.91\angle -88.27^\circ\ \mathrm{A}$$

(2) 应用简化等效电路

转子相电流

$$\dot{I}_2'=-\frac{\dot{U}_1}{Z_1+Z_2'}=-\frac{380\angle 0^\circ}{1.33+\mathrm{j}2.43+35+\mathrm{j}4.4}\ \mathrm{A}=10.28\angle 169.35^\circ\ \mathrm{A}$$

空载电流

$$\dot{I}_0=\frac{\dot{U}_1}{Z_0}=\frac{380\angle 0^\circ}{90.27\angle 85.55^\circ}\ \mathrm{A}=4.21\angle -85.55^\circ\ \mathrm{A}$$

定子相电流

$$\dot{I}_1=\dot{I}_0-\dot{I}_2'=(4.21\angle -85.55^\circ-10.28\angle 169.35^\circ)\ \mathrm{A}=12.08\angle -30.32^\circ\ \mathrm{A}$$

5.8 三相异步电动机的功率和转矩

PPT 5.8:
三相异步电动机的功率和转矩

三相异步电动机的功率包括输入功率、损耗和输出功率,由于等效电路的存在,各功率可能存在多种表示方法。三相异步电动机转矩之间的关系与直流电动机相似,可利用相同的方法进行分析和计算。

5.8.1 三相异步电动机的功率

三相异步电动机运行时,定子从电源吸收电功率,转子向机械负载输出机械功率。同时,三相异步电动机在实现机电能量转换的过程中,必然会产生各种损耗。根据能量守恒定律,输出功率应等于输入功率减去总损耗。下面从输入到输出逐一进行分析计算。

1. 输入功率 P_1

三相异步电动机从电源输入的有功功率称为输入功率,用 P_1 表示为

$$P_1=m_1U_1I_1\cos\varphi_1 \tag{5-91}$$

式中：$\cos\varphi_1$ 为功率因数，即 $\lambda_1=\cos\varphi_1$。

2. 定子损耗

定子损耗包括两部分：定子铜损耗和定子铁损耗。定子电流流过定子绕组时，电流在定子绕组电阻上产生的损耗称为定子铜损耗，用 P_{Cu1} 表示为

$$P_{Cu1}=m_1R_1I_1^2 \tag{5-92}$$

旋转磁场在定子铁心中产生的损耗称为定子铁损耗，用 P_{Fe1} 表示。与变压器相似，可以看成励磁电流在励磁电阻上产生的损耗。

$$P_{Fe1}=m_1R_0I_0^2 \tag{5-93}$$

3. 电磁功率

从输入功率中去除定子损耗后，剩余功率是利用电磁感应通过空气隙磁场由定子传递到转子的有功功率，称为电磁功率，用 P_e 表示为

$$P_e=P_1-(P_{Cu1}+P_{Fe1}) \tag{5-94}$$

从 T 形等效电路来看，P_e 又可计算为

$$P_e=m_2E_2I_2\cos\varphi_2=m_1E_2'I_2'\cos\varphi_2=m_1\frac{R_2'}{s}I_2'^2 \tag{5-95}$$

式中：$\cos\varphi_2$ 为转子电路的功率因数。

4. 转子损耗

转子损耗包括两部分：转子铜损耗和转子铁损耗。转子电流流过转子绕组时，电流在转子绕组电阻上产生的损耗称为转子铜损耗，用 P_{Cu2} 表示为

$$P_{Cu2}=m_2R_2I_2^2=m_1R_2'I_2'^2=sP_e \tag{5-96}$$

旋转磁场在转子铁心中产生的损耗称为转子铁损耗，用 P_{Fe2} 表示。由于三相异步电动机在正常运行时，转差率很小，转子频率很低，且转子铁损耗正比于转子频率，因此转子铁损耗远小于定子铁损耗，一般可忽略不计。

5. 机械功率

电磁功率减去转子损耗后，剩余供电动机旋转的功率称为机械功率，用 P_m 表示为

$$P_m=P_e-P_{Cu2} \tag{5-97}$$

从 T 形等效电路来看，P_m 又可计算为

$$P_m=m_1\frac{R_2'}{s}I_2'^2-m_1R_2'I_2'^2=m_1\frac{1-s}{s}R_2'I_2'^2=(1-s)P_e \tag{5-98}$$

6. 空载损耗

当三相异步电动机运行时，还会产生轴承和风阻等摩擦引起的机械损耗 P_{me}，以及由定、转子开槽和谐波磁场引起的附加损耗 P_{ad}。在空载运行时，由于无外加机械负载，机械功率 P_m 全部成为机械损耗和附加损耗，因此这部分损耗又称为空载损耗，用 P_0 表示

$$P_0=P_{me}+P_{ad} \tag{5-99}$$

7. 输出功率

机械功率减去空载损耗后，输出到电动机转轴上的功率称为输出功率，用

P_2 表示为

$$P_2=P_m-P_0 \tag{5-100}$$

8. 功率平衡方程式

三相异步电动机总的功率损耗，简称总损耗，用 P_{al} 表示，具体包括铜损耗、铁损耗、机械损耗和附加损耗，计算为

$$P_{al}=P_{Cu}+P_{Fe}+P_{me}+P_{ad} \tag{5-101}$$

式中：$P_{Cu}=P_{Cu1}+P_{Cu2}$；$P_{Fe}=P_{Fe1}$，忽略 P_{Fe2}。

根据能量守恒定律，三相异步电动机的输入功率、输出功率和总损耗应满足功率平衡方程式

$$P_1-P_2=P_{al} \tag{5-102}$$

9. 效率

输出功率与输入功率的百分比称为电动机的效率，用 η 表示

$$\eta=\frac{P_2}{P_1}\times100\% \tag{5-103}$$

三相异步电动机的功率流如图 5-38 所示。

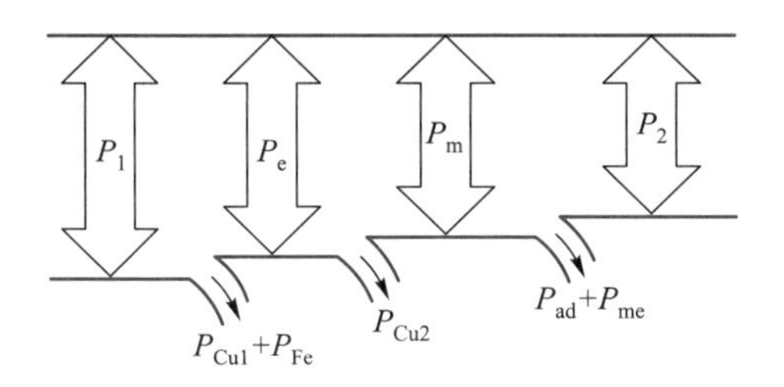

图 5-38 三相异步电动机的功率流

5.8.2 三相异步电动机的转矩

三相异步电动机的转矩主要包括电磁转矩、输出转矩和空载转矩三种，与直流电动机相似，下面逐一介绍。

1. 电磁转矩

前述章节已经介绍了电磁转矩 T 的物理含义，从机械功率角度来看，电磁转矩 T 与电机转速 Ω 的乘积应为三相异步电动机的机械功率 P_m，则有

$$T=\frac{P_m}{\Omega}=\frac{60}{2\pi}\cdot\frac{P_m}{n}=\frac{60}{2\pi}\cdot\frac{\dfrac{P_m}{(1-s)}}{\dfrac{n}{(1-s)}}=\frac{60}{2\pi}\cdot\frac{P_e}{n_0}=\frac{P_e}{\Omega_0} \tag{5-104}$$

由上式可见，电磁功率是由旋转磁场传递到转子的功率，又等于电磁转矩 T 与同步转速 Ω_0 的乘积，即 $P_e=T\Omega_0$。

2. 空载转矩

空载运行时，由空载损耗所形成的转矩称为空载转矩，用 T_0 表示为

$$T_0=\frac{P_0}{\Omega}=\frac{60}{2\pi}\cdot\frac{P_0}{n} \tag{5-105}$$

3. 输出转矩

正常运行时，电动机轴上输出的转矩称为输出转矩，用 T_2 表示为

$$T_2=\frac{P_2}{\Omega}=\frac{60}{2\pi}\cdot\frac{P_2}{n} \tag{5-106}$$

4. 转矩平衡方程式

电磁转矩、空载转矩和输出转矩之间应满足转矩平衡方程式

$$T_2=T-T_0 \tag{5-107}$$

稳定运行时，输出转矩等于负载转矩，即

$$T_2=T_L \tag{5-108}$$

由于 T_0 一般很小，满载运行时 $T_0 \ll T$，T_0 可以忽略，则有 $T=T_2=T_L$。

[例 5-8]　某三相异步电动机 Y-160M-6，$P_N=7.5$ kW，$U_N=380$ V，定子绕组△联结，$n_N=960$ r/min，$f_N=50$ Hz，$\lambda_N=0.78$，$P_{Cu1}=507$ W，$P_{Fe}=252$ W，$P_{me}=48$ W，$P_{ad}=86$ W，求额定状态时：(1) 转差率 s_N；(2) 转子频率 f_2；(3) 空载损耗 P_0；(4) 机械功率 P_m；(5) 电磁功率 P_e；(6) 转子铜损耗 P_{Cu2}；(7) 输入功率 P_{1N}；(8) 额定电流 I_N；(9) 输出转矩 T_{2N}；(10) 电磁转矩 T_N。

解：(1) 由三相异步电动机型号可知 $p=3$，则同步转速 $n_0=1\ 000$ r/min，因此额定转差率为

$$s_N=\frac{n_0-n_N}{n_0}=\frac{1\ 000-960}{1\ 000}=0.04$$

(2) 转子频率为

$$f_2=s_N f_1=0.04\times50\ \text{Hz}=2\ \text{Hz}$$

(3) 空载损耗为

$$P_0=P_{me}+P_{ad}=(48+86)\ \text{W}=134\ \text{W}$$

(4) 机械功率为

$$P_m=P_N+P_0=(7\ 500+134)\ \text{W}=7\ 634\ \text{W}$$

(5) 电磁功率为

$$P_e=\frac{P_m}{1-s_N}=\frac{7\ 634}{1-0.04}\ \text{W}=7\ 952\ \text{W}$$

(6) 转子铜损耗为

$$P_{Cu2}=P_e-P_m=(7\ 952-7\ 634)\ \text{W}=318\ \text{W}$$

(7) 输入功率为

$$\begin{aligned}P_{1N}&=P_N+P_{Cu1}+P_{Cu2}+P_{Fe}+P_{me}+P_{ad}\\&=(7\ 500+507+318+252+48+86)\ \text{W}\\&=8\ 711\ \text{W}\end{aligned}$$

（8）额定电流为

$$I_N=\frac{P_{1N}}{\sqrt{3}U_N\lambda_N}=\frac{8\ 711}{1.732\times380\times0.78}\ \text{A}=16.97\ \text{A}$$

（9）输出转矩为

$$T_{2N}=\frac{P_N}{\Omega_N}=\frac{60}{2\pi}\cdot\frac{P_N}{n_N}=9.55\times\frac{7\ 500}{960}\ \text{N}\cdot\text{m}=74.61\ \text{N}\cdot\text{m}$$

（10）电磁转矩为

$$T_N=\frac{P_m}{\Omega_N}=\frac{60}{2\pi}\cdot\frac{P_m}{n_N}=9.55\times\frac{7\ 634}{960}\ \text{N}\cdot\text{m}=75.94\ \text{N}\cdot\text{m}$$

5.9　三相异步电动机的运行特性

PPT 5.9：三相异步电动机的运行特性

当三相异步电动机在额定电压和额定频率下运行时，电动机的转速 n、定子相电流 I_1、电磁转矩 T、功率因素 λ 和效率 η 与输出功率 P_2 之间的关系称为三相异步电动机的运行特性。运行特性可以通过电动机直接加负载实验得到，也可利用等效电路计算得到，其关系曲线如图 5-39 所示。从图中可以看出，随着输出功率 P_2 增加，转速 n 略有下降，定子相电流 I_1、电磁转矩 T 和功率因素 λ 相应增加。效率 η 在轻载时较低，在额定状态时较高，因此选用电动机时应注意使额定功率与实际负载所需功率相当。

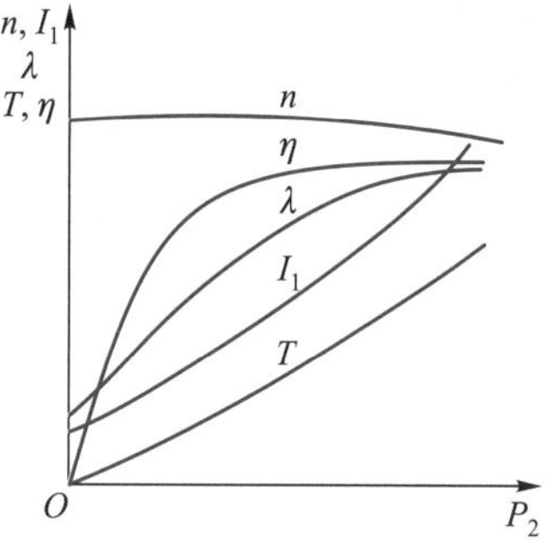

图 5-39　三相异步电动机运行特性的关系曲线

5.10　三相异步电动机的应用

PPT 5.10：三相异步电动机的应用

三相异步电动机是当前工农业生产中应用最普遍的电动机，在水厂、农业排灌、新能源汽车中都有较为广泛的应用。

5.10.1　在自来水厂中的应用

目前我国自来水行业主要使用 10 kV 三相异步电动机来拖动水泵。水厂使用的 10 kV 三相异步电动机采用直配供电方式。由于 10 kV 电动机与 10 kV 电网有相同的电压等级，因此不需要安装变压器或隔离变压器，电网可以通过高压开关设备直接向电动机供电，简化了配电系统的结构，降低了能源损耗，减少了维护管理成本。10 kV 电动机的起动方式为全电压直接起动，不需要降低起动电压，这是因为电网系统的主变压器有足够大的容量。

为了减少过电压事故，水厂的一、二级泵站 10 kV 电动机均装有浪涌保护装置，在电动机与断路器之间安装了 FCD3 氧化锌避雷器，并且并联了电容器。为了提高电动机的性能指标,10 kV 三相异步电动机的定子铁心使用了导磁率高、损耗低的冷轧硅钢板,并采用了磁性槽契以增加铜线的截面,使效率和功率因数大幅提升。同时,为了改善配电系统的功率因数,主要采用了电容器组集中补偿的方式,将移相电容器组设置于 10 kV 母线上。

综上所述,在 10 kV 供电系统中使用 10 kV 电动机能起到简化设备、节约投资、降低能耗的作用,有较大的经济社会效益。

5.10.2 在农业排灌中的应用

在农业排灌系统中,作为驱动使用的三相异步电动机往往处于轻载运行状态,甚至长时间空载运行,导致功率因数较低,造成电能浪费。此外,三相异步电动机直接接入电网起动,性能较差,起动转矩较低,起动电流远高于额定电流,功耗较大,对电网冲击很大。因此,常采用△-Y 换接运行的方式来改善三相异步电动机的起动、轻载和空载运行,从而减少电能损耗和对电网的冲击,延长电机的使用寿命。

起动时,三相异步电动机采用△-Y 换接运行。在星形联结下直接起动,每相绕组的电压只有三角形联结时电压的 $1/\sqrt{3}$ 倍,使得此时每相绕组的电流也为三角形联结时电流的 $1/\sqrt{3}$ 倍,同时三角形联结时的相电流为线电流的 $1/\sqrt{3}$ 倍,而星形联结时的线电流与相电流相等,因此在相同电源电压下,星形联结的起动电流只有三角形联结的 1/3,从而降低了起动电流,减小了对电网的冲击和电能损耗。然而,该起动方式只适用于轻载起动,这是因为改接为星形联结后的起动转矩会相应降低。

轻载、空载运行时,三相异步电动机采用△-Y 换接运行。由于定子相电流降低,定子铜耗和转子铜耗也相应降低。同时,由于磁通正比于电压,随着电压下降,铁心中磁通减小,电动机的铁损耗和附加损耗也相应降低,因此采用△-Y 换接运行后总损耗下降。

5.10.3 在新能源汽车中的应用

新能源汽车利用电动机替代普通燃油汽车使用的发动机,从而将电能转化为机械能实现车辆的驱动,它与普通燃油汽车最大的区别在于驱动系统上的差异。电动汽车的结构如图 5-40 所示。电动机驱动控制系统是新能源汽车的主要执行结构,多使用直流电动机、交流异步电动机、永磁电动机和开关磁阻电动机作为驱动电机。最早得到应用的是控制性能好、效率高、成本低的直流电动机。此后迅速发展的自动控制技术和电力电子技术赋予了交流异步电动机、永磁电动机和开关磁阻电动机比直流电动机更加优越的性能。目前新能源汽车技术水平较为先进的日本使用的是效率高、控制性能好的内置式永磁电动机,而美国拥有大规模高速公路,汽车需要持续高速行驶,多使用能够实现高速运转且在高速时有较高效率的三相异步电动机。

笼型异步电动机由于其结构简单坚固、成本低、维护方便的特点,在新能源

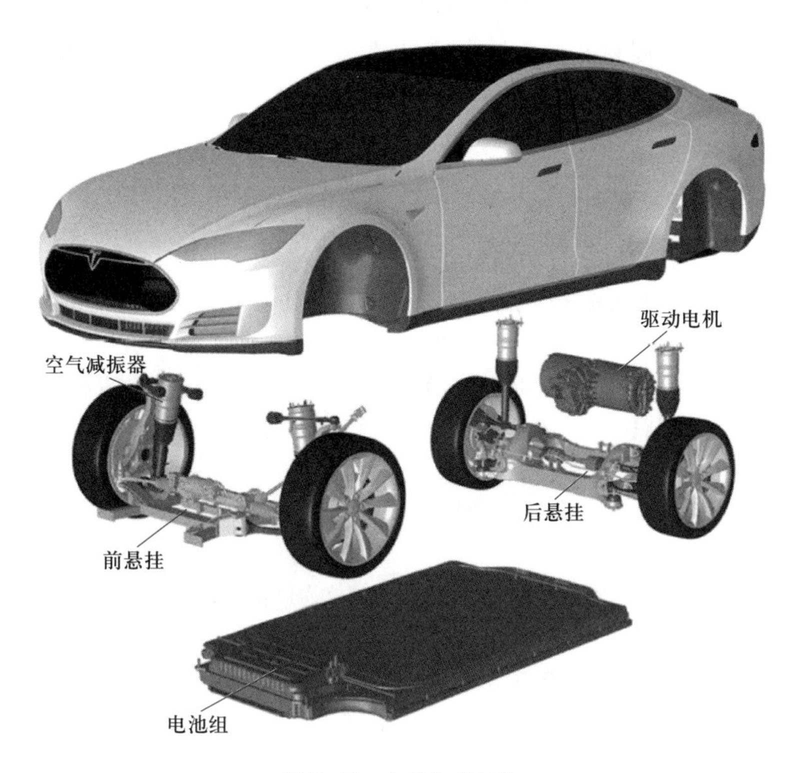

图 5-40 电动汽车结构

汽车中的应用较多。工作环境要求电动机多采用全封闭结构,为了满足轻量化的要求,常采用压铸铝的方式制造框架和托座。电动机高速运转时,其运行频率升高会导致铁损耗增大。为减少铁损耗,普遍采用磁性良好的电磁钢板,同时电动机的极数降至四极。

新能源汽车要求电动机在各种条件下都有很高的效率,因此在性能上的要求比一般工业用的电动机更高。适合作为电动汽车专用的电动机需要满足的特性有:结构紧凑,坚固耐用,效率高,输出特性恒定,使用寿命长,可靠性高,噪音低,成本低。在我国,随着高速公路规模的发展,三相异步电动机在新能源汽车上的应用也会越来越广泛。

思考题

5-1　若三相异步电动机的转子绕组断开,能否产生电磁转矩?

5-2　我国和欧洲大多数国家电力系统频率为 50 Hz,美洲地区多为 60 Hz,日本关东地区为 50 Hz,关西地区为 60 Hz。试问在 50 Hz 和 60 Hz 两个频率下,三相异步电动机在两对极($p=2$)时的同步转速分别是多少?

5-3　某二极三相异步电动机的转速为 2 940 r/min,即 $n=2\ 940$ r/min,电源频率为 50 Hz,试问该电动机的转差率为多少?

5-4　笼型异步电动机与绕线型异步电动机的本质区别是什么?

5-5　空气隙大小对三相异步电动机的性能有什么影响?

5-6　机械角度和电角度有什么区别？在三相异步电动机中常用的电角度是哪个？

5-7　线圈、线圈组、单相绕组和三相绕组之间的关系是什么？

5-8　三相异步电动机的额定功率是电功率还是机械功率？是输入功率还是输出功率？

5-9　三相异步电动机的额定电压和额定电流是相电流还是线电流？

5-10　某三相异步电动机的额定转速为 1 460 r/min，即 $n_N = 1\ 460$ r/min，试问同步转速是多少？该电动机有几对极？

5-11　空气隙磁动势是时间的函数、空间的函数，还是时空的函数？

5-12　单相脉振磁动势若要合成为旋转磁动势，各相绕组和电流需满足什么样的条件？

5-13　在匝数、频率和磁通相同的条件下，是整距集中绕组的电动势大，还是短距分布绕组的电动势大？

5-14　短距系数和分布系数的物理意义分别是什么？

5-15　三相异步电动机的主磁通与变压器的主磁通在磁路上有什么区别？

5-16　三相异步电动机的主磁通大小是由什么决定的？

5-17　若三相异步电动机的转子转速发生变化，问转子磁动势在空间的旋转速度是否改变？

5-18　为了获得三相异步电动机的等效电路，需要经过几步折算？折算过程中，需要保持什么不变？

5-19　等效电路、基本方程式和相量图中的电压、电流和电动势是相值还是线值？

5-20　三相异步电动机等效电路中的附加电阻$\frac{1-s}{s}R_2'$的物理含义是什么？

5-21　三相异步电动机的功率分析是针对一相进行的，还是针对三相进行的？

5-22　在电动状态下，空载转矩 T_0、负载转矩 T_L、输出转矩 T_2、电磁转矩 T 与转速 n 之间的方向关系分别是什么？是与转速同向，还是反向？

5-23　三相异步电动机工作在何种状态下，效率和功率因素最高？

练习题

5-1　一台三相异步电动机，$f_1 = 50$ Hz，$p = 3$，电动运行时 $s = 0.026$。试求：(1) 同步转速 n_0；(2) 转子转速 n。

5-2　某三相双层绕组电动机，$p = 2$，$z = 24$，$y = 5$。(1) 求槽距角 α、极距 τ、每极每相槽数 q；(2) 试问：是短距绕组还是整距绕组？是分布绕组还是集中绕组？每相绕组有几个线圈组？每个线圈组包含几个线圈？

5-3　某三相异步电动机 Y-180M-2，$P_N = 22$ kW，$U_N = 380$ V，定子绕组△联结，$I_N = 42.2$ A，$n_N = 2\ 940$ r/min，$f_N = 50$ Hz，$\lambda_N = 0.89$，试求额定运行下：(1) 转差率

s_N；(2) 定子绕组相电流 I_{1N}；(3) 输入有功功率 P_{1N}；(4) 效率 η_N。

5-4　某三相异步电动机 Y2-250M-2，$P_N = 55$ kW，$U_N = 380$ V，定子绕组△联结，$I_N = 99.8$ A，$P_{1N} = 59.12$ kW，$f_N = 50$ Hz，$s_N = 0.012$，试求额定状态下：(1) 电动机转速 n_N；(2) 功率因数 λ_N；(3) 效率 η_N。

5-5　某三相异步电动机 Y2-112M-4，$P_N = 4$ kW，$U_N = 380$ V，定子绕组△连接，$n_N = 1\ 440$ r/min，$f_N = 50$ Hz，$\lambda_N = 0.82$，$\eta_N = 84.2\%$，试求额定状态下：(1) 极对数 p；(2) 同步转速 n_0；(3) 额定电流 I_N；(4) 转差率 s_N。

5-6　某三相异步电动机定子绕组为三相双层绕组，$z = 36$，$p = 2$，$y = 8$，每个线圈元件匝数 $N_u = 22$，并联支路数 $a = 2$，每相电流 $I_P = 22$ A，试求：(1) 短距系数 k_{y1}；(2) 分布系数 k_{q1}；(3) 绕组系数 k_{w1}；(4) 线圈组磁动势 F_{d1}；(5) 单相绕组磁动势 F_{p1}；(6) 旋转磁动势 F_{t1}。

5-7　某三相异步电动机定子绕组为三相双层绕组，$z = 36$，$p = 2$，$y = 8$，$f_1 = 50$ Hz，每个线圈元件匝数 $N_u = 22$，并联支路数 $a = 2$，每极空气隙基波磁通 $\Phi_1 = 0.009$ Wb。试求：(1) 导体电动势 E_1；(2) 线圈电动势 E_{d1}；(3) 线圈组电动势 E_{q1}；(4) 单相绕组电动势 E_{p1}。

5-8　某三相异步电动机，$z = 48$，$p = 2$，$y = 10$，$f_1 = 50$ Hz，定子绕组每相每条支路的匝数 $N = 90$，定子每相电流 $I_P = 17$ A，每极空气隙基波磁通 $\Phi_1 = 0.012$ Wb。试求：(1) 定子绕组旋转磁通势 F_{t1}；(2) 定子每相绕组电动势 E_{p1}。

5-9　某三相绕线型异步电动机，$n_N = 2\ 920$ r/min，$f_N = 50$ Hz，转子绕组开路时的额定线电压 $U_{2N} = 262$ V，试求额定状态下：(1) 同步转速 n_0；(2) 极对数 p；(3) 转差率 s_N；(4) 转子每相绕组感应电动势 E_{2s}；(5) 转子频率 f_2。

5-10　某三相绕线型异步电动机，$U_N = 380$ V，定子绕组△联结，$R_1 = 0.4\ \Omega$，$X_1 = 1\ \Omega$，$R_0 = 4\ \Omega$，$X_0 = 40\ \Omega$，$R_2 = 0.1\ \Omega$，$X_2 = 0.25\ \Omega$，$N_1 k_{w1} = 260$，$N_2 k_{w2} = 130$，电动机稳定运行时，$s = 0.04$，利用 T 形等效电路试求：(1) 定子相电流 $\dot{I}_1$；(2) 转子相电流 $\dot{I}_{2s}$；(3) 空载电流 $\dot{I}_0$。

5-11　某三相异步电动机，$U_N = 380$ V，定子绕组△联结，拖动一恒转矩负载 $T_L = 120$ N·m 稳定运行，定子相电流 $I_1 = 24$ A，$n = 1\ 450$ r/min，$P_{Fe} = 750$ W，$P_{Cu} = 1\ 000$ W，$P_0 = 700$ W，试求：(1) 输出转矩 T_2；(2) 空载转矩 T_0；(3) 电磁转矩 T；(4) 输出功率 P_2；(5) 机械功率 P_m；(6) 电磁功率 P_e；(7) 输入功率 P_1；(8) 功率因数 λ_1；(9) 效率 η。

5-12　某三相异步电动机 Y-112M-2，拖动一恒转矩负载 $T_L = 12$ N·m，以转速 $n = 2\ 900$ r/min 稳定运行，此时，$T_0 = 1$ N·m，$\eta = 85\%$，试求：(1) 输出功率 P_2；(2) 输入功率 P_1；(3) 机械功率 P_m；(4) 电磁功率 P_e；(5) 总损耗 P_{al}。

第 6 章　异步电动机的电力拖动

与直流电动机相比，三相异步电动机结构简单、运行可靠、价格便宜、维护方便，在电力拖动系统中得到了广泛的应用。随着电力电子技术和变频调速技术的快速发展，三相异步电动机在调速性能方面完全可与直流电动机相媲美。目前，三相异步电动机的电力拖动已经广泛地应用于国民经济各行各业，体现出了较高的运行效率和较好的工作特性。

6.1　三相异步电动机的机械特性

PPT 6.1：三相异步电动机的机械特性

与直流电动机的机械特性相似，三相异步电动机的机械特性也反映了转速与电磁转矩之间的关系。为了清晰地说明三相异步电动机的机械特性，首先需要计算电磁转矩，掌握电磁转矩与其他参数和物理量之间的关系。

6.1.1　电磁转矩公式

1. 电磁转矩的物理公式

根据式(5-104)，有

$$T=\frac{P_{\mathrm{e}}}{\Omega_0}=\frac{60}{2\pi}\cdot\frac{P_{\mathrm{e}}}{n_0}=\frac{60}{2\pi}\cdot\frac{m_2E_2I_2\cos\varphi_2}{\frac{60f_1}{p}}=\frac{pm_2}{2\pi f_1}E_2I_2\cos\varphi_2$$

$$=\frac{pm_2}{2\pi f_1}4.44f_1N_2k_{\mathrm{w2}}\Phi_{\mathrm{m}}I_2\cos\varphi_2$$

$$=\frac{4.44pm_2k_{\mathrm{w2}}N_2}{2\pi}\Phi_{\mathrm{m}}I_2\cos\varphi_2 \tag{6-1}$$

令

$$C_{\mathrm{T}}=\frac{4.44pm_2k_{\mathrm{w2}}N_2}{2\pi} \tag{6-2}$$

式中：C_{T} 为转矩常数，由电动机结构决定。进而，可得电磁转矩的物理公式为

$$T=C_{\mathrm{T}}\Phi_{\mathrm{m}}I_2\cos\varphi_2 \tag{6-3}$$

该公式从物理意义上清晰地说明了电磁转矩的形成原理：三相异步电动机的电磁转矩是由主磁通 Φ_{m} 与转子电流的有功分量 $I_2\cos\varphi_2$ 相互作用产生的。虽然物理表达式反映了电磁转矩产生的本质，但其并没有反映电磁转矩与定子电压、转速(转差率)和电动机参数之间的关系。为了便于机械特性的计算和分析，还需进一步推导电磁转矩的参数公式。

2. 电磁转矩的参数公式

根据式(5-104),重新推导可得

$$T=\frac{P_e}{\Omega_0}=\frac{60}{2\pi}\cdot\frac{P_e}{n_0}=\frac{60}{2\pi}\cdot\frac{m_2E_2I_2\cos\varphi_2}{\frac{60f_1}{p}}=\frac{pm_2}{2\pi f_1}E_2I_2\cos\varphi_2$$

$$=\frac{pm_2}{2\pi f_1}E_2\frac{E_2}{\sqrt{\left(\frac{R_2}{s}\right)^2+X_2^2}}\cdot\frac{R_2}{\sqrt{R_2^2+(sX_2)^2}}=\frac{pm_2}{2\pi f_1}\cdot\frac{sR_2E_2^2}{R_2^2+(sX_2)^2}$$

$$=\frac{pm_2}{2\pi f_1}\cdot\frac{sR_2}{R_2^2+(sX_2)^2}(4.44f_1N_2k_{w2}\Phi_m)^2$$

$$=\frac{pm_2}{2\pi f_1}\cdot\frac{sR_2}{R_2^2+(sX_2)^2}\left(4.44f_1N_2k_{w2}\frac{U_1}{4.44f_1N_1k_{w1}}\right)^2$$

$$=\frac{m_2}{2\pi}\left(\frac{k_{w2}N_2}{k_{w1}N_1}\right)^2\frac{spR_2U_1^2}{f_1(R_2^2+(sX_2)^2)} \tag{6-4}$$

令

$$K_T=\frac{m_2}{2\pi}\left(\frac{k_{w2}N_2}{k_{w1}N_1}\right)^2 \tag{6-5}$$

式中:K_T 为结构常数,由电动机结构决定。进而,可得电磁转矩的参数公式

$$T=K_T\frac{spR_2U_1^2}{f_1(R_2^2+(sX_2)^2)} \tag{6-6}$$

电磁转矩的参数公式反映了三相异步电动机的电磁转矩与转子电阻 R_2、定子电压 U_1、极对数 p 和转差率 s(转速 n)之间的关系。由于电磁转矩的参数公式包含了多个电机参数,较为复杂,难以计算,因此还需进一步推导电磁转矩的实用公式。

3. 电磁转矩的实用公式

对电磁转矩的参数公式(6-6)进行求导,并令其等于零,即

$$\frac{dT}{ds}=0 \tag{6-7}$$

可得最大电磁转矩 T_m 时的转差率 s_m

$$s_m=\frac{R_2}{X_2}=\frac{R_2}{2\pi f_1L_2} \tag{6-8}$$

又称为临界转差率。将式(6-8)带入式(6-6),可计算最大电磁转矩为

$$T_m=K_T\frac{pU_1^2}{2f_1X_2}=K_T\frac{pU_1^2}{4\pi f_1^2L_2} \tag{6-9}$$

将式(6-6)除以式(6-9),并代入式(6-8),可得电磁转矩的实用公式为

$$\frac{T}{T_m}=\frac{2}{\frac{s}{s_m}+\frac{s_m}{s}} \tag{6-10}$$

一般，将最大电磁转矩 T_m 与额定电磁转矩 T_N 的比值定义为最大转矩倍数，用 α_{mT} 表示，即

$$\alpha_{mT}=\frac{T_m}{T_N} \tag{6-11}$$

其反映了三相异步电动机短时过载能力，故又称过载能力。在忽略空载转矩 T_0 的情况下，额定电磁转矩 T_N 可由铭牌数据额定转速 n_N 和额定功率 P_N 求得

$$T_N=\frac{P_N}{\Omega_N}=\frac{60}{2\pi}\cdot\frac{P_N}{n_N} \tag{6-12}$$

在额定状态时，式(6-10)可写为

$$\frac{T_N}{T_m}=\frac{2}{\dfrac{s_N}{s_m}+\dfrac{s_m}{s_N}} \tag{6-13}$$

将 $T_m=\alpha_{mT}T_N$ 代入，可得

$$s_m^2-2\alpha_{mT}s_m s_N+s_N^2=0 \tag{6-14}$$

求解为

$$s_m=s_N(\alpha_{mT}\pm\sqrt{\alpha_{mT}^2-1}) \tag{6-15}$$

由于电动状态 $s_m>s_N$，故上式中取+号，则有

$$s_m=s_N(\alpha_{mT}+\sqrt{\alpha_{mT}^2-1}) \tag{6-16}$$

因此，利用铭牌数据 n_N、P_N 和 α_{mT}，求得 T_m 和 s_m 后，便可获得电磁转矩的实用公式。该公式求解简便，清晰直观地反映了电磁转矩与转速 n(转差率 s)之间的关系，这为研究三相异步电动机的机械特性打下了较好的基础。电磁转矩的实用公式又可转化为

$$\frac{s}{s_m}=\frac{T_m}{T}\pm\sqrt{\left(\frac{T_m}{T}\right)^2-1} \tag{6-17}$$

若 $s<s_m$，式中取-号；若 $s>s_m$，式中取+号。正常工作状态时，$s<s_m$，有

$$s=s_m\left(\frac{T_m}{T}-\sqrt{\left(\frac{T_m}{T}\right)^2-1}\right) \tag{6-18}$$

此外，如果考虑在正常工作状态时 $\frac{s}{s_m}\ll\frac{s_m}{s}$，则可认为 $\frac{s}{s_m}\approx 0$，因此可得电磁转矩的近似线性公式

$$T=\frac{2T_m}{s_m}s \tag{6-19}$$

6.1.2 三相异步电动机的机械特性

当定子电压 U_1、定子频率 f_1、转子电阻 R_2 和转子漏电抗 X_2 都保持不变时，三相异步电动机电磁转矩 T 和转差率 s 之间的关系 $T=f(s)$ 称为转矩特性，转速 n 与电磁转矩 T 之间的关系 $n=f(T)$ 称为机械特性，有时统称为机械特性。

1. 固有特性

当定子电压和频率为额定值、转子电路中不外串电阻或电抗时，三相异步电动机的机械特性称为固有机械特性，简称固有特性。三相异步电动机的固有特性曲线如图 6-1 所示，下面对固有特性的几个特殊工作状态进行说明。

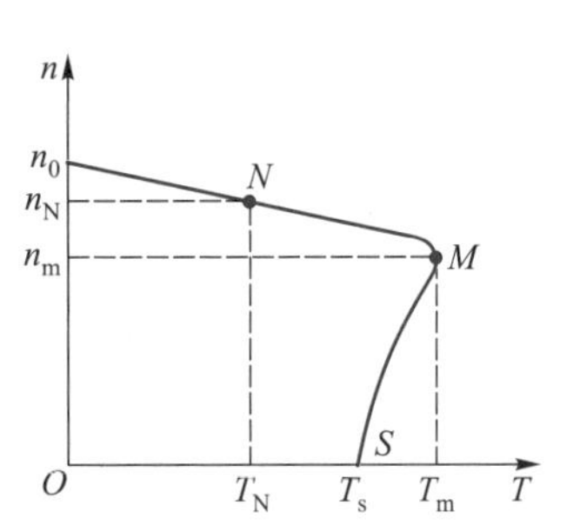

图 6-1 三相异步电动机的固有特性曲线

(1) 额定状态

三相异步电动机工作于额定状态时，电压、电流、功率和转速等物理量均为额定值，工作点位于固有特性曲线上的 N 点。电动机在额定状态运行时，$T=T_N$，$n=n_N$，$s=s_N=0.01\sim0.06$，转差率很小，因此额定转速 n_N 略小于同步转速 n_0，体现为硬特性。额定状态说明了三相异步电动机的长期运行能力。工作时若 $T>T_N$，则说明电流和功率均超过额定值，电动机处于过载状态。三相异步电动机允许短时过载，但不允许长期过载。长期过载会导致三相异步电动机的温度上升，使用寿命降低，严重过载会烧坏电动机。

(2) 临界状态

三相异步电动机工作于临界状态时的电磁转矩最大，工作点位于固有特性曲线上的 M 点，$T=T_m$，$n=n_m$，$s=s_m$，n_m 和 s_m 分别称为临界转速和临界转差率。临界状态说明了三相异步电动机的短时过载能力，短时过载的电磁转矩应小于最大转矩，否则电动机的转速会越来越低，直至停转。

(3) 起动状态

三相异步电动机工作于起动状态时，电动机的转速为零，工作点位于固有特性曲线上的 S 点。起动状态运行时，$T=T_s$，$n=0$，$s=1$，T_s 称为起动转矩。起动状态又称为堵转状态，说明了三相异步电动机的直接起动能力。通常用起动转矩倍数和起动电流倍数来具体描述三相异步电动机的起动能力，起动转矩倍数是起动转矩 T_s 与额定转矩 T_N 的比值，用 α_{sT} 表示，即

$$\alpha_{sT}=\frac{T_s}{T_N} \tag{6-20}$$

起动电流倍数是起动电流 I_s 与额定电流 I_N 的比值，用 α_{sI} 表示，即

$$\alpha_{sI}=\frac{I_s}{I_N} \tag{6-21}$$

2. 人为特性

当人为改变电源参数或电动机参数时，三相异步电动机的机械特性称为人为机械特性，简称人为特性。三相异步电动机的人为特性种类较多，下面介绍四种较为常见的人为特性。

(1) 降低定子电压的人为特性

由于 $T_m=K_T\dfrac{pU_1^2}{4\pi f_1^2L_2}$，所以 $T_m\propto U_1^2$。由于 $s_m=\dfrac{R_2}{2\pi f_1L_2}$，所以 s_m 与 U_1 无关。

因此，定子电压 U_1 降低，T_m 随之降低，s_m 不变，$n_m=(1-s_m)n_0$ 不变。据此可确定人为特性上的临界工作点 M，进而可由固有特性画出降低定子电压的人为特性曲线，如图 6-2 所示。

（2）增加转子电阻的人为特性

针对绕线型三相异步电动机，可外接三相对称电阻。由于 $T_m=K_T\dfrac{pU_1^2}{4\pi f_1^2L_2}$，所以 T_m 与 R_2 无关。由于 $s_m=\dfrac{R_2}{2\pi f_1L_2}$，所以 $s_m\propto R_2$。因此，转子电阻 R_2 增加，T_m 不变，s_m 随之增加，n_m 降低。据此可确定人为特性上的临界工作点 M，进而可由固有特性画出增加转子电阻的人为特性曲线，如图 6-3 所示。

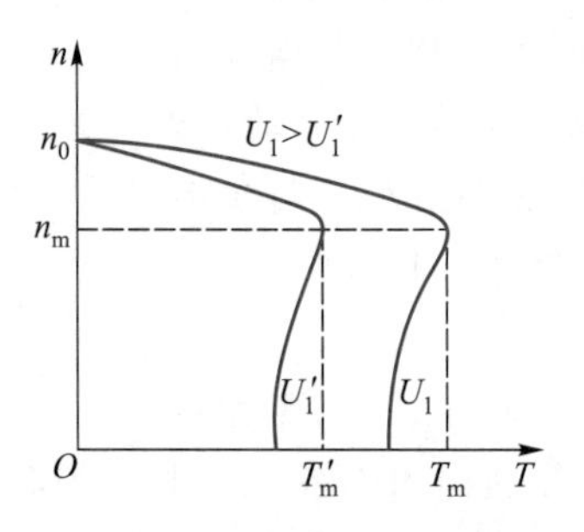

图 6-2　降低定子电压的人为特性曲线

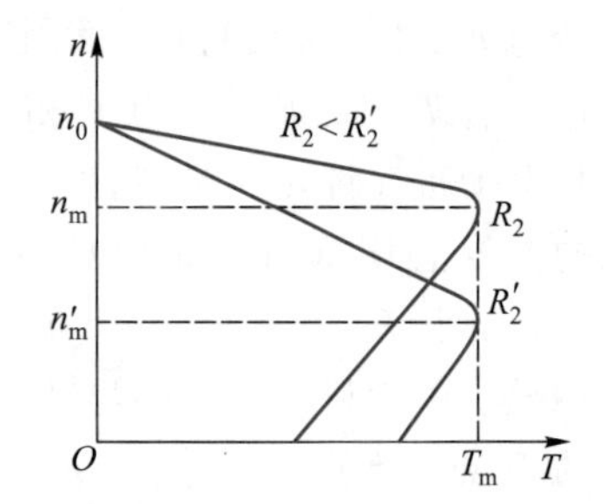

图 6-3　增加转子电阻的人为特性曲线

（3）改变定子频率的人为特性

① 降低定子频率的人为特性。

由于 $\Phi_m=\dfrac{U_1}{4.44f_1N_1k_{w1}}$，定子频率 f_1 降低，Φ_m 增加，会导致磁路饱和，所以为了避免磁路饱和，定子电压 U_1 应随定子频率 f_1 成比例降低，即保持 $\dfrac{U_1}{f_1}$ 为常数。由于 $T_m=K_T\dfrac{pU_1^2}{4\pi f_1^2L_2}$，所以 $T_m\propto\dfrac{U_1^2}{f_1^2}$。由于 $s_m=\dfrac{R_2}{2\pi f_1L_2}$，所以 $s_m\propto\dfrac{1}{f_1}$。由于 $n_0=\dfrac{60f_1}{p}$，所以 $n_0\propto f_1$。因此，定子频率 f_1 降低，T_m 不变，s_m 增加，n_m 降低，n_0 降低，$\Delta n=n_0-n_m=s_mn_0$ 不变。据此可确定人为特性上的临界工作点 M 和理想空载转速点 n_0，进而可由固有特性画出降低定子频率的人为特性曲线，如图 6-4 所示。

② 增加定子频率的人为特性。

由于 $\Phi_m=\dfrac{U_1}{4.44f_1N_1k_{w1}}$，定子频率 f_1 增加，Φ_m 降低，不会导致磁路饱和，因此在增加定子频率时，保持 $U_1=U_N$ 即可。由于 $T_m=K_T\dfrac{pU_1^2}{4\pi f_1^2L_2}$，所以 $T_m\propto\dfrac{1}{f_1^2}$。由

于 $s_m=\dfrac{R_2}{2\pi f_1 L_2}$，所以 $s_m\propto\dfrac{1}{f_1}$。由于 $n_0=\dfrac{60f_1}{p}$，所以 $n_0\propto f_1$。因此，定子频率 f_1 增加，T_m 减小，s_m 减小，n_m 增加，n_0 增加，Δn 不变。据此可确定人为特性上的临界工作点 M 和理想空载转速点 n_0，进而可由固有特性画出增加定子频率的人为特性曲线，如图 6-5 所示。

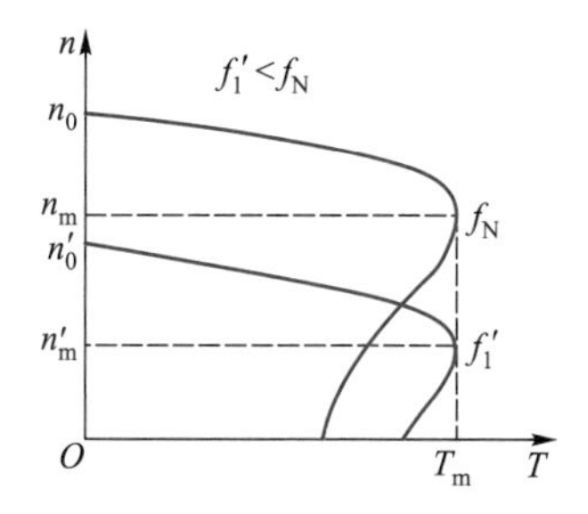

图 6-4　降低定子频率的人为特性曲线

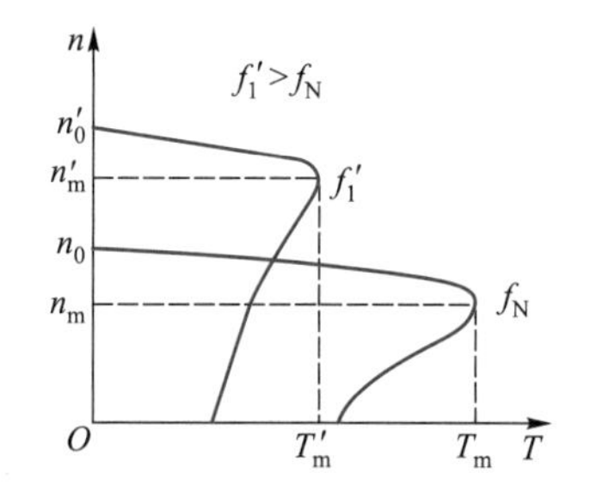

图 6-5　增加定子频率的人为特性曲线

（4）改变极对数的人为特性

三相异步电动机的极对数可以通过改变定子绕组线圈的连接方式来改变。如图 6-6 所示，U 相绕组由两个线圈 U_1U_2 和 U_3U_4 组成，当二者串联时，电动机旋转磁场为二对极；当二者并联时，电动机旋转磁场为一对极。定子三相绕组变极通常有 Y-YY 和△-YY 两种方式，下面分别加以详述。

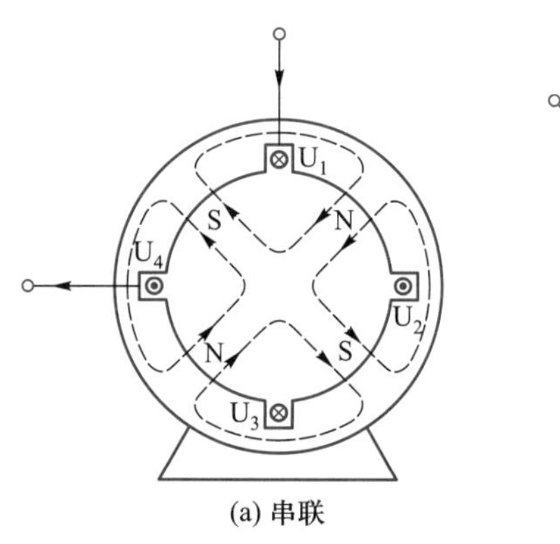

(a) 串联

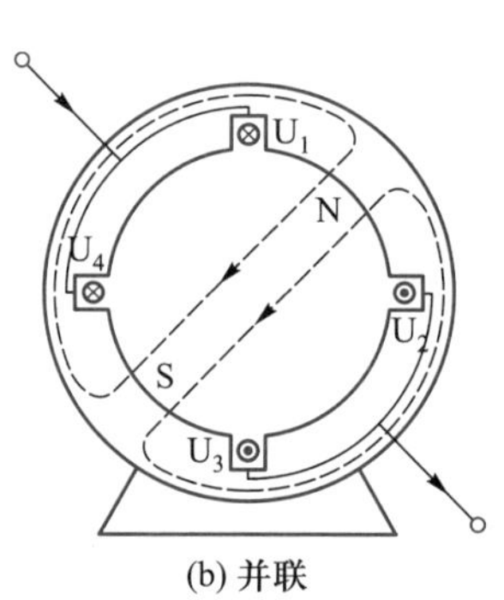

(b) 并联

图 6-6　改变极对数的连接方式

① Y-YY 变极

Y-YY 变极时定子绕组的连接方式如图 6-7 所示。连接方式由 Y 变为 YY 时，极对数 p 减半，匝数 N_1 减半，$K_T=\dfrac{m_2}{2\pi}\left(\dfrac{k_{w2}N_2}{k_{w1}N_1}\right)^2$ 增至原来的 4 倍。由于 $T_m=K_T\dfrac{pU_1^2}{4\pi f_1^2 L_2}$，所以 $T_m\propto K_T p$。由于 $s_m=\dfrac{R_2}{2\pi f_1 L_2}$，所以 s_m 与 p 无关。由于 $n_0=\dfrac{60f_1}{p}$，所以 $n_0\propto\dfrac{1}{p}$。因此，极对数 p 减半，T_m 增加一倍，s_m 不变，n_0 增加一倍，$\Delta n=n_0-n_m=$

$s_m n_0$ 增加一倍，n_m 增加一倍。据此可确定人为特性上的临界工作点 M 和理想空载转速点 n_0，进而可由固有特性画出 Y-YY 变极的人为特性曲线，如图 6-8 所示。

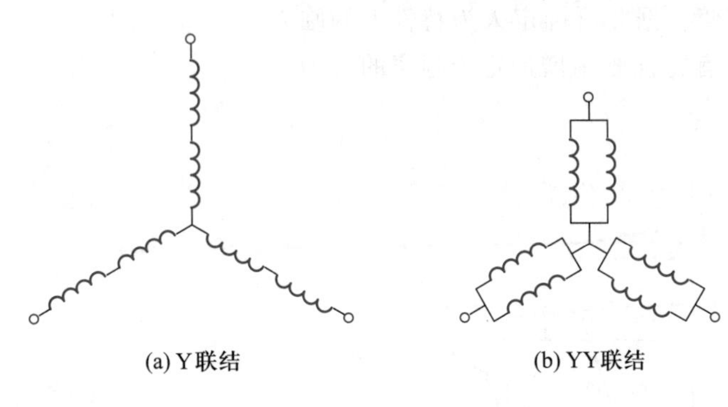

图 6-7　Y-YY 变极时定子绕组的连接方式

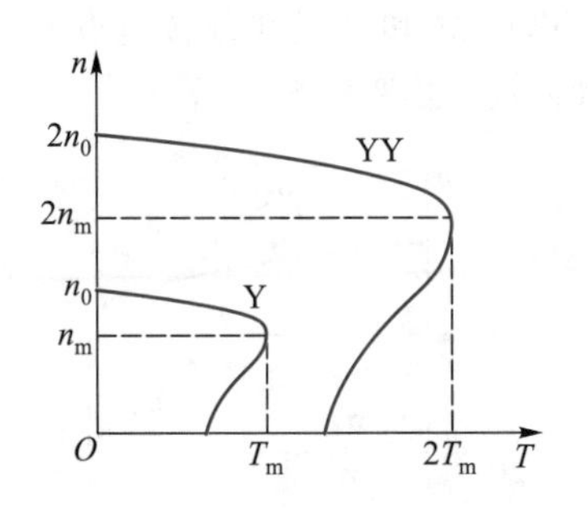

图 6-8　Y-YY 变极的人为特性曲线

② △-YY 变极

△-YY 变极时定子绕组的连接方式如图 6-9 所示。连接方式由△联结变为 YY 联结时，极对数 p 减半，匝数 N_1 减半，$K_T=\frac{m_2}{2\pi}\left(\frac{k_{w2}N_2}{k_{w1}N_1}\right)^2$ 增至原来的 4 倍，定子电压 U_1 减至$\frac{1}{\sqrt{3}}$。由于 $T_m=K_T\frac{pU_1^2}{4\pi f_1^2L_2}$，所以 $T_m\propto K_T pU_1^2$。由于 $s_m=\frac{R_2}{2\pi f_1 L_2}$，所以 s_m 与 p 无关。由于 $n_0=\frac{60f_1}{p}$，所以 $n_0\propto\frac{1}{p}$。因此，极对数 p 减半，T_m 减至$\frac{2}{3}$，s_m 不变，n_0 增加一倍，$\Delta n=n_0-n_m=s_m n_0$ 增加一倍，n_m 增加一倍。据此可确定人为特性上的临界工作点 M 和理想空载转速点 n_0，进而可由固有特性画出△-YY 变极的人为特性曲线，如图 6-10 所示。

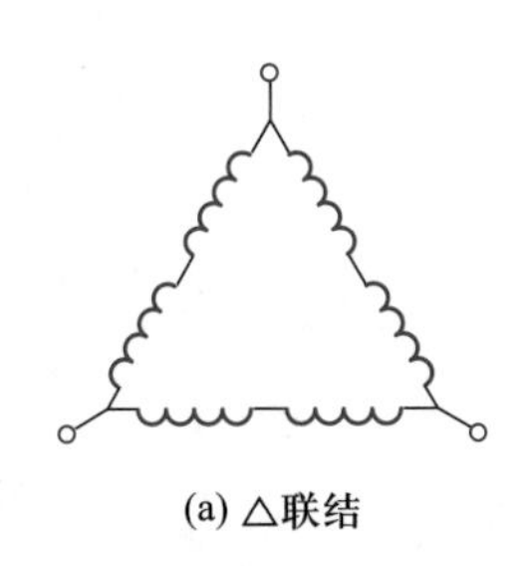

图 6-9　△-YY 变极时定子绕组的连接方式

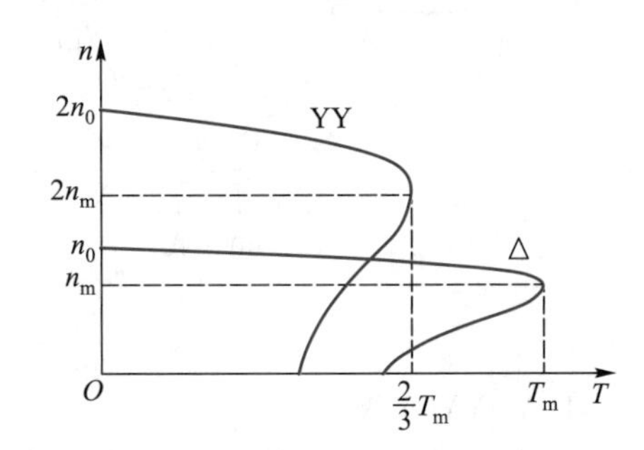

图 6-10　△-YY 变极的人为特性曲线

[例 **6-1**]　某三相异步电动机 Y-180L-6，$P_N=15$ kW，$U_N=380$ V，定子绕组△联结，$n_N=970$ r/min，$f_N=50$ Hz，$\alpha_{mT}=2.0$，$\alpha_{sT}=1.8$，忽略 T_0。(1) 电动机稳定运行于 $n=985$ r/min 时，求负载转矩 T_L；(2) 电动机带负载 $T_L=140$ N·m 稳定运行时，求电动机转速 n；(3) 电动机带负载 $T_L=190$ N·m 运行时，问是否可以长期运行、短时运行和直接起动？

解：(1) 由三相异步电动机型号可知 $p=3$，则同步转速 $n_0=1\ 000$ r/min，因此额定转差率为

$$s_N=\frac{n_0-n_N}{n_0}=\frac{1\ 000-970}{1\ 000}=0.03$$

临界转差率为

$$s_m=s_N(\alpha_{mT}+\sqrt{\alpha_{mT}^2-1})=0.03\times(2.0+\sqrt{2.0^2-1})=0.112$$

忽略 T_0，额定电磁转矩为

$$T_N=\frac{P_N}{\Omega_N}=\frac{60}{2\pi}\cdot\frac{P_N}{n_N}=9.55\times\frac{15\ 000}{970}\ \text{N}\cdot\text{m}=147.68\ \text{N}\cdot\text{m}$$

最大电磁转矩为

$$T_m=\alpha_{mT}T_N=2.0\times147.68\ \text{N}\cdot\text{m}=295.36\ \text{N}\cdot\text{m}$$

当电动机稳定运行于 $n=985$ r/min 时，转差率为

$$s=\frac{n_0-n}{n_0}=\frac{1\ 000-985}{1\ 000}=0.015$$

忽略 T_0，负载转矩为

$$T_L=T_2=T=\frac{2T_m}{\dfrac{s}{s_m}+\dfrac{s_m}{s}}=\frac{2\times295.36}{\dfrac{0.015}{0.112}+\dfrac{0.112}{0.015}}\ \text{N}\cdot\text{m}=77.72\ \text{N}\cdot\text{m}$$

(2) 电动机带负载 $T_L=140$ N·m 稳定运行时，电动机转差率为

$$s=s_m\left(\frac{T_m}{T}-\sqrt{\left(\frac{T_m}{T}\right)^2-1}\right)=0.112\times\left(\frac{295.36}{140}-\sqrt{\left(\frac{295.36}{140}\right)^2-1}\right)=0.028$$

电动机转速为

$$n=(1-s)n_0=(1-0.028)\times1\ 000\ \text{r/min}=972\ \text{r/min}$$

(3) 由于额定转矩 $T_N=147.68$ N·m，负载转矩 $T_L=190$ N·m，因此 $T_N<T_L$，所以电动机不能带此负载长期运行。

由于最大转矩 $T_m=295.36$ N·m，负载转矩 $T_L=190$ N·m，$T_m>T_L$，所以电动机可以带此负载短时运行。

由于起动转矩 $T_s=\alpha_{sT}T_N=1.8\times147.68$ N·m $=265.82$ N·m，负载转矩 $T_L=190$ N·m，$T_s>T_L$，因此起动电流在允许范围之内电动机可直接起动。

6.2 三相异步电动机的起动

三相异步电动机的起动是指三相异步电动机在接通电源后，从静止状态开始旋转，直至加速达到稳定运行状态的过程。起动过程中，三相异步电动机要满足以下两点要求：

PPT 6.2：三相异步电动机的起动

(1) 起动转矩要大。只有起动转矩大于负载转矩，即 $T_s>T_L$，转子才能从静止旋转起来，拖动生产机械运转。一般要求 $T_s\geq(1.1\sim1.2)T_L$，起动转矩越大，起动速度越大，所需时间就越短。

(2) 起动电流要小。起动电流不能超过允许的范围,起动电流过大会造成供电电压下降,电动机自身过热。

下面分别针对笼型异步电动机和绕线型异步电动机来介绍常用的起动方法。

6.2.1 笼型异步电动机的起动

1. 直接起动

直接起动又称全压起动,起动时电动机的定子绕组直接接额定电压。笼型异步电动机直接起动时,起动转矩较小,但起动电流较大。这样的起动性能与上述起动要求并不一致,因此,直接起动一般只用于 7.5 kW 以下的小容量笼型异步电动机。对于容量较大的笼型异步电动机,若其相对于供电电网容量满足下述条件,也可以直接起动。

$$\alpha_{sI} \leqslant \frac{1}{4}\left(3+\frac{\text{电源容量(kV·A)}}{\text{电动机容量(kW)}}\right) \tag{6-22}$$

若不满足上述条件,则应采用降压起动。

2. 降压起动

(1) 定子串联电阻或电抗降压起动

定子串联电阻或电抗降压起动如图 6-11 所示,其本质是利用电阻或电抗分压来降低定子绕组的输入电压。起动时,切换开关 Q_s 断开,电源开关 Q 闭合,电源经过起动电阻或起动电抗分压后接入定子绕组。电动机起动后,切换开关 Q_s 闭合,切除串联的起动电阻或电抗,将电源额定电压接入定子绕组,三相异步电动机在固有特性上稳定运行。这种起动方法的优点是简单,缺点是串联电阻起动会产生能量损耗,串联电抗起动需要初期投资。一般情况下,串联电阻起动主要用于小容量异步电动机,串联电抗起动主要用于大容量异步电动机。

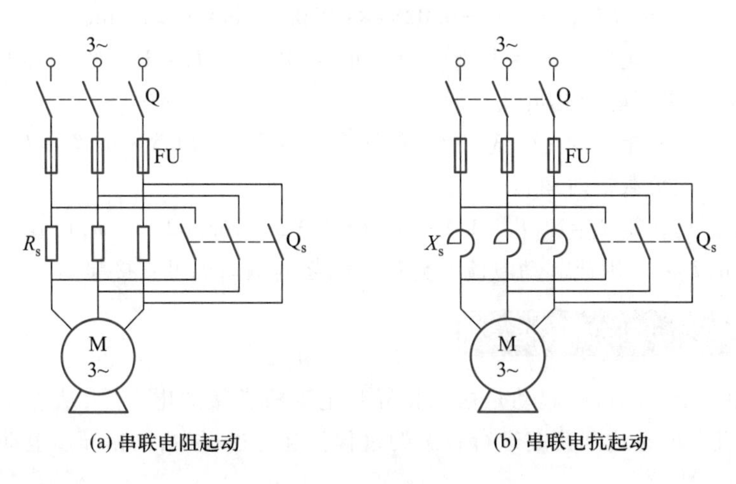

图 6-11 定子串联电阻或电抗降压起动

(2) Y-△降压起动

Y-△降压起动主要用于正常运行时定子绕组为△联结的三相异步电动机。

起动时将联结方式改为星形可使定子每相电压降为正常运行时 $1/\sqrt{3}$,从而实现降压起动的目的。Y-△降压起动如图 6-12 所示,起动时,将切换开关 Q_s 合到 Y 位置,电源开关 Q 闭合,三相异步电动机在 Y 联结下起动。电动机起动后,将切换开关 Q_s 合到△联结位置,三相异步电动机在△联结下正常运行。令 U_Y、I_Y、I_{sY}、I_{dY} 和 T_{sY} 分别表示 Y-△降压起动的定子相电压、相电流、起动电流(线电流)、电源电流和起动转矩。令 $U_\triangle$、$I_\triangle$、$I_{s\triangle}$、$I_{d\triangle}$ 和 $T_{s\triangle}$ 分别表示△联结直接起动的定子相电压、相电流、起动电流(线电流)、电源电流和起动转矩。下面对比一下 Y-△降压起动与△联结直接起动各物理量之间的数值关系。

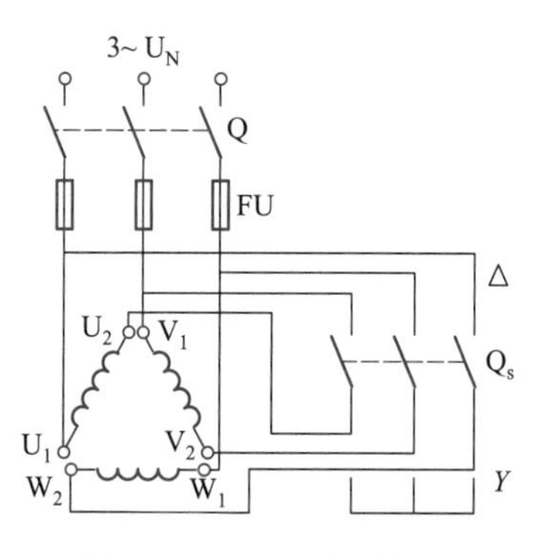

图 6-12 Y-△降压起动

$$\frac{U_Y}{U_\triangle}=\frac{1}{\sqrt{3}} \tag{6-23}$$

$$\frac{I_Y}{I_\triangle}=\frac{U_Y}{U_\triangle}=\frac{1}{\sqrt{3}} \tag{6-24}$$

$$\frac{I_{sY}}{I_{s\triangle}}=\frac{I_Y}{\sqrt{3}I_\triangle}=\frac{1}{3} \tag{6-25}$$

$$\frac{I_{dY}}{I_{d\triangle}}=\frac{I_{sY}}{I_{s\triangle}}=\frac{1}{3} \tag{6-26}$$

$$\frac{T_{sY}}{T_{s\triangle}}=\left(\frac{U_Y}{U_\triangle}\right)^2=\frac{1}{3} \tag{6-27}$$

从上式可以看出,采用 Y-△起动后,起动电流和起动转矩都降为原来的 1/3。

(3) 自耦变压器降压起动

自耦变压器降压起动既适用于正常运行时定子绕组为 Y 联结的三相异步电动机,也适用于正常运行时定子绕组为△联结的三相异步电动机,其本质为利用自耦变压器来降低定子绕组的输入电压。自耦变压器有多个抽头,不同的抽头对应不同的起动电压,可以根据实际起动性能的要求来选择合适的起动电压,将定子绕组接至对应的抽头。自耦变压器降压起动如图 6-13 所示,起动时,将切换开关 Q_s 合到 T 位置,电源开关 Q 闭合,三相异步电动机接自耦变压器降压起动。电动机起动后,将切换开关 Q_s 合到 Z 位置,切除自耦变压器,三相异步电动机接电源额定电压正常运行。令 U_T、I_T、I_{sT}、I_{dT} 和 T_{sT} 分别表示自耦变压器降压起动的定子相电压、相电流、起动电流(线电流)、电源电流和起动转矩。令 U_Z、I_Z、I_{sZ}、I_{dZ} 和 T_{sZ} 分别表示直接起动的定子相电压、相电流、起动电流(线电流)、电源电流和起动转矩。下面对比一下自耦变压器降压起动与直接起动各物理量之间的数值关系。

$$\frac{U_T}{U_Z}=k_T \tag{6-28}$$

$$\frac{I_T}{I_Z}=\frac{U_T}{U_Z}=k_T \tag{6-29}$$

$$\frac{I_{sT}}{I_{sZ}}=\frac{I_T}{I_Z}=k_T \tag{6-30}$$

$$\frac{I_{dT}}{I_{dZ}}=\frac{k_T I_{sT}}{I_{sZ}}=k_T^2 \tag{6-31}$$

$$\frac{T_{sT}}{T_{sZ}}=\left(\frac{U_T}{U_Z}\right)^2=k_T^2 \tag{6-32}$$

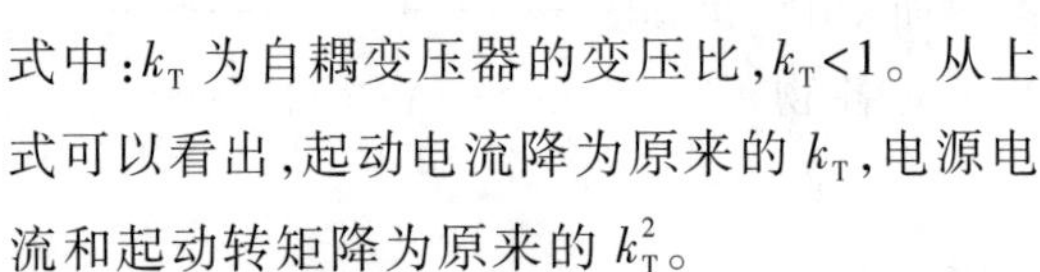

式中：k_T 为自耦变压器的变压比，$k_T<1$。从上式可以看出，起动电流降为原来的 k_T，电源电流和起动转矩降为原来的 k_T^2。

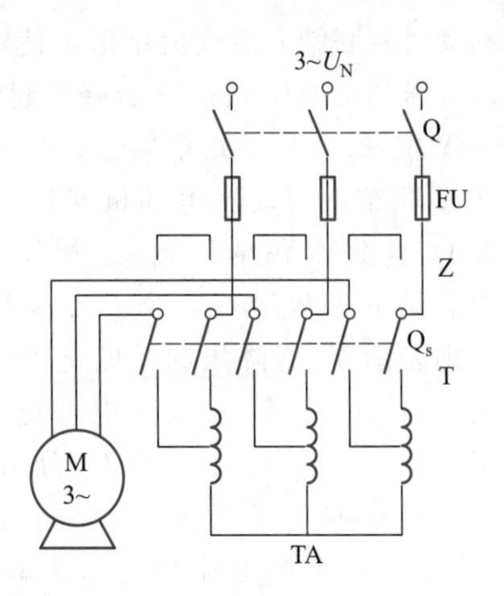

图 6-13　自耦变压器降压起动

6.2.2　绕线型异步电动机的起动

1. 转子串联电阻分级起动

如前所述，绕线型异步电动机转子绕组的三个接线端已通过电刷和滑环引到机座外侧接线盒中，因此可以通过对转子绕组外接三相对称电阻来增加转子电阻，从而改善绕线型异步电动机的起动性能。转子串联电阻既可以增大起动转矩，又可以限制起动电流，适合大中容量绕线型异步电动机起动。现以两级起动为例来说明其起动步骤和起动过程，起动电路如图 6-14(a)所示。

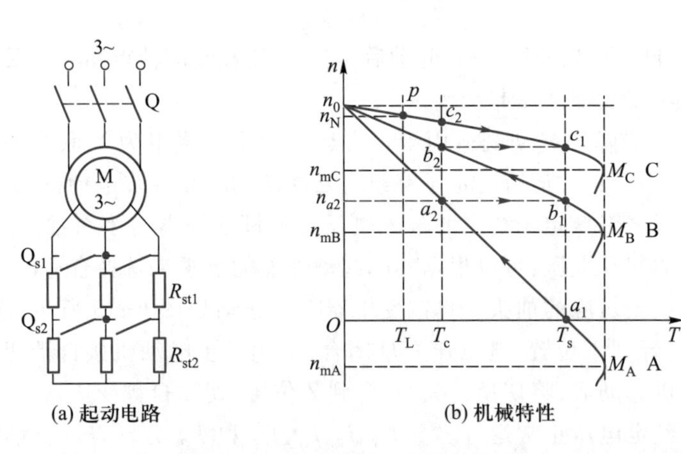

图 6-14　转子串联电阻分级起动

(1) 起动过程分析

① 串联起动电阻 R_{st1} 和 R_{st2} 起动

起动前，断开起动开关 Q_{s1} 和 Q_{s2}，在转子回路中串联起动电阻 R_{st1} 和 R_{st2}，

此时转子回路总电阻为

$$R_{s2}=R_2+R_{st1}+R_{st2} \tag{6-33}$$

合上电源开关 Q,电动机开始起动,此时的机械特性对应于图 6-14(b)中的 A 线。可见起动转矩 T_s 远大于负载转矩 T_L,电动机开始起动加速,工作点沿机械特性曲线 A 由 a_1 点向 a_2 点运动,电动机的转速上升,转矩下降。

② 切除起动电阻 R_{st2}

当工作点达到 a_2 点时,电动机的电磁转矩 T 等于切换转矩 T_c,合上起动开关 Q_{s2},切除起动电阻 R_{st2},此时转子回路总电阻为

$$R_{s1}=R_2+R_{st1} \tag{6-34}$$

机械特性曲线由 A 线瞬间变为 B 线,工作点由 a_2 点瞬间平移至 b_1 点,电磁转矩 T 又等于起动转矩 T_s,电动机继续加速,工作点沿着机械特性曲线 B 由 b_1 点向 b_2 点运动,电动机的转速上升,转矩下降。

③ 切除起动电阻 R_{st1}

当工作点达到 b_2 点时,电动机的电磁转矩 T 又等于切换转矩 T_c,合上起动开关 Q_{s1},切除起动电阻 R_{st1},此时转子回路总电阻为

$$R_{s0}=R_2 \tag{6-35}$$

机械特性曲线由 B 线瞬间变为 C 线(固有特性),工作点由 b_2 点瞬间平移至 c_1 点,电磁转矩 T 再次等于起动转矩 T_s,电动机继续加速,工作点沿着机械特性曲线 C 由 c_1 点向 c_2 点运动,最终稳定运行在 p 点。在此过程,电动机的转速上升,转矩下降,直至 $T=T_L$,起动过程结束。

(2) 起动电阻计算

① 确定起动转矩 T_s 和切换转矩 T_c。

一般选择

$$T_s=(0.8\sim0.9)T_m \tag{6-36}$$

$$T_c=(1.1\sim1.2)T_L \tag{6-37}$$

式中:T_m 为最大电磁转矩,下角标 m 表示 max。

② 计算起切转矩比 β,有

$$\beta=\frac{T_s}{T_c} \tag{6-38}$$

③ 确定起动级数 m。

以两级起动为例进行推导,从图 6-14(b)可知,三角形 $\triangle n_0Oa_1$ 与三角形 $\triangle n_0n_{mA}M_A$ 为相似三角形,则有

$$\frac{T_s}{T_m}=\frac{n_0-n_{a1}}{n_0-n_{mA}}=\frac{s_{a1}}{s_{mA}} \tag{6-39}$$

同理,可得

$$\frac{T_s}{T_m}=\frac{s_{b1}}{s_{mB}} \tag{6-40}$$

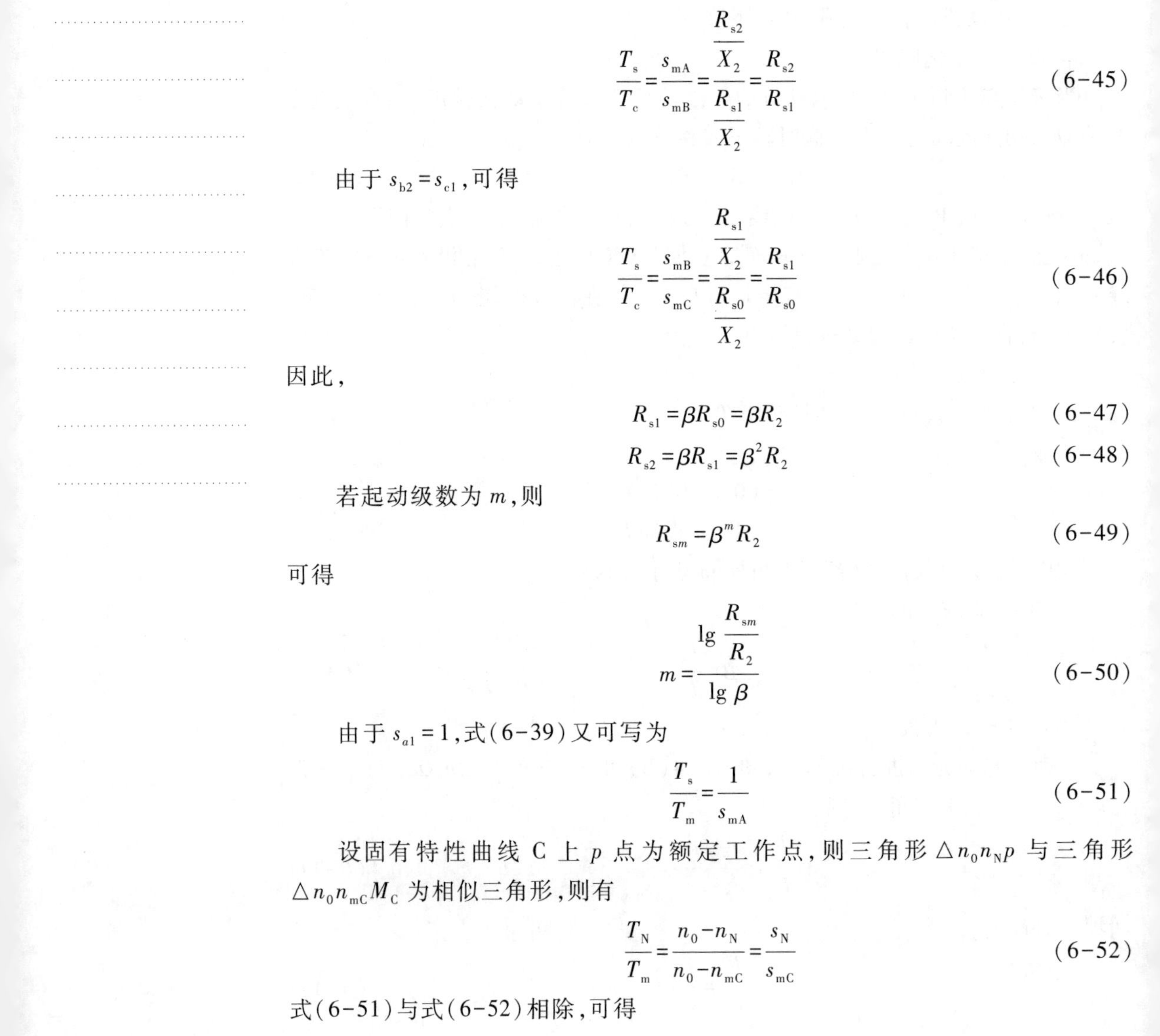

$$\frac{T_s}{T_m}=\frac{s_{c1}}{s_{mC}} \tag{6-41}$$

此外，三角形$\triangle n_0 n_{A2} a_2$与三角形$\triangle n_0 n_{mA} M_A$也为相似三角形，则有

$$\frac{T_c}{T_m}=\frac{n_0-n_{a2}}{n_0-n_{mA}}=\frac{s_{a2}}{s_{mA}} \tag{6-42}$$

同理，可得

$$\frac{T_c}{T_m}=\frac{s_{b2}}{s_{mB}} \tag{6-43}$$

$$\frac{T_c}{T_m}=\frac{s_{c2}}{s_{mC}} \tag{6-44}$$

由于$s_{a2}=s_{b1}$，可得

$$\frac{T_s}{T_c}=\frac{s_{mA}}{s_{mB}}=\frac{\dfrac{R_{s2}}{X_2}}{\dfrac{R_{s1}}{X_2}}=\frac{R_{s2}}{R_{s1}} \tag{6-45}$$

由于$s_{b2}=s_{c1}$，可得

$$\frac{T_s}{T_c}=\frac{s_{mB}}{s_{mC}}=\frac{\dfrac{R_{s1}}{X_2}}{\dfrac{R_{s0}}{X_2}}=\frac{R_{s1}}{R_{s0}} \tag{6-46}$$

因此，

$$R_{s1}=\beta R_{s0}=\beta R_2 \tag{6-47}$$

$$R_{s2}=\beta R_{s1}=\beta^2 R_2 \tag{6-48}$$

若起动级数为m，则

$$R_{sm}=\beta^m R_2 \tag{6-49}$$

可得

$$m=\frac{\lg\dfrac{R_{sm}}{R_2}}{\lg\beta} \tag{6-50}$$

由于$s_{a1}=1$，式(6-39)又可写为

$$\frac{T_s}{T_m}=\frac{1}{s_{mA}} \tag{6-51}$$

设固有特性曲线C上p点为额定工作点，则三角形$\triangle n_0 n_N p$与三角形$\triangle n_0 n_{mC} M_C$为相似三角形，则有

$$\frac{T_N}{T_m}=\frac{n_0-n_N}{n_0-n_{mC}}=\frac{s_N}{s_{mC}} \tag{6-52}$$

式(6-51)与式(6-52)相除，可得

$$\frac{T_s}{T_N}=\frac{s_{mC}}{s_{mA}s_N}=\frac{\dfrac{R_{s0}}{X_2}}{\dfrac{s_N R_{s2}}{X_2}}=\frac{R_2}{s_N R_{s2}} \tag{6-53}$$

因此,有

$$R_{s2}=\frac{T_N}{s_N T_s}R_2 \tag{6-54}$$

同理,对于 m 级起动,可得相同算式

$$R_{sm}=\frac{T_N}{s_N T_s}R_2 \tag{6-55}$$

将式(6-55)代入式(6-50),可得

$$m=\frac{\lg\dfrac{T_N}{s_N T_s}}{\lg\beta} \tag{6-56}$$

由于起动级数为整数,所以上式求得的 m 要取整。

④ 重新计算 β。

由于 m 取整后,与步骤②中的 β 就不再满足式(6-56),所以要利用取整后的 m 来重新计算 β,以使二者满足式(6-56)。由式(6-56)可得

$$\beta=\sqrt[m]{\frac{R_{sm}}{R_2}}=\sqrt[m]{\frac{T_N}{s_N T_s}} \tag{6-57}$$

求得新 β 后,利用式(6-38)求得新切换转矩 T_c,并校验其是否在式(6-37)所描述的范围内。若不在规定的范围内,则需要进一步调整起动转矩 T_s 或加大起动级数 m,然后再重新计算 β 和 T_c,直至 T_c 满足要求为止。

⑤ 计算转子电阻 R_2。

转子回路每相绕组的电阻可以利用技术手册上提供的转子绕组额定线电压(开路时的线电压)U_{2N} 和转子绕组额定线电流(满载时的线电流)I_{2N} 进行计算。转子绕组为星形联结。

$$I_{2N}=\frac{s_N E_2}{\sqrt{R_2^2+(s_N X_2)^2}}=\frac{\dfrac{s_N U_{2N}}{\sqrt{3}}}{\sqrt{R_2^2+(s_N X_2)^2}} \tag{6-58}$$

由于 s_N 很小,因此 $s_N X_2$ 可以忽略不计,则转子电阻 R_2 为

$$R_2=\frac{s_N U_{2N}}{\sqrt{3}I_{2N}} \tag{6-59}$$

⑥ 计算起动电阻。

以两级为例,各级起动电阻计算为

$$R_{st2}=R_{s2}-R_{s1}=\beta^2 R_2-\beta R_2=(\beta^2-\beta)R_2 \tag{6-60}$$

$$R_{st1}=R_{s1}-R_{s0}=\beta R_2-R_2=(\beta-1)R_2 \tag{6-61}$$

若为 m 级起动，则第 i 级起动电阻 R_{sti} 为

$$R_{sti}=(\beta^{i}-\beta^{i-1})R_2 \tag{6-62}$$

2. 转子串联频敏变阻器起动

绕线型异步电动机转子串联电阻分级起动的缺点是电阻逐级切除会造成电磁转矩由切换转矩向起动转矩突变，易对机械负载造成冲击。要想获得平滑的起动性能，就需要增加起动级数，这将导致起动设备的复杂化。为了克服上述缺点，可以采用串联频敏变阻器起动。频敏变阻器是一种无触点变阻器，它能自动、无级地减小电阻，避免了转子串联电阻分级起动逐级切除时的电流冲击和转矩冲击，从而大大地简化了控制系统。频敏变阻器起动结构简单，运行可靠，使用和维护方便，因此应用日益广泛。

频敏变阻器是一个三相铁心线圈，它的铁心用厚 30～50 mm 的钢板叠成，三个铁心柱上绕有匝数较少的三相绕组，并接成星形，其起动电路、等效电路和机械特性曲线如图 6-15 所示。在等效电路中，R 为每相绕组的电阻，R_0 为铁损耗等效电阻，X_0 为带铁心绕组的电抗。转子串联频敏变阻器的起动电路如图 6-15(a)所示，起动前，起动开关 Q_s 断开，转子串联频敏变阻器后，合上电源开关 Q，电动机开始起动。起动瞬间，$n=0$，$s=1$，转子电流频率最大，铁心中的涡流损耗与转子电流频率成正比，此时铁损耗最大，其等效电阻 R_0 也最大，相当于在起动瞬间串联了一个较大的起动电阻在转子回路中。随着转速 n 逐渐上升，转子电流频率下降，铁损耗及其等效电阻 R_0 也随之下降，这就相当于在起动过程中逐渐切除转子回路中的起动电阻。起动结束后，起动开关 Q_s 闭合，切除频敏变阻器，转子电路短路。

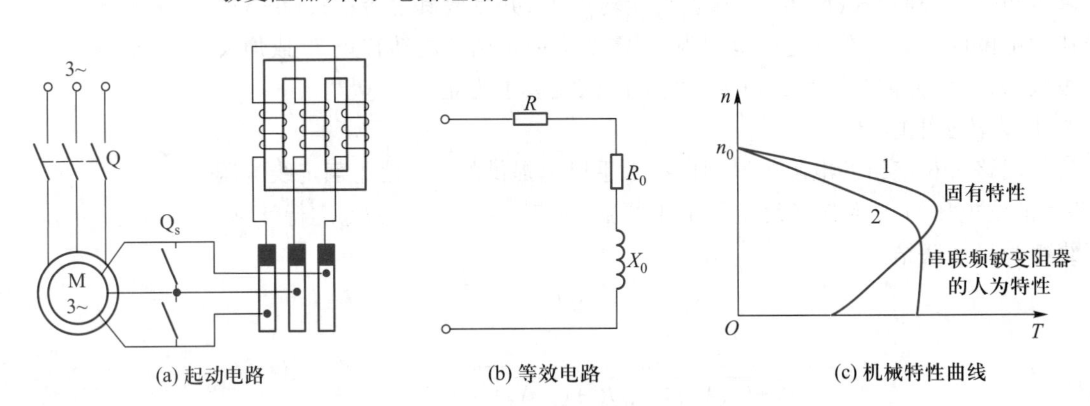

图 6-15　转子串联频敏变阻器起动

[例 6-2]　某三相异步电动机 Y-250M-6，$P_N=37$ kW，$U_N=380$ V，定子绕组△联结，$n_N=985$ r/min，$f_N=50$ Hz，$\lambda_N=0.86$，$\eta_N=90.8\%$，$\alpha_{sT}=1.8$，$\alpha_{sI}=6.5$，忽略 T_0，$T_L=267$ N · m，起动时电源电流需小于 320 A。试问：(1) 能否直接起动？(2) 能否采用 Y-△降压起动？(3) 能否采用自耦变压器降压起动($k_T=0.73$)？

解：(1) 忽略 T_0，电动机额定电磁转矩为

$$T_N=\frac{P_N}{\Omega_N}=\frac{60}{2\pi}\cdot\frac{P_N}{n_N}=9.55\times\frac{37\ 000}{985}\ \text{N}\cdot\text{m}=358.73\ \text{N}\cdot\text{m}$$

电源输入有功功率为

$$P_{1N}=\frac{P_N}{\eta_N}=\frac{37}{0.908}\ \text{kW}=40.75\ \text{kW}$$

额定电流为

$$I_N=\frac{P_{1N}}{\sqrt{3}U_N\lambda_N}=\frac{40.75\times1\ 000}{1.732\times380\times0.86}\ \text{A}=71.99\ \text{A}$$

直接起动时，起动转矩为

$$T_s=\alpha_{sT}T_N=1.8\times358.73\ \text{N}\cdot\text{m}=645.71\ \text{N}\cdot\text{m}$$

起动电流（电源电流）为

$$I_s=\alpha_{sI}I_N=6.5\times71.99\ \text{A}=467.94\ \text{A}$$

由于 $I_s>320$ A，因此起动电流过大，不满足起动条件，不能采用直接起动。

（2）Y-△降压起动时，起动转矩为

$$T_{sY}=\frac{1}{3}T_{s\triangle}=\frac{1}{3}T_s=\frac{1}{3}\times645.71\ \text{N}\cdot\text{m}=215.24\ \text{N}\cdot\text{m}$$

电源电流为

$$I_{dY}=\frac{1}{3}I_{d\triangle}=\frac{1}{3}I_s=\frac{1}{3}\times467.94\ \text{A}=155.98\ \text{A}$$

由于 $T_{sY}<T_L$，因此起动转矩过小，不满足起动条件，不能采用 Y-△降压起动。

（3）自耦变压器降压起动时，起动转矩为

$$T_{sT}=k_T^2T_{sZ}=k_T^2T_s=0.73^2\times645.71\ \text{N}\cdot\text{m}=344.10\ \text{N}\cdot\text{m}$$

电源电流为

$$I_{dT}=k_T^2I_{dZ}=k_T^2I_s=0.73^2\times467.94\ \text{A}=249.37\ \text{A}$$

由于 $T_{sT}>T_L$，且 $I_{dT}<320$ A，满足起动条件，能够采用自耦变压器降压起动。

6.3　三相异步电动机的调速

三相异步电动机的调速是指三相异步电动机在一定的机械负载下，根据生产的实际需求人为地改变电动机的转速，以达到生产目的。调速性能的好坏直接决定了生产机械的工作效率和产品质量。根据三相异步电动机的转速公式

PPT 6.3：三相异步电动机的调速

$$n=(1-s)n_0=(1-s)\frac{60f_1}{p}\tag{6-63}$$

可知，三相异步电动机有三种基本的调速方法。

（1）改变磁场极对数 p 调速，简称变极调速。

（2）改变电源频率 f_1 调速，简称变频调速。

（3）改变转差率 s 调速，又包括变压调速和转子串联电阻调速。

下面结合 6.1 节的人为特性，详细介绍上述三种调速方法。

6.3.1　变极调速

在6.1节中已经详细地讨论过改变极对数的人为特性，其中包含两种基本方式：Y-YY变极和△-YY变极。以拖动恒转矩负载为例，它们的机械特性曲线和负载特性曲线如图6-16所示。

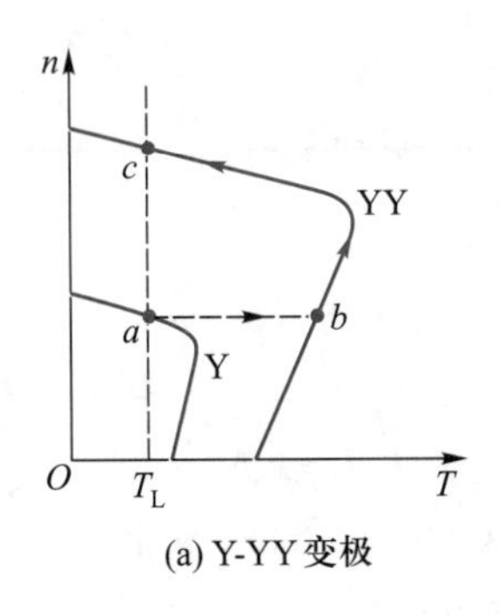

(a) Y-YY变极

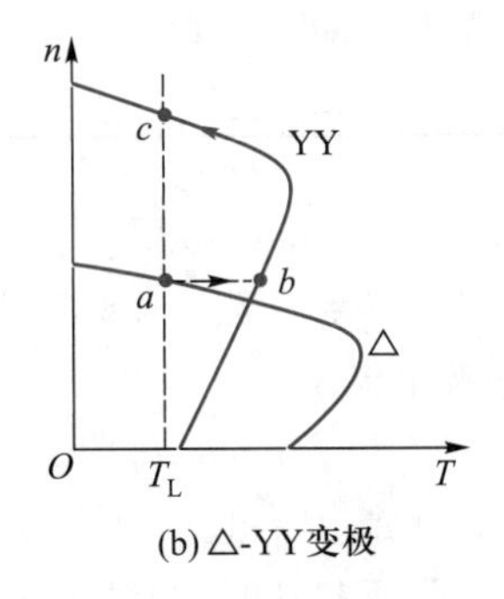

(b) △-YY变极

图6-16　变极调速的机械特性和负载特性曲线

调速前，三相异步电动机稳定工作在a点。调速后，极对数p减半，电动机的机械特性由固有特性Y（或△）变为人为特性YY，由于转速n不会发生突变，因此电动机的工作点由a点瞬时平移至b点，此时电磁转矩T大于负载转矩T_L，转速n上升，电动机的工作点由b点逐渐过渡到c点，最后在c点稳定工作运行。

变极调速的性能如下：

（1）调速方向为向上调速。

（2）有级调速，调速平滑性差。

（3）调速稳定性好，静差率基本保持不变。

（4）调速范围较小，一般为2∶1~4∶1。

（5）调速经济性方面，需初期投资，购买专用多速电动机，运行费用不大，较为节能。

（6）调速允许的负载分析如下：

① Y-YY变极调速。

Y联结时，定子线电压为U_N，定子线电流也即相电流为I_N，此时输出功率P_Y和电磁转矩T_Y为

$$P_Y=\sqrt{3}U_N I_N \eta_N \cos\varphi_N \tag{6-64}$$

$$T_Y=\frac{60}{2\pi}\cdot\frac{P_Y}{n_Y} \tag{6-65}$$

YY联结时，极对数p减半，转速增加一倍$n_{YY}=2n_Y$，定子线电压为U_N，保持每个线圈上电流均为I_N不变，则定子相电流为$2I_N$，定子线电流也为$2I_N$，变极前后效率和功率因数近似不变，此时输出功率P_{YY}和电磁转矩T_{YY}为

$$P_{YY}=\sqrt{3}U_N(2I_N)\eta_N\cos\varphi_N=2P_Y \tag{6-66}$$

$$T_{YY}=\frac{60}{2\pi}\cdot\frac{P_{YY}}{n_{YY}}=T_Y \tag{6-67}$$

由上式可知，Y-YY 变极调速输出功率增大一倍，电磁转矩保持不变，为恒转矩调速，适用于恒转矩负载。

② △-YY 变极调速。

△联结时，定子线电压为 U_N，定子线电流为 I_N，其相电流为 $I_N/\sqrt{3}$，此时输出功率 $P_\triangle$ 和电磁转矩 $T_\triangle$ 为

$$P_\triangle=\sqrt{3}U_NI_N\eta_N\cos\varphi_N \tag{6-68}$$

$$T_\triangle=\frac{60}{2\pi}\cdot\frac{P_\triangle}{n_\triangle} \tag{6-69}$$

YY 联结时，极对数 p 减半，转速增加一倍 $n_{YY}=2n_\triangle$，定子线电压为 U_N，若保持每个线圈上电流均为 $I_N/\sqrt{3}$ 不变，则定子相电流为 $2I_N/\sqrt{3}$，定子线电流也为 $2I_N/\sqrt{3}$，变极前后效率和额定功率近似不变，此时输出功率 P_{YY} 和电磁转矩 T_{YY} 为

$$P_{YY}=\sqrt{3}U_N\left(\frac{2I_N}{\sqrt{3}}\right)\eta_N\cos\varphi_N=\frac{2P_\triangle}{\sqrt{3}}=1.15P_\triangle \tag{6-70}$$

$$T_{YY}=\frac{60}{2\pi}\cdot\frac{P_{YY}}{n_{YY}}=\frac{60}{2\pi}\cdot\frac{1.15P_\triangle}{2n_\triangle}=0.575T_\triangle \tag{6-71}$$

由上式可知，△-YY 变极调速输出功率近似不变，电磁转矩近似减小一半，为恒功率调速，适用于恒功率负载。

变极调速是通过采用变极多速异步电动机实现的，这种变极多速异步电动机大多为笼型异步电动机，其结构与基本系列异步电动机相似，国内生产的有二、三、四速，主要型号包括 YD、YDT、YDB 等。

6.3.2 变频调速

在 6.1 节中已经详细地讨论过改变定子频率的人为特性，可分为两种：降低定子频率和增加定子频率。以拖动恒转矩负载为例，它们的变频调速特性曲线如图 6-17 所示。

1. 降低频率调速

调速前，三相异步电动机稳定工作在 a 点。调速后，定子频率 f_1 下降，电动机的机械特性由固有特性 A 变为人为特性 B，由于转速 n 不会发生突变，因此电动机的工作点由 a 点瞬时平移至 b 点，此时电磁转矩 T 小于负载转矩 T_L，转速 n 下降，电动机的工作点由 b 点逐渐过渡到 c 点，最后在 c 点稳定工作运行。降低频率调速时，需要保持 $\dfrac{U_1}{f_1}$ 为常数。

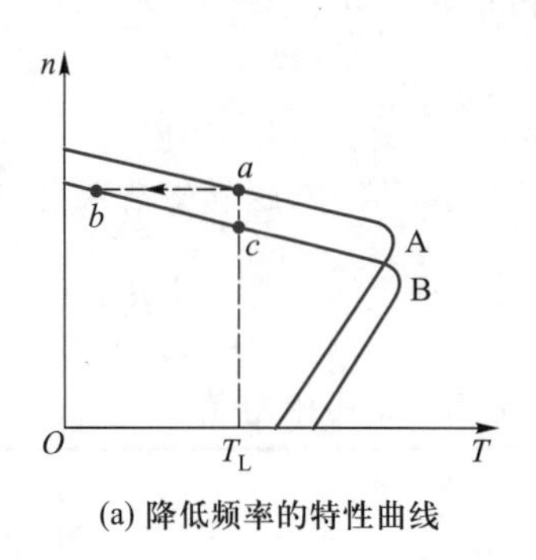

(a) 降低频率的特性曲线

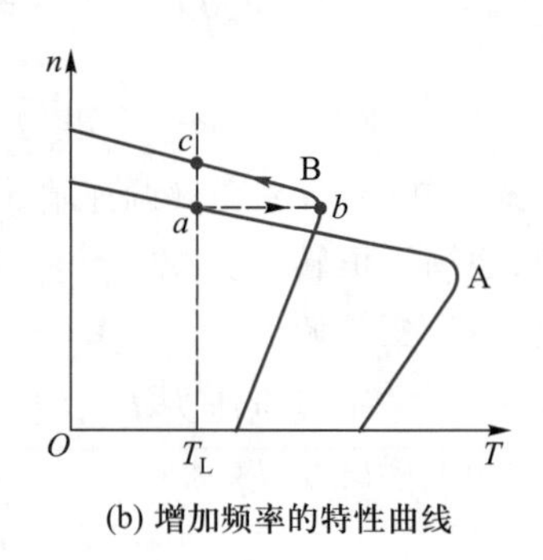

(b) 增加频率的特性曲线

图 6-17　变频调速特性曲线

2. 增加频率调速

调速前,三相异步电动机稳定工作在 a 点。调速后,定子频率 f_1 上升,电动机的机械特性由固有特性 A 变为人为特性 B,由于转速 n 不会发生突变,因此电动机的工作点由 a 点瞬时平移至 b 点,此时电磁转矩 T 大于负载转矩 T_L,转速 n 上升,电动机的工作点由 b 点逐渐过渡到 c 点,最后在 c 点稳定工作运行。增加频率调速时,需要保持 $U_1=U_N$。

变频调速的性能如下:

(1) 调速方向为向上或向下。

(2) 调速平滑性好,可实现无级调速。

(3) 调速稳定性好,硬度大,静差率小。

(4) 调速范围较大,需向上和向下调速结合。

(5) 调速经济性方面,需初期投资,购买专用的变频装置,运行费用不大。

(6) 调速允许的负载分析如下:

① 降低频率调速。

降低频率 f_1 时,需保持$\dfrac{U_1}{f_1}$为常数,因此旋转磁场磁通 Φ_m 不变。同时,在各种转速下电动机电流保持额定值,则 $T=C_T\Phi_m I_{2N}\cos\varphi_2$ 基本保持不变,因此为恒转矩调速,适用于恒转矩负载。

② 增加频率调速。

增加频率 f_1 时,需要保持 $U_1=U_N$,因此旋转磁场磁通 Φ_m 下降。同时,在各种转速下电动机电流保持额定值,则 $T=C_T\Phi_m I_{2N}\cos\varphi_2$ 随之下降,而电动机的转速 n 上升,因此二者的乘积基本保持不变,电动机在各转速下的输出功率 P_2 也就保持不变,为恒功率调速,适用于恒功率负载。

6.3.3　变压调速

在 6.1 节中已经详细地讨论过降低定子电压的人为特性,以拖动恒转矩负载为例,它们的特性曲线如图 6-18 所示。

调速前，三相异步电动机稳定工作在 a 点。调速后，定子电压 U_1 下降，电动机的机械特性由固有特性 A 变为人为特性 B，由于转速 n 不会发生突变，因此电动机的工作点由 a 点瞬时平移至 b 点，此时电磁转矩 T 小于负载转矩 T_L，转速 n 下降，电动机的工作点由 b 点逐渐过渡到 c 点，最后在 c 点稳定工作运行。

变压调速的性能如下：

(1) 调速方向为向下调速。

(2) 调速平滑性好，可实现无级调速。

(3) 调速稳定性差，硬度降低，静差率变大。

(4) 调速范围不大，受静差率限制。

(5) 调速经济性方面，需初期投资，购买专用的电压可调电源。

(6) 调速允许的负载分析如下：

由于 $T=C_T\Phi_m I_{2N}\cos\varphi_2$，定子电压 U_1 下降，旋转磁场磁通 Φ_m 下降，电磁转矩 T 下降，同时，转速 n 也下降，输出功率 P_2 进一步下降，因此，电磁转矩 T 和输出功率 P_2 均无法保持恒定，既非恒转矩调速，又非恒功率调速。

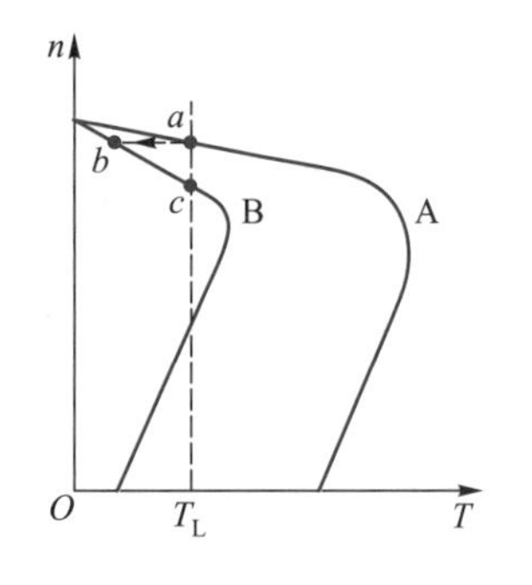

图 6-18　变压调速的特性曲线

6.3.4　转子串联电阻调速

在 6.1 节中已经详细地讨论过增加转子电阻的人为特性，以拖动恒转矩负载为例，它们的特性曲线如图 6-19 所示。

调速前，三相异步电动机稳定工作在 a 点。调速后，转子电阻 R_2 增加，电动机的机械特性由固有特性 A 变为人为特性 B。由于转速 n 不会发生突变，因此电动机的工作点由 a 点瞬时平移至 b 点，此时电磁转矩 T 小于负载转矩 T_L，转速 n 下降，电动机的工作点由 b 点逐渐过渡到 c 点，最后在 c 点稳定工作运行。

转子串联电阻调速的性能如下：

(1) 调速方向为向下调速。

(2) 调速平滑性取决于转子电阻 R_2 的调节方式。

(3) 调速稳定性差，硬度降低，静差率变大。

(4) 调速范围不大，受静差率限制。

(5) 调速经济性方面，初期投资不大，但损耗增加，运行效率较低。

调速允许的负载分析如下：

调速前后，保持三相异步电动机电流均为额定电流。调速前，电动机工作于满载状态，有

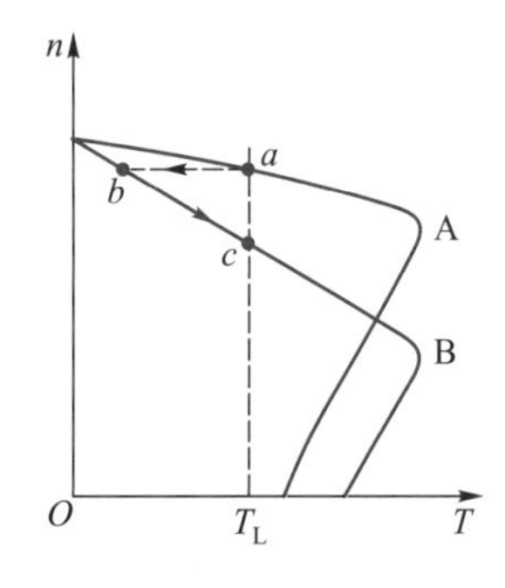

图 6-19　转子串联电阻调速的特性曲线

$$I_{2N}=\frac{E_2}{\sqrt{\left(\frac{R_2}{s_N}\right)^2+X_2^2}} \tag{6-72}$$

调速后,有

$$I_{2N}=\frac{E_2}{\sqrt{\left(\frac{R_2+R_r}{s}\right)^2+X_2^2}} \tag{6-73}$$

则,可得

$$\frac{R_2}{s_N}=\frac{R_2+R_r}{s} \tag{6-74}$$

调速前,有

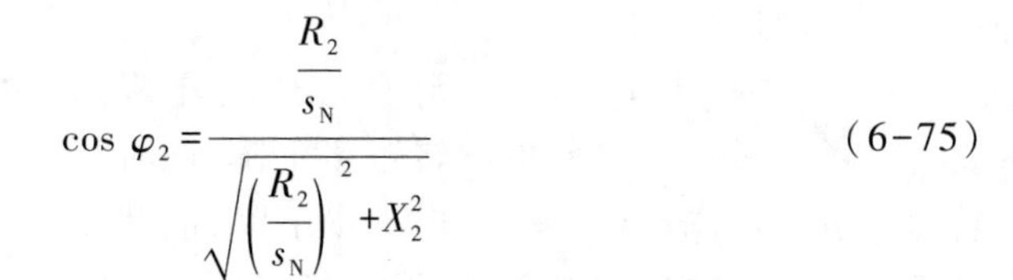

$$\cos\varphi_2=\frac{\frac{R_2}{s_N}}{\sqrt{\left(\frac{R_2}{s_N}\right)^2+X_2^2}} \tag{6-75}$$

调速后,有

$$\cos\varphi_2=\frac{\frac{R_2+R_r}{s}}{\sqrt{\left(\frac{R_2+R_r}{s}\right)^2+X_2^2}} \tag{6-76}$$

由式(6-74)可知,调速前后功率因数 $\cos\varphi_2$ 不变。同时,定子电压 U_1 和定子频率 f_1 不变,旋转磁场磁通 Φ_m 就不变。因此,电磁转矩 $T=C_T\Phi_m I_{2N}\cos\varphi_2$ 保持不变,为恒转矩调速,适用于恒转矩负载。

提示:

手机打开“电机与拖动 APP”,点击“电机调速→三相异步电机”,界面中有固有特性、开环调速和闭环调速三种调速方式。在固有特性中可实现变负载调速;在开环调速中可实现变压调速和变频调速;在闭环调速中可调整设定速度和负载。每一种调速方法都显示有机械特性、转速随时间、转矩随时间三种曲线,调速背景为大厦电梯。读者可与调速功能进行互动,首先点击进入“三相异步电机调速”界面,系统稳定运行后控制台边缘绿色闪烁,点击“控制台”,界面左上侧弹出“控制条”,点击“控制条”实现各种电机调速,调速过程中界面右侧同步显示电机调速曲线。软件详细使用方法请见彩插和附录。

[例 6-3]　某三相异步电动机 Y2-160M1-2,$P_N=11$ kW,$U_N=380$ V,定

子绕组△连接，$n_N = 2\ 930$ r/min，$f_N = 50$ Hz，$\alpha_{mT} = 2.3$，忽略 T_0，拖动恒转矩负载$T_L = 30$ N·m，求：(1) $f_1 = f_N$，$U_{1L} = U_N$ 时的转速；(2) $f_1 = 0.9f_N$，$U_{1L} = 0.9U_N$ 时的转速 n；(3) $f_1 = 1.2f_N$，$U_{1L} = U_N$ 时的转速 n；(4) $f_1 = f_N$，$U_{1L} = 0.8U_N$ 时的转速 n。

解：(1) 忽略 T_0，电动机额定电磁转矩为

$$T_N = \frac{P_N}{\Omega_N} = \frac{60}{2\pi} \cdot \frac{P_N}{n_N} = 9.55 \times \frac{11\ 000}{2\ 930} \text{ N·m} = 35.85 \text{ N·m}$$

最大电磁转矩为

$$T_m = \alpha_{mT} T_N = 2.3 \times 35.85 \text{ N·m} = 82.46 \text{ N·m}$$

由三相异步电动机型号可知 $p=1$，则同步转速 $n_0 = 3\ 000$ r/min，因此额定转差率为

$$s_N = \frac{n_0 - n_N}{n_0} = \frac{3\ 000 - 2\ 930}{3\ 000} = 0.023$$

临界转差率为

$$s_m = s_N(\alpha_{mT} + \sqrt{\alpha_{mT}^2 - 1}) = 0.023 \times (2.3 + \sqrt{2.3^2 - 1}) = 0.101$$

电动机带负载 $T_L = 30$ N·m 稳定运行时，电动机转差率为

$$s = s_m\left(\frac{T_m}{T} - \sqrt{\left(\frac{T_m}{T}\right)^2 - 1}\right) = 0.101 \times \left(\frac{82.46}{30} - \sqrt{\left(\frac{82.46}{30}\right)^2 - 1}\right) = 0.019$$

电动机转速为

$$n = (1-s)n_0 = (1-0.019) \times 3\ 000 \text{ r/min} = 2\ 943 \text{ r/min}$$

(2) 降低频率调速，U_1 随 f_1 成比例减小，T_m 保持不变，s_m 与 f_1 成反比，则有最大电磁转矩为

$$T'_m = T_m = 82.46 \text{ N·m}$$

临界转差率为

$$s'_m = \frac{f_N}{f_1} s_m = \frac{10}{9} \times 0.101 = 0.112$$

降低频率调速，电动机带负载 $T_L = 30$ N·m 稳定运行时，电动机转差率为

$$s' = s'_m\left(\frac{T'_m}{T} - \sqrt{\left(\frac{T'_m}{T}\right)^2 - 1}\right) = 0.112 \times \left(\frac{82.46}{30} - \sqrt{\left(\frac{82.46}{30}\right)^2 - 1}\right) = 0.021$$

降低频率后，同步转速为

$$n'_0 = \frac{60f_1}{p} = \frac{60 \times 45}{1} \text{ r/min} = 2\ 700 \text{ r/min}$$

则此时电动机转速为

$$n' = (1-s')n'_0 = (1-0.021) \times 2\ 700 \text{ r/min} = 2\ 643 \text{ r/min}$$

(3) 增加频率调速，U_1 保持不变，T_m 与 f_1^2 成反比，s_m 与 f_1 成反比，则有最大电磁转矩为

$$T''_{m}=\left(\frac{f_{N}}{f_{1}}\right)^{2}T_{m}=\left(\frac{10}{12}\right)^{2}\times 82.46\ N\cdot m=57.26\ N\cdot m$$

临界转差率为

$$s''_{m}=\frac{f_{N}}{f_{1}}s_{m}=\frac{10}{12}\times 0.101=0.084$$

增加频率调速，电动机带负载 $T_{L}=30\ N\cdot m$ 稳定运行时，电动机转差率为

$$s''=s''_{m}\left(\frac{T''_{m}}{T}-\sqrt{\left(\frac{T''_{m}}{T}\right)^{2}-1}\right)=0.084\times\left(\frac{57.26}{30}-\sqrt{\left(\frac{57.26}{30}\right)^{2}-1}\right)=0.024$$

增加频率后，同步转速为

$$n''_{0}=\frac{60f_{1}}{p}=\frac{60\times 60}{1}\ r/min=3\ 600\ r/min$$

此时电动机转速为

$$n''=(1-s'')n''_{0}=(1-0.024)\times 3\ 600\ r/min=3\ 514\ r/min$$

（4）降低定子电压调速，T_{m} 与 U_{1L}^{2} 成正比，s_{m} 与 U_{1L} 无关，则有最大电磁转矩为

$$T'''_{m}=\left(\frac{U_{1L}}{U_{N}}\right)^{2}T_{m}=\left(\frac{8}{10}\right)^{2}\times 82.46\ N\cdot m=52.77\ N\cdot m$$

临界转差率为

$$s'''_{m}=s_{m}=0.101$$

降低定子电压调速，电动机带负载 $T_{L}=30\ N\cdot m$ 稳定运行时，电动机转差率为

$$s'''=s'''_{m}\left(\frac{T'''_{m}}{T}-\sqrt{\left(\frac{T'''_{m}}{T}\right)^{2}-1}\right)=0.101\times\left(\frac{57.77}{30}-\sqrt{\left(\frac{57.77}{30}\right)^{2}-1}\right)$$
$$=0.028$$

则此时电动机转速为

$$n'''=(1-s''')n_{0}=(1-0.028)\times 3\ 000\ r/min=2\ 916\ r/min$$

PPT 6.4：三相异步电动机的制动

6.4　三相异步电动机的制动

三相异步电动机的制动是指给电动机一个与转动方向相反的电磁转矩，使电动机迅速停机或者稳定下放重物。三相异步电动机的制动分为三种：能耗制动、反接制动和回馈制动。

6.4.1　能耗制动

能耗制动是把三相交流电源切换为直流电源，将三相异步电动机的动能转换成电能消耗在电动机内部的电阻上，主要分为能耗制动过程和能耗制动运行。

1. 能耗制动过程——迅速停机

能耗制动电路如图 6-20 所示，机械负载为反抗性恒转矩负载。制动前，制

动开关 Q_b 断开，电源开关 Q 合上，电动机处于电动状态，稳定工作于 a 点，如图 6-22(a)所示。制动时，断开电源开关 Q，合上制动开关 Q_b，将定子绕组的供电电源由三相交流电源切换为直流电源，产生恒定不变的磁场。电动机在惯性的作用下继续沿原方向转动，切割恒定磁场，进而在转子绕组中产生感应电动势和感应电流。转子绕组感应电流与恒定磁场相互作用，产生与电动机转向相反的电磁转矩，即制动转矩，如图 6-21 所示。

由于制动过程中转子与恒定磁场之间的相对运动关系与电动过程中转子与旋转磁场之间的相对运动关系类似，因此制动时的人为特性与电动时的固有特性在曲线形状上大致相同。此外，由于电磁转矩 T 为制动转矩，其方向始终与转速 n 方向相反，当 $n>0$ 时，$T<0$；当 $n<0$ 时，$T>0$，且 $n=0$，$T=0$。因此，制动时的人为机械特性位于第二和第四象限，并且过原点，如图 6-22 所示。

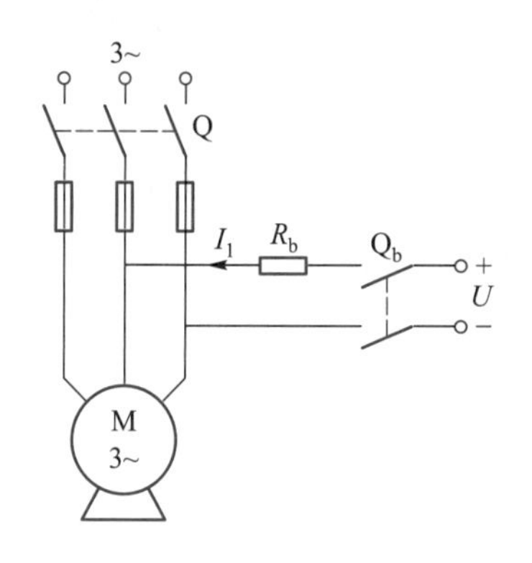

图 6-20 能耗制动电路

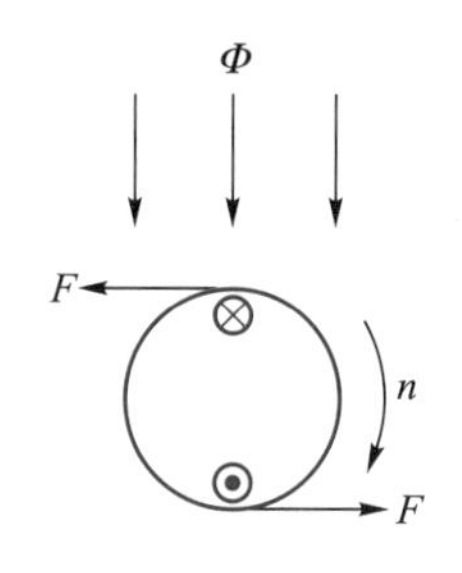

图 6-21 制动转矩

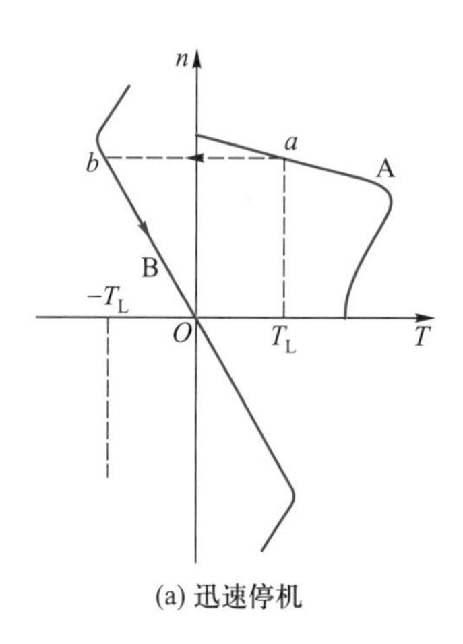

(b) 下放重物

图 6-22 能耗制动过程

如图 6-22(a)所示，制动前，电动机处于电动状态，稳定工作于 a 点。制动时，电动机的机械特性由固有特性 A 变为人为特性 B，由于转速 n 不会发生突变，因此电动机的工作点由 a 点瞬时平移至 b 点。在 b 点处，电磁转矩 T 与转速

n方向相反，为制动转矩。在制动转矩T和负载转矩T_L的共同作用下，转速n迅速下降，电动机的工作点由b点迅速过渡到O点。在O点处，$n=0, T=0, T_L=0$，制动过程结束。

制动效果取决于定子直流电流的大小，电流越大，磁场越强，制动转矩就越大，制动也越快。定子绕组直流电流的大小可以通过调节电源供电回路中的制动电阻R_b来改变。

2. 能耗制动运行——下放重物

能耗制动运行的电路连接与能耗制动过程一致，机械负载为位能性恒转矩负载。制动前，制动开关Q_b断开，电源开关Q合上，电动机处于电动状态，稳定工作于a点，如图6-22(b)所示。制动时，断开电源开关Q，合上制动开关Q_b，电动机的机械特性由固有特性A变为人为特性B，由于转速n不会发生突变，因此电动机的工作点由a点瞬时平移至b点。在b点处，电磁转矩T与转速n方向相反，为制动转矩。在制动转矩T和负载转矩T_L的共同作用下，转速n迅速下降，电动机的工作点由b点迅速过渡到O点。在O点处，$n=0, T=0, T_L>0$，在T_L的作用下，转子反向运动，转速n反向上升，电磁转矩T反向上升，电动机的工作点由O点逐渐过渡到c点。在c点处，$T=T_L$，电动机稳定下放重物。

下放重物的速度取决于定子直流电流的大小，电流越大，磁场越强，在较低的转速下就可以获得较大的感应电流和制动转矩，下放重物速度变慢。定子绕组直流电流的大小可以通过调节电源供电回路中的制动电阻R_b来改变。

6.4.2　反接制动

反接制动使旋转磁场的转向与转子的转向相反，从而产生制动转矩，主要分为磁场反向反接制动和转子反向反接制动。

1. 磁场反向反接制动——迅速停机

磁场反向反接制动电路如图6-23(a)所示，机械负载为反抗性恒转矩负载。制动前，电源开关Q合到M位置，制动开关Q_b合上，电动机处于电动状态，稳定工作于a点。制动时，电源开关Q合到B位置，改变定子电流相序，断开制动开关Q_b，串入制动电阻R_b。由于定子电流相序改变，旋转磁场的转向就改变，旋转磁场与转子之间的相对运动也改变，进而电磁转矩的方向也随之改变，致使电磁转矩的方向与转速的方向相反，成为制动转矩，其对应的机械特性位于第二和第三象限，如图6-23(b)所示。

如图6-23(b)所示，制动时，电动机的机械特性由固有特性A变为人为特性B，由于转速n不会发生突变，因此电动机的工作点由a点瞬时平移至b点。在b点处，旋转磁场反向，电磁转矩T反向，与转速n方向相反，为制动转矩，在制动转矩T和负载转矩T_L的共同作用下，转速n迅速下降，电动机的工作点由b点迅速过渡到c点。在c点处，$n=0, T=-T_s, T_L=0$，制动过程结束。为了不使电动机反向起动，应立即断开电源。

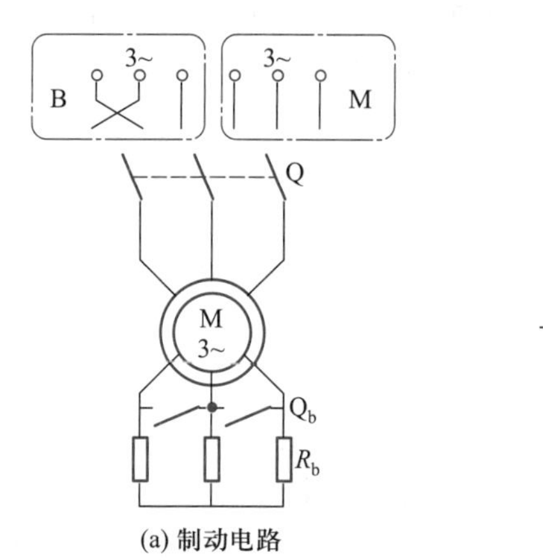

(a) 制动电路

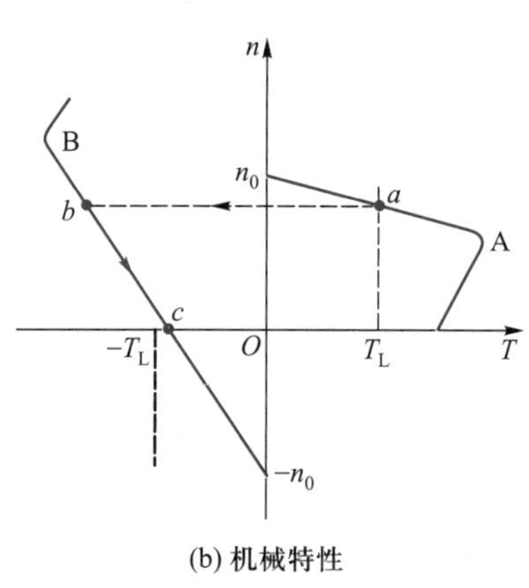

(b) 机械特性

图 6-23　磁场反向反接制动

制动效果可由制动电阻 R_b 来调节，制动电阻 R_b 越小，制动时转子电流就越大；制动转矩越大，制动就越快。

2. 转子反向反接制动——下放重物

转子反向反接制动电路如图 6-24(a)所示，机械负载为位能性恒转矩负载。制动前，电源开关 Q 合上，制动开关 Q_b 合上，电动机处于电动状态，稳定工作于 a 点。制动时，断开制动开关 Q_b，串联制动电阻 R_b，电动机的机械特性由固有特性 A 变为人为特性 B，由于转速 n 不会发生突变，因此电动机的工作点由 a 点瞬时平移至 b 点。在 b 点处，电磁转矩 T 远小于负载转矩 T_L，转速 n 下降，电动机的工作点由 b 点逐渐过渡到 c 点。在 c 点处，$n=0$，电磁转矩 T 仍小于负载转矩 T_L，在 T_L 的作用下，转子反向运动，转速 n 反向上升，电磁转矩 T 继续上升，电动机的工作点由 c 点逐渐过渡到 d 点。在 d 点处，$T=T_L$，电动机稳定下放重物，如图 6-24(b)所示。

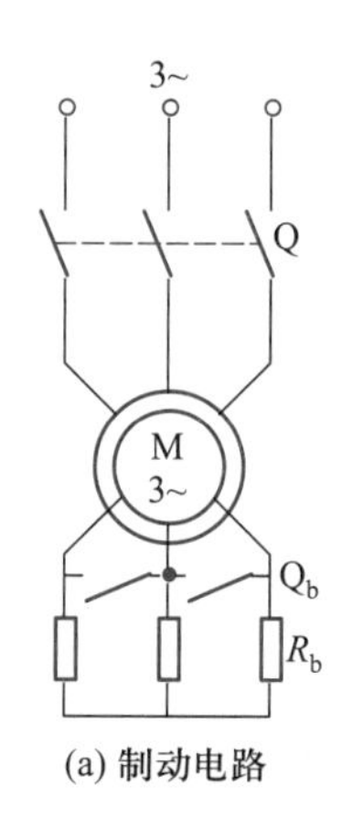

(a) 制动电路

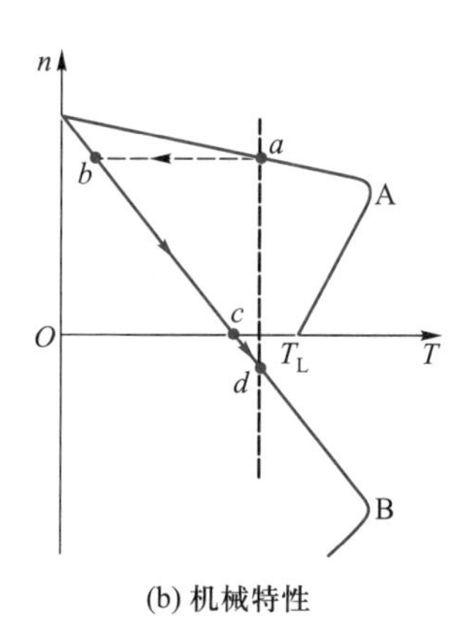

(b) 机械特性

图 6-24　转子反向反接制动

下放重物的速度可由制动电阻 R_b 来调节,制动电阻 R_b 越小,在较低的转速下就可以获得与负载转矩大小相同的制动转矩,下放重物速度会变慢。

6.4.3　回馈制动

回馈制动是使转子转速大于同步转速,电机处于发电机状态,将轴上的动能转换成电能回馈给电网,主要分为正向回馈制动和反向回馈制动。

1. 正向回馈制动——调速过程

在变频调速和变极调速过程中,旋转磁场的同步转速 n_0 随着频率和极数的变化而变化,常常会出现同步转速 n_0 小于转子转速 n 的情况,如图 6-25 所示,此时电动机进入正向回馈制动状态。制动前,电动机处于电动状态,稳定工作于 a 点。制动时,电动机进行变频或变极调速,同步转速 n_0 下降,电动机的机械特性由固有特性 A 变为人为特性 B,由于转速 n 不会发生突变,因此电动机的工作点由 a 点瞬时平移至 b 点。在 b 点处,由于 $n>n_0$,转子与旋转磁场的相对运动发生改变,电磁转矩的方向也随之改变,致使电磁转矩的方向与转速的方向相反,成为制动转矩,在制动转矩 T 和负载转矩 T_L 的共同作用下,转速 n 迅速下降,电动机的工作点由 b 点迅速过渡到 n_0 点。在 n_0 点处,$n=n_0$,$T=0$,在负载转矩 T_L 的作用下,转速 n 继续下降,$n<n_0$,转子与旋转磁场的相对运动再次发生改变,电磁转矩 T 再次反向,转变为拖动转矩,并且随着转速 n 下降而上升,电动机的工作点由 n_0 点逐渐过渡到 c 点。在 c 点处,$T=T_L$,电动机稳定运行。当 $n>n_0$ 时,电动机处于正向回馈制动状态。

2. 反向回馈制动——下放重物

反向回馈制动的电路连接与磁场反向反接制动一致,机械负载为位能性恒转矩负载。制动前,电源开关 Q 合到 M 位置,制动开关 Q_b 合上,电动机处于制动状态,稳定工作于 a 点。制动时,电源开关 Q 合到 B 位置,改变定子电流相序,断开制动开关 Q_b,串联制动电阻 R_b,电动机的机械特性由固有特性 A 变为人为特性 B,由于转速 n 不会发生突变,因此电动机的工作点由 a 点瞬时平移至 b 点。在 b 点处,旋转磁场反向,电磁转矩 T 反向,与转速 n 方向相反,为制动转矩,在制动转矩 T 和负载转矩 T_L 的共同作用下,转速 n 迅速下降,电动机的工作点由 b 点迅速过渡到 c 点。在 c 点处,$n=0$,$T=-T_s$,在反向起动转矩 T_s 和负载转矩 T_L 的共同作用下,转子反向运动,转速 n 反向上升,电磁转矩 T 减小,电动机的工作点由 c 点逐渐过渡到 $-n_0$ 点。在 $-n_0$ 点处,$n=-n_0$,$T=0$,在负载转矩 T_L 的作用下,转速 n 继续上升,$n>-n_0$,转子与旋转磁场的相对运动再次发生改变,电磁转矩 T 再次反向,与转速 n 方向相反,为制动转矩,并且随着转速 n 上升而上升,电动机的工作点由 n_0 点逐渐过渡到 d 点。在 d 点处,$T=T_L$,电动机稳定下放重物,处于反向回馈制动状态,如图 6-26 所示。

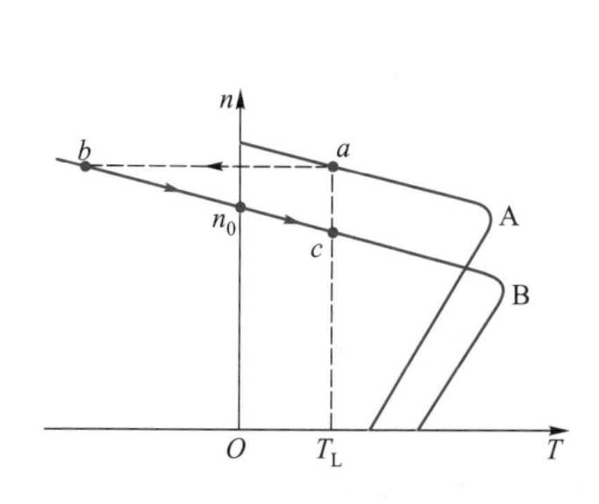

图 6-25 正向回馈制动

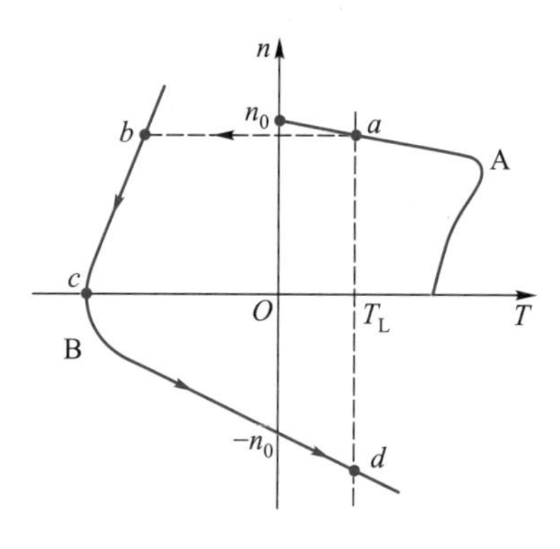

图 6-26 反向回馈制动

[例 6-4] 某三相绕线型异步电动机 YR-200L2-4，$P_N=22$ kW，$U_N=380$ V，定子绕组△联结，$n_N=1\ 448$ r/min，$f_N=50$ Hz，$U_{2N}=293$ V，$I_{2N}=47$ A，$\alpha_{mT}=3.0$，忽略 T_0，拖动恒转矩负载 $T_L=120$ N·m。试求：(1) 转子回路未串调速电阻时的转速 n；(2) 转子回路串联调速电阻 $R_r=0.016\ \Omega$ 时的转速 n；(3) 采用反向回馈制动，下放重物，在转子回路串联制动电阻 $R_b=0.017\ \Omega$，制动瞬间制动转矩 T；(4) 下放重物时的转速 n。

解：(1) 忽略 T_0，电动机额定电磁转矩为

$$T_N=\frac{P_N}{\Omega_N}=\frac{60}{2\pi}\cdot\frac{P_N}{n_N}=9.55\times\frac{22\ 000}{1\ 448}\ \text{N}\cdot\text{m}=145.10\ \text{N}\cdot\text{m}$$

最大电磁转矩为

$$T_m=\alpha_{mT}T_N=3.0\times145.10\ \text{N}\cdot\text{m}=435.30\ \text{N}\cdot\text{m}$$

由三相异步电动机型号可知 $p=2$，则同步转速 $n_0=1\ 500$ r/min，因此额定转差率为

$$s_N=\frac{n_0-n_N}{n_0}=\frac{1\ 500-1\ 448}{1\ 500}=0.035$$

临界转差率为

$$s_m=s_N(\alpha_{mT}+\sqrt{\alpha_{mT}^2-1})=0.035\times(3.0+\sqrt{3.0^2-1})=0.204$$

电动机带负载 $T_L=120$ N·m 稳定运行时，电动机转差率为

$$s=s_m\left(\frac{T_m}{T}-\sqrt{\left(\frac{T_m}{T}\right)^2-1}\right)=0.204\times\left(\frac{435.30}{120}-\sqrt{\left(\frac{435.30}{120}\right)^2-1}\right)=0.029$$

电动机转速为

$$n=(1-s)n_0=(1-0.029)\times1\ 500\ \text{r/min}=1\ 457\ \text{r/min}$$

(2) 转子电路串联电阻调速，T_m 保持不变，s_m 与 R_2 成正比，则有最大电磁转矩为

$$T'_m=T_m=435.30\ \text{N}\cdot\text{m}$$

转子电路电阻为

$$R_2=\frac{s_N U_{2N}}{\sqrt{3}I_{2N}}=\frac{0.035\times293}{1.732\times47}\ \Omega=0.126\ \Omega$$

临界转差率为

$$s'_m=\frac{R_2+R_r}{R_2}s_m=\frac{0.126+0.016}{0.126}\times0.204=0.230$$

转子电路串联电阻调速，电动机带负载 $T_L=120\ N\cdot m$ 稳定运行时，电动机转差率为

$$s'=s'_m\left(\frac{T'_m}{T}-\sqrt{\left(\frac{T'_m}{T}\right)^2-1}\right)=0.230\times\left(\frac{435.30}{120}-\sqrt{\left(\frac{435.30}{120}\right)^2-1}\right)$$
$$=0.032$$

此时电动机转速为

$$n'=(1-s_1)n_0=(1-0.032)\times1\ 500\ r/min=1\ 452\ r/min$$

(3) 转子回路未串联电阻时，稳定工作转速为 $n=1\ 457\ r/min$，制动瞬间转速保持不变，但定子绕组三相电流的相序发生改变，旋转磁场反向，因此 $n_0=-1\ 500\ r/min$。同时，转子回路串联制动电阻，T_m 保持不变，s_m 与 R_2 成正比，则最大电磁转矩为

$$T''_m=T_m=435.30\ N\cdot m$$

临界转差率为

$$s''_m=\frac{R_2+R_b}{R_2}s_m=\frac{0.126+0.017}{0.126}\times0.204=0.232$$

制动瞬间，电动机转差率为

$$s''=\frac{n_0-n}{n_0}=\frac{-1\ 500-1\ 457}{-1\ 500}=1.971$$

制动转矩为

$$T=-\frac{2T''_m}{\frac{s''}{s''_m}+\frac{s''_m}{s''}}=-\frac{2\times435.30}{\frac{1.971}{0.232}+\frac{0.232}{1.971}}\ N\cdot m$$
$$=-101.08\ N\cdot m$$

(4) 下放重物时，电动机转差率为

$$s'''=-s''_m\left(\frac{T''_m}{T}-\sqrt{\left(\frac{T''_m}{T}\right)^2-1}\right)=-0.232\times\left(\frac{435.30}{120}-\sqrt{\left(\frac{435.30}{120}\right)^2-1}\right)$$
$$=-0.033$$

下放重物时电动机转速为

$$n''=(1-s''')n_0=(1+0.033)\times-1\ 500\ r/min=-1\ 550\ r/min$$

6.5 三相异步电动机 MATLAB 调速仿真

PPT 6.5:三相异步电动机 MATLAB 调速仿真

20 世纪后半叶,随着电力电子技术、控制技术和计算机技术的发展,带动了新一代交流调速系统的兴起与发展。进入 21 世纪,交流调速系统取代直流调速系统已经成为不争的事实。

以三相异步电动机为例,其调速仿真模型如图 6-27 所示。其中,电动机的主要额定数据为:P_N = 7.5 kW,U_N = 400 V,n_N = 1 440 r/min,f_N = 50 Hz。

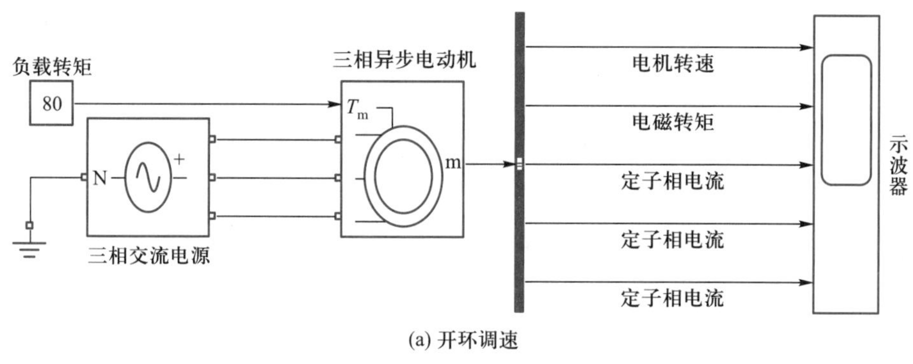

(a) 开环调速

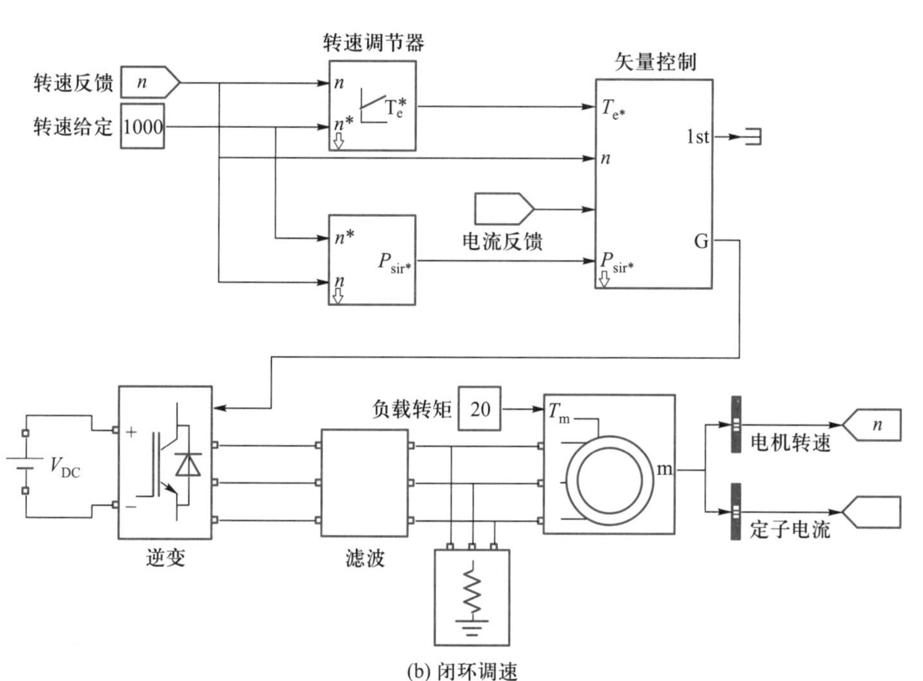

(b) 闭环调速

图 6-27 异步电动机调速仿真模型

6.5.1 三相异步电动机的固有特性

三相异步电动机在固有特性上工作时,负载和转速的大小关系如表 6-1 所示。

表 6-1　固有特性负载和转速的大小关系

负载/N·m	35	80	125	170
转速/(r/min)	1 457	1 392	1 302	1 112

以下从负载递增和负载递减两个方面,对三相异步电动机的固有特性进行仿真分析。转速随时间、转矩随时间、转速随转矩的变化过程如图 6-28 和图 6-29 所示。

由分析可见,在稳定运行范围内,负载越大,转速越低,反之亦然,与理论分析一致。

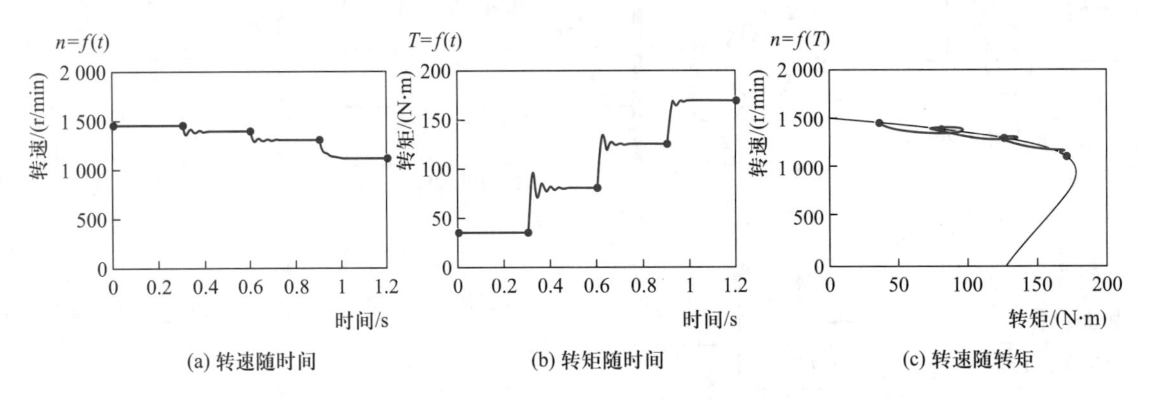

(a) 转速随时间　(b) 转矩随时间　(c) 转速随转矩

图 6-28　负载递增调速过程

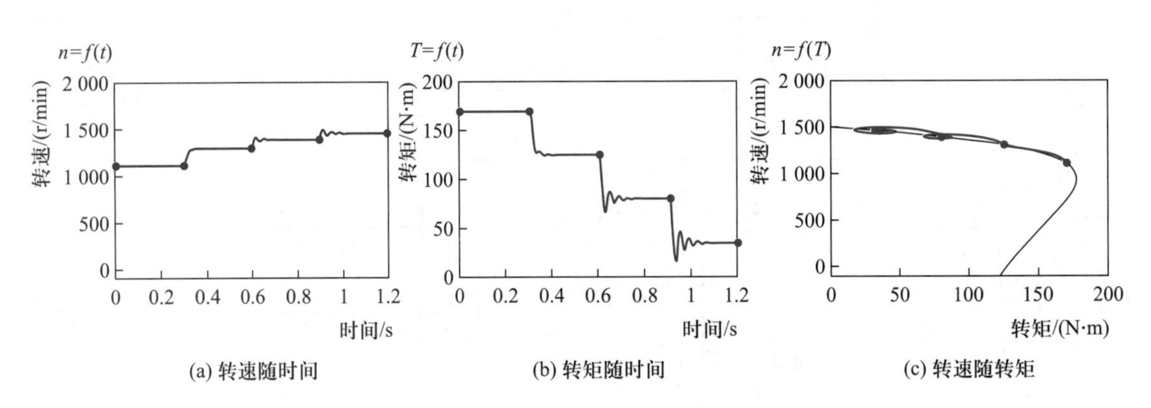

(a) 转速随时间　(b) 转矩随时间　(c) 转速随转矩

图 6-29　负载递减调速过程

6.5.2　三相异步电动机的开环调速

人为改变三相异步电动机参数会使电动机稳定工作点偏离固有特性,工作在人为特性上。以下分别采用变压调速和变频调速两种调速方法,对三相异步电动机的人为特性进行仿真分析。

1. 变压调速

三相异步电动机在人为特性上工作时，采用变压调速方法，负载转矩为 80 N · m，其他参数为额定值，定子电压和转速的大小关系如表 6-2 所示。

表 6-2 变压调速定子电压和转速的大小关系

定子电压/V	400	360	320	280
转速/(r/min)	1 392	1 359	1 301	1 157

以下从电压递减和电压递增两个方面，对三相异步电动机的变压调速进行仿真分析。转速随时间、转矩随时间、转速随转矩的变化过程如图 6-30 和图 6-31 所示。

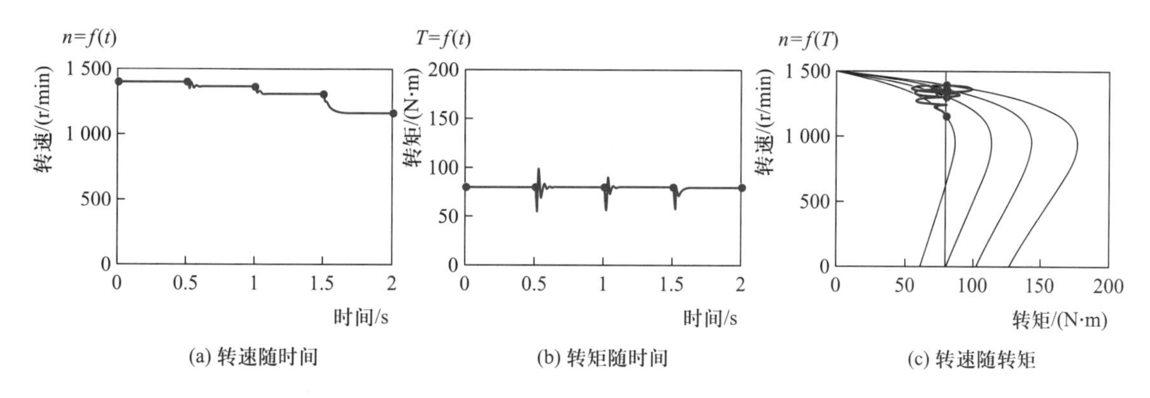

(a) 转速随时间 (b) 转矩随时间 (c) 转速随转矩

图 6-30 降压调速过程

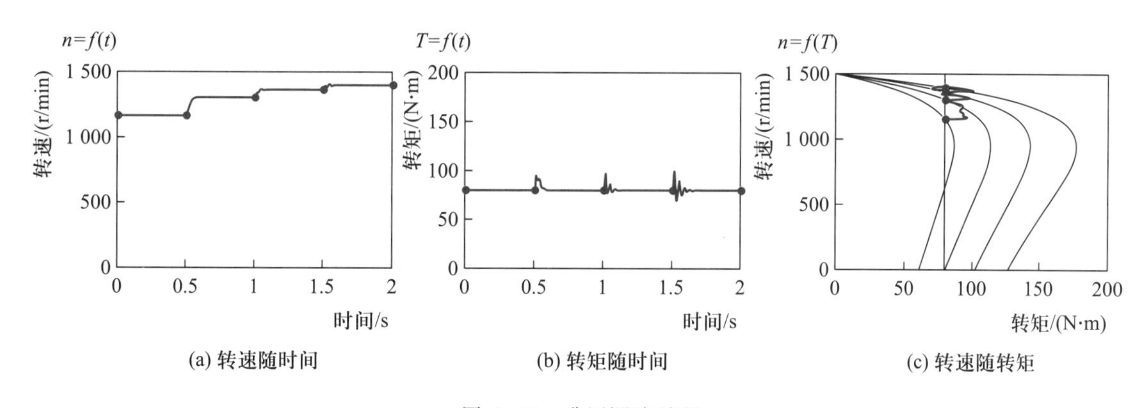

(a) 转速随时间 (b) 转矩随时间 (c) 转速随转矩

图 6-31 升压调速过程

由上分析可见，在稳定运行范围内，定子电压越小，转速越低，反之亦然，与理论分析一致。

2. 变频调速

三相异步电动机在人为特性上工作时，采用变频调速方法，负载转矩为 50 N · m，其他参数为额定值，压频比和转速的大小关系如表 6-3 所示。

表 6-3　变频调速压频比和转速的大小关系

压频比	320 V/40 Hz	400 V/50 Hz	400 V/60 Hz	400 V/70 Hz
转速/(r/min)	1 136	1 437	1 707	1 968

以下从频率递增和频率递减两个方面,对三相异步电动机的变频调速进行仿真分析。转速随时间、转矩随时间、转速随转矩的调速过程如图 6-32 和图 6-33 所示。

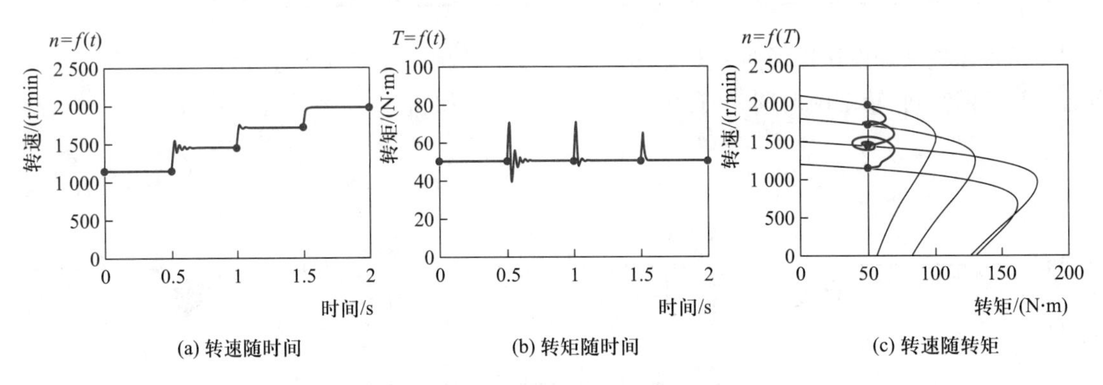

(a) 转速随时间　(b) 转矩随时间　(c) 转速随转矩

图 6-32　升频调速过程

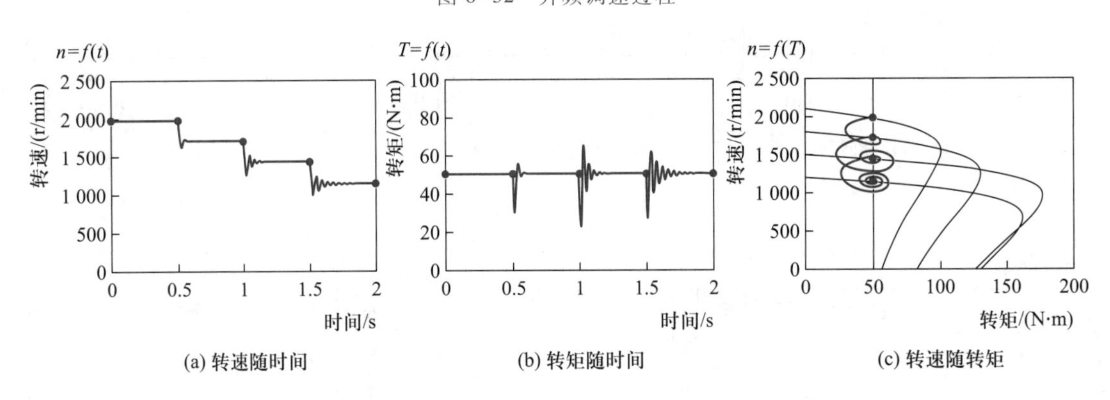

(a) 转速随时间　(b) 转矩随时间　(c) 转速随转矩

图 6-33　降频调速过程

由分析可见,基频以下调速时,保持恒压频比;基频以上调速时,保持电压为额定电压不变,频率增加。在稳定运行范围内,频率越高,转速越高,反之亦然,与理论分析一致。

6.5.3　三相异步电动机的闭环调速

根据自动控制原理,将系统的被调量作为反馈量引入系统,可构成闭环反馈控制系统,有效地抑制甚至消除扰动造成的影响,从而维持被调量很少变化或者不变化。以下采用转速反馈控制调速方法,以转速设定值为 500 r/min 为例,对三相异步电动机闭环调速时的特性进行仿真分析。转速随时间、转矩随时间、转速随转矩的调速过程如图 6-34 和图 6-35 所示。

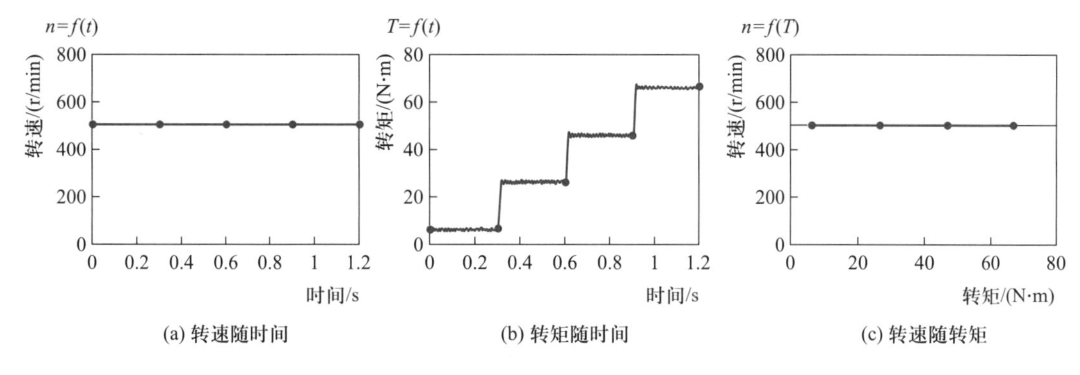

图 6-34 闭环负载递增调速过程

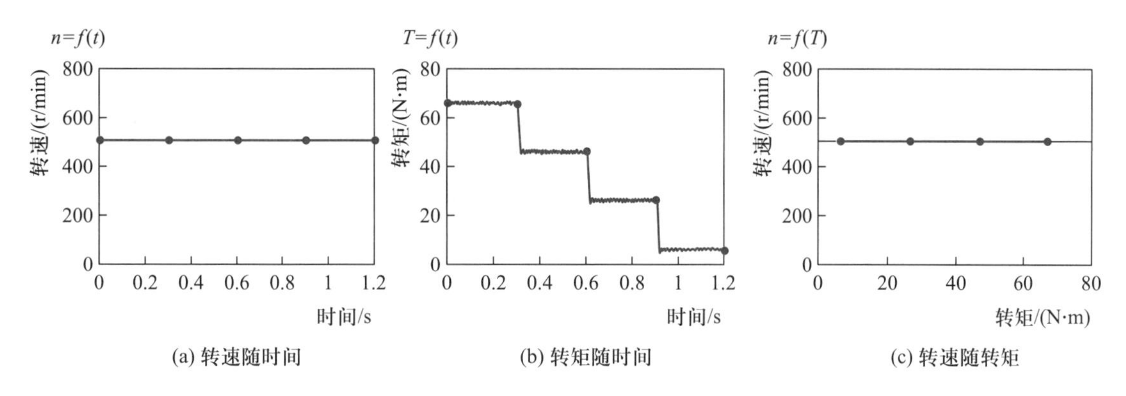

图 6-35 闭环负载递减调速过程

由分析可见,采用转速反馈闭环调速方法,可以有效地抑制负载波动对转速造成的影响。由于系统中采用了 PI 控制器,可以实现无静差的闭环控制,稳态时转速基本维持 500 r/min 不变。

思考题

6-1 三相异步电动机,如果工作时 $s_m>s>s_N$,试问电动机此时是工作在欠载、满载还是过载状态?

6-2 反抗性恒转矩负载与位能性恒转矩负载的本质区别是什么?

6-3 电动机允许短时过载运行,但是过载越多,过载时间就越短,这是为什么?

6-4 三相异步电动机在空载和满载起动时,起动电流和起动转矩是否相同?

6-5 笼型异步电动机直接起动的条件是什么?

6-6 为什么笼型异步电动机直接起动具有较大的起动电流和较小的起动转矩?

6-7 在绕线型异步电动机转子回路串联电阻起动方法中,如果把电阻换成电抗,能否获得减小起动电流、增大起动转矩的作用?

6-8　在增加频率调速过程中，为了保持磁通恒定，可否使 U_1 随 f_1 等比例增加？

6-9　为什么绕线型异步电动机转子串联电阻调速的调速范围不大？

6-10　变极调速与变频调速和变压调速在电动机的选用上有什么区别？

6-11　在磁场反向、反接制动、迅速停机过程中，当转速降为 0 时，是否需要断开电源？如不断开，电动机会怎样运行？

6-12　在能耗制动、反接制动和回馈制动下放重物时，制动电阻 R_b 与下放重物速度之间有什么关系？

6-13　反接制动和回馈制动的转差率有什么区别？

练习题

6-1　某三相异步电动机 Y-180M-2，$P_N=22$ kW，$U_N=380$ V，定子绕组△联结，$n_N=2\ 940$ r/min，$\alpha_{mT}=2.2$，忽略 T_0，试求：(1) 额定转矩 T_N；(2) 最大转矩 T_m；(3) 同步转速 n_0；(4) 当 $s=0.016$ 时，电磁转矩 T；(5) 当 $T=50$ N·m 时，转速 n。

6-2　某三相绕线型异步电动机 YR-160L-4，$n_N=1\ 460$ r/min，$\alpha_{mT}=3.0$，试求：(1) 当 $T_L=0.9T_N$ 时，转速 n；(2) 当 $U_{1L}=0.9U_N$、$T_L=T_N$ 时，转速 n；(3) 当 $f_1=0.9f_N$、$T_L=T_N$ 时，转速 n；(4) 当 R_2 增加至 1.1 倍、$T_L=T_N$ 时，转速 n。

6-3　某三相异步电动机 Y-250M-6，$P_N=37$ kW，$n_N=985$ r/min，$\alpha_{mT}=3.0$，$\alpha_{sT}=1.8$，忽略 T_0，试求：(1) 当 $U_{1L}=U_N$ 时，最大转矩 T_m 和起动转矩 T_s；(2) 当 $U_{1L}=0.8U_N$ 时，最大转矩 T_m 和起动转矩 T_s。

6-4　某三相异步电动机 Y-225M-2，$P_N=45$ kW，$n_N=2\ 970$ r/min，$\alpha_{mT}=2.2$，$\alpha_{sT}=2.0$，忽略 T_0，$T_L=190$ N·m，试问：(1) 能否长期运行？(2) 能否短时运行？(3) 能否直接起动？

6-5　某三相异步电动机 Y2-280S-4，$P_N=75$ kW，$U_N=380$ V，定子绕组△联结，$\lambda_N=0.87$，$\eta_N=93.6\%$，$\alpha_{sI}=7.2$，供电电源容量 $S_N=210$ kV·A。(1) 试问：是否满足直接起动电源容量条件？(2) 试求：额定电流 I_N；采用 Y-△降压起动，起动电流 I_{sY}；采用自耦变压器降压起动 $k_T=0.8$，起动电流 I_{sT}。

6-6　某三相异步电动机 Y2-250M-8，$P_N=30$ kW，$U_N=380$ V，定子绕组△联结，$I_N=64$ A，$n_N=730$ r/min，$\alpha_{sT}=1.9$，$\alpha_{sI}=6.6$，$T_L=0.8T_N$，由 $S_N=200$ kV·A 的三相变压器供电，电动机起动时从变压器取用的电流不得超过变压器的额定电流。试问：(1) 能否直接起动？(2) 能否采用 Y-△降压起动？(3) 能否采用自耦变压器降压起动($k_T=0.73$)？

6-7　某三相绕线型异步电动机，$P_N=40$ kW，$n_N=1\ 435$ r/min，$\alpha_{mT}=2.6$，$U_{2N}=290$ V，$I_{2N}=86$ A，$T_L=200$ N·m，试求：起动级数为三级时，各级起动电阻。

6-8　某三相多速电动机，$P_N=2.2/3.8$ kW，$n_N=1\ 440/2\ 880$ r/min，$\alpha_{mT}=2.0/2.0$，拖动恒转矩负载 $T_L=12$ N·m，试求：(1) 当 $p=2$ 时，电动机转速 n；(2) 当 $p=1$ 时，电动机转速 n。

6-9 某三相异步电动机 Y2-160M2-2，$P_N = 15$ kW，$U_N = 380$ V，定子绕组△联结，$n_N = 2\ 930$ r/min，$f_N = 50$ Hz，$\alpha_{mT} = 2.3$，忽略 T_0，拖动恒转矩负载 $T_L = 45$ N·m，试求：(1) $f_1 = f_N$，$U_1 = U_N$ 时的转速 n；(2) $f_1 = 0.8f_N$，$U_1 = 0.8U_N$ 时的转速 n；(3) $f_1 = 1.2f_N$，$U_1 = U_N$ 时的转速 n。

6-10 某三相异步电动机 Y-180L-6，$P_N = 15$ kW，$U_N = 380$ V，定子绕组△联结，$n_N = 960$ r/min，$f_N = 50$ Hz，$\alpha_{mT} = 2.0$，忽略 T_0，拖动恒转矩负载 $T_L = 142$ N·m，试求：(1) $U_{1L} = U_N$ 时的转速 n；(2) $U_{1L} = 0.8U_N$ 时的转速 n。

6-11 某三相绕线型异步电动机 YR-280S-4，$P_N = 55$ kW，$U_N = 380$ V，定子绕组△联结，$n_N = 1\ 480$ r/min，$f_N = 50$ Hz，$U_{2N} = 485$ V，$I_{2N} = 70$ A，$\alpha_{mT} = 3.0$，忽略 T_0，拖动恒转矩负载 $T_L = 300$ N·m，试求：(1) 转子回路未串调速电阻时的转速 n；(2) 转子回路串联调速电阻 $R_r = 0.01\ \Omega$ 时的转速 n。

6-12 某三相绕线型异步电动机，$P_N = 60$ kW，$U_N = 380$ V，定子绕组△联结，$n_N = 577$ r/min，$f_N = 50$ Hz，$U_{2N} = 253$ V，$I_{2N} = 160$ A，$\alpha_{mT} = 2.5$，忽略 T_0，拖动恒转矩负载 $T_L = 0.8T_N$，试求：(1) 采用磁场反向反接制动迅速停机，制动瞬间 $T = 1.2T_N$，应串联的制动电阻 R_b；(2) 采用转子反向反接制动下放重物，下放速度 $n = 150$ r/min，应串联的制动电阻 R_b；(3) 采用反向回馈制动下放重物，转子每相电路中串联制动电阻 $R_b = 0.05\ \Omega$，下放重物的速度 n。

第7章　同步电动机

同步电动机也是一种交流旋转电机,因为旋转速度与同步转速相同而得名。由于同步电动机可以通过调节励磁电流使它在超前功率因数下运行,有利于改善电网的功率因数,因此大型设备(如大型鼓风机、水泵、球磨机、压缩机、轧钢机等)常用同步电动机驱动。此外,同步电动机的转速完全取决于电源频率,频率一定时,电动机的转速也就一定,它不随负载的变化而改变。这一特点对某些传动系统,特别是对多机同步传动系统和精密调速稳速系统具有重要意义。

7.1　三相同步电动机的工作原理

PPT 7.1:三相同步电动机的工作原理

图7-1为一对磁极三相同步电动机的工作原理图。三相同步电动机的定子与三相异步电动机的定子基本相同,即在定子铁心内圆均匀分布的槽内嵌放三相对称绕组,同步电动机的定子又称为电枢。三相同步电动机的转子由转子铁心和转子绕组两部分组成,转子绕组又称为励磁绕组,主要起励磁作用。工作时,励磁绕组通以直流电流 I_f,使得转子建立恒定磁场,励磁绕组中的直流电流又称为励磁电流。

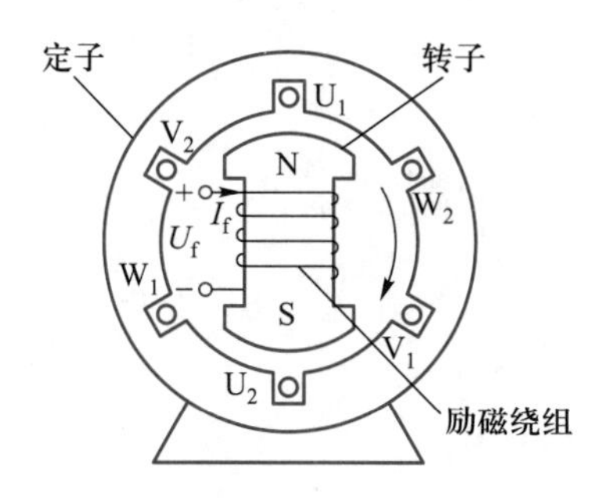

图7-1　三相同步电动机工作原理图

三相同步电动机运行时,与三相异步电动机一样,定子三相对称绕组接到三相电源上,三相电流通过三相绕组形成一个旋转磁场,旋转磁场的转速称为同步转速,其计算公式为

$$n_0=\frac{60f_1}{p} \tag{7-1}$$

式中:f_1 为电源的频率,即定子电压和定子电流的频率;p 为极对数。旋转磁场的转向与三相绕组中的三相电流的相序一致,由超前相转向滞后相。

将转子励磁绕组接到直流电源上,励磁电流通过励磁绕组形成一个恒定磁

场。转子恒定磁场与定子旋转磁场相互作用，同性相吸、异性相斥，形成电磁转矩，转子在定子旋转磁场的带动牵引下，以同步转速旋转。因而，同步电动机的转子转速与定子旋转磁场的转速相同，即

$$n=n_0=\frac{60f_1}{p} \tag{7-2}$$

这就是"同步"名称的由来。

由上述分析可知，三相同步电动机在工作时存在两个旋转磁场，即两个旋转磁动势。一个是定子旋转磁动势，又称电枢磁动势，用相量 $\dot{F}_a$ 表示，它由三相电流通过三相绕组产生，以电气形式旋转；另一个是转子旋转磁动势，又称励磁磁动势，用相量 $\dot{F}_0$ 表示，它由励磁电流通过励磁绕组产生，以机械形式旋转。二者以相同的转速和转向旋转，因此同步电动机的气隙磁动势为二者的合成，又称为合成磁动势，用相量 $\dot{F}$ 表示。三相同步电动机运行时，电枢电流不同，电枢磁动势就不同，合成磁动势、产生的磁场也不同，电枢磁动势对合成磁动势的影响称为电枢反应，这与直流电动机电枢反应类似。

图 7-2 显示了三相同步电机的工作状态。图中外侧 N 极和 S 极表示合成磁动势产生的磁场，内侧 N 极和 S 极表示励磁磁动势产生的励磁磁场。在电动状态下，由于受到机械负载的影响，励磁磁场滞后于合成磁场 θ 角，转子磁极上产生与转向相同的电磁转矩，拖动机械负载旋转做功，此时同步电机从定子电源输入电功率，从转子输出机械功率。在理想空载状态下，励磁磁场与合成磁场重合，它们的相互作用力位于轴线方向，不会形成电磁转矩，无法做功。在发电状态下，转子由原动机拖动，励磁磁场超前合成磁场 θ 角，转子磁极上产生与转向相反的电磁转矩，原动机只有克服该电磁转矩才能拖动转子旋转，此时同步电机从转子原动机输入机械功率，从定子输出电功率。由上述分析可知，θ 角的大小与电磁转矩和电磁功率的大小有关，因此称为功角。在同步电机中，励磁磁通势 $\dot{F}_0$、电枢磁通势 $\dot{F}_a$ 和合成磁通势 $\dot{F}$ 之间的空间位置关系如图 7-3 所示。对于电动状态电枢磁动势 $\dot{F}_a$ 超前励磁磁动势 $\dot{F}_0$，使得合成磁动势 $\dot{F}$ 超前励磁磁通势 $\dot{F}_0$ θ 角。

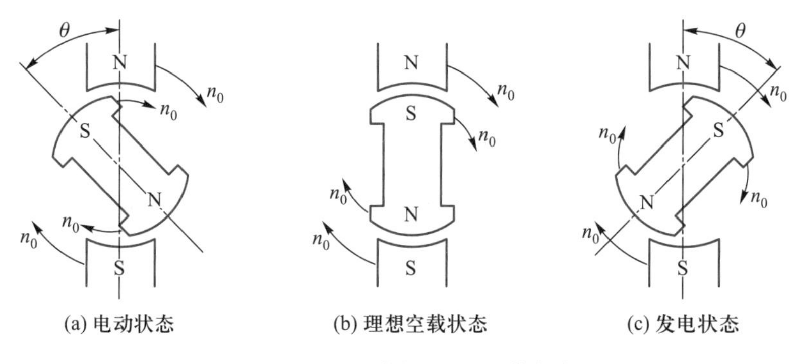

图 7-2 三相同步电机的工作状态

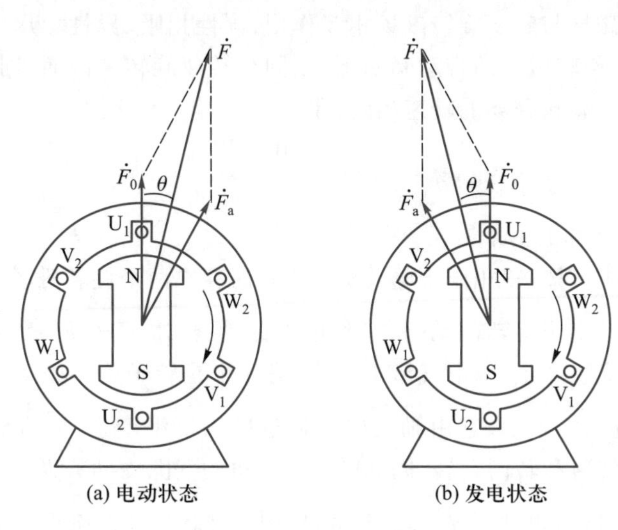

图 7-3　三相同步电机的功角

7.2　三相同步电动机的基本结构

PPT 7.2：三相同步电动机的基本结构

7.2.1　基本结构

三相同步电动机是由定子和转子两大部分组成的，定子和转子之间有一个较小的空气隙。图 7-4 给出了三相同步电动机的结构示意图。

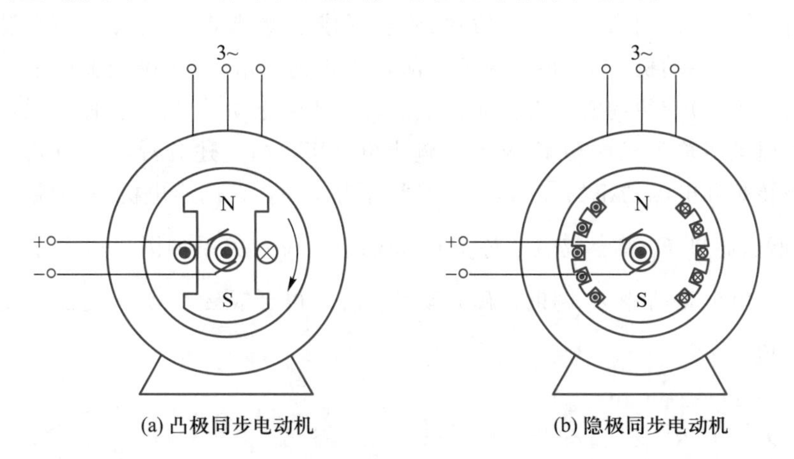

图 7-4　三相同步电动机的结构示意图

1. 定子

三相同步电动机的定子又称为电枢，其基本结构与三相异步电动机相同，也是由定子铁心、定子（电枢）绕组、机座和端盖组成的。定子铁心由厚度为 0.35～0.5 mm 的圆筒形硅钢片叠压而成，内壁槽内嵌放着三相对称绕组。

2. 转子

三相同步电动机的转子由转子铁心、转子绕组、滑环和转轴等组成。转子结

构分为两种：隐极式和凸极式，如图 7-5 所示。隐极式转子铁心成圆柱形，一般采用整块含铬、镍和钼的合金钢锻成，表面铣有槽，槽内嵌放转子绕组，转子绕组由扁铜线绕成。凸极式转子铁心端部凸出，一般采用整块锻钢或铸钢制成，中间铁心柱处绕有转子绕组。隐极式转子与定子之间气隙均匀，凸极式转子与定子之间气隙不均匀。一般转速高的同步电动机采用隐极式，转速低的同步电动机采用凸极式。

转轴上装有两个彼此绝缘的滑环，分别与励磁绕组两端相连，其上压有两组固定不动的电刷，通过滑环和电刷可将励磁绕组两端引出，以接入直流励磁电源。常用的励磁方式有：直流励磁机励磁、静止半导体励磁、旋转半导体励磁和三次谐波励磁等。

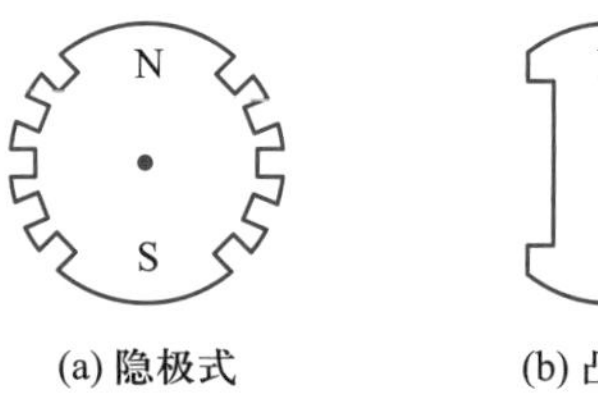

(a) 隐极式

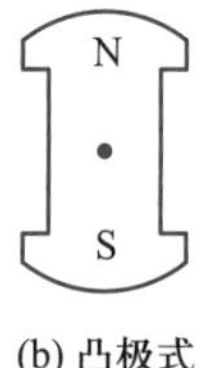

(b) 凸极式

图 7-5　转子结构

7.2.2　额定值

1. 额定功率

三相同步电动机在额定状态下运行时，轴上输出的机械功率，用 P_N 表示，单位为 W 或 kW。

2. 额定电压

三相同步电动机在额定状态下运行时，定子绕组的线电压，用 U_N 表示，单位为 V 或 kV。

3. 额定电流

三相同步电动机在额定状态下运行时，定子绕组的线电流，用 I_N 表示，单位为 A 或 kA。

4. 额定频率

三相同步电动机在额定状态下运行时，定子绕组所加交流电的频率，用 f_N 表示，单位为 Hz，我国规定标准工业频率即工频为 $f_N = 50$ Hz。

5. 额定转速

三相同步电动机在额定状态下运行时，转子的旋转速度等于同步转速，用 n_N 表示，单位为 r/min。

7.3　三相同步电动机的电磁关系

三相同步电动机运行时，内部存在两个磁场，一个是转子励磁磁动势产生的励磁磁场，另一个是定子电枢磁动势产生的电枢磁场。二者以相同的转速和转向旋转，因此同步电动机的气隙磁场为二者的合成。

PPT 7.3：三相同步电动机的电磁关系

7.3.1　磁动势

1. 隐极同步电动机

隐极同步电动机气隙均匀，运行时，转子励磁绕组接入励磁电压 U_f，产生励

磁电流 I_f，进而产生励磁磁动势 $\dot{F}_0$。同时，定子三相绕组接入三相电压 $\dot{U}_1$，产生三相电流 $\dot{I}_1$，进而产生电枢磁动势 $\dot{F}_a$。励磁磁动势 $\dot{F}_0$ 和电枢磁动势 $\dot{F}_a$ 合成了气隙磁动势 $\dot{F}$，进而产生气隙磁场 $\dot{\Phi}$。气隙磁场 $\dot{\Phi}$ 旋转切割定子三相绕组，在每相绕组中产生感应电动势 $\dot{E}_1$。定子三相电流 $\dot{I}_1$ 除了产生气隙磁通 $\dot{\Phi}$ 外，还会产生漏磁通 $\dot{\Phi}_\sigma$，从而在定子每相绕组中产生漏感应电动势 $\dot{E}_\sigma$。与此同时，定子三相电流 $\dot{I}_1$ 通过每相电阻 R_1 时，还会产生电压降。由于三相同步电动机三相对称，因此在分析时取一相即可，$\dot{U}_1$、$\dot{I}_1$、$\dot{E}_1$、$\dot{E}_\sigma$ 和 R_1 表示每相电压、电流、电动势、漏电动势和电阻。上述电磁关系如图 7-6 所示。

由于受到电枢反应的影响，$\dot{E}_1$ 非固定值，这给分析带来了不便。为了便于分析，在磁路不饱和的情况下，可以利用叠加定理来分析，将 $\dot{E}_1$ 分解为 $\dot{E}_0$ 和 $\dot{E}_a$。其中，励磁磁动势 $\dot{F}_0$ 产生主磁通 $\dot{\Phi}_0$，进而产生励磁电动势 $\dot{E}_0$；电枢磁动势 $\dot{F}_a$ 产生电枢反应磁通 $\dot{\Phi}_a$，进而产生电枢反应电动势 $\dot{E}_a$，这时的电磁关系如图 7-7 所示。

$U_f \rightarrow I_f \rightarrow \dot{F}_0$ ，$\dot{U}_1 \rightarrow \dot{I}_1 \rightarrow \dot{F}_a$；$\dot{F}_0$、$\dot{F}_a \rightarrow \dot{F} \rightarrow \dot{\Phi} \rightarrow \dot{E}_1$；$\dot{I}_1 \rightarrow \dot{\Phi}_\sigma \rightarrow \dot{E}_\sigma$；$\dot{I}_1 \rightarrow R_1\dot{I}_1$

图 7-6　隐极同步电动机的电磁关系 1

$U_f \rightarrow I_f \rightarrow \dot{F}_0 \rightarrow \dot{\Phi}_0 \rightarrow \dot{E}_0$；$\dot{U}_1 \rightarrow \dot{I}_1 \rightarrow \dot{F}_a \rightarrow \dot{\Phi}_a \rightarrow \dot{E}_a$；$\dot{I}_1 \rightarrow \dot{\Phi}_\sigma \rightarrow \dot{E}_\sigma$；$\dot{I}_1 \rightarrow R_1\dot{I}_1$

图 7-7　隐极同步电动机的电磁关系 2

2. 凸极同步电动机

凸极同步电动机与隐极同步电动机的不同之处是气隙不均匀。为了更加清晰地描述这个问题，这里给出凸极同步电动机交直轴的定义：转子磁极的中心线称为直轴或纵轴，简称 d 轴；相邻两磁极之间的轴线称为交轴或横轴，简称 q 轴。直轴和交轴随同转子一起旋转，如图 7-8 所示。

运行时，励磁磁动势 $\dot{F}_0$ 总是沿着转子直轴方向，随着转子一同旋转，如图 7-8 所示。电枢磁动势 $\dot{F}_a$ 与励磁磁动势 $\dot{F}_0$ 的相对位置固定，超前于励磁磁动势 $\dot{F}_0$ 一个固定的角度，因此电枢磁动势 $\dot{F}_a$ 的方向既不在直轴方向，也不在交轴方向。为了便于分析，可以把电枢磁动势 $\dot{F}_a$ 分解成两个分量：一个分量沿着直轴方向，称为直轴电枢磁动势，用 $\dot{F}_{ad}$ 表示；另一个分量沿着交轴方向，称为交轴电枢磁动势，用 $\dot{F}_{aq}$ 表示，如图 7-8 所示。同理，产生电枢磁动势 $\dot{F}_a$ 的电枢电流 $\dot{I}_1$ 也可以对应地分解为直轴分量 $\dot{I}_d$ 和交轴分量 $\dot{I}_q$。直轴电枢电流 $\dot{I}_d$ 产生直轴电枢磁动势 $\dot{F}_{ad}$，交轴电枢电流 $\dot{I}_q$

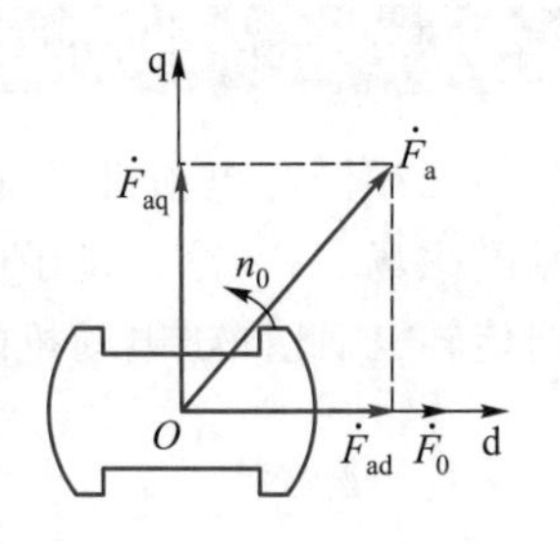

图 7-8　凸极同步电动机的直轴和交轴

产生交轴电枢磁动势 $\dot{F}_{aq}$。进而，直轴电枢磁动势 $\dot{F}_{ad}$ 产生直轴电枢反应磁通 $\dot{\Phi}_{ad}$，如图 7-9 所示，交轴电枢磁动势 $\dot{F}_{aq}$ 产生交轴电枢反应磁通 $\dot{\Phi}_{aq}$，如图 7-10 所示。直轴电枢反应磁通 $\dot{\Phi}_{ad}$ 旋转切割定子每相绕组产生直轴电枢反应电动势 $\dot{E}_{ad}$，交轴电枢反应磁通 $\dot{\Phi}_{aq}$ 旋转切割定子每相绕组产生交轴电枢反应电动势 $\dot{E}_{aq}$。

由上述分析可知，直轴电枢磁动势 $\dot{F}_{ad}$ 沿直轴方向，与励磁磁动势 $\dot{F}_0$ 同向。因此，直轴电枢反应磁通 $\dot{\Phi}_{ad}$ 与主磁通 $\dot{\Phi}_0$ 同向。由于主磁通 $\dot{\Phi}_0$ 产生的励磁电动势 $\dot{E}_0$ 滞后 $\dot{\Phi}_0 90°$，直轴电枢反应磁通 $\dot{\Phi}_{ad}$ 产生的直轴电枢反应电动势 $\dot{E}_{ad}$ 滞后 $\dot{\Phi}_{ad} 90°$，所以直轴电枢反应电动势 $\dot{E}_{ad}$ 与励磁电动势 $\dot{E}_0$ 同向。同理，交轴电枢磁动势 $\dot{F}_{aq}$ 沿交轴方向与励磁磁动势 $\dot{F}_0$ 相差 90°，交轴电枢反应电动势 $\dot{E}_{aq}$ 与励磁电动势 $\dot{E}_0$ 相差 90°。

在磁路不饱和的情况下，$\dot{E}_{ad}$ 和 $\dot{E}_{aq}$ 可用电抗上的电压降来表示，有 $\dot{E}_{ad} = -jX_{ad}\dot{I}_d$ 和 $\dot{E}_{aq} = -jX_{aq}\dot{I}_q$。因此，直轴电枢电流 $\dot{I}_d$ 在相位上与 $\dot{E}_{ad}$ 相差 90°。由于 $\dot{E}_{ad}$ 与 $\dot{E}_0$ 同向，所以 $\dot{I}_d$ 在相位上与 $\dot{E}_0$ 相差 90°。同理，可得交轴电枢电流 $\dot{I}_q$ 在相位上与 $\dot{E}_0$ 在同一水平方向上。因此，$I_d = I_1 \sin\psi$，$I_q = I_1 \cos\psi$。ψ 为 $\dot{I}_1$ 与 $-\dot{E}_0$ 之间的夹角，称为内功率因数角。

对于电枢磁动势 $\dot{F}_a$ 在主磁路中产生的电枢反应磁通 $\dot{\Phi}_a$，可以看成直轴电枢磁动势 $\dot{F}_{ad}$ 产生的直轴电枢反应磁通 $\dot{\Phi}_{ad}$ 与交轴电枢磁动势 $\dot{F}_{aq}$ 产生的交轴电枢反应磁通 $\dot{\Phi}_{aq}$ 的叠加。由于 $\dot{F}_{ad}$ 总是在直轴方向，$\dot{F}_{aq}$ 总是在交轴方向，尽管气隙不均匀，但是对于直轴或交轴来说都分别为对称磁路，这就给电磁关系分析带来了较大的方便，这种分析方法称为双反应理论。与隐极同步电动机电磁关系相似，凸极同步电动机的电磁关系如图 7-11 所示。

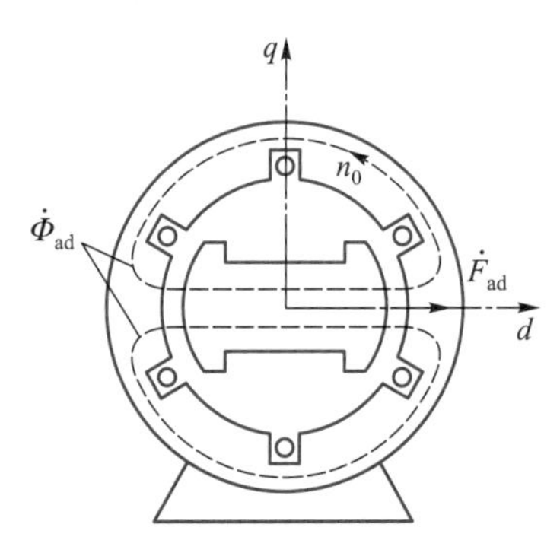

图 7-9 直轴电枢磁动势和直轴电枢反应磁通

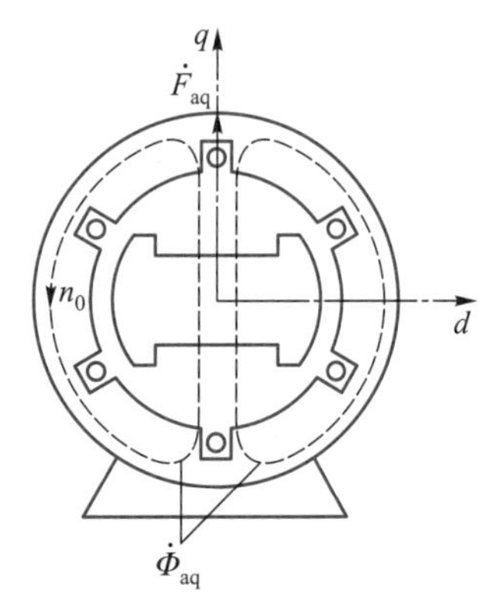

图 7-10 交轴电枢磁动势和交轴电枢反应磁通

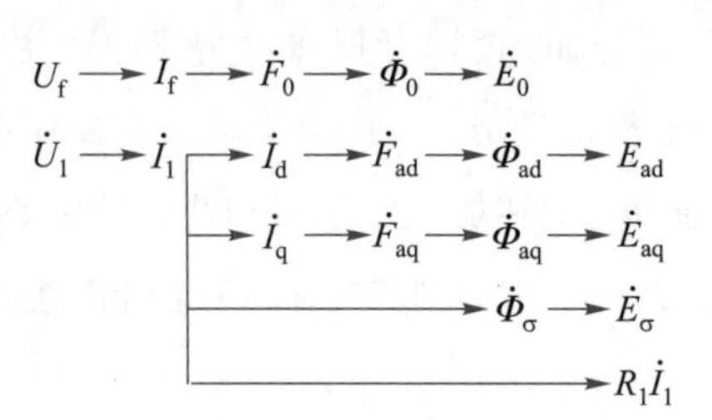

图 7-11 凸极同步电动机的电磁关系

7.3.2 电动势的平衡方程式

1. 隐极同步电动机

三相同步电动机定子每相绕组各物理量参考方向与变压器和三相异步电动机相似，电压 $\dot{U}_1$ 与电流 $\dot{I}_1$ 的参考方向一致，电动势 $\dot{E}_1$、漏电动势 $\dot{E}_\sigma$、电流 $\dot{I}_1$ 和磁感线的参考方向均符合右手螺旋定则，且参考方向一致。根据基尔霍夫电压定律，可得隐极同步电动机定子每相电路的电动势平衡方程式为

$$\dot{U}_1=-\dot{E}_1-\dot{E}_\sigma+R_1\dot{I}_1 \tag{7-3}$$

式中漏感应电动势 $\dot{E}_\sigma$ 可用漏电抗 X_σ 来描述

$$\dot{E}_\sigma=-\mathrm{j}X_\sigma\dot{I}_1 \tag{7-4}$$

电动势平衡方程式可写为

$$\dot{U}_1=-\dot{E}_1+\mathrm{j}X_\sigma\dot{I}_1+R_1\dot{I}_1=-\dot{E}_1+(R_1+\mathrm{j}X_\sigma)\dot{I}_1 \tag{7-5}$$

如上所述，由于受到电枢反应的影响，$\dot{E}_1$ 非固定值，这给分析带来了不便。为了便于分析，在磁路不饱和的情况下，可以利用叠加定理来分析，将 $\dot{E}_1$ 分解为 $\dot{E}_0$ 和 $\dot{E}_a$，式(7-3)可改写为

$$\dot{U}_1=-\dot{E}_0-\dot{E}_a-\dot{E}_\sigma+R_1\dot{I}_1 \tag{7-6}$$

因为磁路不饱和，$\dot{E}_a$ 也可以像 $\dot{E}_\sigma$ 一样用电枢反应电抗 X_a 来描述

$$\dot{E}_a=-\mathrm{j}X_a\dot{I}_1 \tag{7-7}$$

因此，电动势平衡方程式可进一步改写为

$$\begin{aligned}\dot{U}_1&=-\dot{E}_0+\mathrm{j}X_a\dot{I}_1+\mathrm{j}X_\sigma\dot{I}_1+R_1\dot{I}_1=-\dot{E}_0+[R_1+\mathrm{j}(X_a+X_\sigma)]\dot{I}_1\\&=-\dot{E}_0+(R_1+\mathrm{j}X_s)\dot{I}_1\end{aligned} \tag{7-8}$$

式中：$X_s=X_a+X_\sigma$ 称为定子每相绕组的同步电抗。由于 R_1 一般远小于 X_s，因此式(7-8)可简化为

$$\dot{U}_1=-\dot{E}_0+\mathrm{j}X_s\dot{I}_1 \tag{7-9}$$

如果考虑到磁路饱和，为了简化计算，可以根据饱和程度，找出相应的 X_s，仍可以用式(7-8)和(7-9)进行计算。

2. 凸极同步电动机

凸极同步电动机定子绕组各物理量的参考方向与隐极同步电动机相似，根据基尔霍夫电压定律，可得凸极同步电动机定子每相电路的电动势平衡方程式为

$$\dot{U}_1 = -\dot{E}_0 - \dot{E}_a - \dot{E}_\sigma + R_1\dot{I}_1 = -\dot{E}_0 - \dot{E}_{ad} - \dot{E}_{aq} - \dot{E}_\sigma + R_1\dot{I}_1 \tag{7-10}$$

因为磁路不饱和，$\dot{E}_{ad}$ 和 $\dot{E}_{aq}$ 也可以用电抗来表示

$$\dot{E}_{ad} = -jX_{ad}\dot{I}_d \tag{7-11}$$

$$\dot{E}_{aq} = -jX_{aq}\dot{I}_q \tag{7-12}$$

式中：X_{ad} 为直轴电枢反应电抗；X_{aq} 为交轴电枢反应电抗。因此，电动势平衡方程式可改写为

$$\begin{aligned}\dot{U}_1 &= -\dot{E}_0 + jX_{ad}\dot{I}_d + jX_{aq}\dot{I}_q + jX_\sigma\dot{I}_1 + R_1\dot{I}_1 \\ &= -\dot{E}_0 + R_1\dot{I}_1 + j(X_{ad}+X_\sigma)\dot{I}_d + j(X_{aq}+X_\sigma)\dot{I}_q\end{aligned} \tag{7-13}$$

令

$$X_d = X_{ad} + X_\sigma \tag{7-14}$$

$$X_q = X_{aq} + X_\sigma \tag{7-15}$$

其中，X_d 称为直轴同步电抗，X_q 称为交轴同步电抗，则式(7-13)可写为

$$\dot{U}_1 = -\dot{E}_0 + R_1\dot{I}_1 + jX_d\dot{I}_d + jX_q\dot{I}_q \tag{7-16}$$

由于 R_1 一般远小于 X_d 和 X_q，因此电动势平衡方程式可简化为

$$\dot{U}_1 = -\dot{E}_0 + jX_d\dot{I}_d + jX_q\dot{I}_q \tag{7-17}$$

7.4 三相同步电动机的运行分析

PPT 7.4：三相同步电动机的运行分析

与三相异步电动机一样，三相同步电动机的运行可以从等效电路、基本方程式和相量图这三方面进行分析。式(7-8)和式(7-16)已经分别给出隐极和凸极同步电动机的基本方程式，本节着重分析等效电路和相量图。

7.4.1 等效电路

1. 隐极同步电动机

根据式(7-8)可以得到对应的等效电路如图 7-12 所示，图中 $\dot{E}_0$ 是由励磁电流 I_f 产生的励磁磁动势 $\dot{F}_0$ 产生的，故用一个受控电压源来表示。

2. 凸极同步电动机

由式(7-16)绘制等效电路十分不便，为此假设一个虚拟电动势 $\dot{E}_q$

$$\dot{E}_q = \dot{E}_0 - j(X_d - X_q)\dot{I}_d \tag{7-18}$$

一般情况下，三相同步电动机工作于过励状态，呈容性，电枢电流 $\dot{I}_1$ 超前电枢电压 $\dot{U}_1$，其直轴分量 $\dot{I}_d$ 超前于励磁电动势$-\dot{E}_0$90°，所以 $j\dot{I}_d$ 与

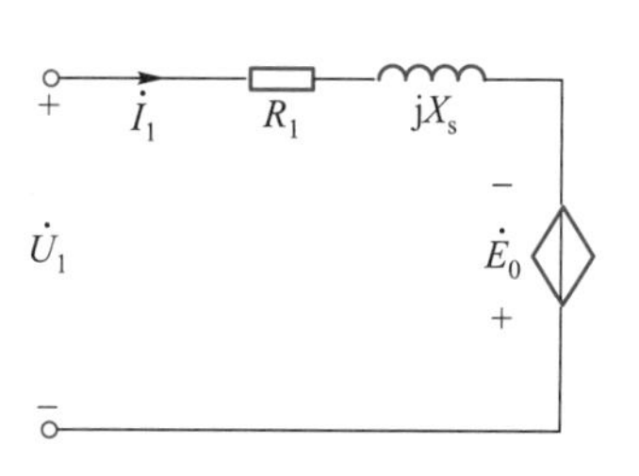

图 7-12　隐极同步电动机的等效电路

$\dot{E}_0$ 相位相同。此外，$X_d>X_q$，$\dot{E}_q$ 与 $\dot{E}_0$ 同相位。式(7-16)可重写为

$$\begin{aligned}\dot{U}_1 &= -\dot{E}_0+R_1\dot{I}_1+jX_d\dot{I}_d+jX_q\dot{I}_q-jX_q\dot{I}_d+jX_q\dot{I}_d \\ &= -\dot{E}_0+j(X_d-X_q)\dot{I}_d+R_1\dot{I}_1+jX_q\dot{I}_q+jX_q\dot{I}_d \\ &= -[\dot{E}_0-j(X_d-X_q)\dot{I}_d]+R_1\dot{I}_1+jX_q(\dot{I}_q+\dot{I}_d) \\ &= -\dot{E}_q+R_1\dot{I}_1+jX_q\dot{I}_1 \\ &= -\dot{E}_q+(R_1+jX_q)\dot{I}_1\end{aligned} \tag{7-19}$$

忽略 R_1，可得

$$\dot{U}_1=-\dot{E}_q+jX_q\dot{I}_1 \tag{7-20}$$

由此可以画出凸极同步电动机的等效电路，如图 7-13 所示。

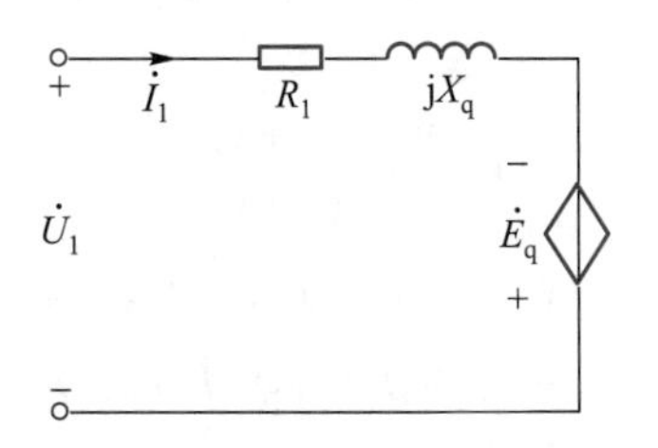

图 7-13　凸极同步电动机的等效电路

7.4.2　相量图

1. 隐极同步电动机

如前所述，励磁磁动势 $\dot{F}_0$ 沿着直轴方向，其产生的主磁通 $\dot{\Phi}_0$ 沿着直轴方向。励磁磁动势 $\dot{F}_0$ 和电枢磁动势 $\dot{F}_a$ 合成了气隙磁动势 $\dot{F}$，气隙磁动势 $\dot{F}$ 超前励磁磁动势 $\dot{F}_0\theta$ 角。因此，气隙磁动势 $\dot{F}$ 产生的气隙磁通 $\dot{\Phi}$ 也超前励磁磁动势 $\dot{F}_0$ 产生的主磁通 $\dot{\Phi}_0\theta$ 角，进而气隙磁通 $\dot{\Phi}$ 产生的感应电动势 $\dot{E}_1$ 也超前主磁通 $\dot{\Phi}_0$ 产生的励磁电动势 $\dot{E}_0\theta$ 角。由式(7-5)可知，在忽略 R_1 和 X_σ 的情况下，$\dot{U}_1=-\dot{E}_1$，$\dot{U}_1$ 与 $-\dot{E}_0$ 之间的夹角为功角 θ。电枢电流 $\dot{I}_1$ 与 $-\dot{E}_0$ 之间的夹角 ψ 称为内功率因数角。同步电动机运行时，由于励磁电流 I_f 大小的不同，可能工作于三种工作状态：

(1) 电枢电流 $\dot{I}_1$ 滞后电枢电压 $\dot{U}_1\varphi$ 角，φ 为功率因数角，电动机呈感性。

(2) 电枢电流 $\dot{I}_1$ 与电枢电压 $\dot{U}_1$ 同相位，电动机呈阻性。

(3) 电枢电流 $\dot{I}_1$ 超前电枢电压 $\dot{U}_1\varphi$ 角，电动机呈容性。因此，内功率因数角 ψ、功率因数角 φ 和功角 θ 之间的关系为 $\psi=\varphi\pm\theta$，电动机为容性和阻性时取+，为感性时取-。根据上述分析，结合式(7-8)和式(7-9)，可以画出隐极同步电动机的相量图，如图 7-14 所示。

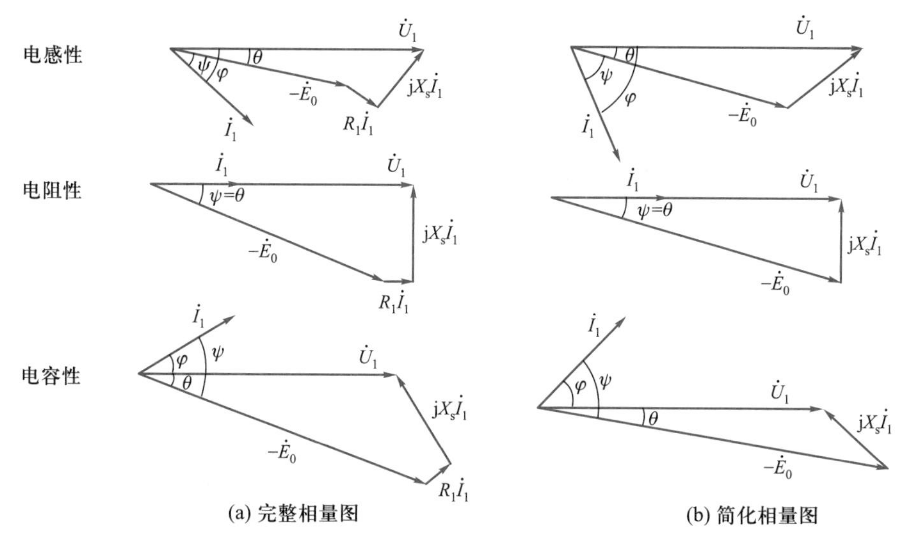

图 7-14　隐极同步电动机的相量图

2. 凸极同步电动机

如前所述,电枢电流 $\dot{I}_1$ 可以分解为直轴分量 $\dot{I}_d$ 和交轴分量 $\dot{I}_q$。虚拟电动势 $\dot{E}_q$ 与励磁电动势 $\dot{E}_0$ 同相位,其他物理量的相位关系与隐极同步电动机相同。因此,结合式(7-16)和式(7-20),可以画出凸极同步电动机的相量图,如图 7-15 所示。

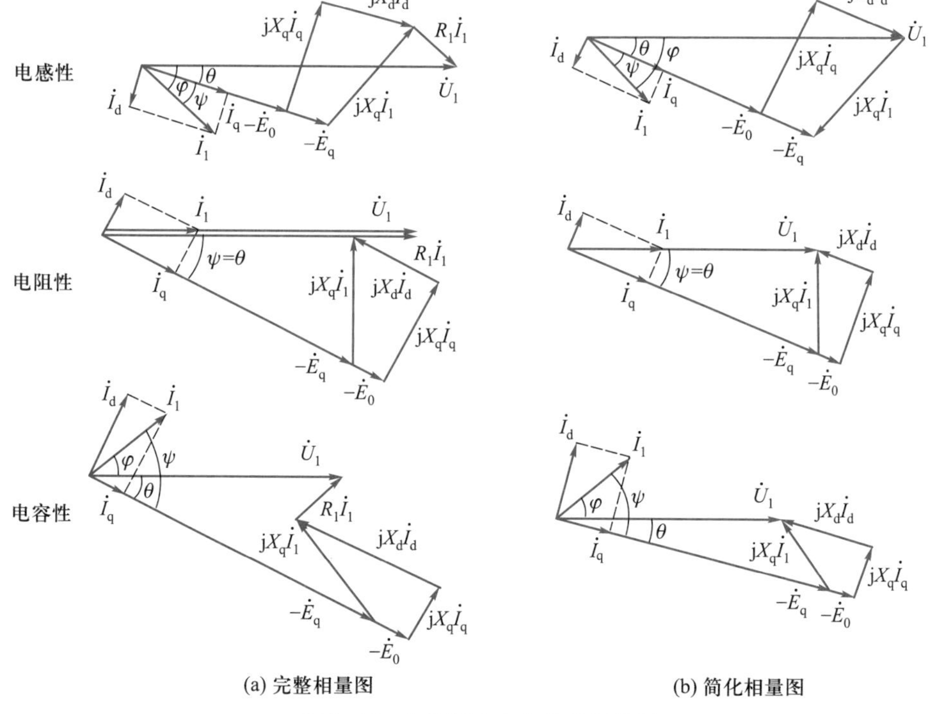

图 7-15　凸极同步电动机的相量图

［例 7-1］　某隐极同步电动机，$U_N=380\ V$，定子绕组 Y 联结，$I_N=95\ A$，$\lambda_N=0.80$（感性），定子每相电阻 $R_1=0.1\ \Omega$，同步电抗 $X_s=1.3\ \Omega$，试求：(1) 功率因数角 φ；(2) 励磁电动势 $\dot{E}_0$；(3) 功角 θ；(4) 内功率因数角 ψ。

解：(1) 功率因数角 φ 计算为

$$\varphi=\arccos 0.8=36.87°$$

(2) 由于定子绕组为 Y 联结，则定子相电压 U_1 和相电流 I_1 为

$$U_1=\frac{U_N}{\sqrt{3}}=\frac{380}{1.732}\ V=220\ V$$

$$I_1=I_N=95\ A$$

选 $\dot{U}_1$ 为参考相量，水平向右，$\dot{U}_1=220\angle 0°\ V$，则

$$-\dot{E}_0=\dot{U}_1-(R_1+jX_s)\dot{I}_1=(220\angle 0°-(0.1+j1.3)95\angle -36.87°)\ V$$
$$=166.72\angle -33.95°\ V$$

(3) 功角 θ 为

$$\theta=33.95°$$

(4) 内功率因数角 ψ 计算为

$$\psi=\varphi-\theta=(36.87-33.95)°=2.92°$$

［例 7-2］　某凸极同步电动机，$U_N=6\ 000\ V$，定子绕组 Y 联结，$I_N=58\ A$，$\lambda_N=0.80$（容性），励磁电动势 $E_0=6\ 500\ V$，内功率因数角 $\psi=60°$，忽略定子每相电阻 R_1，试求：(1) 直轴同步电抗 X_d；(2) 交轴同步电抗 X_q。

解：(1) 由于定子绕组为 Y 联结，则定子相电压 U_1 和相电流 I_1 为

$$U_1=\frac{U_N}{\sqrt{3}}=\frac{6\ 000}{1.732}\ V=3\ 464.20\ V$$

$$I_1=I_N=58\ A$$

定子相电流 I_1 的直轴分量 I_d 和交轴分量 I_q 为

$$I_d=I_1\sin\psi=58\times\sin 60°\ A=50.23\ A$$
$$I_q=I_1\cos\psi=58\times\cos 60°\ A=29\ A$$

功率因数角为

$$\varphi=\arccos 0.8°=36.87°$$

可得

$$\theta=\psi-\varphi=(60-36.87)°=23.13°$$

由相量图可知

$$I_dX_d=E_0-U_1\cos\theta$$
$$I_qX_q=U_1\sin\theta$$

直轴同步电抗 X_d 为

$$X_d=\frac{E_0-U_1\cos\theta}{I_d}=\frac{6\ 500-3\ 464.20\times\cos 23.13°}{50.23}\ \Omega=65.98\ \Omega$$

(2) 交轴同步电抗 X_q 为

$$X_q=\frac{U_1\sin\theta}{I_q}=\frac{3\ 464.20\times\sin 23.13^\circ}{29}\ \Omega=46.92\ \Omega$$

7.5　三相同步电动机的功率和转矩

PPT 7.5:
三相同步电动机的功率和转矩

7.5.1　三相同步电动机的功率

1. 输入功率 P_1

三相同步电动机运行时,电枢绕组从三相电源输入交流电功率,从直流励磁电源输入直流电功率。一般单独计算励磁功率,不将其放入输入功率中。三相同步电动机从三相电源输入的有功功率称为输入功率,用 P_1 表示

$$P_1=3U_1I_1\cos\varphi \tag{7-21}$$

2. 定子铜损耗

定子电流流过定子绕组时,电流在定子绕组电阻上产生的损耗称为定子铜损耗,用 P_{Cu} 表示

$$P_{Cu}=3R_1I_1^2 \tag{7-22}$$

3. 电磁功率

从输入功率中去除定子铜损耗后,由电磁感应通过空气隙磁场从定子传递到转子的有功功率称为电磁功率,用 P_e 表示

$$P_e=P_1-P_{Cu} \tag{7-23}$$

根据式(7-23),结合等效电路(如图 7-12 和图 7-13 所示)以及相量图(如图 7-14 和图 7-15 所示),可得在隐极同步电动机中电磁功率 P_e 为

$$P_e=3E_0I_1\cos\psi \tag{7-24}$$

在凸极同步电动机中

$$P_e=3E_qI_1\cos\psi \tag{7-25}$$

4. 空载损耗

三相同步电动机运行时还会产生铁损耗 P_{Fe}、轴承及风阻等摩擦引起的机械损耗 P_{me},以及由定、转子开槽和谐波磁场引起的附加损耗 P_{ad}。在空载运行时,由于无外加机械负载,电磁功率 P_e 全部成为铁损耗、机械损耗和附加损耗,因此这部分损耗又称为空载损耗,用 P_0 表示

$$P_0=P_{me}+P_{ad}+P_{Fe} \tag{7-26}$$

5. 输出功率

电磁功率减去空载损耗后,剩余输出到电动机转轴上的机械功率称为输出功率,用 P_2 表示

$$P_2=P_e-P_0 \tag{7-27}$$

6. 功率平衡方程式

三相同步电动机总的功率损耗,简称总损耗,用 P_{al} 表示,具体包括铜损耗、铁损耗、机械损耗和附加损耗,计算式为

$$P_{al}=P_{Cu}+P_{Fe}+P_{me}+P_{ad} \tag{7-28}$$

根据能量守恒定律,三相同步电动机的输入功率、输出功率和总损耗应满足功率平衡方程式

$$P_1-P_2=P_{al} \tag{7-29}$$

7. 效率

输出功率与输入功率的百分比称为同步电动机的效率,用 η 表示

$$\eta=\frac{P_2}{P_1}\times100\% \tag{7-30}$$

三相同步电动机的功率流如图 7-16 所示。

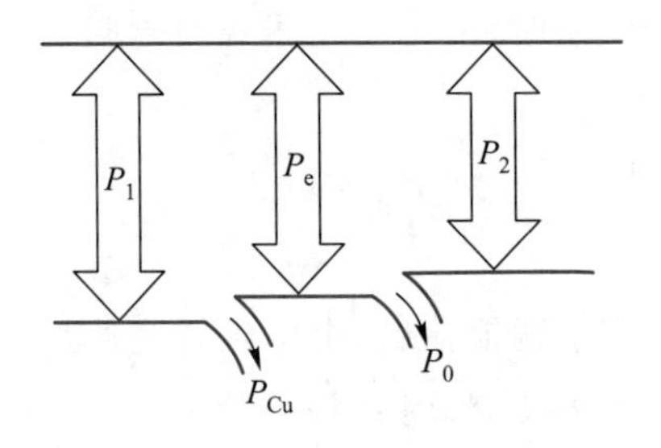

图 7-16 三相同步电动机功率流

7.5.2 三相同步电动机的转矩

三相同步电动机的转矩主要包括电磁转矩、输出转矩和空载转矩几种,与直流电动机相似,下面逐一介绍。

1. 电磁转矩

从机械功率角度来看,电磁转矩 T 与电机转速 Ω 的乘积应为三相同步电动机的电磁功率 P_e,则有

$$T=\frac{P_e}{\Omega}=\frac{60}{2\pi}\cdot\frac{P_e}{n} \tag{7-31}$$

2. 空载转矩

空载运行时,由空载损耗所形成的转矩称为空载转矩,用 T_0 表示

$$T_0=\frac{P_0}{\Omega}=\frac{60}{2\pi}\cdot\frac{P_0}{n} \tag{7-32}$$

3. 输出转矩

正常运行时,电动机轴上输出的转矩称为输出转矩,用 T_2 表示

$$T_2=\frac{P_2}{\Omega}=\frac{60}{2\pi}\cdot\frac{P_2}{n} \tag{7-33}$$

4. 转矩平衡方程式

电磁转矩、空载转矩和输出转矩之间应满足转矩平衡方程式

$$T_2 = T - T_0 \tag{7-34}$$

稳定运行时,输出转矩等于负载转矩,即

$$T_2 = T_L \tag{7-35}$$

T_0 一般很小,满载运行时,$T_0 \ll T$,此时 T_0 可以忽略,$T = T_2 = T_L$。

[例 7-3]　某凸极同步电动机,$U_N = 380$ V,定子绕组 Y 联结,$n = 1\ 500$ r/min,$X_d = 7\ \Omega$,$X_q = 5\ \Omega$,带机械负载 $T_L = 32$ N·m 稳定运行,此时 $I_1 = 11$ A,$\lambda = 0.80$(容性),$\psi = 40°$,$E_0 = 230$ V。试求:(1) 输入功率 P_1;(2) 电磁功率 P_e;(3) 输出功率 P_2;(4) 定子铜损耗 P_{Cu};(5) 空载损耗 P_0;(6) 输出转矩 T_2;(7) 电磁转矩 T;(8) 空载转矩 T_0。

解:(1) 由于定子绕组为 Y 联结,则定子相电压 U_1 为

$$U_1 = \frac{U_N}{\sqrt{3}} = \frac{380}{1.732}\ \text{V} = 220\ \text{V}$$

输入功率 P_1 为

$$P_1 = 3U_1 I_1 \cos\varphi = 3\times220\times11\times0.8\ \text{W} = 5\ 808\ \text{W}$$

(2) 定子相电流 I_1 的直轴分量为

$$I_d = I_1 \sin\psi = 11\times\sin 40°\ \text{A} = 7.07\ \text{A}$$

虚拟电动势 E_q 为

$$E_q = E_0 - (X_d - X_q) I_d = (230-(7-5)\times7.07)\ \text{V} = 215.86\ \text{V}$$

可得电磁功率 P_e

$$P_e = 3E_q I_1 \cos\psi = 3\times215.86\times11\times\cos 40°\ \text{W} = 5\ 456.82\ \text{W}$$

(3) 输出功率 P_2 为

$$P_2 = \frac{2\pi}{60}T_2 n = \frac{2\pi}{60}T_L n = \frac{2\times3.14}{60}\times32\times1\ 500\ \text{W} = 5\ 024\ \text{W}$$

(4) 定子铜损耗 P_{Cu} 为

$$P_{Cu} = P_1 - P_e = (5\ 808 - 5\ 456.82)\ \text{W} = 351.18\ \text{W}$$

(5) 空载损耗 P_0 为

$$P_0 = P_e - P_2 = (5\ 456.82 - 5\ 024)\ \text{W} = 432.82\ \text{W}$$

(6) 输出转矩 T_2 为

$$T_2 = T_L = 32\ \text{N}\cdot\text{m}$$

(7) 电磁转矩 T 为

$$T = \frac{60}{2\pi}\frac{P_e}{n} = \frac{60\times5\ 456.82}{2\times3.14\times1\ 500}\ \text{N}\cdot\text{m} = 34.76\ \text{N}\cdot\text{m}$$

(8) 空载转矩 T_0 为

$$T_0 = T - T_2 = (34.76-32)\ \text{N}\cdot\text{m} = 2.76\ \text{N}\cdot\text{m}$$

PPT 7.6：三相同步电动机的运行特性

7.6 三相同步电动机的运行特性

三相同步电动机在额定电压、额定频率和励磁电流保持不变的情况下运行时，定子相电流 I_1、电磁转矩 T、功率因数 λ 和效率 η 与输出功率 P_2 之间的关系称为三相同步电动机的运行特性。这些运行特性基本与三相异步电动机的特性相似。在三相同步电动机中除了运行特性外，功角特性和矩角特性是两种比较重要的特性。

7.6.1 功角特性

同步电动机正常运行时，电源电压的大小 U_1 和频率 f_1 均保持不变，若励磁电流 I_f 不变，则励磁电动势的大小 E_0 也不变。此时，电磁功率 P_e 只与功角 θ 有关，二者之间的关系 $P_e=f(\theta)$ 称为同步电动机的功角特性。

1. 凸极同步电动机

由于实际同步电动机的每相电阻 R_1 远小于同步电抗，故电阻 R_1 可忽略不计。此时，忽略定子铜损耗，电磁功率近似等于输入功率，有

$$P_e \approx P_1 = 3U_1 I_1 \cos \varphi \tag{7-36}$$

凸极同步电动机一般工作于过励状态，呈容性，根据相量图（如图 7-15 所示），可知 $\varphi=\psi-\theta$，则式（7-36）可以写为

$$P_e = 3U_1 I_1 \cos \varphi = 3U_1 I_1 \cos \psi \cos \theta + 3U_1 I_1 \sin \psi \sin \theta \tag{7-37}$$

根据相量图，可得

$$I_d = I_1 \sin \psi \tag{7-38}$$

$$I_q = I_1 \cos \psi \tag{7-39}$$

$$I_d X_d = E_0 - U_1 \cos \theta \tag{7-40}$$

$$I_q X_q = U_1 \sin \theta \tag{7-41}$$

结合式（7-38）、式（7-39）、式（7-40）和式（7-41），可得电磁功率为

$$P_e = 3\frac{E_0 U_1}{X_d}\sin \theta + 3\frac{U_1^2}{2}\left(\frac{1}{X_q}-\frac{1}{X_d}\right)\sin 2\theta \tag{7-42}$$

式（7-42）称为凸极同步电动机的功角特性。式中，第一项

$$P'_e = 3\frac{E_0 U_1}{X_d}\sin \theta \tag{7-43}$$

与励磁电流 I_f 的大小有关，称为电磁功率基本分量。第二项

$$P''_e = 3\frac{U_1^2}{2}\left(\frac{1}{X_q}-\frac{1}{X_d}\right)\sin 2\theta \tag{7-44}$$

与励磁电流 I_f 的大小无关，是由 $X_d \neq X_q$ 引起的，这部分功率只有凸极同步电动机才有，而对于隐极同步电动机不存在，故称为电磁功率附加分量。第一项是主要的，第二项比第一项要小得多。凸极同步电动机的功角特性如图 7-17 所示。

2. 隐极同步电动机

隐极同步电动机的功角特性与凸极同步电动机的功角特性相似，唯一的区别在于隐极同步电动机气隙均匀，$X_d=X_q=X_s$，没有附加分量。将其代入式(7-42)，可得隐极同步电动机的电磁功率为

$$P_e=3\frac{E_0U_1}{X_s}\sin\theta \tag{7-45}$$

式(7-45)称为隐极同步电动机的功角特性。隐极同步电动机的功角特性如图7-18所示。

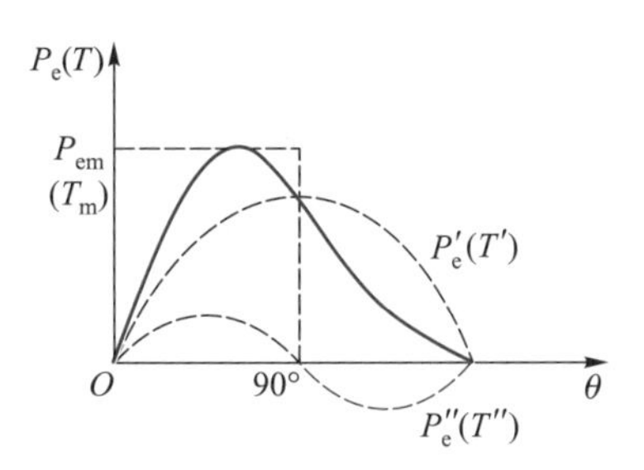

图 7-17　凸极同步电动机的功角特性和矩角特性

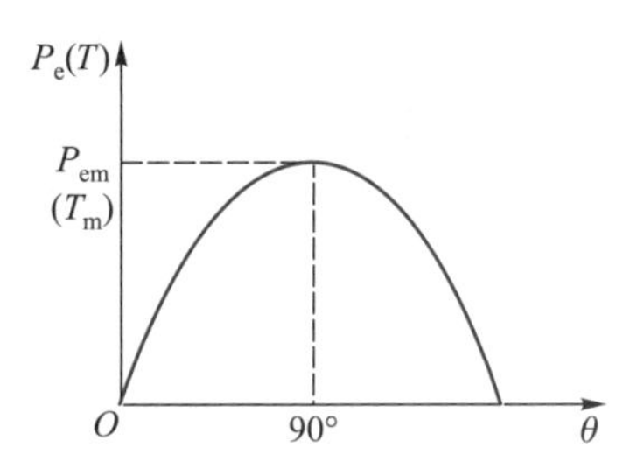

图 7-18　隐极同步电动机的功角特性和矩角特性

7.6.2　矩角特性

同步电动机正常运行时，电源电压的大小 U_1 和频率 f_1 均保持不变，若励磁电流 I_f 不变，则励磁电动势的大小 E_0 也不变。此时，电磁转矩 T 只与功角 θ 有关，二者之间的关系 $T=f(\theta)$ 称为同步电动机的矩角特性。

1. 凸极同步电动机

将式(7-42)代入式(7-31)，可得电磁转矩为

$$T=3\frac{E_0U_1}{X_d\Omega}\sin\theta+3\frac{U_1^2}{2\Omega}\left(\frac{1}{X_q}-\frac{1}{X_d}\right)\sin 2\theta \tag{7-46}$$

式(7-46)称为凸极同步电动机的矩角特性。式中，第一项

$$T'=3\frac{E_0U_1}{X_d\Omega}\sin\theta \tag{7-47}$$

与励磁电流 I_f 的大小有关，称为电磁转矩基本分量。第二项

$$T''=3\frac{U_1^2}{2\Omega}\left(\frac{1}{X_q}-\frac{1}{X_d}\right)\sin 2\theta \tag{7-48}$$

与励磁电流 I_f 的大小无关，是由 $X_d\neq X_q$ 引起的，这部分转矩只有凸极同步电动机才有，而对于隐极同步电动机不存在，故称为电磁转矩附加分量。凸极同步电动机的矩角特性如图 7-17 所示。

2. 隐极同步电动机

将式(7-45)代入式(7-31),可得电磁转矩为

$$T=3\frac{E_0U_1}{X_s\Omega}\sin\theta \tag{7-49}$$

式(7-49)称为隐极同步电动机的矩角特性。隐极同步电动机的矩角特性如图 7-18 所示。

7.6.3 稳定运行

与三相异步电动机一样,三相同步电动机也存在稳定运行问题。处于某一工作点的三相同步电动机电力拖动系统,受到外界干扰,系统偏离原工作点,若干扰消失后,系统还能够回到原工作点,则称系统是稳定的;否则,系统是不稳定的,同步电动机处于“失步”状态。下面以隐极同步电动机为例来分析电力拖动系统的稳定运行和过载能力。

图 7-19 给出了隐极同步电动机的矩角特性曲线和工作点。若隐极同步电动机电力拖动系统现工作于 a 点,忽略 T_0,此时 $T=T_L$,$0°<\theta\leqslant90°$。若存在某种干扰,使得负载转矩 T_L 增大,则有 $T<T_L$,电动机开始减速,n 降低,θ 变大,进而 T 增大,致使 $T=T_L$,系统工作于 a' 点。干扰消失后,负载转矩 T_L 恢复变小,则有 $T>T_L$,电动机开始加速,n 增加,θ 变小,进而 T 减小,致使 $T=T_L$,系统回到 a 点。因此,a 点为稳定工作点,系统在 a 点可稳定运行。

若隐极同步电动机电力拖动系统现工作于 b 点,忽略 T_0,此时 $T=T_L$,$90°<\theta\leqslant180°$。若存在某种干扰,使得负载转矩 T_L 增大,则有 $T<T_L$,电动机开始减速,n 降低,θ 变大,而 T 减小,致使 $T\ll T_L$,系统工作点达到 b' 点。其结果就是 θ 继续变大,T 继续减小。干扰消失后,系统也不可能回到 b 点。因此,b 点为非稳定工作点,系统将失去同步。

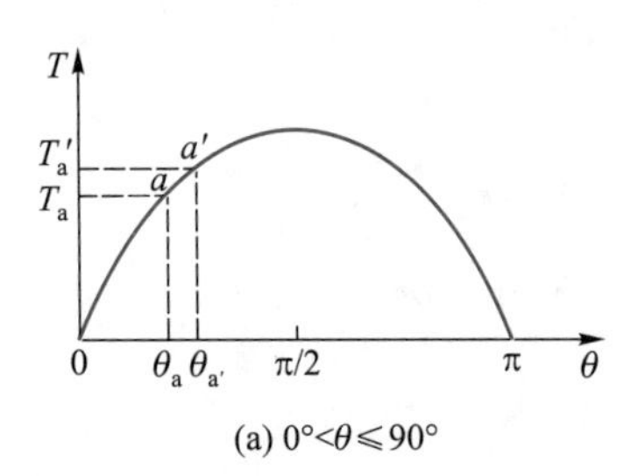

(a) $0°<\theta\leqslant90°$

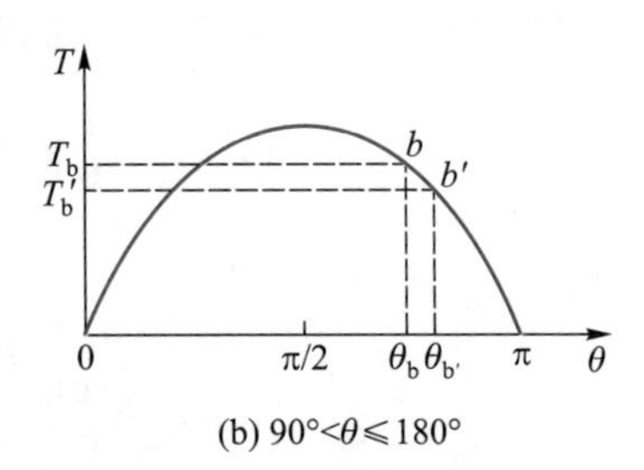

(b) $90°<\theta\leqslant180°$

图 7-19　隐极同步电动机的矩角特性曲线和工作点

为了确保电力拖动系统能够稳定运行,最大电磁转矩 T_m 必须大于额定负载转矩 T_N,通常把二者的比值称为同步电动机的过载能力,用 α_{mT}

$$\alpha_{mT}=\frac{T_m}{T_N} \tag{7-50}$$

对于隐极同步电动机,由式(7-49)可知 $\alpha_{mT}=1/\sin\theta_N$。一般情况下,隐极同步

电动机额定运行时的功角 $\theta_N=20°\sim30°$。

由上述分析可知，隐极同步电动机的稳定运行范围是 $0°<\theta\leqslant90°$，超过该范围，系统将不稳定。为了确保系统稳定运行，一般取 $0°<\theta\leqslant75°$。此外，增加转子励磁电流 I_f 可以增加 E_0，进而可以增加最大电磁转矩 T_m，提高过载能力和系统的稳定性。

7.7　三相同步电动机的功率因数调节

PPT 7.7：三相同步电动机的功率因数调节

7.7.1　功率因数调节

三相同步电动机运行时，电源电压的大小 U_1 和频率 f_1 均保持不变，并假设三相同步电动机的机械负载 T_L 也保持不变。此时，改变三相同步电动机的励磁电流 I_f，就可以调节三相同步电动机的功率因数 $\cos\varphi$。下面以隐极同步电动机为例来分析三相同步电动机的功率因数调节问题。

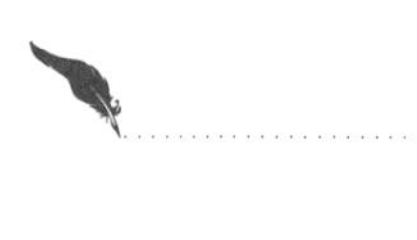

稳定运行时，忽略 T_0，则有 $T=T_L$，由于 T_L 保持不变，因此 T 也保持不变，为一常数 C_1，则有

$$T=3\frac{E_0U_1}{X_s\Omega}\sin\theta=C_1 \tag{7-51}$$

可得

$$E_0\sin\theta=C_2 \tag{7-52}$$

式中：C_2 为常数。由于电磁转矩 T 和转子转速 n 均不变，则输出功率 P_2 也不变。若忽略总损耗 P_{al}，则输入功率 P_1 等于输出功率 P_2 也保持不变，为一常数 C_3，于是有

$$P_1=3U_1I_1\cos\varphi=C_3 \tag{7-53}$$

可得

$$I_1\cos\varphi=C_4 \tag{7-54}$$

式中：C_4 为常数。

由式(7-52)和式(7-54)可知，在改变励磁电流 I_f 时，虽然 E_0 随之改变，但是 $E_0\sin\theta$ 和 $I_1\cos\varphi$ 保持不变。根据该约束，可以画出三种不同励磁电流 I_f'、I_f 和 I_f'' 情况下的相量图，如图 7-20 所示。可以发现为了满足式(7-52)，励磁电动

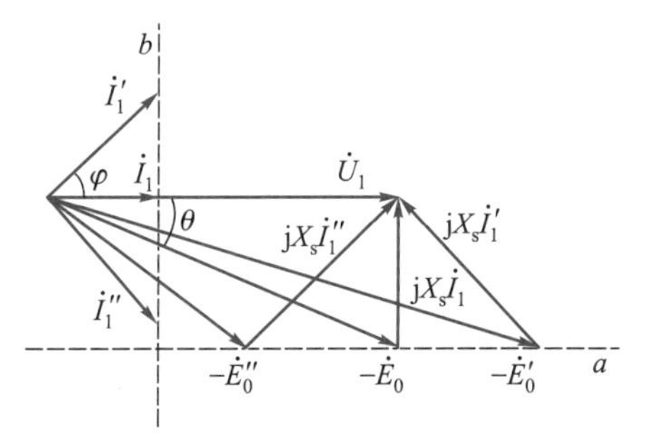

图 7-20　同步电动机功率因数的调节

势$-\dot{E}_0'$、$-\dot{E}_0$和$-\dot{E}_0''$的末端总是落在与相电压$\dot{U}_1$平行的虚线上；为了满足式(7-54)，相电流$\dot{I}_1'$、$\dot{I}_1$和$\dot{I}_1''$的末端总是落在与相电压$\dot{U}_1$垂直的虚线上。令$I_f'>I_f>I_f''$，则相应有$E_0'>E_0>E_0''$。

1. 正常励磁状态

励磁电流为I_f，励磁电动势为$\dot{E}_0$。此时，定子相电流$\dot{I}_1$与相电压$\dot{U}_1$同相位，同步电动机呈阻性。同步电动机只从电网吸收有功功率，不吸收无功功率，这种励磁状态称为正常励磁状态。

2. 欠励状态

励磁电流为I_f''，励磁电动势为$\dot{E}_0''$。此时，定子相电流$\dot{I}_1''$滞后于相电压$\dot{U}_1$，同步电动机呈感性。I_f''越小，功率因数角φ越大，同步电动机从电网吸收的电感性无功功率越大，这种励磁状态称为欠励状态。

3. 过励状态

励磁电流为I_f'，励磁电动势为$\dot{E}_0'$。此时，定子相电流$\dot{I}_1'$超前于相电压$\dot{U}_1$，同步电动机呈容性。I_f'越大，功率因数角φ越大，同步电动机从电网吸收的电容性无功功率越大，这种励磁状态称为过励状态。过励状态对于改善电网的功率因数是非常有益的。

7.7.2　V 形曲线

在电源电压的大小U_1和频率f_1为额定值、输出功率P_2不变的情况下，定子相电流I_1随励磁电流I_f变化而变化。以励磁电流I_f为横坐标，定子相电流I_1为纵坐标，构建坐标系，绘制$I_1=f(I_f)$曲线，由于其形状呈“V”字形状，故称其为 V 形曲线。图 7-21 显示了不同输出功率下的 V 形曲线。

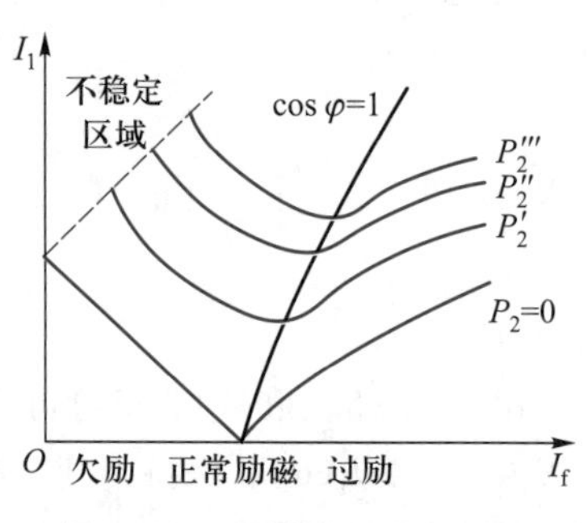

图 7-21　不同输出功率下的 V 形曲线

每条 V 形曲线都有一个最低点，对应于正常励磁状态，此时，定子相电流I_1最小，同步电动机呈阻性，$\cos\varphi=1$，同步电动机只从电网吸收有功功率。把不同输出功率下 V 形曲线的最低点连接起来，就形成了一条曲线，称为$\cos\varphi=1$线。$\cos\varphi=1$线稍微右倾，其左侧为欠励区，右侧为过励区。当机械负载T_L增加，输出功率P_2增加，定子相电流I_1也随之增加，V 形曲线上移。

当同步电动机所带的机械负载保持不变，励磁电流I_f减小，励磁电动势E_0减小，最大电磁转矩T_m也随之减小，当减小到一定程度，功角θ超过 90°，同步电动机将无法拖动机械负载稳定运行，失去同步，如图 7-21 中虚线所示的不稳定区域。

［例 7-4］　某工厂电源电压$U_N=6\ 000$ V，厂中有五台三相异步电动机，

总输出功率 $P_2=1\ 600$ kW，平均效率 $\eta=70\%$，功率因数 $\lambda=0.80$（感性）。现增添一台三相同步电动机，功率因数 $\bar{\lambda}=0.80$（容性），增添后将全厂功率因数调整到1，试求：该三相同步电动机承担的（1）无功功率 Q_1'；（2）有功功率 P_1'；（3）视在功率 S_1'。

解：（1）五台三相异步电动机从电网吸收的视在功率 S_1 为

$$S_1=\frac{P_2}{\eta\lambda}=\frac{1\ 600}{0.7\times0.8}\ \text{kV}\cdot\text{A}=2\ 857.14\ \text{kV}\cdot\text{A}$$

功率因素角为

$$\varphi=\arccos 0.8=36.87°$$

五台三相异步电动机从电网吸收的无功功率 Q_1 为

$$Q_1=S\sin\varphi=S\sin 36.87°=2\ 857.14\times0.6\ \text{kvar}=1\ 714.28\ \text{kvar}$$

增添三相同步电动机后，全厂功率因数为1，故五台三相异步电动机的感性无功功率应由三相同步电动机提供，有

$$Q_1'=Q_1=1\ 714.28\ \text{kvar}$$

（2）有功功率 P_1' 为

$$P_1'=\frac{Q_1'}{\tan\varphi}=\frac{1\ 714.28}{0.75}\ \text{kW}=2\ 285.71\ \text{kW}$$

（3）视在功率 S_1' 为

$$S_1'=\sqrt{P_1'^2+S_1'^2}=\sqrt{2\ 285.71^2+1\ 714.28^2}\ \text{kV}\cdot\text{A}=2\ 857.14\ \text{kV}\cdot\text{A}$$

7.8　永磁同步电动机——无刷直流电动机

PPT 7.8：永磁同步电动机——无刷直流电动机

永磁同步电动机的定子部分与普通的同步电动机定子相同，当定子绕组中通入交流电时，在气隙中产生同步旋转磁场。转子采用永磁体励磁，取消了励磁绕组和励磁电源，省去了电刷和换向器。永磁电动机与其他种类电机的最主要差异在于转子结构和磁路，永磁同步电动机按照转子结构和永磁体几何形状的不同，其转子励磁磁场在空间中的分布可分为正弦波和梯形波两种，因而在定子绕组中产生的感应电动势也有正弦波和梯形波两种。相应地永磁同步电动机可分为两类：正弦波永磁同步电动机（简称永磁同步电动机）和梯形波永磁电动机（简称无刷直流电动机）。

7.8.1　永磁同步电动机

传统直流电动机的转子称为电枢，由定子产生恒定的主磁场。为了使直流电动机能够持续旋转，需要换向器和电刷不断改变电枢绕组中电流方向，才能在电枢上产生恒定方向的电磁转矩，以拖动直流电动机的转子持续旋转。

永磁同步电动机通常在转子内部嵌入永磁体，称为内埋式永磁转子。永磁体嵌放在内部开有槽的转子铁心内，图7-22列举了三种常见永磁同步电动机的转子结构。其中径向结构极间漏磁较少，可省去隔磁衬套，转子的零部件较

少，结构简单；切向结构的每极磁通由两块永磁体并联组成，产生的气隙磁通密度较大；混合结构的每对极包括一对主极和一对副极，体积较大的主极径向磁化，提供气隙磁通的主要分量，体积较小的副极提供一小部分气隙磁通，同时能够减少主极漏磁，能够有效提高永磁体的利用率。

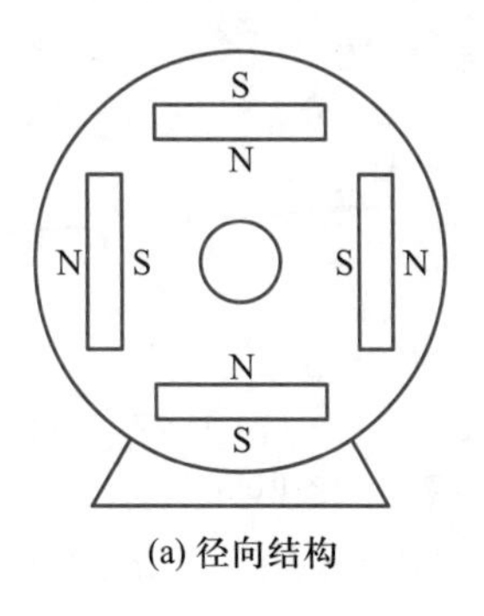

(a) 径向结构

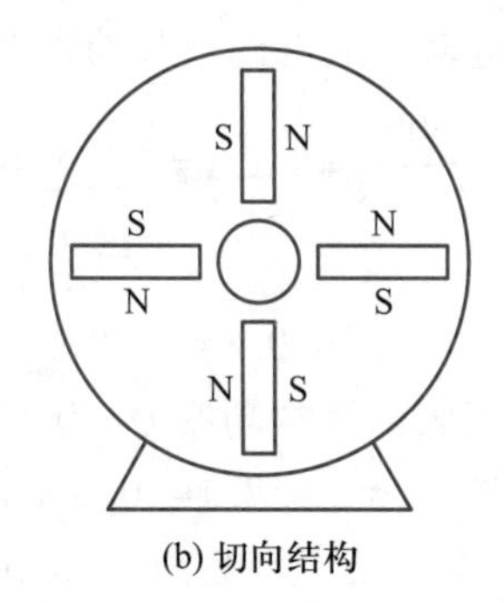

(b) 切向结构

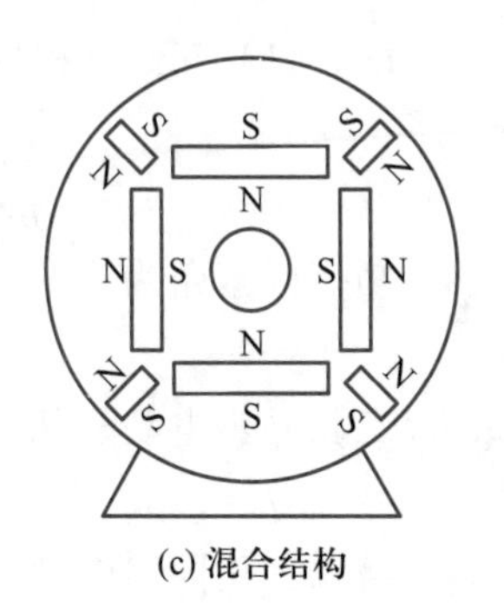

(c) 混合结构

图 7-22　永磁同步电动机的转子结构

永磁同步电动机的定子通常采用短距分布绕组，目的是尽可能消除谐波磁动势。永磁同步电动机的定子与电励磁同步电动机的定子完全相同，二者的工作原理也基本相同，这里不再具体介绍。

永磁同步电动机的特点主要包括：

（1）结构紧凑，重量较轻，易于加工和装配，功率因数高（$\cos\varphi\approx1$），工作效率高。

（2）起动转矩倍数可接近 4 倍，起动性能和过载能力强。

（3）输出转矩波动小，运行噪声小，符合高精度的控制要求。

（4）调速范围比较大，能够快速响应。

总之，永磁同步电动机具有比异步电动机更好的综合节能效果，近年来永磁同步电动机得到较快发展，在许多场合逐步取代了传统的交流异步电动机，其中自起动（外加笼型绕组）永磁同步电动机的性能优越，是一种很有前途的节能电动机，在高精度、高可靠性、大调速范围的场合已经获得了广泛应用。

7.8.2　无刷直流电动机

传统的直流电动机需要通过电刷和换向器不断改变电枢绕组中的电流方向，使电枢磁场与定子主磁极磁场的方向始终保持一致，从而产生恒定方向的电磁转矩，拖动转子不断旋转。在无刷直流电动机的设计中，将电枢绕组直接安装在定子上，机械换向器由电子控制系统取代，而传统的转子绕组由永磁体取代。这种旋转式的磁极结构与传统直流电动机刚好相反。如果定子上的电枢绕组通入直流电流，那么只能产生空间方位不变的磁场，当转子的磁极旋转到与定子电枢磁极轴线重合时，电磁转矩为零，电动机将无法继续旋转。为了使电动机能够持续旋转，必须使定子电枢磁极轴线与转子永磁体磁极轴线在空间上始终保持一定的夹角，这样就能在转子上产生方向不变的电磁转矩，也就是说，定子电枢

磁场必须能够始终跟随转子磁场的旋转。若能对应转子磁极的位置不断地改变定子电枢各相绕组中电流的方向,就能使定子电枢磁场随转子位置变化,从而保证定子电枢磁场与转子磁场始终保持一定的夹角,在永磁体转子上产生持续的电磁转矩,拖动转子旋转。

1. 系统构成

无刷直流电动机是由旋转磁极式电动机本体、位置传感器、逆变器和控制器组成,其系统构成如图 7-23 所示。其中直流电源通过逆变器向电动机的定子绕组供电,位置传感器检测电动机转子的位置,并提供控制信号,控制逆变器中的功率开关元件,使其按照控制信号有规律地导通和关断,从而控制电动机转子的转动。

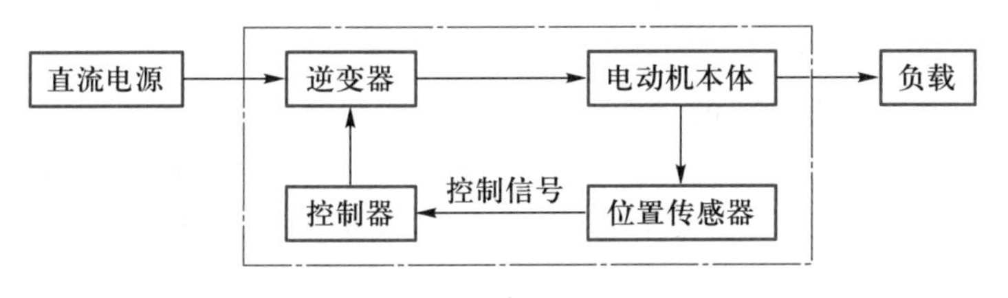

图 7-23　无刷直流电动机的系统构成

2. 工作原理

由无刷直流电动机的驱动与控制电路和定子绕组的连接方式可知,无刷直流电动机能够运行在不同的状态下。在图 7-24 所示的无刷直流电动机的基本结构中给出了一种应用最广泛的逆变器主电路,即采用 IGBT 的星形联结三相桥式逆变器电路。与一般的逆变器不同,它的输出频率不是独立调节的,而是受控于转子的位置信号,属于自控式逆变器。

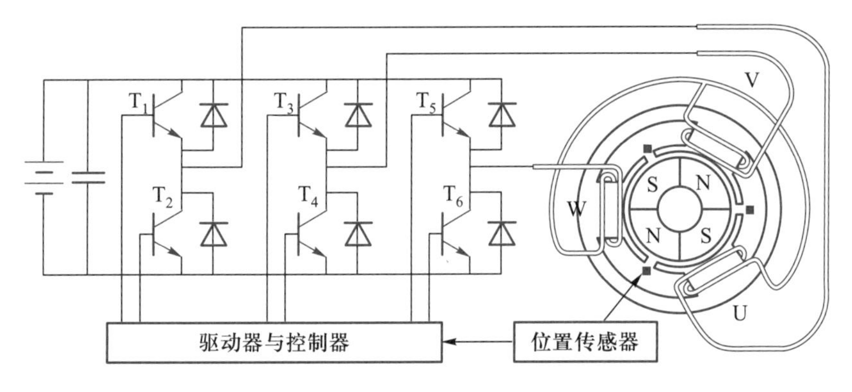

图 7-24　无刷直流电动机的基本结构

控制器接收位置传感器的位置信号,进行逻辑运算后由驱动器产生相应的开关信号触发逆变器中的开关器件($T_1 \sim T_6$),使其按照一定的顺序导通和关断。假设在任意时刻电路的上桥臂和下桥臂各有一个 IGBT 导通,即三相定子绕组的通电顺序依次为 UW、VW、VU、WU、WV、UV。在定子绕组合成磁动势和转子永磁体磁动势的相互作用下，电动机持续不断地输出转矩，转子能够持续旋转。每当转子转过一对磁极，每个开关器件就轮流导通，逆变器输出的交流电相应地变化一个周期。在一个周期内共有 6 个通电状态，每个状态都是两相同时导通，每个功率开关管的导通角为 $2\pi/3$。在运行过程中，无刷直流电动机电枢输入电流的频率与电动机的转速始终保持同步，不会产生振荡和失步现象，这也是无刷直流电动机的一个主要优势。

无刷直流电动机的特点主要包括：

(1) 气隙磁场为方波，其电磁转矩不仅由基波磁场产生，也由谐波磁场产生。在体积相同的条件下，无刷直流电动机比永磁同步电动机的工作效率高；

(2) 在较大的转速范围内保持优良的调速性能；

(3) 控制方法简单，控制器成本较低，系统可靠性高；

(4) 寿命长，保养成本低廉。

尽管无刷直流电动机的初始成本略高于直流电动机和异步电动机，但是由于这种电动机具有可变输出、使用寿命更长且高效、运行可靠、维护方便的特点，因此具有更高的性价比，在家用电器、医疗器械、仪器仪表、电动汽车及航空航天领域已经得到大量应用。

PPT 7.9：
磁阻电动机

7.9　磁阻电动机

磁阻是一个与电阻类似的概念，磁阻与电阻都是标量。电流总是沿着电阻最小的路径前进；磁通总是沿着磁阻最小的路径前进，即磁阻最小原理。磁阻电动机又被称为反应式同步电动机，这种同步电动机的转子并没有磁性，只是利用转子的磁阻不均匀特性在转子上产生转矩。

7.9.1　基本结构

磁阻电动机的定子与传统的异步电动机相同，但其转子结构多种多样，只要满足两个正交方向转子的磁阻不同，根据磁阻最小原理即可在转子上产生转矩。图 7-25 为一个 4 极转子磁阻电动机结构示意图。

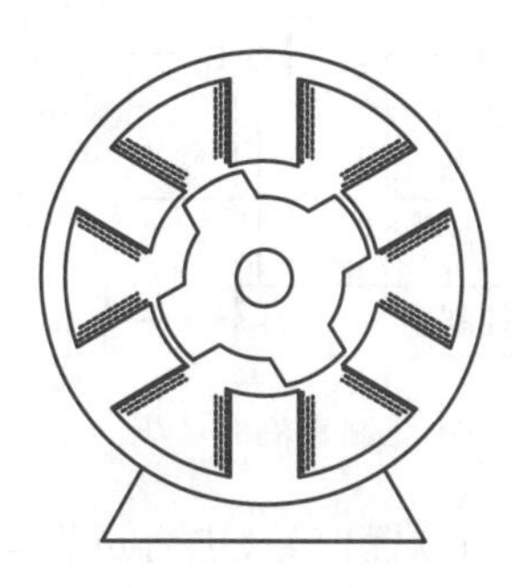

图 7-25　4 极磁阻电动机结构示意图

7.9.2 工作原理

磁阻电动机的工作原理是其转子在相互正交的方向磁阻不同，而磁路的磁通总要趋向沿着磁阻最小的路径闭合，转子在移动到最小磁阻位置时，每一极的主轴线会与磁场的轴线重合，可以通过图 7-26 来说明。图中的 N-S 磁极表示由定子绕组产生的旋转磁场，中间为一个凸极式转子，顺着凸极的方向为直轴方向，与直轴方向垂直的方向为交轴方向。当旋转磁场的轴线与转子的直轴方向一致时，磁路中的气隙最小，磁阻最小；当旋转磁场的轴线与转子的交轴方向一致时，磁路中的气隙最大，磁阻最大；其他位置的磁阻大小介于以上两者之间。

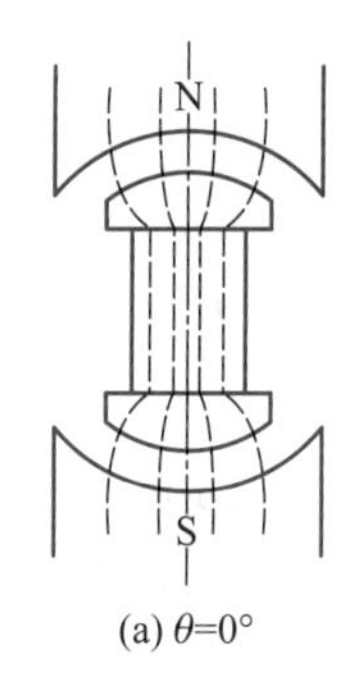

(a) $\theta=0°$

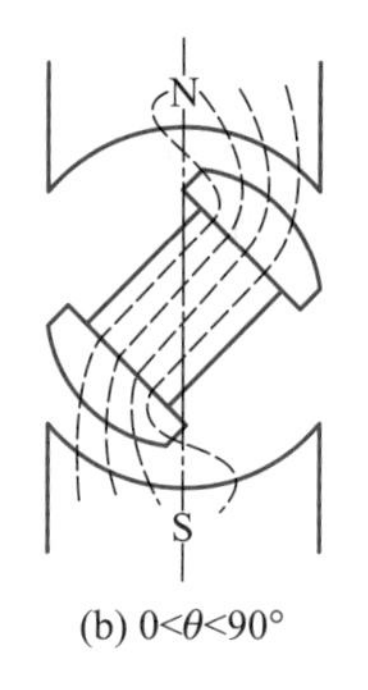

(b) $0<\theta<90°$

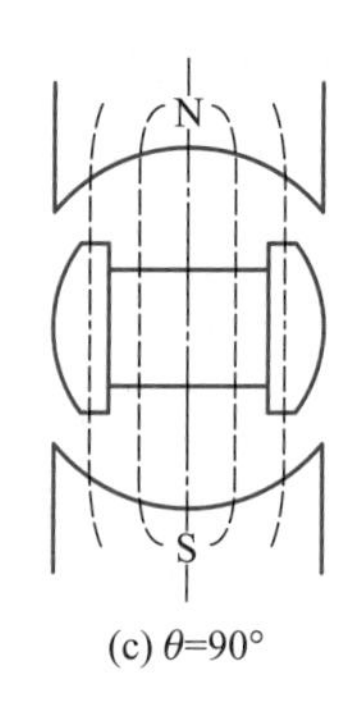

(c) $\theta=90°$

图 7-26 磁阻电动机的工作原理

设定子产生的旋转磁场轴线与转子直轴方向的夹角为 θ，当 $\theta=0°$时，磁感线沿着磁阻最小的路径通过转子，转子受到的转矩为零，如图 7-26(a)所示。当 $0<\theta<90°$时，磁感线的分布如图 7-26(b)所示，由磁阻最小原理可知，磁通尽量经过磁阻最小的路径，使得转子的直轴方向与定子磁极的轴向一致，转子受到逆时针方向的转矩，并且随着定子旋转磁场同步旋转。转子拖动的负载转矩越大，定子旋转磁场的轴线与转子直轴的夹角 θ 就越大，所产生的转矩也就越大。图 7-26(c)表示 $\theta=90°$时，磁感线沿着磁阻最大的路径通过，此时转子受到的转矩为零。

磁阻电动机的起动稍复杂，由于转子具有惯性，在起动的初始阶段，转子还未开始转动时，定子旋转磁场就已经转过一定的角度(比如 90°)，如图 7-27(a)和 7-27(b)所示。由磁阻最小原理可知，转子在这两个位置受到的转矩方向相反，转子显然无法旋转，因此磁阻电动机通常不能够自行起动，需要在转子上安装笼型起动绕组，通过笼型绕组产生的异步起动转矩解决磁阻电动机的起动问题。当转子的转速上升到接近同步转速时，逐渐进入同步运行状态，在定子旋转磁场产生的转矩拖动下，转子最终与旋转磁场同步旋转。

磁阻电动机具有结构简单、成本低廉、调速性能好、工作效率高等特点，在调速电动机领域获得了广泛的应用。

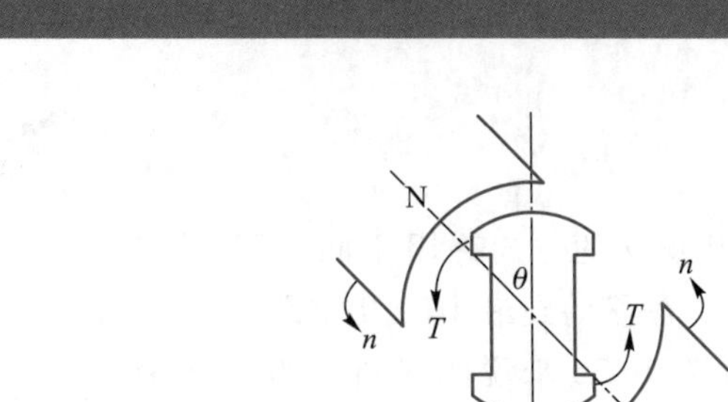

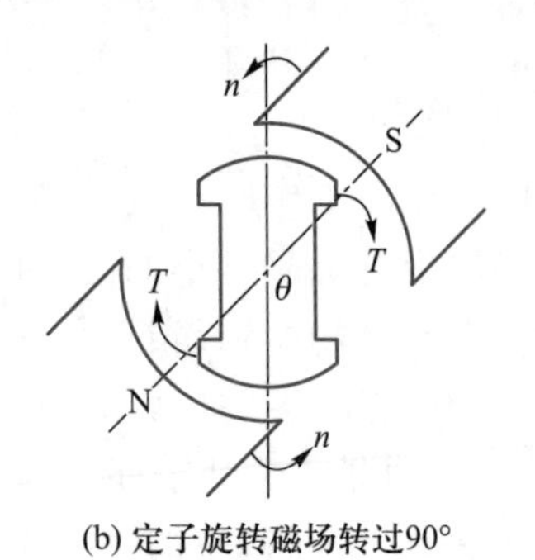

(a) 起动瞬间　　(b) 定子旋转磁场转过90°

图 7-27　磁阻电动机的起动

PPT 7.10：
步进电动机

7.10　步进电动机

步进电动机是一种将电脉冲信号转换成机械角位移或者线位移的控制电动机。当输入电脉冲信号时，步进电动机的转子就转动一个角度或者前进一步，且输出的角位移或者线位移与输入的电脉冲数成正比，电动机转速与输入的电脉冲频率成正比，因此步进电动机也被称为脉冲电动机。

步进电动机的分类方式有多种，按励磁方式可分为磁阻式、永磁式和复合式三种。按相数可分为单相、两相、三相和多相等，目前使用最广泛的是磁阻式步进电动机。

7.10.1　基本结构

步进电动机工作时，需要专用的驱动器控制外来的脉冲电压信号按照某种顺序通入定子的各相绕组。驱动器主要包括脉冲分配器和脉冲放大器，通过其内部的逻辑电路，控制步进电动机的绕组以一定的时序正向或反向通电，使得电动机正向、反向旋转，或者锁定。

通常情况下，若三相磁阻式步进电动机的相数为 m，则定子的极数为 $2m$，那么定子就有 6 极，在空间上相对两极上的定子绕组可以串联也可以并联，前提是它们产生的磁极极性相反，这样就形成了三个独立的绕组，称为三相绕组。磁阻式步进电动机的转子与凸极同步电机类似。以三相磁阻式步进电动机为例，图 7-28 给出了其基本结构图。图中的转子有四个极，极上无绕组。

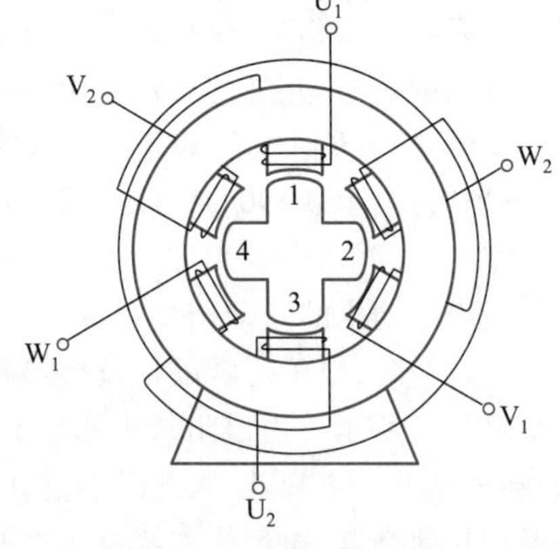

图 7-28　三相磁阻式步进电动机的基本结构

7.10.2　工作原理

下面以三相磁阻式步进电动机为例说明其工作原理。如图 7-29 所示，当 U 相绕组通入直流电时，由磁阻最小原理可知，转子会受到磁阻转矩的作用开始旋

转。当转子的轴线与 U 相绕组的轴线重合时，磁阻转矩为零，转子将会停在图 7-29(a)所示的位置。如果 U 相不断电，那么转子将会一直停留在该位置，这种现象称为自锁现象。为了避免自锁现象，可将 U 相绕组断电，V 相通入直流电，这样转子就会顺时针转动 30°，转子的轴线与 V 相绕组的轴线重合，如图 7-29(b)所示的位置。接下来继续改变三相绕组的通电状态，将 V 相绕组断电，W 相绕组通入直流电，这样转子就会继续顺时针转动 30°，转子的轴线与 W 相绕组的轴线重合，如图 7-29(c)所示。由此可知，三相定子绕组按照 U-V-W 的顺序依次通入直流电，转子就会沿顺时针方向旋转。将通电状态的每一次切换称为一拍，每次通入一个脉冲信号，转子就会转过一个固定的角度，称为步距角。图 7-29 中的三相磁阻式步进电动机每经过三拍就完成一次通电状态的循环，称为三相单三拍的运行方式。

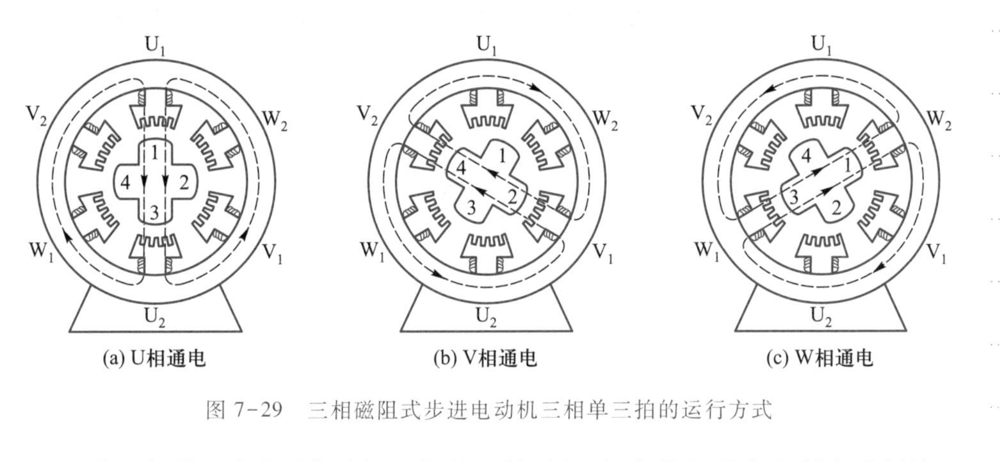

图 7-29　三相磁阻式步进电动机三相单三拍的运行方式

当三相磁阻式步进电动机三相单三拍运行时，在绕组通电和断电的间隙，转子可能会因失去自锁能力而出现失步现象。此外，在转子高频率起动、制动的步进运行过程中，由于转子存在惯性，在平衡位置附近有可能出现振荡，所以三相磁阻式步进电动机采用三相单三拍的运行方式并不可靠，可采用三相双三拍的运行方式解决失步和振荡现象。

当三相磁阻式步进电动机三相双三拍运行时，定子绕组的通电顺序为 UV-VW-WU。在这种运行方式下，每一拍都有两相绕组同时通电。U、V 两相同时通电后，转子的第 1、3 极受到定子磁极 U_1 和 U_2 的吸引，转子的第 2、4 极受到定子磁极 V_1 和 V_2 的吸引，转子在两个力矩作用相平衡的位置停转，如图 7-30(a)所示。在下一拍 V、W 两相同时通电，转子将会顺时针转动 30°，停在新的力矩平衡位置，如图 7-30(b)所示。再下一拍 W、U 两相同时通电，转子将会继续顺时针转动 30°后停在新的力矩平衡位置，如图 7-30(c)所示。由此可见，三相磁阻式步进电动机三相双三拍运行方式的步距角同样是 30°，在运行时总有一相绕组处于通电状态，转子受到定子磁场的约束，不容易出现失步和振荡现象。

在实际使用过程中，图 7-29 和图 7-30 中的步进电动机步距角都过大，难以满足精确控制的要求。为了减小步距角，可以采用多极转子的步进电动机结

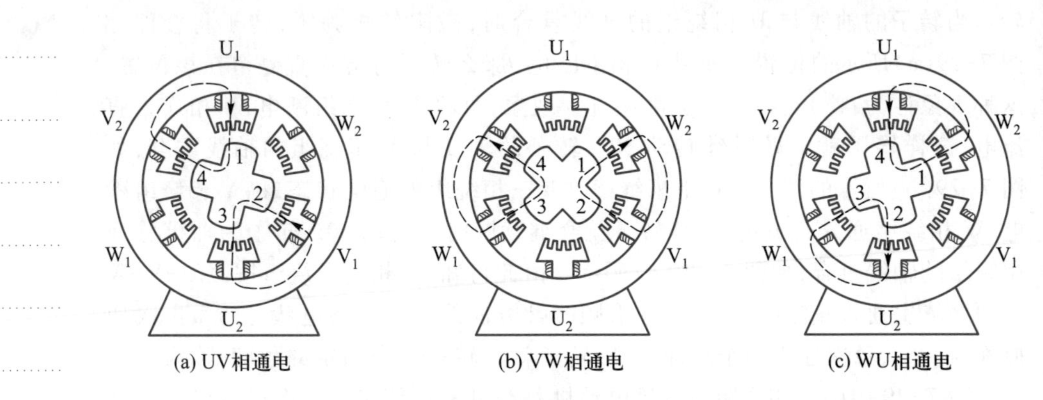

图 7-30　三相磁阻式步进电动机三相双三拍的运行方式

构，如图 7-31 所示。此外还可以按照相数 m 做成多段式结构，不论哪种结构形式，其工作原理均相同。

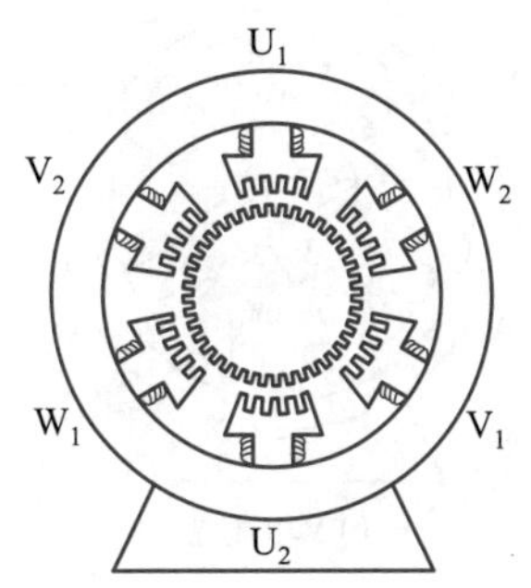

图 7-31　三相磁阻式步进电动机的多极转子结构

若脉冲电源的频率为 f，转子的极数为 Z，转子每次转过一个极距所需要的脉冲数为 N，则每次转过的步距角为

$$\alpha=\frac{360°}{ZN} \tag{7-55}$$

步进电动机的转子旋转一周所需要的脉冲数为 ZN，于是步进电动机的转速为

$$n=\frac{60f}{ZN} \tag{7-56}$$

由上式可知步进电动机的转速与脉冲电源的频率成正比，不受电压波动、负载变化以及环境因素的影响。步进电动机本身就是一个完成数模转换的执行元件，步进电动机的上述特性符合数字控制系统的高精度要求，在绘图仪、数控机床、轧钢机以及军事领域得到了广泛的应用。

PPT 7.11：三相同步电动机的应用

7.11　三相同步电动机的应用

多旋翼无人机是由电动机的旋转带动螺旋桨旋转，从而产生升力而飞起来的。当多旋翼无人机的多个螺旋桨的升力之和等于无人机总重量时，升力与重

力相平衡，无人机就可以悬停在空中或者平飞，从而完成各种任务。

图 7-32 为一款六旋翼无人机，该无人机主要由无刷直流电动机、飞控系统和航拍等模块构成。无刷直流电动机相比于有刷直流电动机具有摩擦小、损耗低、发热量小、寿命长、噪声低、运转舒畅、维护成本低等优点。多旋翼无人机的另一个关键部件是电动机的调速系统，也称电子速度控制器(简称 ESC)。电子速度控制器分为无刷和有刷两种类型，与无刷电动机配套，无人机一般采用无刷电子速度控制器，电子速度控制器的三根输出线与电动机连接，输出三相交流电，可改变电动机正转和反转，通常情况下参照电动机的功率来选择电子速度控制器的参数。电子速度控制器一般都具有以下功能：

图 7-32　六旋翼无人机

(1) 整流：将锂电池的直流电变为交流电；

(2) 稳压和供电：在信号线的正负极之间有 5 V 左右的稳定电压输出，可通过信号线为接收机和舵机供电；

(3) 调速：改变电动机的转速；

(4) 检测：检测电动机是否完好以及是否有遥控器信号；

(5) 换向：改变电动机的转向。

目前，无刷直流电动机已广泛应用于航模、智能锁、医疗器械、精密仪器、智能家居和智能机器人等领域。

思考题

7-1　三相同步电动机中有几个旋转磁场？各自产生的机理是什么？

7-2　三相同步电动机为什么叫“同步”？

7-3　在三相同步电动机中，定子磁极数是否必须等于转子磁极数？

7-4　什么是三相同步电动机的电枢反应？

7-5　凸极式转子和隐极式转子的区别是什么？

7-6　三相异步电动机的定子铁心和转子铁心都是由硅钢片叠成的，为什么同步电动机的定子铁心是用硅钢片叠成，而转子铁心是由整块钢材料做成？

7-7 三相同步电动机常用的励磁方式有哪些？

7-8 漏电抗 X_σ、电枢反应电抗 X_a 和同步电抗 X_s 的区别是什么？

7-9 为什么磁路不饱和的时候，电枢反应电动势 $\dot{E}_a$ 可以用电抗压降来表示？

7-10 对于凸极同步电动机，为什么直轴同步电抗 X_d 大于交轴同步电抗 X_q？

7-11 为什么要将定子电枢电流 $\dot{I}_1$ 分解为直轴分量 $\dot{I}_d$ 和交轴分量 $\dot{I}_q$？

7-12 在等效电路方面，隐极同步电动机与凸极同步电动机的区别是什么？

7-13 三相同步电动机的损耗包含哪几种？

7-14 凸极同步电动机的功角特性曲线是否为正弦形状？为什么？

7-15 隐极同步电动机和凸极同步电动机在励磁电流 $I_f=0$ 时，是否还能继续旋转？

7-16 三相同步电动机的稳定运行范围是多少？为什么？

7-17 三相同步电动机运行在过励状态的好处是什么？

7-18 为什么励磁电流 I_f 太小，三相同步电动机拖动系统将无法稳定运行？

7-19 永磁同步电动机转子的不同结构对电动机的起动和调速有什么影响？

7-20 无刷直流电动机的驱动电流是直流还是交流？能否用交流电源为无刷直流电动机供电？

7-21 将永磁同步电动机、无刷直流电动机以及直流电动机作比较，分析它们之间有哪些相同点和不同点。

7-22 磁阻电动机的铁心在移动到最小磁阻位置时，为什么其主轴线一定与磁场的轴线重合？

7-23 如何解决磁阻电动机自行起动困难的问题？

7-24 步进电动机运行时的转速取决于哪些因素？

练习题

7-1 某三相同步电动机，$f_1=50$ Hz，$p=2$，定子每相绕组每条支路线圈有效匝数 $Nk_{w1}=270$，空气隙基波每极磁通 $\Phi_1=0.062$ Wb，试求：(1) 转子转速 n；(2) 每相绕组感应电动势 $\dot{E}_{p1}$。

7-2 某三相同步电动机，$P_N=1\ 600$ kW，$U_N=11\ 000$ V，$f_N=50$ Hz，$\eta_N=$

95.2%，$\lambda_N=0.90$（容性），$n_N=1\ 500$ r/min，试求：(1) 磁极对数 p；(2) 额定电流 I_N；(3) 额定输出转矩 T_{2N}。

7-3　某三相同步电动机，$P_N=500$ kW，$U_N=6\ 000$ V，$I_N=58$ A，$f_N=50$ Hz，$\lambda_N=0.90$（容性），$p=8$，试求：(1) 额定转速 n_N；(2) 额定效率 η_N。

7-4　某隐极同步电动机，$U_N=380$ V，定子绕组 Y 联结，$I_N=89$ A，$\lambda_N=0.80$（感性），定子每相电阻 $R_1=0.17\ \Omega$，同步电抗 $X_s=1.1\ \Omega$，试求：(1) 功率因数角 φ；(2) 励磁电动势 $\dot{E}_0$；(3) 功角 θ；(4) 内功率因数角 ψ。

7-5　某凸极同步电动机，$U_N=6\ 000$ V，定子绕组 Y 联结，$I_N=57$ A，$\lambda_N=0.80$（容性），励磁电动势 $E_0=6\ 300$ V，内功率因数角 $\psi=59°$，忽略定子每相电阻 R_1，试求：(1) 直轴同步电抗 X_d；(2) 交轴同步电抗 X_q。

7-6　某凸极同步电动机，$U_N=6\ 000$ V，定子绕组 Y 联结，$I_N=97$ A，$\lambda_N=0.80$（容性），$X_d=60\ \Omega$，$X_q=45\ \Omega$，试求：(1) 虚拟电动势 $\dot{E}_q$；(2) 励磁电动势 $\dot{E}_0$。

7-7　某凸极同步电动机，$U_N=380$ V，定子绕组 Y 联结，$n=1\ 500$ r/min，$X_d=6\ \Omega$，$X_q=4\ \Omega$，带机械负载 $T_L=27$ N·m 稳定运行，此时，$I_1=9$ A，$\lambda=0.80$（容性），$\psi=40°$，$E_0=226$ V，试求：(1) 输入功率 P_1；(2) 电磁功率 P_e；(3) 输出功率 P_2；(4) 定子铜损耗 P_{Cu}；(5) 空载损耗 P_0；(6) 输出转矩 T_2；(7) 电磁转矩 T；(8) 空载转矩 T_0。

7-8　某三相同步电动机，$U_N=380$ V，定子绕组 Y 联结，$I_1=66$ A，$\lambda=0.80$，$\eta=90\%$，$R_1=0.19\ \Omega$，$n=3\ 000$ r/min，试求：(1) 输入功率 P_1；(2) 电磁功率 P_e；(3) 输出功率 P_2；(4) 输出转矩 T_2；(5) 电磁转矩 T；(6) 空载转矩 T_0。

7-9　某隐极同步电动机，$U_N=380$ V，定子绕组 Y 联结，$X_s=6.2\ \Omega$，$\theta=30°$，$E_0=292$ V，$n=1\ 000$ r/min，试求：(1) 电磁功率 P_e；(2) 电磁转矩 T。

7-10　某工厂电源电压 $U_N=6\ 000$ V，从电源输入功率 $P_1=1\ 900$ kW，工厂功率因数 $\lambda=0.60$，现工厂需要增加一台三相同步电动机，$P'_N=700$ kW，$\eta'_N=90\%$，定子绕组 Y 联结，现需将工厂功率因数提高至 $\lambda=0.80$，试求：(1) 三相同步电动机的额定电流 I_N；(2) 三相同步电动机的功率因数 λ'。

附录　虚拟仿真 VR 教学软件使用说明

本软件利用虚拟仿真技术，模拟了电机和变压器的结构部件和调速过程，对于高校“电机与拖动”课程的理论教学、课程设计和实验教学，具有较好的支撑作用，有助于培养学生利用电机拖动技术解决实际工程问题的能力。

1. 安装运行

（1）双击“电机与拖动 . exe”文件，如图 F. 1 所示。

图 F. 1　安装文件

（2）点击“是”按钮，如图 F. 2 所示。

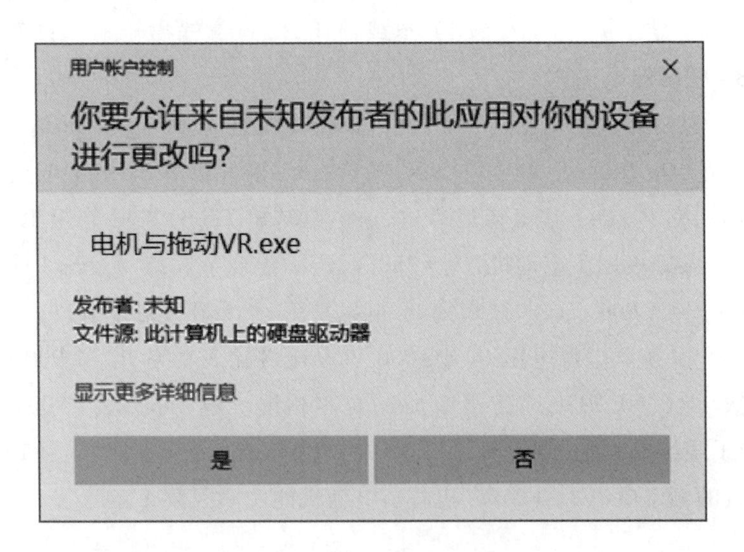

图 F. 2　安装界面 1

（3）点击“浏览”按钮，选择软件的安装目录，推荐安装在非系统盘（除 C 盘）中，然后点击“下一步”按钮，如图 F. 3 所示。

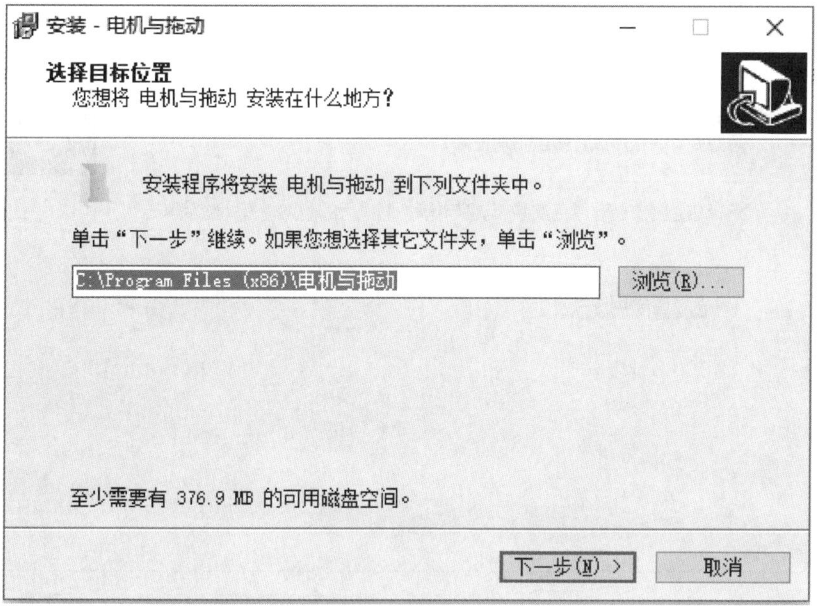

安装 - 电机与拖动

选择目标位置

您想将 电机与拖动 安装在什么地方?

安装程序将安装 电机与拖动 到下列文件夹中。

单击“下一步”继续。如果您想选择其它文件夹，单击“浏览”。

C:\Program Files (x86)\电机与拖动　浏览(R)...

至少需要有 376.9 MB 的可用磁盘空间。

下一步(N) >　取消

图 F.3　安装界面 2

(4) 点击“下一步”按钮,如图 F.4 所示。

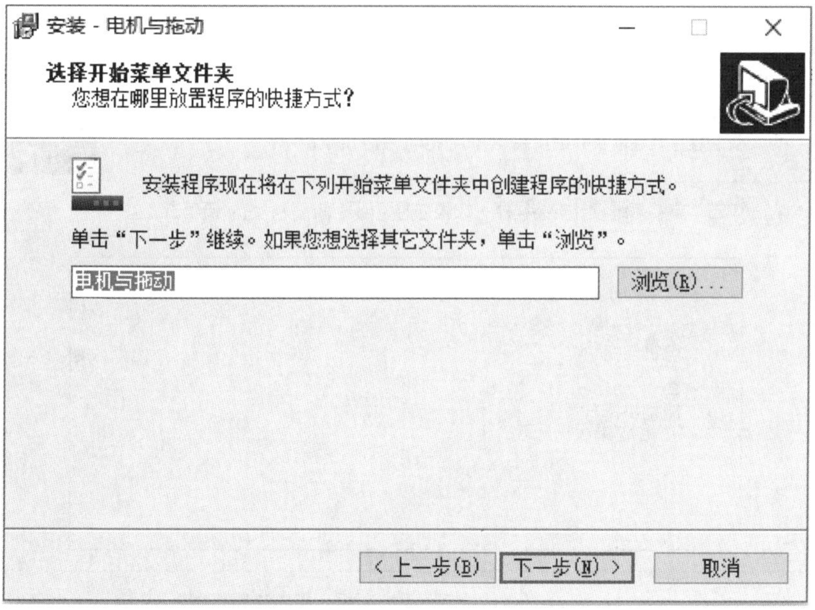

安装 - 电机与拖动

选择开始菜单文件夹

您想在哪里放置程序的快捷方式?

安装程序现在将在下列开始菜单文件夹中创建程序的快捷方式。

单击“下一步”继续。如果您想选择其它文件夹，单击“浏览”。

电机与拖动　浏览(R)...

< 上一步(B)　下一步(N) >　取消

图 F.4　安装界面 3

(5) 勾选“创建桌面快捷方式”,然后点击“下一步”按钮,如图 F.5 所示。

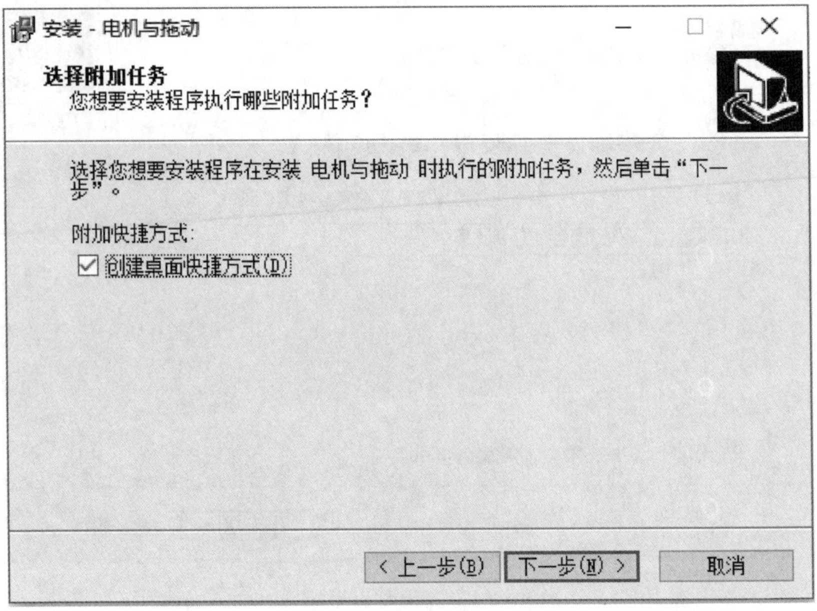

安装 - 电机与拖动
选择附加任务
您想要安装程序执行哪些附加任务?
选择您想要安装程序在安装 电机与拖动 时执行的附加任务，然后单击“下一步”。
附加快捷方式:
创建桌面快捷方式(D)
< 上一步(B)
下一步(N) >
取消

图 F.5　安装界面 4

(6) 点击“安装”按钮,如图 F.6 所示。

安装 - 电机与拖动
准备安装
安装程序现在准备开始安装 电机与拖动 到您的电脑中。
单击“安装”继续此安装程序。如果您想要回顾或改变设置，请单击“上一步”。
目标位置:
C:\Program Files (x86)\电机与拖动
开始菜单文件夹:
电机与拖动
附加任务:
附加快捷方式:
创建桌面快捷方式(D)
< 上一步(B)
安装(I)
取消

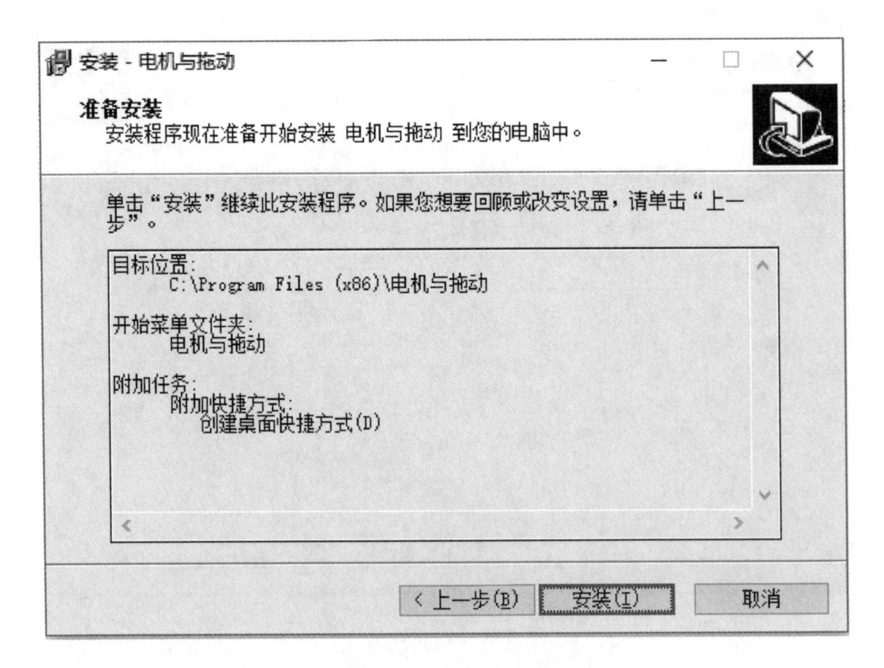

图 F.6　安装界面 5

(7) 等待软件安装完成，如图 F.7 所示

安装 - 电机与拖动

正在安装

安装程序正在安装 电机与拖动 到您的电脑中，请等待。

正在解压缩文件...

C:\Program Files (x86)\电机与拖动\电拖_Data\sharedassets1.assets.resS

取消

图 F.7 安装界面 6

(8) 安装完成，点击“完成”按钮，即可运行程序，如图 F.8 所示。

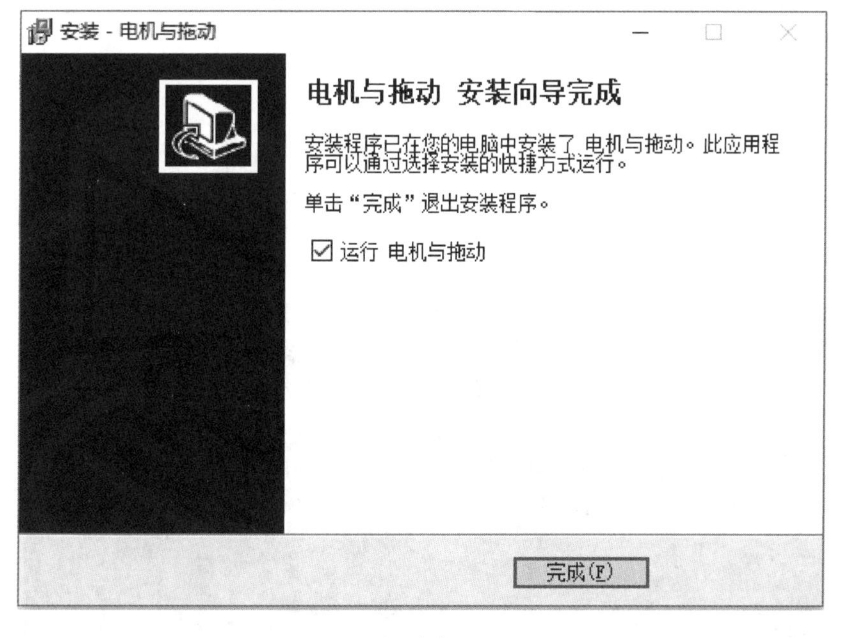

图 F.8 安装界面 7

(9) 安装完成后，直接点击运行图标(图 F.9)即可运行，软件运行后点击右上角×即可关闭，软件运行界面如图 F.10 所示。

图 F.9 软件图标

图 F.10 软件运行界面

2. 软件操作

双击快捷方式后启动软件，进入软件主界面，有“电机结构”“电机绕组”“电机调速”三个选项，点击不同的选项可进入相应的操作界面，图 F.11 所示的是“电机结构”操作界面。

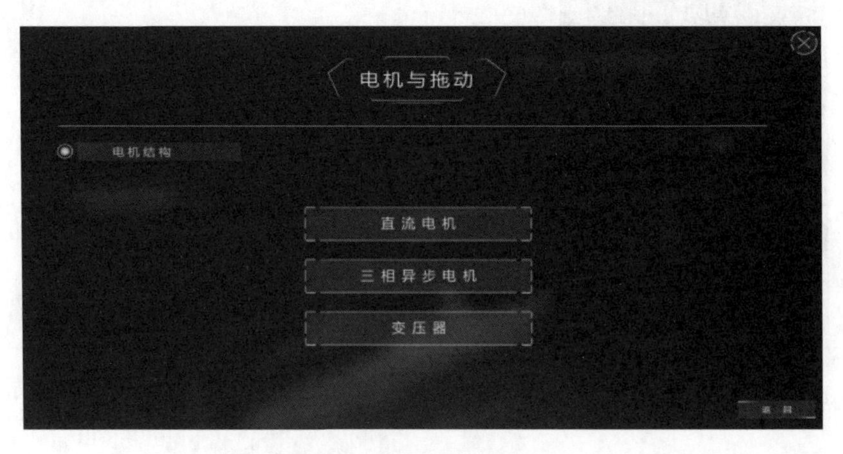

图 F.11 “电机结构”操作界面

(1) 电机结构

在“电机结构”中包含“直流电机”“三相异步电机”和“变压器”三个选项。

① 直流电机：界面中央出现直流电机的模型，右侧为直流电机的型号和参数，可以通过鼠标对模型进行旋转和缩放，如图 F. 12 所示。

图 F. 12 直流电机模型

点击下方“拆分”按钮，即可展开直流电机内部结构，查看直流电机内部组件，如图 F. 13 所示。直流电机组件包括端盖、风扇、转子铁心、转轴、换向极、主磁极、电枢绕组、换向器、电刷装置和基座。查看各个组件的操作基本相同，下面以电刷为例进行介绍。点击“电刷”，进入如图 F. 14 所示的界面，并播放语音介绍。用户可以再次点击电刷，查看文字介绍。

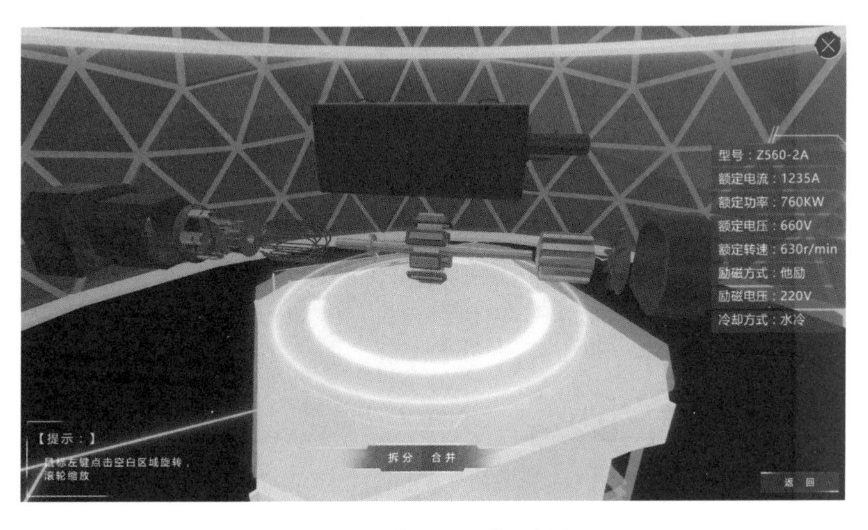

图 F. 13 直流电机模型拆分

图 F.14　电刷模型

② 三相异步电机：界面中央出现三相异步电机模型，右侧为三相异步电机的型号和参数，可以通过鼠标对模型进行旋转和缩放，如图 F.15 所示。

图 F.15　三相异步电机模型

点击下方“拆分”按钮，即可展开三相异步电机内部结构，查看三相异步电机内部组件，如图 F.16 所示。三相异步电机组件包括罩壳、风扇、端盖、机座、定子绕组、定子铁心、转轴和转子。查看各个组件的步骤与直流电机相同。

图 F.16　三相异步电机模型的拆分

③ 变压器：界面中央出现变压器的模型，右侧为变压器的型号和参数，可以通过鼠标对模型进行旋转和缩放，如图 F.17 所示。

图 F.17　变压器模型

点击下方“拆分”按钮，即可展开变压器内部结构，查看变压器内部组件，如图 F.18 所示。变压器的组件包括吸湿器、储油柜、分接开关、安全气道、散热器、铁心、高低压套管和绕组等。查看各个组件的步骤与直流电机相同。

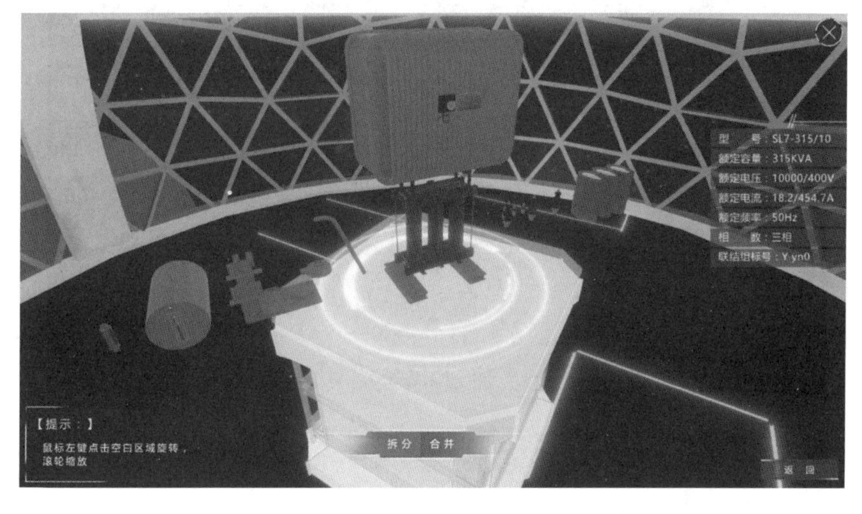

图 F.18　变压器模型的拆分

(2) 电机绕组

点击进入“电机绕组”界面，在“电机绕组”中包含“直流电机”和“三相异步电机”两个选项。

① 直流电机：界面中央出现直流电机电枢绕组模型，右侧为直流电机电枢绕组的参数，并播放语音介绍，可以通过鼠标对模型进行旋转和缩放，如图F.19所示。

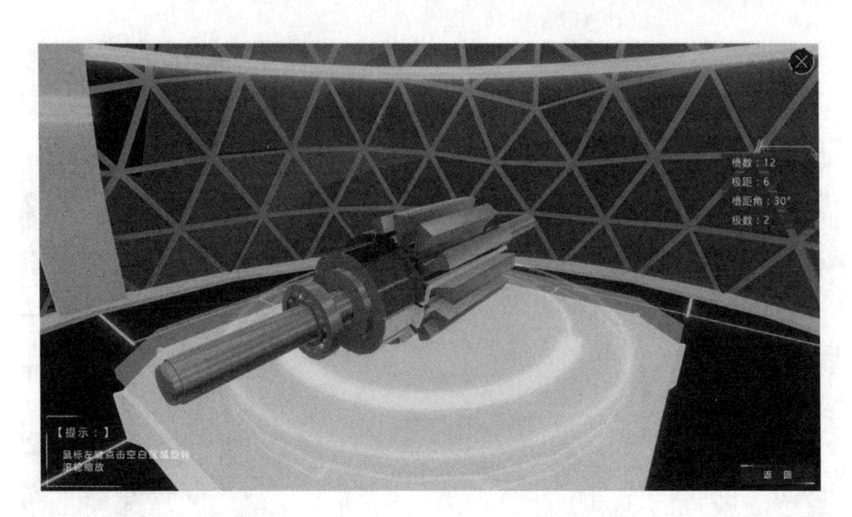

图 F.19　直流电机电枢绕组模型

② 三相异步电机：界面中央出现三相异步电机定子绕组模型，并播放语音介绍，可以通过鼠标对模型进行旋转和缩放，如图 F.20 所示。

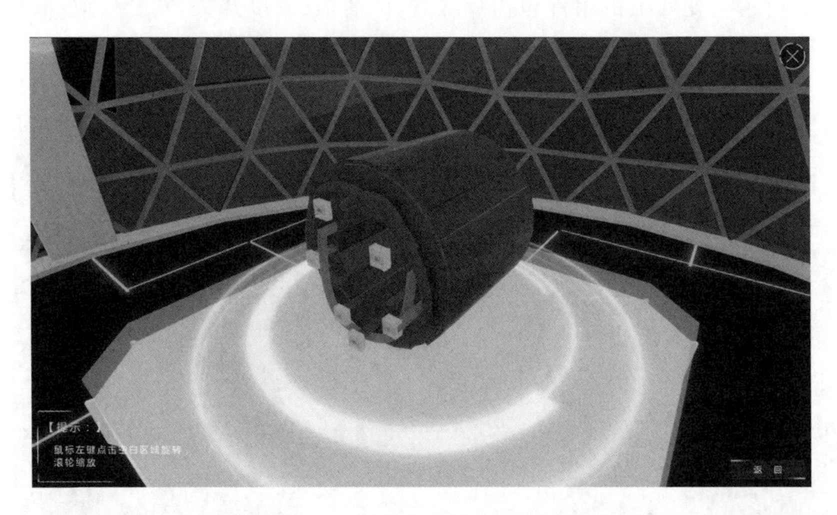

图 F.20　三相异步电机定子绕组模型

（3）电机调速

点击进入"电机调速"界面，在"电机调速"中包含"直流电机"和"三相异步电机"两种电机，每种电机又包含"固有特性""开环调速"和"闭环调速"三个选项。

① 直流电机

固有特性：进入固有特性页面，直流电机调速以智能工厂为背景，如图 F.21 所示。调速系统稳定运行后中间控制台边缘绿色闪烁，点击控制台，左侧就会出现负载控制条，点击负载控制条上对应负载即可实现负载配置和电机调速，右侧会对应显示电机调速过程中的转速随时间、机械特性、转矩随时间三种曲线。系

统稳定后负载控制条上显示按钮由红色变为白色,可以再次点击配置负载。配置负载时要按照负载先递增至最大、再递减的顺序进行,不能越级配置负载。

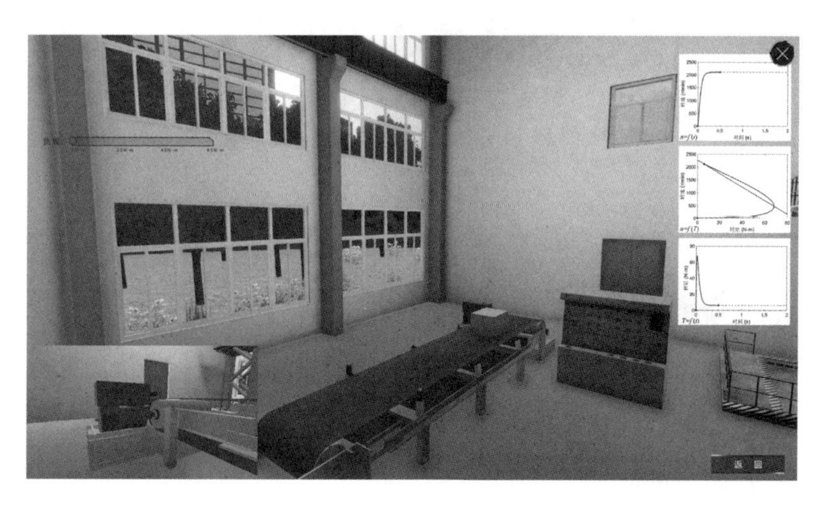

图 F.21　直流电机固有特性页面

开环调速:进入开环调速页面,如图 F.22 所示。在开环调速页面,可以实现改变电枢电压调速、改变电枢电阻调速和改变励磁电流调速,并在左侧控制条上分别对电压、电阻和励磁大小进行配置。具体操作过程与固有特性相同。

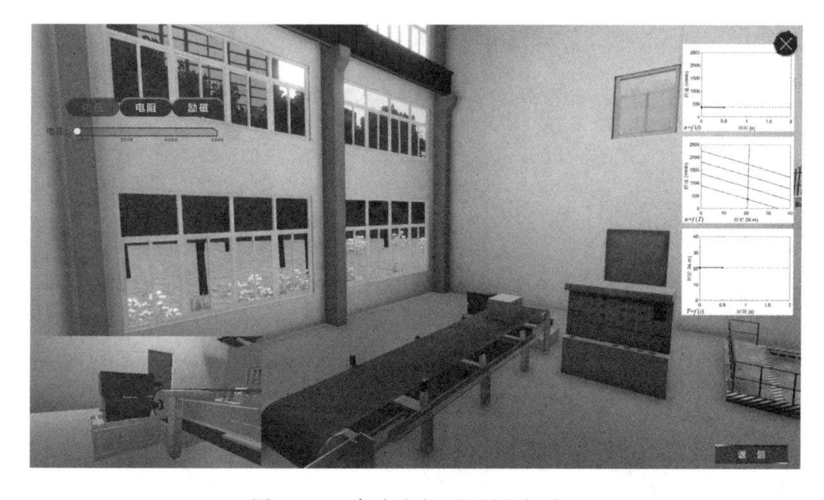

图 F.22　直流电机开环调速页面

闭环调速:进入闭环调速页面,如图 F.23 所示。在闭环调速页面,可以在左侧控制条上设定转速,并在某种设定转速下改变负载。具体操作过程与固有特性相同。

图 F.23 直流电机闭环调速页面

② 三相异步电机

固有特性:进入固有特性页面,三相异步电机调速以大厦电梯为背景,如图 F.24 所示。调速系统稳定运行后左下角控制台边缘绿色闪烁,点击控制台,左侧就会出现负载控制条,点击负载控制条上对应负载即可实现负载配置和电机调速,右侧会对应显示电机调速过程中的转速随时间、机械特性、转矩随时间三种曲线。系统稳定后负载控制条上显示按钮由红色变为白色,可以再次点击配置负载。配置负载时要按照负载先递增至最大、再递减的顺序进行,不能越级配置负载。

图 F.24 三相异步电机固有特性页面

开环调速:进入开环调速页面,如图 F.25 所示。在开环调速页面,可以实现变压调速和变频调速,并在左侧控制条上分别对电压和频率大小进行配置。具体操作过程与固有特性相同。

图 F.25　三相异步电机开环调速页面

闭环调速:进入闭环调速页面,如图 F.26 所示。在闭环调速页面,可以在左侧控制条上设定转速,并在某种设定转速下改变负载。具体操作过程与固有特性相同。

图 F.26　三相异步电机闭环调速页面

参考文献

[1] 唐介、刘娆. 电机与拖动[M],4 版. 北京:高等教育出版社,2019.

[2] 刘锦波、张承慧. 电机与拖动[M],2 版. 北京:清华大学出版社,2015.

[3] 许晓峰、张爱军、衣丽葵,等. 电机与拖动[M],2 版. 北京:高等教育出版社,2019.

[4] 刘启新. 电机与拖动基础[M],4 版. 北京:中国电力出版社,2018.

[5] 汤天浩、谢卫. 电机与拖动基础[M],3 版. 北京:机械工业出版社,2017.

[6] 陈亚爱、周京华. 电机与拖动基础及 MATLAB 仿真[M]. 北京:机械工业出版社,2011.

[7] 孙建忠、刘凤春. 电机与拖动[M],3 版. 北京:机械工业出版社,2016.

[8] 阮毅、杨影、陈伯时. 电力拖动自动控制系统—运动控制系统[M],5 版. 北京:机械工业出版社,2016.

[9] 李岚、梅丽凤. 电力拖动与控制[M],3 版. 北京:机械工业出版社,2016.

[10] 顾春雷、陈中、陈冲. 电力拖动自动控制系统与 MATLAB 仿真[M],2 版. 北京:清华大学出版社, 2016.

[11] 戈宝军、梁艳萍、陶大军. 电机学[M]. 北京:高等教育出版社,2020.

[12] Stephen J. Chapman. Electric Machinery Fundamentals [M], 5th Edition. New York: McGraw-Hill, 2012.

[13] 胡晓春、胡由央. 10 kV 三相异步电动机在水厂的应用[J]. 中国城镇供水,1998,(5):11-13.

[14] 刘启胜、严戎. 三相异步电动机的△-Y 换接运行在排灌中的节能应用[J]. 节水灌溉,1998,(5):10-12.

[15] 江军. 浅议交流异步电动机在新能源汽车上的应用[J]. 科技视界,2013,(23):63.

网络增值服务使用说明

一、注册/登录

访问 http://abook.hep.com.cn/, 点击"注册", 在注册页面输入用户名、密码及常用的邮箱进行注册。已注册的用户直接输入用户名和密码登录即可进入"我的课程"页面。

二、课程绑定

点击"我的课程"页面右上方"绑定课程", 正确输入教材封底防伪标签上的20位密码, 点击"确定"完成课程绑定。

三、访问课程

在"正在学习"列表中选择已绑定的课程, 点击"进入课程"即可浏览或下载与本书配套的课程资源。刚绑定的课程请在"申请学习"列表中选择相应课程并点击"进入课程"。

如有账号问题, 请发邮件至: abook@hep.com.cn。